多孔介质燃烧理论与模拟

解茂昭　史俊瑞　刘宏升　著

科学出版社

北京

内 容 简 介

多孔介质内的燃烧是自然界和工程中广泛存在的一种燃烧现象，同时也指一种新型先进燃烧技术。本书在概括介绍多孔介质内流动与燃烧经典理论及数值模拟方法的基础上，着重系统介绍作者所在团队 30 年来在多孔介质燃烧领域的研究工作及成果，特别是气体和液体燃料在惰性多孔介质中的燃烧理论和数值模拟方面所取得的进展。全书共 10 章，包括绪论，多孔介质中输运和燃烧的理论及数值方法基础，多孔介质中湍流流动与燃烧模型，多孔介质中的动量、热量与质量弥散，多孔介质中气体燃料预混合燃烧与扩散燃烧，多孔介质燃烧非稳定性，多孔介质中液体燃料的燃烧，多孔介质结构的几何模型，以及多孔介质燃烧的孔隙尺度模拟。

本书可供工程热物理、热能、化工、冶金、动力机械及工程等领域的科研人员和工程技术人员阅读，也可作为高等院校相关专业研究生的参考用书。

图书在版编目（CIP）数据

多孔介质燃烧理论与模拟 / 解茂昭，史俊瑞，刘宏升著. —北京：科学出版社，2023.4

ISBN 978-7-03-073483-9

Ⅰ. ①多⋯　Ⅱ. ①解⋯　②史⋯　③刘⋯　Ⅲ. ①多孔介质－燃烧理论　Ⅳ. ①O643.2

中国版本图书馆 CIP 数据核字（2022）第 192569 号

责任编辑：张　庆　高慧元 / 责任校对：任苗苗
责任印制：吴兆东 / 封面设计：无极书装

科学出版社 出版
北京东黄城根北街 16 号
邮政编码：100717
http://www.sciencep.com
北京中石油彩色印刷有限责任公司 印刷
科学出版社发行　各地新华书店经销

*

2023 年 4 月第 一 版　开本：720 × 1000　1/16
2023 年 5 月第二次印刷　印张：19 3/4
字数：398 000

定价：218.00 元
（如有印装质量问题，我社负责调换）

前　　言

提高燃烧效率和减少燃烧过程中的污染物排放是当前燃烧领域两大热点研究课题，为此人们开发了各种新颖的燃烧技术。20 世纪 80 年代以来引起广泛关注的多孔介质燃烧是可望在这两大课题领域有所突破的一项重要技术，为研究和开发新型先进燃烧系统提供了一条前景广阔的新途径。

液体及气体燃料在多孔介质内的燃烧（也称为过滤燃烧）是自然界和工程中广泛存在的一种燃烧现象，同时也指一种新型先进燃烧技术。自 1990 年以来，作者所在研究团队从阴燃研究入手持续进行该领域的研究。本书系统介绍团队 30 余年来在多孔介质燃烧领域的研究进展及成果。关于多孔介质燃烧，国外至今少有系统全面的专著，国内也不多见（其中一部《多孔介质燃烧理论与技术》，由化学工业出版社于 2012 年出版，是浙江大学程乐鸣教授团队研究工作的总结，主要侧重于多孔介质燃烧的实验研究和工程应用）。本书的特色和重点则在于理论研究及数值模拟（当然也有部分涉及实验研究），故本书与程乐鸣教授的著作具有较强的互补性。例如，关于大孔隙率多孔介质中湍流过滤燃烧的火焰动力学及湍流对过滤燃烧的影响、过滤燃烧的非平衡、多尺度特性及其模拟方法、多孔介质中弥散现象的机理及其与燃烧反应的相互作用、弥散系数的数值计算方法，以及液体燃料的预蒸发连续式和脉冲式过滤燃烧等方面，都独具特色。

本书在概括介绍多孔介质内流动与燃烧经典理论及数值方法的基础上，主要总结并系统介绍作者所在团队在该领域的研究工作及成果，特别是在惰性多孔介质燃烧理论和数值模拟方法方面所取得的进展。全书分为 3 个单元，共 10 章。其中，第 1~4 章为第一单元，集中介绍多孔介质燃烧的基本理论和数值方法，包括绪论、多孔介质中输运和燃烧的理论及数值方法基础、多孔介质中湍流流动与燃烧模型，以及多孔介质中的动量、热量与质量弥散；第 5~8 章为第二单元，主要介绍多孔介质中的气体和液体燃烧的相关实验和数值模拟及应用实例，包括多孔介质中气体燃料的预混合燃烧与扩散燃烧、多孔介质燃烧非稳定性，以及多孔介质中液体燃料的燃烧；第 9~10 章为第三单元，涵盖多孔介质燃烧的多尺度模拟的基础知识，主要介绍多孔介质结构的几何模型，以及以此为基础的多孔介质燃烧的孔隙尺度模拟。在展示作者所在团队研究工作的同时，本书也力图把迄今国际上多孔介质燃烧领域的相关理论与数值模拟的重要成果和最新进展选择性地介绍给读者，期望通过作者的努力，能够为学术界和工程界提供一本有关过滤燃烧的基础理论和模拟方法的比较系统的著作。

全书写作分工如下：第1~4章及第9~10章由解茂昭撰写；第5~7章由史俊瑞撰写；第8章由刘宏升撰写；全书由解茂昭统稿。本书在写作过程中参阅和引用了国内外众多研究者的大量成果，相关参考文献已列于各章后。作者指导的历届研究生（杜礼明、邓洋波、赵治国、东明、周磊、温小萍、陈仲山、姜霖松等博士及高阳、王松祥等硕士）以学位论文中创新性的工作为发展和改进多孔介质流动和燃烧的各种模型做出了贡献，也为本书提供了部分基本素材。第7章部分内容还出自大连理工大学李本文教授及其研究生夏永放博士、于春梅硕士的研究工作。在此，谨向上述所有同志表示由衷的感谢！

作者对德国亚琛工业大学燃烧工程研究所前所长 G. Adomeit 教授及埃朗根大学流体力学研究所前所长 F. Durst 教授表示诚挚的感谢！G. Adomeit 教授于 30 多年前将我引领到阴燃研究领域，使我得以开启多孔介质燃烧这一新的研究方向；F. Durst 教授则以其在多孔介质燃烧器及多孔介质发动机方面的创新思维和灵感给予我深深的启迪。

与本书内容相关的研究工作相继得到 8 个国家自然科学基金项目的资助。应该说，团队在多孔介质燃烧研究方面取得的所有进展和成果都是与这些基金项目的资助密不可分的。在此，谨向国家自然科学基金委员会表示感谢！

限于作者的知识范围、学术视野和写作水平，书中疏漏之处在所难免，诚恳期望同行专家学者和广大读者批评指正。

解茂昭

2022 年 4 月于大连理工大学

目　　录

前言
第1章　绪论···1
1.1　多孔介质的性质···1
1.2　多孔介质的基本参数··3
　　1.2.1　孔隙率··3
　　1.2.2　比表面积···5
　　1.2.3　迂曲度··5
　　1.2.4　孔隙尺寸/孔径···6
　　1.2.5　渗透率··6
　　1.2.6　水力传导系数··9
　　1.2.7　饱和度··9
1.3　多孔介质燃烧概述··9
　　1.3.1　作为燃烧场的多孔介质··10
　　1.3.2　多孔介质燃烧的特点及其优势···11
　　1.3.3　多孔介质燃烧的非平衡特性···17
　　1.3.4　多孔介质燃烧的多尺度特性及多尺度方法·····························18
　　参考文献··21
第2章　多孔介质中输运和燃烧的理论及数值方法基础···················23
2.1　体积平均法··23
　　2.1.1　体积平均假设及表征体元···23
　　2.1.2　体积平均化的基本理论··26
2.2　化学反应流的通用控制方程组···29
2.3　惰性多孔介质中气体反应流的控制方程···29
　　2.3.1　连续方程··29
　　2.3.2　组分方程··30
　　2.3.3　动量方程··30
　　2.3.4　能量方程··31
2.4　控制方程中源项的计算方法···33
　　2.4.1　动量方程的源项···33

　　　2.4.2　能量方程的源项 ···39

　　参考文献 ···49

第3章　多孔介质中湍流流动与燃烧模型 ·····················53

　3.1　概述 ···53

　　　3.1.1　多孔介质中的流动状态 ·······························53

　　　3.1.2　多孔介质流动的湍流模型 ·····························57

　3.2　时间-空间双分解法 ·······································59

　3.3　几种主要的多孔介质湍流模型 ·····························62

　　　3.3.1　P-dL 模型 ·······································62

　　　3.3.2　N-K 模型 ··66

　　　3.3.3　A-L 模型 ··68

　　　3.3.4　J-K 模型 ··70

　3.4　多孔介质的湍流燃烧模型 ·································73

　　　3.4.1　多孔介质反应流常用湍流燃烧模型 ·····················73

　　　3.4.2　基于双分解法的湍流燃烧模型 ·······················80

　　参考文献 ···83

第4章　多孔介质中的动量、热量与质量弥散 ·················86

　4.1　弥散的基础知识 ···86

　　　4.1.1　弥散的概念 ·······································86

　　　4.1.2　质量弥散 ··92

　　　4.1.3　热弥散 ··96

　4.2　大孔隙率多孔介质内质量弥散的数值研究 ·················101

　　　4.2.1　多孔介质模型 ·····································101

　　　4.2.2　层流流动的宏观组分输运方程 ·······················102

　　　4.2.3　湍流流动的宏观组分输运方程 ·······················103

　　　4.2.4　弥散系数的求解 ···································104

　　　4.2.5　结果与讨论 ······································106

　　　4.2.6　小结 ···113

　4.3　大孔隙率多孔介质内热弥散特性 ·························114

　　　4.3.1　热弥散边值问题求解法的基本理论 ·····················115

　　　4.3.2　几何模型及求解 ···································117

　　　4.3.3　结果与讨论 ······································119

　　参考文献 ···124

第5章　多孔介质中气体燃料预混合燃烧 ·····················127

　5.1　多孔介质燃烧分类 ·······································127

5.2 低速过滤燃烧 ·· 128
　　5.2.1 低速过滤燃烧的实验研究 ··· 128
　　5.2.2 低速过滤燃烧的理论分析 ··· 134
5.3 往复流动下的超绝热燃烧 ·· 138
　　5.3.1 往复流动下超绝热燃烧的实验研究 ·························· 138
　　5.3.2 往复流动下超绝热燃烧的数值研究 ·························· 144
　　5.3.3 往复流多孔介质燃烧器结构改进的数值研究 ············· 148
　　5.3.4 往复流动下超绝热燃烧的理论分析 ·························· 153
参考文献 ··· 163
第6章　多孔介质中气体燃料扩散燃烧 ······································· 168
6.1 多孔介质扩散燃烧特点 ··· 168
6.2 多孔介质扩散燃烧的实验研究 ·· 168
　　6.2.1 火焰结构与形态 ··· 168
　　6.2.2 填充床高度对污染物 CO 和 NO_x 排放的影响 ··········· 175
6.3 多孔介质扩散燃烧的数值研究 ·· 177
　　6.3.1 物理与数学模型 ··· 178
　　6.3.2 结果与讨论 ··· 179
参考文献 ··· 183
第7章　多孔介质燃烧非稳定性 ··· 185
7.1 概述 ··· 185
7.2 火焰锋面倾斜的实验研究 ·· 186
　　7.2.1 实验装置 ·· 186
　　7.2.2 火焰面非稳定现象的描述 ·· 188
　　7.2.3 燃烧尾气 ·· 192
7.3 火焰锋面倾斜的数值研究 ·· 193
　　7.3.1 物理模型与数学模型 ·· 193
　　7.3.2 火焰面倾斜现象描述 ·· 193
　　7.3.3 火焰面倾斜的影响因素 ··· 196
7.4 热斑非稳定的实验研究 ··· 199
　　7.4.1 实验系统 ·· 200
　　7.4.2 稳定的超绝热燃烧波 ·· 201
　　7.4.3 火焰面变形非稳定性传播 ·· 202
　　7.4.4 热斑非稳定性 ·· 203
　　7.4.5 孔隙率对热斑特性的影响 ·· 206
　　7.4.6 热斑不稳定性对燃烧波传播速度的影响 ···················· 207

参考文献 ·· 209
第8章 多孔介质中液体燃料的燃烧 ·············· 211
8.1 多孔介质中液体喷雾预蒸发过滤燃烧的实验研究 ········ 211
8.1.1 多孔介质中液体喷雾燃烧的实验装置 ············ 211
8.1.2 实验方法和步骤 ······························· 216
8.1.3 多孔介质内液体喷雾燃烧的火焰特性 ············ 217
8.1.4 液体喷雾预蒸发过滤燃烧的燃烧特性 ············ 220
8.1.5 小结 ··· 224
8.2 多孔介质中液体喷雾燃烧的数值模拟 ·············· 225
8.2.1 数学模型 ····································· 225
8.2.2 物理模型 ····································· 227
8.2.3 结果与讨论 ··································· 227
8.2.4 小结 ··· 233
8.3 多孔介质发动机的基础研究 ······················ 234
8.3.1 多孔介质发动机概述 ························· 234
8.3.2 多孔介质发动机的热力循环学分析 ·············· 236
8.3.3 开式多孔介质发动机零维单区模型 ·············· 245
8.3.4 小结 ··· 248
参考文献 ·· 248
第9章 多孔介质结构的几何模型 ·················· 250
9.1 固体小单元阵列模型 ···························· 250
9.2 自然填充堆积模型 ······························ 253
9.3 简化的理论模型 ································· 256
9.3.1 孔隙网络模型 ································· 256
9.3.2 随机生长型结构模型 ························· 258
9.3.3 基于单元体组合的模型 ······················· 261
9.4 计算机重构的随机模型 ·························· 264
9.4.1 基于实验的重构方法 ························· 265
9.4.2 数值重构方法 ································· 268
参考文献 ·· 274
第10章 多孔介质燃烧的孔隙尺度模拟 ·············· 278
10.1 概述 ··· 278
10.2 基于孔隙尺度的多孔介质内预混燃烧的大涡模拟研究 ··· 279
10.2.1 数值模型与计算方法 ························· 280
10.2.2 计算网格生成 ······························· 283

10.2.3　结果与讨论 ··· 284
10.2.4　多孔介质中的着火过程大涡模拟计算 ················· 293
10.3　湍流过滤预混火焰特性及特征尺度的影响 ················· 295
10.3.1　数值模型和计算方法 ····································· 296
10.3.2　结果与讨论 ··· 297
参考文献 ··· 304

第1章 绪　　论

1.1　多孔介质的性质

多孔介质通常是指由固体基体（骨架）和相互连接的孔隙所构成的多相体系，固体骨架遍及多孔介质所占据的体积空间，孔隙空间相互连通。每个相可以是连续或分散的，其中固相可能具有规则的或随机的几何形状和结构，而流体相可以是气相、液相或二者兼有。大多数自然成形的多孔介质的孔隙形状和大小都是非规则分布的，如砂岩、土壤、煤炭、木块和生物组织等。人造多孔介质有非规则分布的如堆积床、随机烧结颗粒、泡沫金属、纺织纤维及织品等，也有有序分布的如肋片散热器、等径球体排列而成的多孔颗粒层等。一般可以用孔隙平均直径和孔隙率等参数描述其结构尺度。

多孔介质材料所呈现的结构千差万别，同时，概念也十分广泛，主要可以分为自然和人造两类。从结构类型角度分类，多孔介质大致可分为颗粒堆积型、圆柱体或纤维型、管束型、网络型或泡沫通孔型。Bargmann 等[1]从结构和成型状态的角度，将多孔介质分为以下三大类（图 1-1）。

（1）纤维材料：①编织结构；②非编织结构。

（2）固结体（agglomerates）。①胞元结构（cellular structures）：闭孔胞元结构，开孔胞元结构，随机开孔胞元结构，规则开孔胞元结构；②固体基质＋稀疏孔隙材料。

（3）集料（aggregates）：砂粒、碎石、再生混凝土等。

纤维材料可分为两类：编织的和非编织的。前者是通过编织、缝合或针织而成，编织结构的特点是层次分明。无论编织织物、缝合织物或针织织物，其底层的构件通常是由纤维制成的某种纱线，这些纱线可以根据它们在加工中所取方向区分为经纱和与其垂直的纬纱。

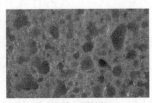

(a) 纤维材料　　　　　　　(b) 海绵（固结体）　　　　　　(c) 砂粒（集料）

图 1-1　多孔介质结构分类

　　非编织物也称为无纺布,是通过机械、化学或热黏合而成的任意网状结构。无纺布是随机长纤维制成的片状或网状结构,这些纤维通过机械缠结、化学或热黏合,即通过局部熔融和再分解而成材。实际的纤维材料是多种多样的,但最常用的是天然纤维或聚合物纤维。非织造布可根据不同的材料、黏合机理(或结合点)和纤维密度进行定制,以适应不同的要求。其应用范围包括防火衬里、建筑材料、卫生医疗用布和高度专业化的过滤材料等。无纺布常用作过滤材料,因为它们可以形成机械稳定的结构,具有极高的孔隙率和渗透性。对精心设计的无纺布微观结构可进一步优化其孔隙大小及输运特性,以改善其功能,如导热性和电导率等。由于其通用性,无纺布过滤器被用于先进的粒子过滤器和燃料电池中的气体扩散层。

　　固结体的多孔材料是指固结成一体的、有一定刚性的宏观固体材料,其宏观尺度远大于其所含孔隙。根据相对密度 ρ/ρ_s 可将其分为两组, ρ 表示固结体的密度, ρ_s 表示固相材料的密度。相对密度小于 0.3 的材料称为多孔材料。这些材料具有一定的力学、热学和声学性能,如高的强度重量比、低的导热系数和较高的吸声性能,这是许多工程应用所需要的。增加相对密度需要增厚单元壁,从而减小孔隙体积。孔隙造成的材料不连续性,使得这些材料具有上述蜂窝材料的力学、热学和声学特性,但由于它们的密度较高,其热学和声学等效率相对较低。

　　固结体又可分为胞元材料和基质 + 稀疏孔隙材料。胞元材料主要由棱边或表面固体的多面体胞元组成[2]。棱边是指连接顶点的线,面是指多面体的一个表面。如果在材料的微观结构中只存在胞元边,而没有连续的表面,我们就称这些材料为开孔胞元。含有胞元表面的微结构将每个胞元与其相邻胞元隔离开来,称为闭胞元。因此,在开孔胞元结构中,总是有可能找到穿过胞元而不穿透材料的固体部分的方法,而这对于封闭胞元材料是不可能的。最常见的多孔材料是以开孔或闭孔结构存在的泡沫金属或陶瓷。某些材料同时含有开孔胞元和闭胞元,因此属于混合型。胞元的微观结构可以在不同的尺度上出现。例如,在纳米级的开孔金属中,孔隙的尺寸范围是纳米级的;而在天然海绵体中,孔隙的范围是毫米级的。具有胞元微观结构的其他材料还有:骨头、软木、木材、植物茎和其他动植物组织。蜂窝材料固有的三维结构复杂性对材料的有效力学性能、热性能和声学性能有很大的影响。对其而言,常规的关于有效性质的分析标准过于保守。因此,需要真实的三维模型来准确地评估胞元实体的结构-性能关系。

　　基质 + 稀疏孔隙材料是由含有孤立孔隙的基质材料组成的。其中稀疏孔隙的来源可以是天然的,也可以是人工的。带有铸造缺陷的金属合金就是稀疏孔隙系统的典型例子,其形式是各种尺寸和形状的微观或宏观孔隙。这些微孔洞在位错堆积或机械加载过程中通过夹杂物剥离而成核,其向周围的延续导致孔洞增长,直至孔洞合并，成为材料破坏的前兆。在这方面，合金中的稀疏孔隙会降低材料的刚度、强度和延性。然而，在某些情况下，稀疏孔隙对某些材料特性则有积极的影响，因此常有意地将其引入材料中。纳米多孔金属玻璃就是显示稀疏孔隙有利影响的一个例子。

集料是指未固结的、非刚性的、或多或少松散堆积的单个颗粒的组合，其中颗粒被孔隙网络所包围，孔隙的体积分数可高达 80%。颗粒的聚集形成粒状体，其变形相当于粒状流。集料是一大类粗颗粒物质，事实上，颗粒的大小和形状可以有很大的差别，包括砂粒、粮食、碎石、矿渣、再生混凝土和土工合成材料等。集料可用作混凝土和沥青混凝土等复合材料的增强构件。颗粒体的有效性能取决于颗粒在摩擦接触下的尺寸、形状和充填方式。接触颗粒的网络构成了承载骨架，从而构成了颗粒体与悬浮物的根本区别。

为了对多孔介质中的流体流动进行描述，我们通常对多孔介质的几何特性进行如下限制。

（1）多孔介质中的孔隙空间是互相连通的。

（2）孔隙的尺寸远大于流体分子平均自由程。

（3）孔隙的尺寸必须足够小，这样流体才会受到流体与固体界面上的黏附力以及流体与流体界面上的黏着力（对多相系而言）的控制。

上述第二个限制允许我们用一个假想的连续体（表征体元）来表征孔隙中的流体分子；第三个限制则可将网络状管道从多孔介质的定义中排除。

在燃烧领域中应用较多的是多孔陶瓷（如蜂窝陶瓷和泡沫陶瓷）和颗粒堆积床，其具有密度小、强度大、渗透性好、耐热、耐磨损和耐腐蚀等优点。其具体包括陶瓷颗粒床、开孔金属和陶瓷泡沫体（即包含大量小通道的整体材料）、金属和陶瓷纤维、小直径管束等。泡沫陶瓷是一种耐高温的多孔材料，其空间结构具有随机性和非均匀性，空间尺度变化跨越多个数量级，其孔径从纳米级到毫米级不等，孔隙率在 20%~95%。而小球材料多为耐高温氧化铝或碳化硅，直径较小（2~3mm）的氧化铝小球多用于蓄热或防止回火，而直径大于 3mm 的小球多用于燃烧层，宏观孔隙率为 0.4 左右。通过自然堆积（重力作用）的小球填充床多为结构随机的填充床，其宏观孔隙率可以用相关公式进行计算[2]。

1.2　多孔介质的基本参数

1.2.1　孔隙率

孔隙率 ε 是多孔介质最重要的几何属性，它定义为多孔介质孔隙空间的体积 V_p 与总体积 V_b 之比：

$$\varepsilon = \frac{V_p}{V_b} \qquad\qquad (1\text{-}1)$$

多孔介质的孔隙率是个比较复杂的概念，从几何关系出发，可以有体积孔隙率（简称体孔隙率）、面积孔隙率（简称面孔隙率）和线孔隙率之分。面孔隙率为横切过多孔介质的某一平面上的孔隙面积 A_{pore} 与平面总面积 A_b 之比：

$$\varepsilon_A = \frac{A_{\text{pore}}}{A_b} \qquad\qquad (1\text{-}2)$$

需要注意的是，面孔隙率是与所取平面的法向方向有关的。

线孔隙率为穿过多孔介质的某一直线上的孔隙长度 L_p 与直线总长度 L_b 之比：

$$\varepsilon_L = \frac{L_p}{L_b} \qquad\qquad (1\text{-}3)$$

同样，线孔隙率是与所取直线方向有关的。对于各向同性的均匀多孔介质而言，体孔隙率和面孔隙率的分布是均匀的，并且可以证明，多孔介质在某点的体孔隙率等于该点所有定向面孔隙率的平均值。线孔隙率的平均值等于面孔隙率，因而也就等于体孔隙率。所以可以统称为多孔介质的孔隙率。

从流体通过多孔介质的流动的观点来看，只有相互连通的孔隙才有意义。因此，孔隙率可进一步分为以下两种。

（1）绝对孔隙率（总孔隙率）：多孔介质中连通与不连通的所有微小孔隙的总体积与该多孔介质外表体积的比值。

（2）有效孔隙率：多孔介质内相互连通的微小孔隙的总体积与该多孔介质的总体积的比值。所谓孔隙率，通常指有效孔隙率，一般直接用 ε 表示。显然，凡几何相似的多孔介质，无论其绝对长度尺度多大，其孔隙率都是相等的。孔隙率是多孔材料的基本结构参量，直接影响着多孔介质内流体容量，同时也是决定多孔材料导热、导电、声学性能、力学性能的关键因素。

实际应用的多孔介质的孔隙结构一般都是非均匀的，其物理、化学性质是各向异性的。因此，多孔介质中不同区域的孔隙率是不同的，而是多孔介质的结构和空间位置的函数。小球填充床中球与球之间、球与壁面之间存在点接触的情况。实验研究发现，近壁面处，体积孔隙率的值波动很大。在不可渗透边界附近的孔隙率最高，沿着径向方向呈现出振荡衰减的趋势，在距离边界4～5倍孔径处孔隙率逐渐降至一个渐近值。在大多数情况下，为简化处理，多孔介质被看作各向同性的，即认为各处的孔隙率相等。

1.2.2 比表面积

比表面积，简称为比面（specific surface），定义为固体骨架表面积 A_s 与多孔介质总体积 V 之比：

$$A_p = \frac{A_s}{V} \tag{1-4}$$

很明显，细粒构成的材料将显示出更大的比表面积。也就是说，多孔体比表面积越大，其骨架的分散程度越大，颗粒越细。比表面积无论对于多孔介质的流动、传热和燃烧过程，都是一个很重要的结构参数，它也是与多孔材料的流体传导性即渗透率有关的一个重要参数。

泡沫陶瓷类多孔介质的比表面积 A_p 的准确测量和计算是非常困难的，在要求不苛刻的情况下，可用根据实验数据回归的经验关系式进行估算：

$$A_p = 220.5(\varepsilon\, m_p)^{0.9} \tag{1-5}$$

式中，m_p 是多孔介质的孔密度，以孔数/cm 或 ppcm（pores per centimeter，每厘米长度内孔数）表示。

对于由直径为 d_p 的球形颗粒组成的多孔介质，若用 n_p 表示多孔介质单位体积上刚性球形颗粒的数密度，V_{void} 表示单位体积内孔隙体积，则

$$\varepsilon = V_{\text{void}} = 1 - \frac{4\pi}{3}\left(\frac{d_p}{2}\right)^3 n_p \tag{1-6}$$

$$A_p = 4\pi\left(\frac{d_p}{2}\right)^2 n_p \tag{1-7}$$

由以上两式容易得到

$$A_p = \frac{6(1-\varepsilon)}{d_p} \tag{1-8}$$

1.2.3 迂曲度

多孔介质的孔隙通道一般是弯曲的。孔道的弯曲程度对多孔介质中输运过程势必产生影响。一般用迂曲度（tortuosity）τ 来表示多孔介质孔隙连接通道的弯曲和扭转程度。迂曲度本质上是一个二阶张量，对于各向同性的多孔介质则可以定义为

$$\tau = \left(\frac{L}{L_e}\right)^2 \tag{1-9}$$

式中，L_e 和 L 分别是弯曲孔道真实长度与连接弯曲孔道两端的直线段长度。也可用 τ 的倒数 τ' 表示迂曲度：

$$\tau' = \left(\frac{L_e}{L}\right)^2 \tag{1-10}$$

文献[3]中总结了计算多孔介质迂曲度的一些经验关系式。

1.2.4　孔隙尺寸/孔径

多孔介质的孔结构和分布十分复杂，而孔径大小和分布对多孔介质的渗透性能有极大影响，还关系到流体在多孔骨架内部的流动状态。多孔介质流动的雷诺数（Re）就常以孔径大小作为内部特征长度，因此能够精确测定孔径就显得尤为重要。测定孔径尺寸的方法有：断面观测法、气泡法、气体渗透法、过滤法、气体吸附法、压汞法等。因多孔介质的孔隙的形状和大小大多是随机分布的，通常研究中所使用的孔径均指的是当量直径或平均孔径。

孔隙的当量直径 d_h 定义为 4 倍的流通体积 V_α 除以润湿表面积 $\Gamma_{\alpha\beta}$：

$$d_h = \frac{4V_\alpha}{\Gamma_{\alpha\beta}} = \frac{4\varepsilon}{A_p} \tag{1-11}$$

1.2.5　渗透率

多孔介质的基本特性之一是能够容许流体在其内部通过。此能力的大小称为多孔介质的渗透性。渗透性可用渗透率 k 来表示（文献中也常用大写的 K 表示）。渗透率的大小与多孔介质的几何特性，即粒径（或孔径）的分布、颗粒（或孔隙）形状、比表面积、迂曲度及孔隙率等性质有关，而与流体本身的性质无关。对于各向同性介质，渗透率是一个标量，而对于各向异性介质而言，渗透率的大小与方向有关，这时渗透率是一个二阶张量。

渗透率是由达西（Darcy）定律所定义的，表征在一定的流动驱动力下流体通过多孔介质的难易程度。关于达西定律，将在第 2 章详细介绍。

渗透率可以分为以下三种。

（1）绝对渗透率 K：又称为固有渗透率，是以空气作为流体通过多孔介质时测定的渗透率值。

（2）有效（相）渗透率 K_l：所谓有效渗透率是指多相流体共存和流动时，其中某一相在多孔介质中通过能力的大小。

在多相流动时，可将其中某相流动视为它在固相和其他相组合成的介质中流动，仍可采用达西公式，但渗透率则以该相有效渗透率代替，于是便把多相流动中所产生的各种附加阻力，都归结到该相流体的有效渗透率数值的变化上。

研究发现，同一多孔介质的有效渗透率的和总小于该多孔介质的绝对渗透率。这一结论是带有普遍性的。因为共用同一通道的多相流体的流动会相互干扰，此时，不仅要克服黏滞阻力，而且还要克服毛细力、附着力以及由于液阻现象增加的附加阻力等。

（3）相对渗透率 K_{rl}：有效渗透率与绝对渗透率的比值。例如，多孔介质中某液相的相对渗透率可用以下公式表示：

$$K_{rl} = \frac{K_l}{K} \tag{1-12}$$

应当注意，渗透率和孔隙率是既相互联系又有重要区别的两个不同的概念。显然，孔隙率越大，则渗透率越大。然而，孔隙率与多孔介质孔隙的绝对尺寸和具体形状结构无关，凡几何相似的多孔介质，其孔隙率均相等；而渗透率则与孔隙大小和具体形状结构密切相关，孔隙越大，则渗透率越大；通道形状越复杂，迂曲度越高，则渗透率越小。此外，渗透率还与多孔材料的物理性质有关。

对渗透率的测量方法可分为以下两大类。

（1）根据达西定律。

实验思路是，先测出系统中的压力降和流量，再求出与此系统的几何形状和实验流体相对应的达西定律的解，把计算出来的值与实验所得的值相比较，就可得出唯一的未知系数 k。

（2）根据孔隙结构。

很明显，渗透率必定是在统计上或多或少地由孔隙结构的几何形状确定，研究者已做出很多尝试，给出了一些计算渗透率的经验或半经验公式。以下介绍几个这样的公式。

克泽尼-卡门（Kozeny-Carman）方程：

$$K = \frac{d_p^2 \varepsilon^3}{180(1-\varepsilon)^2} \tag{1-13}$$

式中，d_p 为孔隙或颗粒直径；ε 为孔隙率。

Ergun 公式将 K 分为 K_1 和 K_2 两部分：

$$K_1 = \frac{d_p^2 \varepsilon^3}{a(1-\varepsilon)^2} \tag{1-14}$$

$$K_2 = \frac{d_p \varepsilon^3}{b(1-\varepsilon)} \tag{1-15}$$

该方程首先要根据雷诺数将流动分为 Forchheimer 区（详见第 2 章）和湍流区（见表 1-1），然后在不同区域 a、b 取不同的数值（见表 1-2）。可见，式（1-13）即式（1-14）的一个特例。表中各模型的出处均已在文献[4]中给出，有兴趣的读者可自行查阅。

表 1-1　非达西流动分区[4]

所在区域	Ifiyenia	Fand	Macdonald	Ergun	李振鹏等
Forchheimer 区（Re_p）	0.34～2.3	0.57～9.0	0.03～32.7	0.08～196	0.95～15
湍流区（Re_p）	≥3.4	≥13.5			≥15

表 1-2　Ergun 公式系数取值[4]

作者	Forchheimer 区	湍流区
Ergun	$a=150$，$b=1.75$	
王英波	$a=411\Phi_s-145$，$b=2.8\Phi_s+0.00698$	
李振鹏	$a=160$，$b=1.35$	$a=193$，$b=1.22$
Ifiyenia	$a=180$，$b=9.4$（$3\leqslant Re_p\leqslant 20$）	$a=342$，$b=2.95$（$Re_p\geqslant 30$）
Fan	$a=182$，$b=1.92$（$5\leqslant Re_p\leqslant 80$）	$a=225$，$b=1.61$（$Re_p\geqslant 120$）
Irmay	$a=180$，$b=0.6$	
Macdonald	$a=180$，$b=0.6$	

相对渗透率与该相流体的饱和度有关，通常通过经验公式来进行计算。以往的文献中相对渗透率与饱和度之间最简单的关系式是指数形式：

$$K_{rl} = s_w^n \tag{1-16}$$

式中，K_{rl} 是相对渗透率；s_w 为饱和度。对于石油工程和多孔介质热管，通常选用三次关系式（$n=3$）。

Klinkenberg 针对稀薄气体流动对渗透率公式进行了修正[2]。多孔介质中的气体流动与液体流动的一个重要的不同之处在于气体流动存在 Klinkenberg 效应，即当压力很低而气体相当稀薄时，气体分子的自由行程可达到与多孔介质微通道尺寸相同的量级，此时气体分子公式不再附着在固体壁面上，而会产生滑移现象，从而在宏观上增大了渗透率。换言之，多孔介质的渗透率不再只与多孔介质的微观结构有关，还与流动时的压力 P 有关，可用以下公式表示：

$$K_g = K_\infty \left(1 + \frac{b}{P}\right) \tag{1-17}$$

式中，K_g 是有效渗透率；K_∞ 是在非常大的气相压力下测得的多孔介质的渗透率，此时 Klinkenberg 效应可以忽略；b 为 Klinkenberg 系数。Reda 等（转引自文献[4]）通过实验表明，对于低渗透率的多孔介质，Klinkenberg 效应尤为重要。

1.2.6　水力传导系数

水力传导系数（hydraulic conductivity）K_H 是多孔介质流体传输能力的另一个特性参数，它与绝对渗透率 K 之间存在下列关系：

$$K_H = \frac{K\rho g}{\mu} = \frac{Kg}{\upsilon} \tag{1-18}$$

式中，μ 和 υ 分别为流体的动力和运动黏性系数；g 为重力加速度。在多孔介质流体力学中，经常以水力传导系数 K 代替渗透率 K，但相关文献中经常也有直接用 k 表示渗透率的，应注意不要将二者混淆。

1.2.7　饱和度

在多孔材料中某特定流体所占据孔隙体积的百分比，称为饱和度 s_w，即

$$s_w = \frac{V_w}{V_v} \times 100\% \tag{1-19}$$

式中，V_w 是流体所占据的多孔材料孔隙体积；V_v 是多孔材料孔隙总体积。当多种流体共同占有多孔材料的孔隙时，有

$$\sum_{i=1}^{n} s_{w,i} = 1 \tag{1-20}$$

1.3　多孔介质燃烧概述

减少燃烧过程中的污染物排放和提高燃料利用率是当前燃烧领域两大热点研究课题，为此人们提出了各种新颖的燃烧技术。20 世纪 80 年代以来引起广泛关注的多孔介质燃烧技术是可望解决这两大问题的一项重要技术，为开发和设计新型先进燃烧系统提供了一条前景广阔的新途径。

液体及气体燃料在多孔介质内的燃烧（也称为过滤燃烧）是自然界和工程中广泛存在的一种燃烧现象。它是指空气或可燃混合气流经固体多孔介质或颗粒及不规则碎块堆积床，从而在类似于过滤情况下发生的燃烧。过滤燃烧的广泛性和重要性绝不亚于生活与工程中最常见的自由燃烧（燃料在开敞或封闭空间内的燃烧）。过滤燃烧包括预混合气体在惰性或催化介质中的燃烧、液体燃料在惰性或催

化介质中的燃烧以及可燃性固体多孔介质或颗粒堆积床在空气过滤流过时的燃烧。因而，无论惰性或催化燃烧、均相或多相燃烧都可能以过滤燃烧的形式出现。

1.3.1　作为燃烧场的多孔介质

基于惰性多孔介质燃烧的装置广泛应用于材料加工制造、能源转换、人居环境等诸多应用领域。其实例包括挥发性有机物氧化、填料床焚烧炉、再生式燃烧器、辐射燃烧器、催化反应器、热电转换器、直接能源气体转换装置和系统、原煤气化、木材的高温燃烧和农业废弃物等。利用多孔介质燃烧器的设备大体上可分为三种：燃烧室/燃烧器、燃烧器/辐射加热器和燃烧器/换热器。燃烧室是一种将燃料的化学能转化为产品流热能的装置，其热损失最小。燃烧器/辐射加热器的作用是将燃料流的化学能转化为产品流的焓，最终转化为指向目标（负荷）的热辐射。燃烧器/换热器（带有集成的热交换器）的功能是将燃料的化学能转换为流经该交换器的工作流体的热能。这类装置的例子包括液体加热器、蒸汽发生器、气化炉、家用电器等。

多孔介质是由连接在一起的固体基质（或颗粒）和互相连通的孔隙构成的多相体系。用作燃烧场的多孔介质的孔隙当量直径在 0.4～5mm 范围。由于这类多孔介质的孔隙率大，流体在其内的流动受固体基质的阻力影响较小。从结构类型角度分类，多孔介质大致可分为颗粒堆积型、圆柱体或纤维型、管束型、网络型或泡沫通孔型。燃烧器中常见的多孔介质一般为颗粒堆积床、泡沫陶瓷、金属丝网等。堆积床的特点是牢固、经久耐用，但孔隙率较小。泡沫陶瓷孔隙率高，流动阻力小，但易受热应力影响发生破碎。金属丝网由于导热能力太强，热损严重，故实际应用不多。

多孔介质的性能取决于多孔介质材料本身和它的多孔几何结构形式。多孔介质燃烧器的很多优点都依赖于特殊抗高温多孔材料的性能。多孔介质的机械性能不仅取决于材料本身的强度、刚度等特征，也取决于其结构的坚固性和稳定性。多孔介质的热输运性质也同样依赖于它的几何结构形式和用于制造多孔介质的材料参数性质。这些参数包括导热率、发射率等。结构形式的影响有以下几个方面：不同结构有不同的光学厚度，这影响到辐射传热；骨架或颗粒之间的接触面和桥接方式会影响热传导；孔隙率、孔结构及其造成的流场结构会影响对流换热。

多孔介质在燃烧过程中，经受着剧烈的热应力和化学应力，多孔介质材料承受着腐蚀性环境、高温以及相当高的温度梯度三方面的压力。因此，对作为燃烧场的多孔介质必须满足以下要求：①耐高温；②能承受由频繁启动和温度梯度造成的热应力；③多孔结构有良好的流通性能；④热交换性能好；⑤骨架结构具有重量轻、刚度高的特征。

按结构形式，用作燃烧器的多孔介质可以分为分散颗粒填充床和整体框架的多孔介质两种。填充床的特点是：在各种工况下，受应力影响较小，因此经久耐用，但其孔隙率较小（典型由球体组成的填充床孔隙率在 0.36～0.43 范围内），对流动和燃烧不太有利。整体框架的多孔介质主要包括金属丝网、泡沫陶瓷、纤维陶瓷等。在燃烧领域中应用较多的是多孔陶瓷（如蜂窝陶瓷和泡沫陶瓷），用这类材料做成的燃烧室既能满足绝热要求，又能保证良好的换热效果，是远好于自由空间的燃烧场。

泡沫陶瓷和纤维陶瓷可统称为网状多孔陶瓷。其密度小、强度大、耐高温、耐磨损和腐蚀、比表面积大、孔隙率高。其导热系数比金属材料小，但与气体相比要大得多，热容量和热辐射力比气体大数千倍，是远胜于自由空间的燃烧环境。用这类材料做成的燃烧室既能满足绝热要求，又能保证有良好的换热效果。泡沫陶瓷孔隙率在 0.7～0.9，而纤维陶瓷的孔隙率可达 0.95～0.99。由于固体骨架之间的桥接，泡沫多孔陶瓷有较高的导热率。导热在热量传递中所占比重很小，但多孔介质在高温环境下仍有着优良的热输运性能，因为其巨大的内表面积和大的光学厚度使得辐射传热率很高。由于纤维陶瓷质量很小，在启动和调节负荷时其响应时间很短。泡沫陶瓷的缺点是，由于各处热膨胀系数的差异，在加热和冷却过程中很容易受到热应力而破裂，因此使用寿命相对来说较短。可见，分散颗粒填充床和整体框架这两种多孔介质的优势与劣势正好是互补的。

可用于制作多孔陶瓷的材料有很多种，工业上用一种基质材料再添加一种添加剂即可制成多孔陶瓷。基质材料一般有碳化硅、氮化硅、莫来石、堇青石、氧化铝等；黏结材料有镁土和钇等。由于材料的类型对燃烧器的抗高温及抗热震能力具有较大的影响，目前用于多孔介质燃烧器的陶瓷耐火材料，以氧化铝、氧化锆、碳化硅等为主。其中碳化硅材料在抗热冲击性能、强度及导热性能方面都具有优良的特性。一般工业生产中，如果不是特殊要求，燃烧器的温度不会超过 1600℃，从综合性能来看，碳化硅具有较好的应用前景。

1.3.2 多孔介质燃烧的特点及其优势

根据多孔材料的物理和化学性质及其在燃烧过程中的作用，多孔介质中的燃烧可分为三种主要类型：①惰性的，多孔介质只作为燃烧的空间场而存在，不参与化学反应；②催化的，多孔介质对化学反应起催化作用；③可燃的，多孔介质本身作为反应物参与化学反应。本书主要关注气体燃料在惰性多孔介质中的燃烧（颗粒床、金属和陶瓷开孔泡沫、混合和框架结构、纤维和金属丝网、填充床等）。

按照 Viskanta 的观点[5]，惰性多孔介质中可能存在四种不同的燃烧类型。

（1）自由燃烧：火焰由多个小小火焰组成并存在于多孔介质表面的上方。

（2）表面燃烧：当反应混合物的质量流率恰好使气体在多孔介质内达到其点火温度，使混合气仅在表面下着火，而火焰驻定在多孔介质表面，形成表面燃烧，同时孔隙内也发生一些焰前化学反应。

（3）浸没燃烧：在特定的局部温度和热损失条件下，混合气流速度等于火焰速度时，稳定的火焰存在于多孔介质内部，称为浸没燃烧。

（4）不稳定燃烧：当火焰速度超过混合气流速度时发生不稳定燃烧[即闪回或回火（flashback）]。

图 1-2 显示了表面燃烧式多孔燃烧器和浸没燃烧式多孔燃烧器的区别。如图 1-2（a）所示，燃料氧化剂混合物通过多孔介质，部分或全部在多孔介质附近的下游以气相燃烧。实际上，图 1-2（b）所示的浸没燃烧也是波纹状不连续的，其形态类似于图 1-2（a）所示的表面火焰。

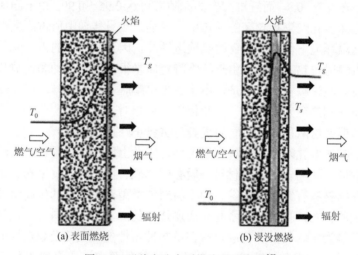

图 1-2　两种多孔介质燃烧器示意图[5]

相对于以自由火焰为特征的预混合燃烧方式，多孔介质中的预混合燃烧是一种完全不同且新颖而独特的燃烧方式。气体混合物在多孔介质孔隙内的燃烧具有不同于在其他介质（即仅有气相）系统中的燃烧。这是由于化学反应过程中的能量释放与传热密切相关，而固相和气相的热物性有很大的不同，并且在固体基体中还有强化的导热。固相表面单元间的长程辐射换热和单位体积较大的界面表面积有助于气固两相间的有效传热（从火焰吸取或向其加入热量），以及对流传热。其燃烧极限和火焰稳定性范围不同于传统燃烧器。与传统的预混合燃烧相比，多孔介质中的预混合燃烧具有很多显著的优越性[5, 6]。

（1）从能量利用和转换的角度来看，过滤燃烧最大的特点是其独具的热能积累和反馈效应，从而实现超绝热燃烧。这是由于多孔介质有很大的比表面积，气体和固体之间可以进行充分的热交换；同时，多孔介质的热容量比相同体积气体的热容量大很多。如果用多孔介质取代自由空间，预混合气在多孔介质内点燃以后，反应区内释热可以很快传给固体的多孔介质，并有一部分热量储存在多孔介质内，还有一部分热量通过辐射和热传导向上游和下游传给邻近的固体介质（图 1-3），实现热反馈，即将燃烧产生的热量充分用于加热反应区上游的预混合气，从而使燃烧反应显著增强。其结果是在忽略对外热损失的情况下，火焰温度可超过与未经预热的混合气状态对应的绝热火焰温度，故将其称为超绝热燃烧。超绝热燃烧的实现就是利用了多孔介质的强蓄热能力，以及通过控制装置实现燃烧热在燃烧器内的积累和循环利用。

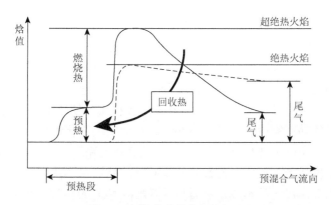

图 1-3 超绝热火焰的形成机理

超绝热燃烧的实现，使火焰传播速度增大，燃料可燃极限范围扩大。贫燃料可燃极限的扩大便于实现贫燃料和低热值燃料的燃烧，富燃料可燃极限的扩大可以用于合成气的制备。向下游传递的热量使燃烧器出口的辐射通量增加，有利于提高辐射加热器的辐射效率。

应当指出，从严格的科学意义上讲，"超绝热"的提法是不确切的，容易引起误解，鉴于国际学术界已经接受了它，故本书也沿用之。

图 1-3 通过比较预混合气在不同燃烧系统中焓值的变化描述超焓或超绝热的概念，虚线表示没有预热的自由空间燃烧系统中焓值的变化，实线表示有强化预热和余热回收装置的燃烧系统中焓值的变化。在没有预热的燃烧系统中，由于存在热损失，温度难以达到绝热火焰温度，尾气温度较高，尾气余热无法回收。而在实线表示的燃烧系统中，由于采取了较好的换热和余热回收措施，使预混合气在到达反应区前已被充分预热，温度迅速提升，预混合气到达反应区后发生燃烧反应，预热量叠加燃烧热，产生超绝热现象，热损失也显著降低。

（2）气体在多孔介质内的流动特征是存在旋涡结构和较大阻力系数，加之多孔介质具有很大的比表面积，有利于气体和多孔介质之间发生深度动量交换和相间能量交换，能显著增强火焰中的传热传质过程；多孔介质的导热率比气体大得多，即使是孔隙率高达 0.95 的多孔介质，其导热率仍然可达气体的 300~500 倍；多孔介质的热辐射能力更是气体无法相比的。加之多孔介质对气流的扰动和弥散作用，使气体内的扩散和传热过程显著增强，燃料燃烧释放出的热量可以高效地输运到多孔介质中，促进了燃烧反应，火焰传播速度也因此明显增大，又由于反应后的部分燃烧热被多孔介质吸收，反应区的温度峰值和反应后的产物温度降低，反应时间延长，加之火焰传播速度大，这就必然使反应区更宽。加上多孔介质有效的储热和传热作用，燃烧器内的燃料和温度分布趋于均匀，是一种比较理想的均质燃烧过程。

（3）利用多孔介质优良的传热性能，可以控制和优化温度场，提高燃烧效率，降低污染物的排放。火焰结构基本取决于各种传热机理、多孔介质骨架的热输运性质以及燃烧器的几何结构。因此，通过特定多孔介质燃烧器的设计可以将火焰面控制在适当的位置，实现最佳的能量利用率。燃烧速率远远大于自由火焰的传播速率。实验表明，在常压条件下，多孔介质的存在可使燃烧速率提高 10 倍，同时可达到很高的功率密度（约 $40MW/m^3$），从而实现强化燃烧。多孔介质的存在显著改善了燃烧室的换热性能，反应热很快被有效地输运到周围的固体材料中去，故反应区的温度较低。同时，与高导热率共存的高辐射率使燃烧室内温度趋于均匀，避免了局部高温区的形成，从而能显著削减 NO_x 的排放。又由于反应区的范围大，反应时间更长，燃烧更充分、更完全，有利于抑制 CO 的生成。实验表明，燃烧效率可提高 16~20 倍，NO_x、CO 等污染物的排放都显著减少，甚至可以实现污染物接近零排放。

（4）燃烧的稳定性好。多孔介质的热容量比气体大数百倍。因此，多孔介质中的燃烧具有很强的热惰性，表现为燃烧过程对混合气的当量比和功率波动不敏感，即多孔介质中储存的热量可以缓冲热负荷和过量空气系数的变化带来的某些燃烧不稳定性。在大气压条件下，多孔介质中燃烧区的时间稳定性可达几秒的数量级，这样就可以保证燃烧过程基本不受燃料供给和气流状态等外因变化的影响。相同当量比下，多孔介质燃烧器有较宽的稳定工作流率范围。火焰会在多孔介质内通过位置移动来调整燃烧速率，适应流率的变化。这是一个化学反应放热和辐射、对流、传导换热之间能量平衡的动态过程。

（5）燃烧的安全性高。燃烧反应区分布在远大于自由火焰锋面的范围内，燃烧过程非常稳定且完全。燃烧过程具有良好的可控性，故燃烧噪声小。由于多孔介质中孔隙很小，一般不存在宏观尺度上的可见火焰，只要燃烧室的结构合理，从理论上讲，就不会发生回火或吹熄事故，从而克服了预混合燃烧的缺点，故这种燃烧器的安全性很好。

（6）功率调节范围大，可实现高强度燃烧。在反应区范围内，如果多孔介质的温度高于混合气的燃烧温度，那么只需提高混合气的流速就可以达到提高功率密度的目的，常规燃烧技术的功率比调制范围一般为 2~3，而多孔介质中可达到 20，功率密度可达 $40MW/m^3$[7]。功率调节范围大同时也说明燃烧的稳定性高。例如，常规的火管式锅炉由于必须有足够的空间来容纳自由火焰，故一般体积都相当大，若采用多孔介质取代火焰管，变"体积型加热"方式为"面积型加热"方式，则锅炉的体积将显著缩小，而且通过选用数量不等的多孔介质模块，可使锅炉的功率调节比达到 1：20，而基于传统燃烧技术的燃烧器的功率调节比只能达到 1：2.5 左右[8]。

由于上述优点，过滤燃烧在国民经济各个部门和生产领域中得到了十分广泛的应用，具体如下。

（1）低污染的多孔介质燃烧器和换热器。

（2）燃料的转化与改性，如利用硫化氢或甲烷在富燃料和贫氧条件下的过滤燃烧制备氢气或合成气，以及地下煤层的就地气化。

（3）发动机尾气处理。柴油机尾气过滤器及催化器的基本原理是利用多孔陶瓷或催化涂层使发动机尾气发生过滤燃烧，进而实现污染物的过滤脱除或催化再生。

（4）燃料电池的能量转换过程。燃料电池中燃料和氧化剂的输运和化学反应过程（气体扩散层、催化层和质子交换膜中的工作过程）与过滤燃烧的机理是相同的。

（5）石油工业中的火烧油层技术。应用该技术可以提高原油采收率。其方法是通过油井向地下稠油层连续注入空气，同时在井下点火使油层发生燃烧，利用高温和烟气所产生的稠油降黏效应使油蒸气向外流出。其基本原理也是油料在砂石孔隙中的过滤燃烧。

（6）材料燃烧高温合成。它是利用金属或非金属粉末材料过滤燃烧自身放热使反应持续进行，最终合成所需材料或制品的新技术，在粉体合成及陶瓷涂层内衬的制备等方面其优越性突出，近年来已获得广泛应用。

多孔介质燃烧器可以使用的燃料除可燃气体外，还可以是汽油、柴油和其他液体燃料。上述多孔介质燃烧的优点也适用于液体燃料。对于液体燃料，起关键作用的是燃料的蒸发过程。不完善的蒸发会直接影响燃料空气混合气的形成，从而导致较高的 CO、NO_x 和 HC 排放。作为液体燃料燃烧器，多孔介质的又一大优点就在于它是一个很好的雾化器和蒸发器。而多孔介质内很大的比表面积可以促进燃油的蒸发，燃料分布在大量孔隙的内表面上，形成很薄的油膜，从而可以快速地受热并蒸发，形成可燃混合气。利用多孔介质组织液体燃料的燃烧有着广阔的应用前景，如燃气轮机、内燃机、工业炉、有毒废液的焚烧等。有毒废液一般是低热值的燃料，如果不加额外的能量很难在传统的工业炉中燃烧，而所加能量可达总释热量的 50%。利用多孔介质，由于回热作用，反应区有更高的释热强度，有可能不需外加能量就可实现有毒废液的焚烧。

在大孔隙率多孔介质中燃用液体燃料的实验结果表明，此种燃烧方式有着诸多的优点，如大幅度提高可燃极限、最大限度地降低碳烟及 NO_x 的排放。液体燃料在多孔介质中的燃烧与常规燃烧相比，具有低排放和高体积能量释放率及燃烧系统紧凑等特点。液体燃料在惰性多孔介质中燃烧时，所表现出的独到之处主要在于液体燃料在多孔介质中与炽热的多孔介质固体壁面发生碰撞，使得液滴发生破碎，从而发生二次雾化。破碎的液滴在多孔介质高温环境下，受到多孔介质固体壁面的热辐射作用，能够实现快速蒸发。尤其在高湍流度状态下，更能加速燃料蒸气与孔隙中空气的混合，能够形成部分预混合燃烧，使液滴实现完全蒸发，避免不完全燃烧时产生炭黑等问题。

随着汽车消费进入大众生活，节油和降低尾气排放也成为日益紧迫的问题。多孔介质燃烧的突出优点使它也十分适合应用于像内燃机这类强非稳态燃烧过程。柴油机与汽油机相比有功率大、效率高的优势，但传统柴油机内的液雾燃烧过程以扩散燃烧为主，会产生局部的高温点或低温点，高温点会产生 NO_x，低温点会产生 CO 和 HC，将多孔介质应用于内燃机有望解决传统柴油机的缺陷。实现快速瞬态燃烧的关键因素是混合气与多孔介质之间以及燃烧产物与多孔介质之间的快速换热。多孔介质燃烧器中蒸发、传热和燃烧过程都能在很短的时间尺度下完成。这意味着，以瞬态燃烧为特征的内燃机，若采用多孔介质技术，则有望达到优良的排放性能。首先，在整个燃烧过程中，由于多孔介质内温度分布一直保持相当均匀，从而可抑制 CO 的形成。同时，适当地设计多孔介质燃烧室，就可对燃烧温度加以控制以降低 NO_x 的排放。这是因为多孔介质中固体基质的存在防止了燃烧热全部被气体吸收，从而避免了局部高温区。另外，多孔介质内液体燃料的快速蒸发和完全燃烧也在很大程度上消除了未燃 HC 的排放。常规内燃机中引起 HC 排放的两个主要因素，即过浓或过稀的混合，在多孔介质发动机中都可得以避免。这是因为燃油并不是喷入缸内自由空间，而是喷入多孔介质内部。其巨大的比表面积和热容量以及孔隙内强烈的小尺度运动使得混合过程在整个反应区内均匀地进行。而且这一过程与燃油喷注的雾化并没有直接关系，从而可以降低对喷射系统和雾化质量的要求。上述诸因素，包括较低的燃烧温度、快速的蒸发、均匀的混合气形成以及燃气在反应区（多孔介质内部）较长的滞留时间都使得碳烟微粒的排放得以大幅度降低。所以，在多孔介质内燃机内组织燃烧有可能实现零排放[9, 10]。

目前，相比于多孔介质中气体预混燃烧的研究，多孔介质中液体燃料燃烧的研究在广度和深度上都很不足，尚有很大的研究空间。

1.3.3　多孔介质燃烧的非平衡特性

过滤燃烧最本质的特点是非平衡性和多尺度性,两者之间有着紧密联系。过滤燃烧所面临的各种科学和技术问题,基本上都源于其非平衡性和多尺度性这两个核心特征。为论述方便起见,我们暂将其分开,本节先讨论非平衡性。

多孔介质通常由固体相和一个或多个流体相组成。固体可能具有周期性或随机性结构,每个相可能是连续的或离散的。固相的材料范围可包括有机物、陶瓷和金属等,而流体相的性质可从低压低密度小分子气体到高分子液体不等。多孔介质的孔隙大小、孔隙率、孔隙连通性以及相间的比界面面积(单位体积内的界面面积)都有很大的变化。这种差别悬殊的长度尺度和物理性质使得在多孔介质的同相之内或异相之间会形成较大的热、化学和机械非平衡。所谓非平衡,是指各相之间质量、动量和能量传递并非无限大,而均为有限速率,从而导致异相之间乃至同相不同点处的组分浓度、温度和压力均存在一定差异,即形成系统内的化学非平衡、热非平衡和力非平衡。换言之,在输运和燃烧过程的特征时间内,输运阻力和化学反应动力学阻力可能会延迟或阻止系统内达到平衡态。非平衡的发生一方面源于介质的固有特性,如非均匀分布的反应物、不连续的固相,流体相和固相之间热物理属性大的差异;另一方面也是输运和燃烧过程的后果,如快速瞬变、化学反应的强烈吸热或放热以及进口和出口条件的急剧变化等原因所引起。

同时还需注意,所有的物理和化学过程都具有唯象长度和时间尺度,如火焰厚度、穿透深度、停留时间等。唯象长度尺度可以是与几何长度尺度相同的数量级,也可以与几何长度尺度有很大的不同。不同的唯象长度和时间尺度与几何长度尺度之间的相互作用,导致了不同的输运和反应体系,以及热和化学非平衡。非平衡的存在可能使得热量和化学组分在多孔介质的大截面上重新分布,并引起能量的暂时储存和再循环,从而提高燃烧反应速率。

除了由各相材料、结构和热物性之差异以及固相结构不连续所引起的非平衡之外,非平衡性还与系统的多尺度性紧密相关。多孔介质问题通常都包含一系列互不相等的长度尺度。Oliveira 等[11]指出,对某一给定的长度尺度 L_1,如果当地不同相之间温度(浓度、压力)之差别与同相物质在大一级长度尺度 L_2 范围内之温度(浓度、压力)之差别相当,则可认为系统在长度尺度 L_1 的层次处于热(化学、力)非平衡状态。当这种非平衡存在时,就会发生两相之间的传热传质和流体流动以及化学反应。

就热非平衡而言,相内部的热不平衡导致传导、对流和辐射产生的热传递(包括体积和表面);相间热不平衡则导致了相间的传热(表面对流)。这些相内部和相间的热不平衡的耦合,正是超绝热燃烧和热再生现象的根源。

　　就化学非平衡而言，有两种情况，第一种化学非平衡是人们有意即人为地把化学不平衡施加于系统上以控制燃烧和传热，第二种化学非平稳是系统本身固有特性的结果，即反应物的非均匀分布（即混合）。前者的例子是分布式多孔燃烧器，后者是固体热解和燃烧合成。在催化转换器中，几何形状是为提高整体转化率而量身定做的。

　　对于非平衡系统，需要采用不同于平衡系统的研究方法。非平衡方法是指针对系统中的力、热及化学非平衡，充分考虑两相之间参数值的差异及有限速率控制的输运过程，以及由此产生的两相界面处参数的滑移和突跃（不再满足经典的连续和无滑移条件），及其对燃烧特性的影响。例如，对于流固两相间的热非平衡，采用双温度模型之类的方法进行处理。而且，即使对流固两相采用了各自的方程，但体积平均却使其精度大打折扣。多孔介质在燃烧系统的非平衡性有许多优点可以应用于工程实际，但也对燃烧过程的模拟提出了特殊的挑战。

1.3.4　多孔介质燃烧的多尺度特性及多尺度方法

　　多孔介质是一种典型的多尺度结构的复杂几何系统，其孔隙结构或颗粒分布通常是随机、非均匀的。对于颗粒类介质，其几何异质性（非均匀性）是源于颗粒尺寸的较大差异以及不同尺寸颗粒的非均匀分布和团聚。对于连续介质，如网状材料和泡沫材料等，其异质性是由线网或孔隙的尺寸、长宽比和空间分布决定的。无论其自身几何结构还是发生在其中的流动、传热传质和燃烧过程均涉及许多层次不同的尺度，不同尺度下的过程（流动、输运及化学反应）具有各自不同的特点。这些长度尺度可以相差几个数量级，或者按大小顺序几乎是连续不断变化的。最小的孔隙尺度可小至纳米量级。以多孔介质内的燃烧反应为例，从分子间发生化学反应的长度尺度 10^{-8}m，即分子自由程尺度，到常用燃烧系统的长度尺度 1m，其间跨越了8 个量级（多孔介质相关长度尺度分布见图 1-4）。多孔介质的结构，包括孔隙在空间的分布、孔隙的形状和大小通常都是随机的。在各种不同尺度发生的物理化学过程对多孔介质内的输运和燃烧过程都产生影响。各种非平衡现象的产生在很大程度上源于多尺度结构。非平衡和多尺度是过滤燃烧最重要的本质特征。

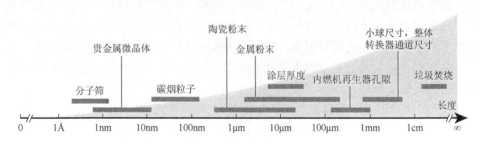

图 1-4　多孔介质长度尺度分布范围[11]

我们这里区分五个特征长度尺度[12]:

$$l_{\text{mo}} \ll l_{\text{mi}} \ll l_r^r \ll l^{\text{ma}} \ll l^{\text{me}} \tag{1-21}$$

以上这五个特征长度尺度依次为:分子尺度(molecular scale)、微观尺度(microscale)、介观尺度(mesoscale)、宏观尺度(macroscale)和宇观尺度(megascale)。

分子尺度是描述分子碰撞等过程的长度尺度,一般指分子平均自由程,是纳米量级,故也可称为纳尺度。

微观尺度是连续介质方法中的最小尺度,简称微尺度。在这个尺度区域内对分子相互作用进行平均,得到的物理量不会因这个平均区域的微小变动而产生任何波动,也就是说它是定义明确的。例如,描述微小孔隙、颗粒、气泡和液滴之界面及其内部过程的微尺度。

介观尺度是所研究对象的可分辨的特征几何结构的尺度,简称介尺度。如描述颗粒群和孔隙群体特性的介尺度。

宏观尺度是描述所研究系统整体特性的尺度,即系统的空间平均量的特征长度,简称宏尺度。确切地说,是对微观量在特定区域上的平均,能够得到有明确定义的平均量的最小尺度。它必须包含系统的主要特征,使得平均量对平均区域的大小不敏感。宏尺度应能描述物理量的变化,如压力场和速度场的变化,而不是描述多孔结构的几何特征。

宇观尺度为描述系统所在环境的整体规模的尺度。可大至海洋、大气乃至星云,小至工厂、车间或实验室。就多孔介质燃烧而言,除森林与草原火灾以外,通常不涉及宇观尺度。

应当注意,除分子尺度以外,以上尺度的划分都不是绝对的,而是与所研究的具体对象密切联系的。而且,各个尺度之间也没有严格的界限,特别是微尺度与介尺度,这两个概念有时是混用的。

多尺度现象是一个存在于客观世界的固有的普遍现象。自 20 世纪 90 年代初以来,有关多尺度现象的研究已经遍布各个学科分支,在数学、物理学、化学、材料科学、生物学、流体力学等各个领域均已受到高度重视和广泛研究。目前,多尺度现象研究已经从一个跨学科研究课题发展成为一门独立的新兴学科,即多尺度科学,它是研究同一系统中各种空间尺度和时间尺度相互耦合现象的科学[13, 14]。就数值模拟而言,多尺度模拟的精髓是通过多个尺度下求解过程的耦合,实现从小尺度的规律出发预测大尺度的规律,而在大尺度采取手段,控制小尺度的特性。多尺度模拟的一个关键环节是不同尺度子系统之间信息的交流与融合,可以通过两个途径来实施:一是将小尺度的结果通过空间积分转换为大尺度计算中所需的信息;二是分别对微尺度和宏尺度的计算结果进行统计平均和回归,建立宏观火焰与微观火焰特征参数之间的定量尺度律关系。近年来,国际燃烧界对多尺度模拟方法也给予了充分的关注，Peters 和 Echekki 分别撰写了综述文章[15-17]。

多尺度方法的基本思想是：将系统分解为若干不同尺度的子系统，在不同尺度下用不同方法对各子系统进行研究，并通过特定的方法实现子系统之间信息的交流与融合，从而认识和掌握整个系统的特性与规律。多尺度模拟需要着重解决的问题包括以下几个方面。

（1）尺度的划分和表征性体元的选取。

这里的尺度包括时间尺度和空间尺度。不同研究领域和不同课题中尺度的定义及其划分各不相同。对多孔介质燃烧而言，要针对多孔介质的几何与物理特征和过滤燃烧所涉及的物理化学过程确定子系统的划分，并对各子系统选用适合的数值方法。总体上可将过滤燃烧系统划分为 3 个不同尺度的子系统，即单颗粒或微孔径的微尺度（一般为 $0.1 \sim 10 \mu m$ 量级，有的文献相对于分子尺度将此尺度称为介尺度）、表征性体元（此概念将在第 2 章介绍）的介尺度（一般为 $1 \sim 10 mm$ 量级）及整个燃烧系统的宏尺度（一般为 $0.1 \sim 1 m$ 量级）。

（2）确定各子系统采用的研究方法，建立相应的各尺度下的几何结构和物理化学过程的数学模型。

解决多尺度问题有很多方法，包括分子尺度上的分子动力学模拟，微尺度的 Monte Carlo 方法、Lattice-Boltamann 方法，介尺度上的直接模拟，宏观尺度上的连续介质计算流体力学（computational fluid dynamics，CFD）方法等。对于绝大多数问题，分子尺度和微观尺度上的模拟都是很难实现的，只能采用宏观尺度上的连续介质方法。

针对多孔介质系统，上述 3 个子系统原则上均可采用传统 CFD 方法，但具体实施则各有特点。微尺度系统主要对微孔道内火焰特性进行二维数值模拟。同时，可借助直接模拟蒙特卡罗（direct simulation Monte Carlo，DSMC）法对气固两相界面处参数的滑移和突跃进行探索。微观 CFD 模型主要实施于微孔道内典型的火焰锋面以及气固两相界面，以捕获火焰传播和演化的细节，考察孔隙壁面条件对火焰传播和淬熄的影响。DSMC 法用于研究化学反应与多孔壁面微结构的相互作用机理，获取气固两相之间的热质与动量交换信息（穿越两相界面的参数的突跃变化量或其当量输运系数），为微观和介观流场 CFD 计算提供边界条件。介观模型的主要用途是提供宏观模型方程中所需的输运系数和体积平均所产生的附加项的待定系数值。介观子系统的 CFD 模拟是应用于表征性体元内的净流体，而宏观子系统的 CFD 模拟是应用于涵盖气固两相的整个系统的体积平均模型。

（3）实现微尺度、介尺度和宏尺度之间的耦合。

实现跨尺度信息的交流与融合，重点是相邻尺度系统之间计算结果转换和传递的方式和方法。例如，通过空间积分，将小尺度的结果转换为大尺度计算中所需的信息，使大尺度模型实现封闭（如控制方程中的输运系数及边界条件）。充分应用微尺度和介尺度模拟所得到的详细信息，通过耦合将其用于描绘燃烧系统宏观特性，并转化为宏观参数之间的函数关系。通过求解介观流场中净流体的 N-S（Navier-Stokes）方程组，可得出其速度、温度和组分的详细分布；然后在若干个周期性单元组成的表征性体元内对介观流场进行积分即空间平均；再根据宏观流场中输运系数的定义，即可得出多孔介质阻力系数及热弥散和组分弥散系数。类似地，基于介观平均流场和湍流模型量（如 k、ε）的计算结果，可求出宏观流场和湍流模型方程中附加项的待定系数。

多尺度方法在多孔介质燃烧系统中的应用具有很多优点，但也对燃烧过程的模拟提出了特殊的挑战。分析多孔介质流动及燃烧过程最精确的方法当然是直接模拟，无论连续介质还是分子模型均可应用。当尺度能够清晰地互相分离开时，通常使用连续（或体积平均或均匀化）模型。反之，当长度尺度几乎连续变化时，需要进行详细的局部模拟，即直接从微观层面入手进行数学描述（如孔隙尺度），求解相应的输运方程，从而获得重要的非平衡态的详细信息。同时，鉴于在孔隙尺度上进行测量的困难，详细的直接模拟有助于对孔隙水平物理机理及其与宏观平均变量之间相互作用的理解。但直接模拟无疑会给数值计算和计算机资源带来巨大的挑战，况且太过微观的结果对于工程应用来说意义不大。因此，通常我们利用一定的数学方法将微观尺度的问题放大并转化为宏观尺度的问题，此即所谓的尺度升级或尺度放大（upscaling）。

在尺度放大的众多方法中，局部体积平均方法和均一化方法[18, 19]应用最为广泛。局部体积平均方法的前提是从点态控制方程中获得宏观传输方程，主要是对 N-S 方程和能量守恒方程进行局部体积平均。但在体积平均过程中，大量中小尺度乃至微尺度下的信息被过滤掉，从而使得出的结果必然与实际情况有一定的偏差。体积平均模型和详细的局部仿真的算例表明，必须将二者结合起来，利用孔隙尺度甚至分子尺度方法获得细节信息。宏观尺度模型中的参数也需要通过更小尺度的计算和实验来获得。

参 考 文 献

[1] Bargmann S, Klusemann B, Markmann J, et al. Generation of 3D representative volume elements for heterogeneous materials: A review. Progress in Materials Science, 2018, 96: 322-384.

[2] Gibson L J, Ashby M F. Cellular Solids: Structure and Properties. Cambridge: Cambridge University Press, 1997.

[3] 田兴旺. 幂律流体在多孔介质内流动及换热特性研究. 大连: 大连理工大学, 2018.

[4] 郑坤灿, 温治, 王占胜, 等. 前沿领域综述——多孔介质强制对流换热研究进展. 物理学报, 2012, 61: 014401.

[5] Viskanta R. Modeling of combustion in porous inert media. Special Topics & Reviews in Porous Media-An International Journal, 2011, 2: 181-204.

[6] 解茂昭, 杜礼明, 孙文策. 多孔介质中往复流动下超绝热燃烧技术的进展与前景. 燃烧科学与技术, 2002, 8 (6): 520-524.

[7]　Durst F，Weclas M. A new type of internal combustion engine based on the porous-medium combustion technique. Proceedings of the Institute Mechanical Engineers，Part D Journal of Automobile Engineering，2001，215：63-81.

[8]　Mosbauer S，Pickenacker O，Pickenacker K，et al. Application of porous burner technology in energy and heat engineering. Fifth International Conference on Technologies and Combustion for a Clean Environment (Clean Air V)，Lisbon，1999：519-523.

[9]　Durst F，Weclas M. Direct injection IC engine with combustion in a porous medium：A new concept for a near-zero emission engine. International Congress on Engine Combustion Processes，Essen：Haus der Technik（HDT），1999.

[10]　解茂昭. 一种新概念内燃机——基于多孔介质燃烧技术的超绝热发动机. 热科学与技术，2003，2：189-194.

[11]　Oliveira A A，Kaviany M. Nonequilibrium in the transport of heat and reactants in combustion in porous media. Progress in Energy and Combustion Science，2001，27：523-545.

[12]　Miller C T，Gray W Q. Thermodynamically constrained averaging theory approach for modeling flow and transport phnomena in porous medium systems：2. Foundation Advanees in Water Resources，2005，28：181-202.

[13]　van den Akker H E A. Toward a truly multiscale computational strategy for simulating turbulent two-phase flow processes. Industrial and Engineering Chemistry Research，2010，49：10780-10797.

[14]　Charpentier J C. Perspective on multiscale methodology for product design and engineering. Computers and Chemical Engineering，2009，33：936-946.

[15]　Peters N. Multiscale combustion and turbulence. Proceedings of Combustion Institute，2009，32：1-25.

[16]　Echekki T. Topical review：Multiscale methods in turbulent combustion：Strategies and computational challenge. Computational Science & Discovery，2009，2：013001.

[17]　Peters B，Baniasadi M，Besseron X. XDEM multi-physics and multi-scale simulation technology：Review of DEM-CFD coupling，methodology and engineering applications. Particuology，2019，44：176-193.

[18]　Hornung U. Applications of the homogenization method to flow and transport in porous media. Flow and Transport in Porous Media. Singapore：World Scientific，1992：167-222.

[19]　Terada K，Ito T，Kikuchi N. Characterization of the mechanical behaviors of solid-fluid mixture by the homogenization method. Computer Methods in Applied Mechanics and Engineering，1998，153：223-257.

第2章　多孔介质中输运和燃烧的理论及数值方法基础

2.1　体积平均法

2.1.1　体积平均假设及表征体元

在第 1 章中已经提及，迄今为止对过滤燃烧的研究，无论理论分析还是数值模拟，局部体积平均法是应用最为广泛的一种方法。此法最早由 Whitaker 提出[1, 2]，之后他又与 Quintard 系统地发展了体积平均理论[3-7]。本节对体积平均法进行比较详细的介绍。

混合气在多孔介质中流动，实际上是在无数个微小孔隙中流动。实际多孔介质中均匀一致的颗粒形状和孔隙分布几乎不存在，气固界面也存在随机的不确定性。以目前的计算机资源，尚很难对宏观规模较大的系统微孔隙内的流动和燃烧过程进行详细描述。而且在工程应用中人们并不关心微小孔隙尺度上的输运现象，因此长期以来，对过滤燃烧的研究，无论理论分析还是数值模拟，大多采用宏观描述的局部体积平均法，即将复杂多相的多孔体系看成一种在较大尺度上均匀分布的虚拟连续介质，在宏观尺度上对基本控制方程按体积取统计平均，而各种输运关系及固相与流体相之间的相互作用则采用经验公式来描述。其不同流速层中或流体涡团中的流体分子间碰撞交换动量。宏观表现为流体是以黏滞形式出现的流动，从而可以利用表观当量参数的唯象方法进行研究，而不必去研究每一个孔隙中流体的流动和换热情况，使一个原本非常复杂的流动问题得以简化，可以利用一般流体力学的方法得到解决。

局部体积平均法通过引入表征体元（representative elementary volume，REV）的概念，在原理上提供了微观尺度和宏观尺度在流体力学和传热传质之间的联系[8-11]。在表征体元上对流体变量和固体变量进行体积平均，利用基本的输运方程对问题进行描述并求解。此方法克服了孔隙尺度研究方法的缺点，不需要考虑固体骨架微细结构处的确切流动和传热情况，避免了建立数学模型的烦琐性，又能得到获得我们更感兴趣的宏观参数，因而体积平均方法得到了广泛应用。

但是，要采用这种连续介质的处理方法是有条件的，就是气体相当稀薄时，其在多孔介质中固体表面流动可能会出现速度不为零的"滑移"现象。当气体分子的平均自由程与孔隙的尺度在数量级上相当时，这种现象表现得更加明显。运用"体积平均"假设之前应计算表征流体稀薄程度的无量纲准则Knudsen数——Kn，据此确定是否可以采用这种假设。代表分子运动平均自由程与孔隙特征尺度之比的Kn可按以下公式计算：

$$Kn = \frac{L_M}{d}, \quad L_M = \mu\sqrt{\pi} / \sqrt{2\rho^2 RT} \tag{2-1}$$

根据钱学森[12]的建议，微小孔道中气体的流动可根据气体的稀薄程度，按照Kn的大小划分为四种不同的计算区域，即连续介质区（$Kn < 10^{-3}$）、速度滑移和温度跳跃迁区（$10^{-3} < Kn < 10^{-1}$）、过渡区（$10^{-1} < Kn < 10^{1}$）、分子区（$Kn > 10^{1}$），在不同的区域，必须采用不同的计算模型。

当标准状况下的空气在多孔介质中流动时，取温度$T = 298.15\text{K}$，动力黏性系数$\mu = 1.835 \times 10^{-5}\text{kg/(m·s)}$，密度$\rho = 1.185\text{kg/m}^3$，空气的气体常数$R = 287.096\text{J/(kg·K)}$，若取孔隙的平均直径$d = 0.3\text{mm}$（实际所用的多孔介质的孔径一般大于此值），计算得到$Kn = 2.4 \times 10^{-4} < 10^{-3}$。可见，孔隙的特征长度大于分子运动的平均自由程，满足应用N-S方程及Fourier热传导定律的条件，可以认为在气体与固体的交界面处无速度滑移及温度跃迁发生，可以将多孔介质视为孔隙尺度上均匀分布的虚拟连续介质，即采用体积平均方法是适用的。

我们可以将多孔介质看作由孔隙（α相）和固体基质（β相）组成，如图2-1所示，两相被界面Γ分开。选取包含研究点P（黑体p表示位置矢量）在内的一个很小的研究区域（比单个孔隙空间大得多，但远小于整个流体流动区域）为控制单元，称为表征体元。基本REV的尺寸选取原则应当是这样的，它与孔隙级或颗粒级几何长度尺度相比足够大，从而能够保证其内包含足够数目的孔隙，这样才能按连续介质的概念要求进行有意义的统计平均。而与系统级几何长度尺度，即整个流动区域的尺寸相比，它必须足够小，否则平均的结果不能代表在P点发生的现象。此外，在REV内，其基本参数（如孔隙率）随空间坐标的变化应该很小，其变化幅度须远小于其平均值。对于非均匀介质，例如，当孔隙率在空间上变化时，REV尺寸的上限应当是孔隙级和系统级的唯象长度尺度，即特征长度，其下限与孔隙或颗粒的大小有关。

设P是多孔介质区域中的一个点，δV为包围P点的体积，δV_p为δV中孔隙的体积，可以定义多孔介质的孔隙率为

$$\varepsilon = \lim_{\delta V \to \delta V_0} \frac{\delta V_p}{\delta V} \tag{2-2}$$

式中，体积δV_0就是多孔介质在数学点P处的表征体元。这样，通过引入孔隙率的概念和表征体元的定义，实际的多孔介质就为一种假想的连续介质所代替。显然，这一小区域的体积V与孔隙大小有关系，而且只有V足够大时，才不至于因为V的细小变化引起多孔介质中P点处的某一标量或矢量密度φ发生显著变化，即

$$\left.\frac{\partial \overline{\varphi(\boldsymbol{p})}}{\partial V}\right|_{V=V_0}=0 \tag{2-3}$$

式中，V_0 为 REV 的体积。REV 与参数宏观测量的传感器尺寸一致，使参数具有宏观可测性。可见，引入 REV 这一概念，就可将研究对象从微观的孔隙（或颗粒）尺度转移到 REV 这样一个能表现多孔介质可观性的尺度上来。在 REV 内对流体参数和固体参数实行体积平均，就获得多孔介质截止在 REV 尺度上的平均参数，进而可研究其中的输运和燃烧过程。

体积平均方程需要相界面的通量关系式和偏移平均量的封闭关系式。用于封闭的一个假设是：偏移量与平均量的梯度或差值之间为线性关系，即梯度通量假设。线性近似严格地说只适用于与平均值变化相比较小的孔隙，以及局部尺度上较短的松弛时间。

下面引入体积平均假设的几个基本参数。为便于确定标量密度 $\varphi(\boldsymbol{p})$ 在包含 P 点的 REV 的平均值，引入孔隙空间的特征函数 $\gamma(\boldsymbol{x})$：

$$\gamma(\boldsymbol{x})=\begin{cases}1, & \text{若}\boldsymbol{x}\text{在}\alpha\text{相} \\ 0, & \text{若}\boldsymbol{x}\text{在}\beta\text{相}\end{cases} \tag{2-4}$$

在 REV 上围绕 P 点对只存在于 α 相的密度 φ 积分，得到 φ 在 P 点的平均值：

$$\overline{\varphi(\boldsymbol{p})}\equiv\frac{1}{V}\int_V \varphi(\boldsymbol{p}+\boldsymbol{x})\gamma(\boldsymbol{p}+\boldsymbol{x})\mathrm{d}\boldsymbol{x} \tag{2-5}$$

图 2-2 描述了各向同性多孔介质的体积孔隙率与多孔介质的平均体积 V 的函数关系，当 V 足够大（$V > V_0$）时，体积孔隙率不再变化。包含 P 点的 REV 的体积孔隙率定义为

$$\varepsilon(\boldsymbol{p})\equiv\frac{1}{V}\int_V \gamma(\boldsymbol{p}+\boldsymbol{x})\mathrm{d}\boldsymbol{x}=\frac{V_\alpha(\boldsymbol{p})}{V} \tag{2-6}$$

式中，V_α 是 α 相的体积；$V=V_\alpha+V_\beta$，V_β 是 β 相的体积。当 V 趋于 0 时，若 P 点在 α 相，则体积孔隙率为 1，否则体积孔隙率为 0。

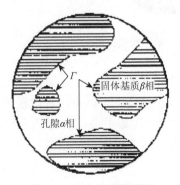

图 2-1　多孔介质示意图

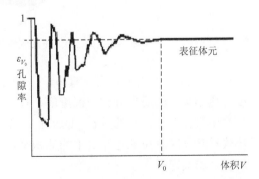

图 2-2　各向同性多孔介质的体积孔隙率与平均体积的函数关系

2.1.2　体积平均化的基本理论

Bear 等[13]在其著作中论述了基于 REV 概念的多孔介质中的输运基本理论，但在实践中应用该理论是非常困难的，因此需要建立既不失问题本质特征又简单实用的输运模型。体积平均模型是建立在对 α 相或 β 相内逐点的守恒方程平均化基础之上的，因此在建立化学反应流在惰性多孔介质中输运方程之前提出如下假设。

（1）宏观上多孔介质为各向同性和惰性的刚性介质；其固体基质部分是不可渗透的，即在孔隙（α 相）中流动的流体不会渗透到固体基质（β 相）内部。

（2）流固相之间界面静止不动，忽略其表面能，界面上遵循热力学平衡，且连续性假设成立。

（3）多孔介质中流动的是均质牛顿流体，固体壁面处无滑移。

（4）在局部热力学平衡中多孔介质可以进行热辐射的发射和吸收。

于是，混合气在多孔介质中的流动和反应系统就由固定不动的固相和流动并发生化学反应的流体相组成，如图 2-3 所示。在上述假设下，运用渗流力学的基本原理可以建立起多孔介质中反应流的输运方程。

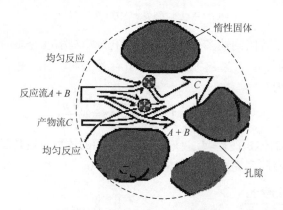

图 2-3　预混合气体反应流在多孔介质中的均匀反应

式（2-5）给出了通用变量 φ 在一个 REV 上的平均值定义，φ 可以是质量密度、化学组分的质量分数、温度等，在以上假设的基础上可以将这种体积平均法扩展至只存在于 α 相的量 $Q_{i,\alpha}$ 的求和、求积与微分等运算中去。2.3 节将利用这些公式推导反应流在多孔介质中的体积平均输运方程。首先考察 α 相内 φ 的内部平均值，将其定义为

$$\overline{\varphi(\boldsymbol{p})}^{\alpha} \equiv \frac{1}{V_{\alpha}} \int_{V} \varphi(\boldsymbol{p}+\boldsymbol{x}) \gamma(\boldsymbol{p}+\boldsymbol{x}) \mathrm{d}\boldsymbol{x} = \frac{1}{V_{\alpha}} \int_{V_{\alpha}} \varphi(\boldsymbol{p}+\boldsymbol{x}) \mathrm{d}\boldsymbol{x} \qquad (2\text{-}7)$$

在求固体基质或 β 相中的密度内部平均值时，$\gamma(\boldsymbol{p}+\boldsymbol{x})$ 用 $1-\gamma(\boldsymbol{p}+\boldsymbol{x})$ 来替换，并在固体基质体积 V_β 而不是孔隙体积 V_α 上积分。于是，通过体积孔隙率可将整个多孔介质体积上的平均值与 α 相的内部平均值联系起来：

$$\overline{\varphi(\boldsymbol{p})} = \varepsilon \overline{\varphi(\boldsymbol{p})}^{\alpha} \tag{2-8}$$

将式（2-7）和式（2-8）结合起来，容易得到

$$\overline{\varphi}^{\alpha} \equiv \frac{1}{V_\alpha}\int_{V_\alpha}\varphi\mathrm{d}V = \frac{1}{\varepsilon}\frac{1}{V}\int_V\varphi\mathrm{d}V \equiv \frac{1}{\varepsilon}\overline{\varphi} \tag{2-9}$$

为研究方便，引入当地（或局部）密度概念。位于点 $\boldsymbol{p}+\boldsymbol{x}$ 处的当地密度用 $\tilde{\varphi}(\boldsymbol{p}+\boldsymbol{x})$ 表示，根据内部平均密度 $\overline{\varphi(\boldsymbol{p})}^{\alpha}$ 推算得出

$$\tilde{\varphi}(\boldsymbol{p}+\boldsymbol{x}) \equiv \varphi(\boldsymbol{p}+\boldsymbol{x}) - \overline{\varphi(\boldsymbol{p})}^{\alpha} \tag{2-10}$$

可见，当地密度 $\tilde{\varphi}(\boldsymbol{p}+\boldsymbol{x})$ 是多孔介质对 φ 影响程度的量度。显然，当密度仅存在于 α 相时，$\overline{\tilde{\varphi}(\boldsymbol{p})}^{\alpha} = 0$。

根据以上的定义，两个量 Q_1 和 Q_2 的和与积的内部平均值分别为

$$\overline{Q_1+Q_2}^{\alpha} = \overline{Q_1}^{\alpha} + \overline{Q_2}^{\alpha} \tag{2-11}$$

$$\overline{Q_1Q_2}^{\alpha} = \overline{Q_1}^{\alpha}\,\overline{Q_2}^{\alpha} + \overline{\tilde{Q}_1\tilde{Q}_2}^{\alpha} \tag{2-12}$$

当 Q_1 是速度，而 Q_2 是质量密度时，式（2-12）右边第二项可以看作弥散通量。运用关系式（2-8）得到体积平均值。孔隙空间的流体和固体基质在内表面 $\Gamma_{\alpha\beta}$ 上存在互相作用。因此，必须推导出与空间位置有关的导数平均值。为得到量 Q 的平均导数，根据高斯定理：

$$\int_V\frac{\partial Q}{\partial x_i}\mathrm{d}V = \int_\Gamma Qn_i\mathrm{d}\Gamma \tag{2-13}$$

式中，$n_i = \hat{\boldsymbol{x}}_i \cdot \hat{\boldsymbol{n}}$，$\hat{\boldsymbol{n}}$ 是 $\mathrm{d}\Gamma$ 面上指向外的法向单位矢量。体积 V 以表面 Γ 为界。对于孔隙空间，边界表面由两部分组成——α 相的外表面 $\Gamma_{\alpha\alpha}$ 与 α 相和 β 相之间的内表面 $\Gamma_{\alpha\beta}$，于是高斯公式又可写为

$$\int_{V_\alpha}\frac{\partial Q}{\partial x_i}\mathrm{d}V_\alpha = \int_{\Gamma_{\alpha\alpha}} Qn_i\mathrm{d}\Gamma + \int_{\Gamma_{\alpha\beta}} Qn_i\mathrm{d}\Gamma \tag{2-14}$$

用 V_α^{-1} 乘以关系式（2-13）可得到体积平均导数：

$$\overline{\frac{\partial Q}{\partial x_i}}^{\alpha} = \frac{\partial \overline{Q}^{\alpha}}{\partial x_i} + Qn_i^{\alpha\beta}\frac{A_p}{\varepsilon} \tag{2-15}$$

式中，左边表示 Q 的体积平均导数；右边第一项表示 Q 的平均值的导数；第二项表示内表面的影响；A_p 表示多孔介质单位体积的比表面积。界面 $\Gamma_{\alpha\beta}$ 的影响定义为

$$Qn_i^{\alpha\beta} \equiv \frac{1}{\Gamma_{\alpha\beta}}\int_{\Gamma_{\alpha\beta}} Qn_i\mathrm{d}\Gamma \tag{2-16}$$

内表面影响的大小只有在该表面的详细信息已知的情况下才可得到，然而

通常情况并非如此。在某些特殊情况下，例如，量 Q 是一标量，在平均体积内满足 $\nabla^2 Q = 0$（即 Q 单调变化），多孔介质的影响可以近似计算，利用格林公式可将式（2-15）写成以下形式[13]：

$$\frac{\overline{\partial Q}^\alpha}{\partial x_j} = \frac{\partial \overline{Q}^\alpha}{\partial x_i} \tau_{\alpha,ij}^* + \frac{1}{V_\alpha} \int_{\Gamma_{\alpha\beta}} \tilde{x}_j \frac{\partial Q}{\partial x_i} n_i \mathrm{d}\Gamma \tag{2-17}$$

式中，α 相的迂曲度张量 $\tau_{\alpha,ij}^*$ 为

$$\tau_{\alpha,ij}^* = \frac{1}{V_\alpha} \int_{\Gamma_{\alpha\alpha}} n_i \tilde{x}_j \mathrm{d}\Gamma \tag{2-18}$$

其中，导出值 $\tilde{x}_j$ 由式（2-14）给出。

如果内表面 $\Gamma_{\alpha\beta}$ 对 Q 而言是不可渗透的（如 Q 垂直于 $\Gamma_{\alpha\beta}$ 的梯度等于 0），即

$$\frac{\partial Q}{\partial x_i} n_i = 0 \tag{2-19}$$

则式（2-17）右边第二项为 0，从而得以简化。根据假设，固体基质是不可渗透的和化学惰性的，所以这一条件对于多孔介质中的动量输运与各组分的质量输运显然是成立的，而对能量的输运不成立，因为多孔介质中气固两相之间存在热能交换，故式（2-17）右侧第二项不为 0，而且 Q 在 β 相中的特性也必须已知。因此，平均量不仅与 α 相有关，还与 β 相有关。在 $\alpha\beta$ 界面上应保留两个条件：

$$-(\lambda_\alpha \nabla Q_\alpha \cdot v)\big|_{\alpha-\text{side}} = -(\lambda_\beta \nabla Q_\beta \cdot v)\big|_{\beta-\text{side}} \tag{2-20}$$

$$Q_\alpha\big|_{\alpha-\text{side}} = Q_\beta\big|_{\beta-\text{side}} \tag{2-21}$$

式中，v 是界面运动速度矢量；λ 为描述 Q 的扩散输运的扩散系数。以下复合平均导数成立：

$$\varepsilon \frac{\overline{\partial Q_\alpha}^\partial}{\partial x_j} + (1-\varepsilon) \frac{\overline{\partial Q_\beta}^\beta}{\partial x_j} = \frac{\partial \varepsilon \overline{Q_\alpha}^\alpha}{\partial x_i} + \frac{\partial (1-\varepsilon) \overline{Q_\beta}^\beta}{\partial x_i} \tag{2-22}$$

Whitaker[2]对非稳态项 $\frac{\partial Q}{\partial t}$ 的平均值问题进行了研究，根据他提出的传递理论，对于惰性多孔介质中的气体反应流，可推导出

$$\frac{\overline{\partial Q}^\alpha}{\partial t} = \frac{\partial \overline{Q}^\alpha}{\partial t} - \frac{1}{V} \int_{\Gamma_{\alpha\beta}} Q v_{\alpha\beta} n_i \mathrm{d}\Gamma \tag{2-23}$$

式中，$v_{\alpha\beta}$ 为界面运动速度。由前面分析可知，固体壁面无滑移，则在 $\Gamma_{\alpha\beta}$ 面上 $v_{\alpha\beta} = 0$，因而式（2-23）中右侧第二项为 0，于是

$$\frac{\overline{\partial Q}^\alpha}{\partial t} = \frac{\partial \overline{Q}^\alpha}{\partial t} \tag{2-24}$$

上述平均化公式对于多孔介质中反应流的分析，特别是在数学模型的推导中将发挥重要作用。

2.2　化学反应流的通用控制方程组

气体反应流在自由空间中的控制方程在不少文献[14]中都有详细介绍，本章在此仅列出方程，不做推导，对其中的变量或参数也不做详细介绍，后面内容中用到时将会给出说明。考虑由 N 个化学组分组成的混合气在流动和燃烧情况下的非稳态输运方程。

混合气质量守恒方程：

$$\frac{\partial \rho_g}{\partial t} + \nabla \cdot (\rho_g \boldsymbol{u}) = 0 \tag{2-25}$$

式中，$\boldsymbol{u}$ 为混合气速度。组分 i 的质量分数守恒方程：

$$\frac{\partial(\rho_g m_i)}{\partial t} + \nabla \cdot (\rho_g m_i \boldsymbol{u}) - \nabla \cdot (\rho D_{im} \nabla m_i) = -\omega_i W_i \tag{2-26}$$

式中，D_{im} 表示混合物的平均扩散系数，用以描述组分 i 在混合物中的扩散能力。Lewis 数（Le）描述了热扩散（导热）与组分扩散能力的相对大小，即 $Le_i = \dfrac{\lambda}{\rho D_{im} c_p}$，因此式（2-26）中 $\rho D_{im} = \dfrac{\lambda}{Le_i c_p}$。

能量守恒方程：

$$\frac{\partial(\rho_g c_p T_g)}{\partial t} + \nabla \cdot (\rho_g c_p \boldsymbol{u} T_g) - \nabla \cdot (\lambda_g \nabla T_g) + \nabla \cdot q_{r,g} = \sum_{i=1}^{N} \omega_i h_i W_i \tag{2-27}$$

式中，ω_i 表示组分 i 的摩尔反应速率；h_i 表示组分 i 的热焓；W_i 表示组分 i 的摩尔质量；$\nabla \cdot q_{r,g}$ 表示气体辐射项。

动量输运方程：

$$\frac{\partial(\rho_g \boldsymbol{u})}{\partial t} + \nabla \cdot (\rho \boldsymbol{u}\boldsymbol{u}) = -\nabla p + \nabla \cdot (\mu \nabla \boldsymbol{u}) + \rho_g g - \boldsymbol{F} \tag{2-28}$$

式中，$\boldsymbol{F}$ 表示作用于单位体积流体的反方向的阻力。

2.3　惰性多孔介质中气体反应流的控制方程

2.3.1　连续方程

运用 2.2 节的平均化理论，对反应流的通用输运方程在整个多孔介质空间内实施空间平均化。若反应流在多孔介质任意横截面上的平均速度为 $\boldsymbol{u}$［又称表观速度（superficial velocity）、达西速度或过滤速度］，u_g 为孔隙内气体实际流速，根据以上定义及平均化理论，对于不可渗透各向同性的多孔介质有

$$\overline{\rho_g u_g} = \rho_g \frac{u}{\varepsilon} \qquad (2\text{-}29)$$

根据式（2-24），得到

$$\overline{\frac{\partial \rho_g}{\partial t}} = \frac{\partial (\varepsilon \rho_i)^{\alpha}}{\partial t} \qquad (2\text{-}30)$$

为使该方程看起来更为清晰和简洁，在形成整个多孔介质内的体积平均输运方程时去掉各种不会引起歧义的下标（以下同此），于是整个多孔介质内体积平均的质量输运方程为

$$\frac{\partial (\varepsilon \rho_g)}{\partial t} + \nabla \cdot (\varepsilon \rho_g u) = 0 \qquad (2\text{-}31)$$

2.3.2　组分方程

将平均化理论式（2-11）、式（2-12）和式（2-17）应用到组分输运方程中去，则组分的平均通量为

$$\overline{\rho_g m_i u - \rho_g D_{im} \nabla m_i}^{\alpha} = \overline{\rho_i u}^{\alpha} - \overline{\rho_g D_{im} \nabla m_i}^{\alpha}$$
$$= \overline{\rho_i}^{\alpha} \overline{u}^{\alpha} + \overline{\tilde{\rho}_i \tilde{u}}^{\alpha} - (\overline{\rho_g}^{\alpha} D_{im} \tau_{\alpha} \nabla \overline{m_i}^{\alpha} + \overline{\tilde{\rho}_g D_{im} \tilde{\nabla} m_i}^{\alpha})$$
$$\approx \overline{\rho_i}^{\alpha} \overline{u}^{\alpha} - \overline{\rho_g}^{\alpha} D_{im} T_{\alpha} \nabla \overline{m_i}^{\alpha} \qquad (2\text{-}32)$$

式中，组分 i 的密度 ρ_i 等于 $\rho_g m_i$。介质的迂曲度 τ_{α} 接近于 1，并且与对流和扩散通量相比，组分的弥散通量 $\overline{\tilde{\rho}_g \tilde{u}}^{\alpha}$ 及 $\overline{\tilde{\rho}_g D_{im} \tilde{\nabla} m_i}^{\alpha}$ 要小得多，可以忽略。则有

$$\overline{\varepsilon \rho_g m_i}^{\alpha} = \varepsilon \overline{\rho_g}^{\alpha} \overline{m_i}^{\alpha} + \varepsilon \overline{\tilde{\rho}_i \tilde{m}_i}^{\alpha} \qquad (2\text{-}33)$$

忽略弥散项 $\varepsilon \overline{\tilde{\rho}_i \tilde{m}_i}^{\alpha}$。依据平均化理论，孔隙体积内的平均化学反应源项为 $\overline{\dot{\omega}_i W_i}^{\alpha}$。根据式（2-8）和式（2-24），可以得到整个多孔介质内体积平均的组分输运方程为

$$\frac{\partial (\varepsilon \rho_g m_i)}{\partial t} + \nabla \cdot (\varepsilon \rho_g m_i u) - \nabla \cdot \left(\varepsilon \frac{\lambda}{Le_i c_p} T_{\alpha} \nabla m_i \right) = -\varepsilon \omega_i W_i \qquad (2\text{-}34)$$

2.3.3　动量方程

根据同样的方法可以推导出多孔介质中混合气流动的体积平均的动量输运方程。式（2-28）中重力项 $\rho_g g$ 的影响很小，可以忽略，而其他阻力 F 在多孔介质

中主要是指渗透阻力，是多孔介质中特有的作用力。这部分阻力比水力光滑管或粗糙管大几个数量级，对火焰传播速度和尾气的排放都有显著影响，应予以考虑，对于各向同性多孔介质，本章用 $R_{FD}\boldsymbol{u}$ 对其进行描述， R_{FD} 为阻力系数，于是体积平均动量输运方程为

$$\frac{\partial(\varepsilon\rho\boldsymbol{u})}{\partial t}+\nabla\cdot(\varepsilon\rho\boldsymbol{uu})=-\nabla(\varepsilon p)+\nabla\cdot(\mu\nabla\varepsilon\boldsymbol{u})-R_{FD}\boldsymbol{u} \qquad (2\text{-}35)$$

2.4.1 节将对阻力源项表达式及相关参数进行详细探讨。

2.3.4　能量方程

一开始人们都是使用局部热平衡模型研究多孔介质中的传热现象。直到 1929 年，Schumann[15]最早提出了堆积床瞬态换热的局部非热平衡模型。在 Whitaker 等的推动下，局部非热平衡模型的数学形式在体积平均法的使用下变得严谨化。1994 年，Quintard 等[7]在多孔介质中采用体积平均法对局部非热平衡模型进行理论建模并做了系统分析，而且在局部非热平衡模型中考虑了颗粒与流体间界面热阻的影响。在多孔介质燃烧系统中，固体基质和流体之间很难达到甚至不可能达到局部的热平衡态。一方面，多孔介质中的气相（即 α 相）和固相（即 β 相）的导热系数和辐射力等物性参数有明显的差异，两相之间的换热系数是一个有限值，气体燃料燃烧释放出来的热量不可能立刻完全传递给固体基质。另一方面，固相部分的热容量很大，能吸收并存储相当一部分反应热。因此，在整个燃烧系统中 α 相和 β 相之间存在局部温差，即系统处于热非平衡态。于是，应对 α 相和 β 相分别建立能量输运方程，并通过两相之间的换热将这两个方程耦合起来。

对于混合气的能量输运方程可以运用前面同样的平均化理论。由于气固两相之间存在热交换，式（2-17）中的表面积分项不为 0，在忽略热弥散通量情况下，平均热流通量为

$$\overline{\rho_{\mathrm{g}}\boldsymbol{u}c_{p,\mathrm{g}}T_{\mathrm{g}}-\lambda_{\mathrm{g}}\nabla T_{\mathrm{g}}}^{\alpha}$$

$$\approx\overline{\rho_{\mathrm{g}}}^{\alpha}\,\overline{\boldsymbol{u}}^{\alpha}\,\overline{c_{p,\mathrm{g}}}^{\alpha}\,\overline{T_{\mathrm{g}}}^{\alpha}-\overline{\lambda_{\mathrm{g}}}^{\alpha}\tau_{\alpha}\nabla\overline{T_{\mathrm{g}}}^{\alpha}-\frac{\overline{\lambda_{\mathrm{g}}}^{\alpha}}{V_{\alpha}}\int_{\Gamma_{\alpha\beta}}\tilde{x}\nabla T_{\mathrm{g}}\cdot\boldsymbol{v}\mathrm{d}\Gamma \qquad (2\text{-}36)$$

对于平均输运方程中的换热项，式（2-36）右边最后一项常用 α 相和 β 相对应量的平均值之差即 $\dfrac{H}{\varepsilon}(T_{\mathrm{s}}-T_{\mathrm{g}})$ 来近似， H 为多孔介质中固相和气相之间的体积换热系数（详见 2.4.2 节），显然，在没有多孔介质的区域体积换热系数 $H=0$。只有 α 相存在反应气体，因此化学反应项由式（2-27）中的化学反应源项乘以体积孔隙率得到。导热项和辐射项与相间接触面无关，因此式（2-15）右端第二项为 0。非稳态项的处理方法与组分输运方程中相同，于是，多孔介质中体积平均的流体混

合物能量方程为

$$\frac{\partial(\varepsilon\rho_g c_p T_g)}{\partial t} + \nabla \cdot (\varepsilon\rho_g c_p \boldsymbol{u} T_g) - \nabla \cdot (\varepsilon\lambda_g \tau_\alpha \nabla T_g)$$

$$= H(T_s - T_g) + \varepsilon\sum_{i=1}^{N}\omega_i h_i W_i - \nabla \cdot q_{r,g} \qquad (2\text{-}37)$$

固相体积平均能量守恒方程用同样的方法可以推导出来，其中整个多孔介质的导热系数用 β 相的导热系数 λ_s 乘以 $(1-\varepsilon)\tau_\beta$ 得到，另外由于多孔介质固相的辐射率比气相的辐射率要大得多，特别是反应系统的温度较高时，固相的热辐射在总体换热量中占较大比例，不可忽略：

$$\frac{\partial((1-\varepsilon)\rho_s c_{ps} T_s)}{\partial t} - \nabla \cdot ((1-\varepsilon)\lambda_s \tau_\beta \nabla T_s) = H(T_g - T_s) - \nabla \cdot q \qquad (2\text{-}38)$$

式中，$\nabla \cdot q$ 为多孔介质中的固相热辐射。固相介质的迁曲度 τ_β 和式（2-36）中气相介质的迁曲度 τ_α 之间存在如下关系[13]：

$$\varepsilon\tau_\alpha + (1-\varepsilon)\tau_\beta = 1 \qquad (2\text{-}39)$$

对于某一具体的多孔介质而言，体积孔隙率 ε 是一定值，式（2-39）意味着：若 τ_α 接近 1，则 τ_β 也接近 1[14]。实际上，在实际应用中，大多取 $\tau_\alpha = \tau_\beta = 1$。这样，在式（2-37）和式（2-38）中，这两个参数并不出现。

对于某些简单的情况，局部热平衡模型被广泛用于分析多孔介质中的对流换热过程，该模型假设多孔固体骨架温度与流体温度局部相等，即 $T_s = T_f = T$，适用于多孔固体骨架与流体局部温差不大的场合。此处"局部相等"是指在表征体元内两相的平均温度相等，于是气固两相的能量方程合二为一。局部热平衡模型控制方程如下。

将式（2-37）和式（2-38）合并，则有

$$\frac{\partial(\rho c_m T)}{\partial t} + \nabla \cdot ((\rho_g c_p)_f \boldsymbol{u} T) - \nabla \cdot (\lambda_m \nabla T) = \varepsilon\sum_{i=1}^{N}\omega_i h_i W_i - \nabla \cdot q_m \qquad (2\text{-}40)$$

或可简写为

$$(\rho c)_m \frac{\partial T}{\partial t} + (\rho_g c_p)_f \boldsymbol{u} \nabla \cdot T = \nabla \cdot (\lambda_m \nabla T) + \varepsilon\sum_{i=1}^{N}\omega_i h_i W_i - \nabla \cdot q_m \qquad (2\text{-}41)$$

式中，

$$(\rho c)_m = (1-\varepsilon)(\rho c)_s + \varepsilon(\rho c_p)_f \qquad (2\text{-}42)$$

$$\lambda_m = (1-\varepsilon)\lambda_s + \varepsilon\lambda_f \qquad (2\text{-}43)$$

$$q_m = (1-\varepsilon)q_s + \varepsilon q_f \qquad (2\text{-}44)$$

上面三个参数分别称为多孔介质的表观热容、表观导热系数及表观辐射率。其中，若没有其他内热源，则 $(1-\varepsilon)q_s = -\varepsilon q_f$，表示流体与固体骨架直接的对流换热。此时，$q_m = 0$，能量方程变为

$$(\rho c)_m \frac{\partial T}{\partial \tau} + (\rho c_p)_f V \cdot \nabla T = \nabla \cdot (\lambda_m \nabla T) \tag{2-45}$$

由式（2-31）、式（2-34）、式（2-37）、式（2-38）、式（2-39）或式（2-40）和理想气体状态方程就组成了描述混合物反应流在各向同性惰性多孔介质中的封闭输运方程组，结合具体的初始条件和边界条件，可以得到反应流在多孔介质中的流场分布、流体和固体的温度场和混合物的组分浓度分布等。该模型简单直观，具有较强的通用性。本书中无论解析解还是数值解，其控制方程都是以本节推导出的输运方程为基础且经简化和变换得到的。必须注意的是，这些方程中瞬态项（时间导数项）、对流项和扩散项都是普遍适用的，但源项却并非通用，而是与具体的变量和具体的工程问题密切相关的。2.4 节将详细介绍各输运方程中源项的计算模型和方法。

2.4　控制方程中源项的计算方法

2.3 节分析了多孔介质中的燃烧问题，或更一般地说多孔介质化学反应流的控制方程，与普通的自由空间的反应流问题在形式上基本一致，二者并无本质区别。二者之间的不同主要在于方程的源项。正是由于这些源项的存在，造成了多孔介质反应流的多种多样的变化，也体现了多孔介质燃烧问题的具体特征。本节将对各个方程的源项进行比较详细的讨论。由于组分方程的源项主要涉及湍流反应率，故将其放入第 3 章进行介绍。以下分别介绍动量方程和能量方程的源项。

2.4.1　动量方程的源项

在介绍动量方程的源项之前，为了判断计算流体渗透阻力应采用的各种公式，我们首先须对流体在多孔介质孔隙中流动时的 Re 加以明确定义：

$$Re = \frac{\rho_g d u_D}{\mu} \tag{2-46}$$

式中，u_D 为表观速度或达西速度；d 为孔隙的特征长度尺度。对于球形颗粒充填介质，d 为孔隙的当量直径；对于泡沫状与蜂窝状大孔隙率介质，d 为孔隙的平均直径。

在多孔介质内流动和燃烧过程中混合气的温度变化很大，因此应考虑 μ、ρ_g 和 u_D 受温度的影响。将混合气视为理想气体，运用理想气体定律和质量守恒定律可分别得到 ρ_g 与 u_D 如下：

$$\rho_g = \rho_0 \frac{T_{g,0}}{T_g}, \quad u_D = u_{D,0} \frac{\rho_{g,0}}{\rho_g} = u_{D,0} \frac{T_{g,0}}{T_g} \tag{2-47}$$

气体的动力黏度与温度有如下关系：

$$\mu = \mu_0 \left(\frac{T_g}{T_{g,0}} \right)^m \tag{2-48}$$

式中，$m = 0.6 \sim 0.7$；$T_{g,0}$、μ_0、$\rho_{g,0}$ 和 $u_{D,0}$ 分别为预混合气体的初始温度、初始动力黏度、初始密度和过滤速度。

将式（2-47）和式（2-48）代入式（2-46），得到

$$Re = \frac{\rho_{g,0} d u_{D,0}}{\mu_0} \left(\frac{T_{g,0}}{T_g} \right)^{2+m} \tag{2-49}$$

若取 $T_{g,0} = 298.15K$，$\rho_{g,0} = 1.185 kg/m^3$，$\mu_0 = 1.835 \times 10^{-5} kg/(m \cdot s)$，对于大孔隙率的多孔介质，如泡沫陶瓷与蜂窝陶瓷等，$0.3mm < d < 2.5mm$，则

$$Re_{max} = \frac{1.185 \times 2.5 \times 10^{-3}}{1.835 \times 10^{-5}} u_{D,0} \left(\frac{T_{g,0}}{T_g} \right)^{2+m} = 161.4 u_{D,0} \left(\frac{T_{g,0}}{T_g} \right)^{2+m} \tag{2-50}$$

$$Re_{min} = \frac{1.185 \times 0.3 \times 10^{-3}}{1.835 \times 10^{-5}} u_{D,0} \left(\frac{T_{g,0}}{T_g} \right)^{2+m} = 19.4 u_{D,0} \left(\frac{T_{g,0}}{T_g} \right)^{2+m} \tag{2-51}$$

1. 达西定律

作为多孔介质流动阻力的基本定律，前面已多次提及达西公式，它同时又是动量方程的主要源项。本节对达西定律及其扩展形式进行系统的讨论。

1856 年，法国工程师达西（Darcy）在研究地下水源时，基于自己的实验提出了著名的达西定律，得到了一维多孔介质流动中流速与压力梯度成正比的结论。他发现流体流速与压力梯度呈线性关系，而质量流率与压力梯度、黏度和渗透率均有关，可表示为

$$\nabla p = -\frac{\mu}{k} u_D + \rho g \tag{2-52}$$

此关系式称为达西定律，式中，u_D 为主流方向的表观速度，μ 为流体黏度，ρ 为密度，k 为渗透率，p 是流体平均压力。渗透率的概念正是由达西最早通过此公式引入的，它是表征流体在固体基质中流动时的流通能力或所受阻力的一个重要参数。式（2-52）适用于各向同性、均匀多孔介质内的一维稳态流动。它是一个经验公式，仅适用于牛顿流体，对于气体，可以忽略其重力项，即

$$\nabla p = -\frac{\mu}{k} u_D \tag{2-53}$$

达西定律为研究多孔介质的流动奠定了理论基础，然而它只严格适用于以颗粒或孔隙尺寸所定义的雷诺数小于 1 的流动情况，即速度很小的流动（有时称为蠕动流），在实际应用上有很大的局限性，故需要针对各种非达西效应进行修正。

非达西效应是对达西定律的偏离，包括黏性和惯性效应、湍流效应、孔隙率变化效应和对流效应等。20 世纪 50 年代以来，许多研究者对多孔介质中的复杂流动进行了实验研究，并从流动的物理本质出发，对流动现象进行了深入分析，对达西定律提出了多种修正方案。

2. Darcy-Lapwood 模型

文献[16]认为当处理非稳态问题时，动量时间导数项不能被省略。加上此项后，得到 Darcy-Lapwood 模型：

$$\rho \frac{Du_{\mathrm{D}}}{Dt} = -\nabla p - \frac{\mu}{k} u_{\mathrm{D}} \tag{2-54}$$

Darcy-Lapwood 模型与达西定律（2-52）相比多了动量时间导数项（加速度项）。该模型适用于孔隙率较高、固体颗粒分布稀疏的多孔介质。Nield 指出，加速度项对大多数多孔介质中流体的流动可以略去，因为大多数情况下多孔介质的瞬态过程衰减得很快，只有当运动黏性系数 v 足够小时才需考虑时间导数项。可以看出，该修正方程忽略了重力项[16]。

3. Darcy-Forchheimer 模型

对于多孔介质流动过程中的非达西效应，如高雷诺数流动的惯性作用、流动的不稳定性、边界层效应、近壁区的变孔隙率效应、湍流效应以及多相流效应等，达西定律无法描述。

大量研究表明，在基于孔隙速度和平均孔径的 $Re>1$ 的多孔介质流动中，惯性效应越来越重要。在此流动状态下，边界层开始在固体边界上形成和发展，压力梯度和速度之间的关系是非线性的。达西定律不再有效，或者说渗透率变成 Re 的函数。在足够高的 Re 时，惯性效应变得显著。随着流速的增大，与流动速度呈平方关系的渗透阻力将起着越来越大的作用。其力学机理类似于流体在管道中流动，或流体绕流固体时的阻力与流动速度之间的关系，即当流动速度较小时，其阻力主要是黏性摩擦阻力，随着流动速度的增大，惯性力在阻力中所起的作用将迅速增大，并占主导地位。

与 Darcy 几乎同一时期，Dupuit[17]通过与明渠流的类比，最早提出了用速度平方项描述流动的惯性效应。实验结果表明，以速度的平方归一化的压降是相当恒定的。因此，必须对达西定律加以经验修正以反映这种效果。于是 Forchheimer[18]在达西定律的基础上添加速度平方项以反映惯性力的影响，这就是后来得到广泛应用的 Darcy-Forchheimer 模型，它把一维流动的压力梯度模拟为

$$\nabla p = -\frac{\mu}{k} u_{\mathrm{D}} - \frac{\rho C_{\mathrm{F}} u_{\mathrm{D}}^2}{\sqrt{k}} \tag{2-55}$$

式中，右端的第一项是达西项；第二项是 Forchheimer 提出的修正项；C_F 称为 Forchheimer 系数，一般认为仅取决于多孔介质的几何结构。式（2-55）有时也称为 Ergun 方程，此时 Forchheimer 系数被 Ergun 系数 C_E 取代。此外，值得一提的是，参数 $C_F = \beta \alpha^{-0.5} \varepsilon^{-1.5}$ 有时称为 Forchheimer 张量。因为渗透率 k 是一个张量。在物理上，非达西流动阻力可表示为黏性阻力和压差阻力的和。为了方便，可将黏性阻力、压差阻力及二者之和分别称为达西阻力、Forchheimer 阻力和 Darcy-Forchheimer 阻力（总阻力）。

但要用 Darcy-Forchheimer 的表达式来描述多孔介质的阻力还存在一个问题，即缺乏可以计算 Forchheimer 系数 C_F 的通用表达式，此系数是多孔介质参数的函数。此外，关于这个系数对 Re 的依赖关系，在现有文献中也存在矛盾。例如，Martin 等[19] 用周期排列的圆柱体模拟多孔介质，并对其流动特性进行了数值研究，提出了 Forchheimer 系数对 Re 和迂曲度的幂律依赖关系。Papathanasiou 等[20]针对横掠流过圆柱体的方形阵列，也对 Ergun 方程和 Darcy-Forchheimer 方程进行了数值研究。这些研究表明，Forchheimer 系数与孔隙率有强烈的相关性，而与 Re 基本无关。

关于惯性项无量纲阻力系数 C_F 的取值，Ward[21]提出了一个类似的关系式，无量纲阻力学数为 $C_F = \beta \alpha^{-0.5} \varepsilon^{-1.5}$。他认为在 $Re \leqslant 10$ 时，对于所有多孔介质，C_F 值相同，并得出 $C_F = 0.550$ 的通用值。然而，在对纤维多孔介质进行的非达西流动的实验中，得到的 C_F 值却为 0.074，远小于上述“通用常数”。这在一定程度上证实了 Darcy-Forchheimer 对多孔介质的微观结构的依赖性。因此，现有的颗粒状固体堆积床模型并不一定适用于其他类多孔介质。Lage[22]通过实验指出，当流动进入湍流状态后，C_F 与流动速度呈线性关系，从而使惯性力项与流动速度呈立方关系。

为避免单位时间热负荷过高，多孔介质预混合燃烧系统中的混合气流速一般比较低（$u_{D,0} < 5 \text{m/s}$），而混合气在流动与反应过程中的平均温度则比较高，一般都可以满足 $5 < Re < 80$，即满足 Darcy-Forchheimer 流的条件。在这种场合，可利用 Darcy-Forchheimer 关系式将动量方程（2-35）中阻力系数 R_{FD} 表示为

$$R_{FD} = \frac{\mu}{c_1} + c_2 \rho_g |u| \tag{2-56}$$

式中，c_1 为各向同性多孔介质的渗透率（即 K），是体积孔隙率 ε、比表面积 A_p 和迂曲度 τ 的函数；c_2 为各向同性多孔介质的惰性系数，描述了混合气流动扭曲的影响，是混合气流速变化的度量。对于各向异性多孔介质，不同方向上 c_1 和 c_2 的值是各不相同的。混合气流速较低时，Darcy 项 $\frac{\mu}{c_1}u$ 起支配作用，流速较高时，惰性项 $c_2 \rho_g u^2$ 起主要作用。严格说来，参数 c_1 和 c_2 的准确取值应由实验实测得到，但测试工作比较困难。在不具备测试条件的情况下，可以近似处理，c_1 可近似为[13]

$$c_1 \approx \frac{c\varepsilon^3}{A_p^2} \tag{2-57}$$

式中，c 是与迂曲度 τ 相关的 Kozeny 常数，与材料有关，应由实验测试得到，但多数情况下可近似取为 0.2。惯性系数 c_2 正比于 $1/d_h$，在不具备实验测试条件下可近似为

$$c_2 \approx \frac{1.2}{\varepsilon^2 d_h} \tag{2-58}$$

式中，d_h 为孔隙当量直径。在分析多孔介质中的流动状况时，经常用孔隙当量直径作为孔隙的形状参数。孔隙当量直径定义见式（1-11）。

由式（2-57）、式（2-58）及式（1-11）得到

$$c_2 \approx 0.3 A_p / \varepsilon^3 \tag{2-59}$$

多孔介质的比表面积 A_p 很难准确测量和计算。对泡沫陶瓷类多孔介质，可利用由实验数据得到的简化经验公式估算，此类公式多与式（1-5）类似，例如：

$$A_p = 169.4 m_p \tag{2-60}$$

式中，m_p 是多孔介质的孔密度，单位为孔数/cm。

4. Darcy-Lapwood-Brinkman 模型

多孔介质内流体速度扭曲会导致黏性剪切应力增大，而达西定律只考虑了多孔骨架引起的黏性摩擦阻力，对于带有固壁边界的多孔介质中流动，Brinkman[23] 在考虑多孔介质流动的壁面边界条件时，在达西模型中引入了反映黏性剪切应力的边界修正项，给出了对达西定律的如下修正形式，称为 Darcy-Lapwood-Brinkman（DLB）模型：

$$\rho \frac{Du_D}{Dt} = -\nabla p - \frac{\mu}{k} u_D + \mu_m \nabla^2 u_D \tag{2-61}$$

Rudraiah[24]使用非平衡态热力学也推导出 DLB 模型，它实际上是 Darcy-Lapwood 模型和 Brinkman 模型的组合，仅仅在 Darcy-Lapwood 模型中增加了一个速度的拉普拉斯项。

根据 Nield 的研究，加速度项对大多数多孔介质中流体的流动可以略去，则 DLB 方程可以表示为以下形式：

$$\nabla p = -\frac{\mu}{k} u_D + \mu_m \nabla^2 u_D \tag{2-62}$$

式中，μ_m 是流体在多孔介质内的有效动力黏度。数值研究表明，对于大孔隙率的多孔介质，简单地取 $\mu_m = \mu$ 所得到结果和实验也很吻合。但 μ_m 与分子黏度 μ 不同，这是因为多孔骨架会增加流体相互作用的阻力。Vafai 等[25]给出了两者之间的关系式。

虽然 Nield 建议可以忽略 Brinkman 项，但在许多实际情况下，在有关模拟研究中，此项仍被保留，因为该项便于在多孔介质内通道固壁处施加无滑移边界条件。用此 Brinkman 修正的模型对固壁上无滑移边界条件的分析显示，尽管固壁面剪切阻力对压降几乎没有影响，但它强烈影响流向速度分量以及多孔介质和固体边界之间的传热速率。

5. Darcy-Forchheimer-Brinkman 模型

对于一维流动问题的 DLB 模型，其对流加速度退化为零，因此当流体以较大速度流动时，为了考虑惯性力的影响，将对流加速度项由速度二次方形式的惯性力项代替，于是得到 Darcy-Forchheimer-Brinkman（DFB）模型：

$$\rho\left(\frac{Du_{D}}{Dt}+\frac{C_{F}u_{D}^{2}}{\sqrt{k}}\right)=-\nabla p-\frac{\mu}{k}u_{D}+\mu_{m}\nabla^{2}u_{D} \tag{2-63}$$

DFB 模型是多孔介质内流体流动应用最广的通用模型，它同时考虑了流动的惯性力作用、宏观（边壁摩擦）及微观（孔隙内）的剪切应力，以及边界层形成与发展的影响。该公式的数值计算结果与实验预测结果吻合得相当好。DFB 模型对于部分被多孔介质填充、部分被纯净流体填充区域内的流体运动也非常有效，因为此方程能够保证多孔介质/纯净流体界面上速度和应力的连续性。此外，它还适用于具有可变的孔隙率和可变导热系数的多孔介质。研究表明，对于高孔隙率的介质（$\varepsilon > 0.85$），孔隙率变化的影响可以忽略，但对于致密的多孔介质则需要考虑此影响[25]。

6. Ergun 方程

除达西定律类型的公式之外，相关文献中还有大量描述多孔介质中流体流动及其对介质性质的依赖关系的经验方程。其中对颗粒填充床之类的多孔介质，描述其流动的阻力或压降对流速和介质特性依赖关系最常用的关系式是 Ergun 方程，它实际上是 Darcy-Forchheimer 方程的另一种形式。Ergun[26]在 1952 年研究了气体在粉碎的颗粒填充床中的流动现象，总结出压力梯度与流体速度之间的非线性关系，在 Darcy-Forchheimer 方程基础上加以扩展，得到了如下经验方程：

$$\frac{\Delta p}{L}=A\frac{(1-\varepsilon)^{2}}{\varepsilon^{3}}\frac{\mu u_{D}}{d_{p}^{2}}+B\frac{(1-\varepsilon)}{\varepsilon^{3}}\frac{\rho u_{D}^{2}}{d_{p}} \tag{2-64}$$

式（2-64）具体描述了气体在固体颗粒床中流动的压降对速度和流体性质、介质迂曲度以及颗粒特性的依赖关系。式中，d_{p} 为填充床所用颗粒的平均尺寸。它本质上包含两个附加项，分别适用于低速流体和高速流体。Ergun 通过对大量实验数据的分析与总结，得出两个系数均为常数（$A = 150$，$B = 1.75$），且与颗粒的方向、形状和表面状态无关。然而，在随后的研究中发现这些值有很大的差异。特别地，Macdonald 等[27]使用比前人更多的数据对 Ergun 方程进行测试，发现对所有涉及的实验结果，最适合的值应为 $A = 180$，$B = 1.84$（光滑颗粒）或 4.0（粗糙颗粒）。

　　图 2-4 显示，在涵盖从蠕动流到湍流等颗粒床内的大的速度范围内，Ergun方程能够很好地与实验数据相吻合。在此基础上，通过线性速度项和非线性速度项对总压降的相对贡献，可以明确地区分多孔介质中液体流动的三种状态。如图 2-4 所示，以压降与流速关系表征的整个流动状态可分为：①达西流（黏性力为主，压降与流体速度成正比）；②瞬态、Forchheimer 流或非线性层流（黏性力和惯性力都会影响流体动力特性：压降与流体速度呈非线性关系，但流动仍然是层流）；③湍流（惯性力为主，压降与流体速度的平方成正比）。

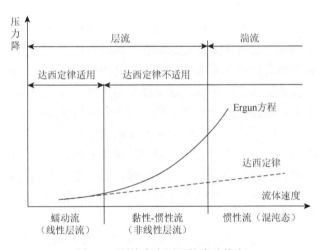

图 2-4　颗粒床中不同的流动状态

2.4.2　能量方程的源项

　　可燃混合物在多孔介质孔隙内的燃烧特性不同于在自由空间内的燃烧。这是由于固相的多孔介质和气相的热物性有很大的不同，并且在固体基体中还有强化的热传导。固相表面单元间的长程辐射换热和较大的比表面积有助于气固两相间的有效传热。化学反应过程中的能量释放过程与传热密切相关（从火焰吸取或向其加入热量），以及对流和辐射传热的强化，这些因素大都以源项的形式体现在能量方程中。

　　由于流体相自身的热传导与热对流以及固相的热传导均已分别包含在各自的

能量方程中，所以这里要介绍的源项主要是气固两相之间的对流传热项以及辐射传热项。多孔介质中的传热传质不仅与固、气相介质本身的热物理特性有关，而且在很大程度上与孔隙结构和孔隙密度有关。多孔介质的孔隙至少部分是互相连通的，具有迂曲性、无定向性和随机性特点，这就使多孔结构中的传热过程非常复杂。它是由固体基质内部和孔隙中流体内部的导热、二者间的对流换热和辐射换热等组成的互相耦合的复杂传热过程。若多孔结构中流体发生相变，传热过程将变得更为复杂。

1. 导热率模型

鉴于多孔介质系统的复杂性，对发生于其中的传热过程的研究主要采用有效当量法。它将固体骨架及孔隙中流体的各种传热模式的贡献，折算为通过有效导热系数表示的当量导热问题[28-31]：

$$k_e = k_s + k_1 + k_g + k_{cv} + k_{fm} + k_{rd} \qquad (2\text{-}65)$$

式中，等号右边分别为固相、液相、气相、对流、流体质量迁移及辐射所折算成的导热系数。在对流与辐射不太重要的场合，这种方法是有效而实用的。迄今，人们已提出了大量的有效导热系数关系式。按其所概括的传热问题实质可分为两类。一类是同种传热模式的简单组合法或模型与折算组合法，即只将多孔介质骨架及孔隙中流体的导热过程组合起来，归结为一个有效导热系数，例如：

$$k_e = \varepsilon k_f + (1-\varepsilon)k_s \qquad (2\text{-}66)$$

式中，ε 为孔隙率；k_f、k_s 分别为流体和固体的导热系数。另一类是将多孔介质中发生的各种传热模式，包括导热、对流与辐射，折合成一个相当的导热问题，用一个有效导热系数去表达这些传热模式的总和，此方法称为一般换热当量法，这类方法比较复杂，误差也相对较大。

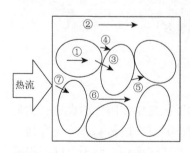

多孔介质燃烧器和换热器通常处于高温状态，所以传导和辐射是传热的主要途径。Yagi 等[30]主要针对填充床研究了其传热机理，他们将填充床内的传热归纳为 7 种机理，如图 2-5 所示，其中 4 种是热传导，包括：①固体颗粒内部导热；②孔隙中气体的导热；③相邻颗粒之间通过接触面的导热，同时考虑了表面粗糙度；④通过颗粒间接触面上的流体膜的导热。此外，还有两种热辐射：⑤相邻粒子表面间的辐射；⑥相邻孔隙间

图 2-5　高温填充床的传热机理[30]

的辐射。同时，还有⑦固体-流体-固体之间对流传热。在此基础上，他们提出了有效导热系数的预测方法。

在众多模型中，最常用的两个是 Kunii 和 Smith（KS）模型[32]以及 Zehner-Bauer-Schlünder（ZBS）模型[33, 34]。这两种模型给出了填充床的总有效导热系数 k_e，如表 2-1 所示。然而，对于欧拉多流体模型，气相和固相的有效导热系数 $k_{g,e}$ 和 $k_{s,e}$ 需要分别确定。

表 2-1　填充床的有效导热系数关系式[31]

模型类型	有效导热系数公式	传热物理模型
Parallel Layers	$\dfrac{k_e^c}{k_g} = \varepsilon_g + (1-\varepsilon_g)\kappa$	
Series Layers	$\dfrac{k_e^c}{k_g} = \dfrac{1}{\varepsilon_g + (1-\varepsilon_g)/\kappa}$	
KS	$\dfrac{k_e^c}{k_g} = \varepsilon_g + \dfrac{\beta(1-\varepsilon_g)}{\dfrac{1}{\dfrac{1}{\phi} + \dfrac{d_p h_p}{k_g}} + \gamma\left(\dfrac{k_g}{k_s}\right)}$	
ZS	$\dfrac{k_e^c}{k_g} = (1-\sqrt{1-\varepsilon_g}) + \sqrt{1-\varepsilon_g}\,\Gamma$	
ZBS	$\dfrac{k_e^c}{k_g} = (1-\sqrt{1-\varepsilon_g}) + \sqrt{1-\varepsilon_g}\,(\omega\kappa + (1-\omega)\Gamma)$	

KS 模型：

$$k_{g,e} = k_g, \quad k_{s,e} = \dfrac{\beta}{\dfrac{1}{\kappa\phi + \dfrac{d_p h_p}{k_s}} + \gamma} k_s \tag{2-67}$$

式中，$\kappa = k_s/k_g$，k_g 和 k_s 分别是气体和固体的有效导热系数；经验参数 β 和 γ 取值分别为 0.9 和 2/3；经验常数 ϕ 由以下公式计算：

$$\begin{cases} \phi = \phi_2 + (\phi_1 + \phi_2)\dfrac{\varepsilon_g - 0.26}{0.216}, & \text{用于} 0.260 \leqslant \varepsilon_g \leqslant 0.476 \\ \phi = \phi_1, & \text{用于} \varepsilon_g > 0.476 \\ \phi = \phi_2, & \text{用于} \varepsilon_g < 0.260 \end{cases} \tag{2-68}$$

其中，ϕ_1 用于松散的填充床（$\varepsilon_g \geqslant 0.476$），$\phi_2$ 用于致密的填充床（$\varepsilon_g \leqslant 0.260$）。

$$\phi_{1\text{或}2} = \dfrac{0.5((\kappa-1)/\kappa)^2 \cdot \sin^2\theta_0}{\ln(\kappa - (\kappa-1)\cos\theta_0) - ((\kappa-1)/\kappa)(1-\cos\theta_0)} - \dfrac{2}{3\kappa} \tag{2-69}$$

式中，$\sin\theta_0 = 1/n$，当 $\varepsilon_g \geqslant 0.476$ 时 $n = 1.5$；当 $\varepsilon_g \leqslant 0.260$ 时 $n = 4\sqrt{3}$。

式（2-67）中出现的无量纲组 $d_p h_p / k_s$ 表示颗粒之间通过接触面的传热。其中 d_p 为颗粒直径，h_p 为颗粒间通过接触面的传热系数。参数 h_p 主要取决于填充床的固体材料特性和填充状态，很难对 h_p 值进行估算。因此，$d_p h_p / k_s$ 这一项通常作为一个可调参数，通过与实验数据[32]的比较来确定。此外，表 2-2 列出了多孔泡沫材料有效导热系数的一些计算公式。

表 2-2 估算多孔泡沫材料有效导热系数的关系式[28]

作者	年份	公式
Calmidi 和 Mahajan	1999	$k_{f,e} = \left(\dfrac{2}{\sqrt{3}} \left(\dfrac{r\left(\frac{b}{L}\right)}{k_f + \left(1 + \frac{b}{L}\right)\frac{k_f}{3}} + \dfrac{(1-r)\frac{b}{L}}{k_f + \left(\frac{b}{L}\right)\frac{2}{3}(k_s - k_f)} + \dfrac{\frac{\sqrt{3}}{2}\frac{b}{L}}{k_f + \left(\frac{b}{L}\right)\frac{4r}{3\sqrt{3}}(k_s - k_f)} \right) \right)^{-1}$ $k_{s,e} = \left(\dfrac{2}{\sqrt{3}} \left(\dfrac{r\left(\frac{b}{L}\right)}{\left(1 + \frac{b}{L}\right)\frac{k_s}{3}} + \dfrac{(1-r)\frac{b}{L}}{\frac{2}{3}\left(\frac{b}{L}\right)k_s} + \dfrac{\frac{\sqrt{3}}{2}\frac{b}{L}}{\frac{4r}{3\sqrt{3}}\left(\frac{b}{L}\right)k_s} \right) \right)^{-1}$ $\dfrac{b}{L} = \dfrac{-r + \sqrt{r^2 + \frac{2}{\sqrt{3}}(1-\varepsilon)\left(2 - r\left(1 + \frac{4}{\sqrt{3}}\right)\right)}}{\frac{2}{3}\left(2 - r\left(1 + \frac{4}{\sqrt{3}}\right)\right)}, r = 0.09$
Boomsma 和 Paulikakos	2001	$\dfrac{k_{e,c}}{k_s} = \dfrac{1}{\sqrt{2}} \left(\dfrac{4\lambda}{2e^2 + \lambda\pi(1-e)} + \dfrac{3e - 2\lambda}{e^2} + \dfrac{(\sqrt{2} - 2e)^2}{2\pi\lambda^2(1 - 2e\sqrt{2})} \right)^{-1}$, $e = 0.339, \lambda = \sqrt{\dfrac{\sqrt{2}\left(2 - \frac{5\sqrt{2}}{8}e^3 - 2\varepsilon\right)}{\pi(3 - 4\sqrt{2}e - e)}}$
Bhattacharya 和 Mahajan	2002	$k_{f,e} = \left(\dfrac{2}{\sqrt{3}} \left(\dfrac{t/L}{k_f + (k_s - k_f)/3} + \dfrac{\sqrt{3}/2 - t/L}{k_f} \right) \right)^{-1}$, $\dfrac{t}{L} = \dfrac{-\sqrt{3} - \sqrt{3 + (1-\varepsilon)(\sqrt{3} - 5)}}{1 + 1/\sqrt{3} - 8/3}$
Wakao 和 Kaguei	1983	$(k_e)_x = \varepsilon k_f + (1-\varepsilon)k_s + 0.5 Pr Re_d \left(\dfrac{u}{u_m}\right) k_f$ $(k_e)_y = \varepsilon k_f + (1-\varepsilon)k_s + 0.1 Pr Re_d \left(\dfrac{u}{u_m}\right) k_f$

注：b 为泡沫材料结构的特征宽度；L 为其特征长度；t 为其特征厚度；$r = t/b$；$e = r/L$；Pr 为普朗特数；$k_{e,c}$ 为有效导热系数。

Zehner-Bauer-Schlünder（ZBS）模型以及 Zehner-Schlünder（ZS）模型[33]：

$$k_{g,e} = \frac{(1 - \sqrt{1 - \varepsilon_g})k_g}{\varepsilon_g}, \quad k_{s,e} = \frac{\sqrt{1 - \varepsilon_g}\,\Gamma k_g}{1 - \varepsilon_g} \tag{2-70}$$

$$\Gamma = \frac{2}{1 - \frac{B}{\kappa}} \left(\frac{\kappa - 1}{\left(1 - \frac{B}{\kappa}\right)^2} \frac{B}{\kappa} \ln\left(\frac{\kappa}{B}\right) - \frac{B - 1}{1 - \frac{B}{\kappa}} - \frac{1}{2}(B + 1) \right) \tag{2-71}$$

$$B = 1.25 \left(\frac{1-\varepsilon_{\mathrm{g}}}{\varepsilon_{\mathrm{g}}} \right)^{10/9} \tag{2-72}$$

ZS 模型没有考虑相邻颗粒之间通过接触面积进行传热的贡献。这种效应后来被 Bauer 等[34]引入，改进的模型通常被称为 Zehner-Bauer-Schlünder（ZBS）模型，气、固两相的有效导热系数为

$$k_{\mathrm{g,e}} = \frac{(1-\sqrt{1-\varepsilon_{\mathrm{g}}})k_{\mathrm{g}}}{\varepsilon_{\mathrm{g}}}, \quad k_{\mathrm{s,e}} = \frac{\sqrt{1-\varepsilon_{\mathrm{g}}}(\omega\kappa + (1-\omega)\varGamma)k_{\mathrm{g}}}{1-\varepsilon_{\mathrm{g}}} \tag{2-73}$$

式中，ω 取值通常为 7.26×10^{-3} [35, 36]。

2. 对流换热模型

对流换热是多孔介质内部流动过程热传递的主要方式之一，在强制流动情况下往往占据主导作用。与普通的对流换热一样，多孔介质中的对流换热也主要受流体动力学控制，因此必须把它和流体运动过程联合求解。

多孔介质的比表面积非常大，所以在早期的对多孔介质内燃烧问题的研究中，一般认为流体和固体之间始终处于局部热平衡。这样，能量方程合并为一个，反映流固之间对流换热的源项就不存在了。然而，实际上多孔介质中的对流换热是一个具有强热非平衡性的过程，流体和固体基质的导热系数不同，热量在两相中以不同的速率传递。特别是对燃烧这种具有强烈非线性的问题，气固两相之间存在明显的局部热非平衡效应，因此固相和气相具有不同的温度，局部热平衡假定有时会带来相当大的误差，而局部热非平衡模型或双温度模型得到更广泛的应用。

在双温度方程中流固之间的对流换热系数[式（2-37）、式（2-38）源项中的系数 H]的确定非常重要。但是，多孔介质内部对流换热过程影响因素众多，包括惯性作用、界面效应、黏性耗散、浮升力、变物性、变孔隙率、颗粒形状和粒径等，这给对流换热系数的确定带来很大的困难，加之多孔介质内表面积很难确定，导致通常意义上的对流换热系数无法确定。为避开这些困难，目前主要靠经验公式或者在大量简化基础上得到的一些近似理论。其中，最方便的方法是采用体积换热系数的概念。通过引入作为一个现象学参数的体积传热系数，将流固两相的能量方程耦合起来。所谓体积换热系数，即单位多孔介质单位体积上单位温差的传热率。在过去，该参数在实验基础上，以经验关系式的方式确定，典型的如 Fu 等[37]的研究。

一般的经验公式都是将实验结果总结为 Nu 与 Re 和 Pr 之间的幂函数关系：

$$Nu = aRe^b Pr^c + d \tag{2-74}$$

式中，a、b、c、d 是由实验确定的经验系数；Nu 为体积换热的努塞尔数，定义为

$$Nu = h_v D^2 / k_f \qquad (2\text{-}75)$$

其中，D 为孔隙平均直径；k_f 为流体的导热系数。

Nakayama 等[38]总结了低密度泡沫塑料的传热的实验数据。结果表明，体积努塞尔数 Nu_v 对迂曲度敏感，但对其他因素不敏感。他们提出了一个宽广范围内符合实验数据的关系式：

$$Nu = 0.07 \left(\frac{\varepsilon}{1-\varepsilon} \right)^{\frac{2}{3}} \left(\frac{uD}{\nu} \right) Pr \qquad (2\text{-}76)$$

式中，u 为达西速度；ν 为运动黏性系数。Younis 等[39]通过实验确定了不同孔径的氧化铝和堇青石泡沫的体积传热系数，其努塞尔数变化范围为 0.29～1.52。对于氧化铝，提出了如下经验公式：

$$Nu = 0.819(1 - 7.33(d/L)) Re^{0.36(1+15.5(d/L))} \qquad (2\text{-}77)$$

式中，d 为实际孔径（m）；L 为流动方向上试样的厚度（m）。式（2-77）的适用范围为 $0.005 < d/L < 0.136$，$5.1 < Re < 564$。对于堇青石，得出的关系式为

$$Nu = 2.43 Re^{0.42} \qquad (2\text{-}78)$$

式（2-78）的有效范围为 $64 < Re < 457$，孔隙率 $0.7 < \varepsilon < 0.95$。

许多学者对多孔介质中流动的对流换热进行了实验研究，得到了不同工况下的对流换热系数关联式。郑坤灿等[40]归纳了其努塞尔数的估算公式，如表 2-3 所示，其中所有公式出处均见文献[40]。

表 2-3　多孔介质对流换热经验关系式[40]

作者	公式	适用范围
姜培学和胥蕊娜	$Nu = (0.86 - 4.93\varepsilon + 7.08\varepsilon^2) Re_d^{1.15} Pr^{1/3}$ $Nu = \dfrac{0.86 - 4.93\varepsilon + 7.08\varepsilon^2}{1 + 48Kn} Re_d^{1.15/(1+24Kn)} Pr^{1/3}$	粒径 40～200μm 粒径 <20μm
Whitaker	$Nu = 2 + (aRe^{1/2} + bRe^{2/3}) Pr^{1/3} \left(\dfrac{\mu_b}{\mu_0} \right)^{0.14}$	$Re > 50$
Zukauskas	$Nu = \dfrac{hd}{k_f} = 0.022 Re_d^{0.84} Pr^{0.36}$	湍流
Wakao 和 Kaguci	$Nu = \dfrac{hd}{k_f} = 2 + 1.1 Pr^{1/3} \left(\dfrac{\rho|u|d}{\mu_f} \right)^{0.6}$	$15 \leqslant Re \leqslant 10^5$
Nagata	$hA_p = 3.3 \times 10^3 F^{0.7} G^{2.27} \quad G \leqslant G_{ld}$ $hA_p = 6.5 \times 10^3 F^{1.17} G^{2.27} \quad G_{ld} \leqslant G \leqslant G_H$	微细多孔介质 逆流移动床
Kreith 和 Bohn	$Nu = \dfrac{hd}{k_f} = \dfrac{1-\varepsilon}{\varepsilon} (0.5 Re_d^{0.5} + 0.2 Re_d^{2/3}) Pr^{1/3}$	$20 \leqslant Re \leqslant 10^4$ $0.34 \leqslant \varepsilon \leqslant 0.78$

作者	公式	适用范围
Kuwahara	$Nu = \dfrac{hd}{k_{\mathrm{f}}} = \left(1 + \dfrac{4(1-\varepsilon)}{\varepsilon} + 0.5(1-\varepsilon)^{0.5}\right)Re_d^{0.6}Pr^{1/3}$	层流 $0.2 \leqslant \varepsilon \leqslant 0.9$
Chen 和 Xia	$Nu = \dfrac{h_v d_p^2}{\lambda_{\mathrm{f}}} = 0.34\varepsilon^{-2}Re_d^{0.61}Pr^{1/3}$	$20 \leqslant Re \leqslant 10^3$
Saito	$Nu = \dfrac{hd}{k_{\mathrm{f}}} = 0.08\left(\dfrac{Re_d}{\varepsilon}\right)^{0.8}Pr^{1/3}; 1.0\times10^4 \leqslant \dfrac{Re_d}{\varepsilon} \leqslant 2.0\times10^4$	湍流
Pallares	$Nu = \dfrac{hd}{k_{\mathrm{f}}} = 2\left(1 + \dfrac{4(1-\varepsilon)}{\varepsilon} + (1-\varepsilon)^{0.5}\right)Re_d^{0.6}Pr^{1/3}$	层流

理论研究得到的关联式较少，但近年来已经有一些理论研究的报道[41]，一些研究者提出了计算体积传热系数的方法，但这些研究都限于层流情况。Kuwahara 等[42]基于局部热非平衡理论和双能量方程模型推导得出一个计算体积对流传热系数的理论公式（列于表 2-3 中），其中不含任何经验常数，而且经实验验证适合于宽范围的孔隙率、雷诺数和普朗特数，但仅适用于层流流动。

3. 热辐射模型

当多孔介质处于高温环境中时，辐射传热起主导作用。通常情况下，在多孔介质燃烧器及化学反应器中，多孔介质的辐射传热比流体相的辐射传热高出近 3 个数量级。在这些设备中，多孔介质的最高温度可以达到 1000K 或更高，辐射传热占了总热量的大部分。在多孔介质中运动的流体本质上是一种具有光谱选择性的半透明分散介质[43]。多孔介质中流体流动的光谱辐射传热过程可以用具有各向异性散射的扩散吸收介质的辐射传递方程（radiative transfer equation，RTE）来描述。由于多孔介质对辐射有很强的吸收能力，多孔介质通常具有较大的光学厚度和较短的辐射传热平均自由程，其光学厚度一般大于 5。计算辐射传热的具体方法中早期应用较多的有热流法和蒙特卡罗法，近期则有球谐波近似法、离散坐标法、离散传递法以及散射反射能量比例分布（distributions of ratios of energy scattered or reflected，DRESOR）法[44]等。但从宏观的处理方式来看，同多孔介质中的其他问题一样，处理的热辐射问题也可以采用两种途径。

第一种途径是直接求解辐射传热方程的方法，也可称为连续法。它是基于表征体元控制体内的辐射能量守恒原理，直接求解辐射传热方程。连续法根据介质的光学性质，包括发射、吸收和散射特性，结合相间界面的边界条件，计算多孔介质系统中的辐射强度分布。辐射传递理论的公式中隐含着连续性、均匀性和随机性的假设，故要求用于求解的控制体的尺寸须远大于辐射波长。同时，求解辐射传递方程的前提是多孔介质固体材料光学特性为已知，而这些特性又与材料性质及其微观结构密切相关。为此，人们提出了计算多孔介质中固相基质光学性质的一些经验关联式。连续法的缺点是计算量过大，在工程上应用有限。

　　求解辐射传递方程的方法简介如下。吸收、发射和散射介质在 r 位置 s 方向的辐射传递方程可写为

$$\frac{\mathrm{d}I(r,s)}{\mathrm{d}s}+(a+\sigma_\mathrm{s})I(r,s)=an^2\frac{\sigma T_\mathrm{s}^4}{\pi}+\frac{\sigma_\mathrm{s}}{4\pi}\int_0^{4\pi}I(r,s)\,\varPhi(s,s')\mathrm{d}\varOmega' \tag{2-79}$$

式中，s' 是散射方向向量；s 是路径长度；a 是固体的吸收系数；n 是折射率；σ_s 是固体的散射系数；I 是辐射强度；$\varPhi$ 是相位函数；$\varOmega'$ 是立体角。一般多采用离散坐标法来求解 RTE。吸收系数 a 和散射系数 σ_s 需要预先确定。Singh 等[45]提出了吸收系数和散射系数的公式，它们是多孔介质发射率、颗粒直径、多孔介质孔隙率和比例因子 S_r 的函数，可以表示为

$$a=\frac{1.5\varepsilon_r(1-\varepsilon_\mathrm{g})S_r}{d_p} \tag{2-80}$$

$$\sigma_\mathrm{s}=\frac{1.5(1-\varepsilon_r)(1-\varepsilon_\mathrm{g})S_r}{d_p} \tag{2-81}$$

式中，比例因子（换算系数）S_r 为

$$S_r=1.0+1.84(1-\varepsilon_\mathrm{g})-3.15(1-\varepsilon_\mathrm{g})^2+7.2(1-\varepsilon_\mathrm{g})^3,\quad \varepsilon_\mathrm{g}>0.3 \tag{2-82}$$

　　Shin 等[46]通过引入无散射假设（$\sigma_\mathrm{s}=0$），即忽略散射效应，把吸收系数表示为粒径和床层孔隙率的函数，提出了另一种计算吸收系数的方法，可表示为

$$a=-\frac{1}{d_p}\ln(\varepsilon_\mathrm{g}) \tag{2-83}$$

　　第二种途径是有效辐射传导率方法。在有关燃烧模型的研究中，对惰性多孔介质的辐射传递广泛采用热扩散即热传导近似。这种方法能在多孔介质燃烧模拟中使数值计算得到极大简化。此方法是将辐射传热折算为热传导，把辐射热流用傅里叶传导律表示：

$$q_\mathrm{r}=-k_\mathrm{er}\frac{\mathrm{d}T}{\mathrm{d}y} \tag{2-84}$$

式中，q_r 为辐射热流；k_er 为辐射导热率。

　　于是，有效辐射传导率可表示为多孔介质的有效导热率与辐射导热率之和：

$$k_\mathrm{e}=k_\mathrm{ec}+k_\mathrm{er} \tag{2-85}$$

式中，k_ec、k_er 分别为有效导热率和辐射导热率。辐射导热率可近似为

$$k_\mathrm{er}=16\sigma T^3/(3\beta_\mathrm{R}) \tag{2-86}$$

其中，σ 是斯特藩-玻尔兹曼常数，其值为 5.67×10^{-8} W/(m^2·K^4)；β_R 是罗斯朗平均消光（吸收 + 散射）系数。其中各公式出处可参见文献[31]。

填充床的 k_{er} 的一般形式为

$$k_{er} = 4F_E\sigma d_p T_s^3 \tag{2-87}$$

式中，F_E 是辐射交换因子。计算 F_E 的各种关系式见表 2-4。

表 2-4　辐射传导率的辐射交换因子关系式一览表[31]

作者	辐射交换因子
Argo 和 Smith（A-S）	$\dfrac{1}{2/\varepsilon_E - 1}$
Yagi 和 Kunii（Y-K）	$\dfrac{\varepsilon}{1+\dfrac{\varepsilon}{2(1-\varepsilon)}\dfrac{1-\varepsilon}{\varepsilon_E}} + \dfrac{1-\varepsilon}{2/\varepsilon_E - 1}$
Laubitz	$\dfrac{\varepsilon_E(1-(1-\varepsilon)^{2/3}+(1-\varepsilon)^{4/3})}{1-\varepsilon}$
Wakao 和 Kato（W-K）	$\dfrac{2}{2/\varepsilon_E - 0.264}$
Schotte	ε_E
Zehner 和 Schlünder（Z-S）	$\dfrac{(1-\sqrt{1-\varepsilon})\varepsilon}{1-\varepsilon} + \dfrac{\sqrt{1-\varepsilon}}{2/\varepsilon_E - 1} \times \dfrac{B+1}{B} \cdot \dfrac{1}{1+\dfrac{1}{(2/\varepsilon_E - 1)\varLambda_r}}$
Breitbach 和 Barthels（B-B）	$(1-\sqrt{1-\varepsilon}) + \dfrac{\sqrt{1-\varepsilon}}{2/\varepsilon_E - 1} \times \dfrac{B+1}{B} \cdot \dfrac{1}{1+\dfrac{1}{(2/\varepsilon_E - 1)\varLambda_r}}$
Rosseland	$\dfrac{4}{3(a+\sigma_s)d_p}$
Chen 和 Churchill	$\dfrac{2}{(a+2\sigma_s)d_p}$
Vortmeyer	$\dfrac{2B_r + \varepsilon_E(1-B_r)}{2(1-B_r) - \varepsilon_E(1-B_r)}$

注：$\varLambda_r = \dfrac{k_y}{4\sigma d_p T^3}$；$\varepsilon_E$ 为多孔介质固体发射率；B_r 为层透析率参数；

当 $\varepsilon=0.4$ 时，$B_r = 0.149909 - 0.24791\varepsilon_E + 0.290799\varepsilon_E^2 - 0.20081\varepsilon_E^3 + 0.0651042\varepsilon_E^4$；

当 $\varepsilon=0.48$ 时，$B_r = 0.179 - 0.24791\varepsilon_E + 0.290799\varepsilon_E^2 - 0.20081\varepsilon_E^3 + 0.0651042\varepsilon_E^4$

至于有效辐射传导率的计算，通常采用两种方法。

第一种方法是所谓的胞元（unit cell）法。这种方法把辐射当作固体基质表面

（图 2-5 中机理⑤）和相邻的孔隙之间的局部传热效应（图 2-5 中机理⑥）。一些模型只考虑相邻颗粒表面间的辐射交换，如 Argo 等[47]、Laubitz[48]、Wakao 等[49]提出的关系式。一些模型也考虑在同一个单元内相邻孔隙之间的辐射交换，如 Yagi 等[30]、Schotte[50]、Zehner 等[51]提出的关系式（以上关系式见表 2-4）。此外，还有研究者进一步考虑了胞元外的孔隙之间辐射交换效应。

第二种方法是把多孔介质处理为准均匀连续介质，辐射射线可以自由穿透其中。这实质上也是一种体积平均的方法，它把多孔介质看作均匀介质，并对介质的吸收和散射特性建立模型，得出平均的吸收系数和散射系数，从而推导出一组类似于傅里叶热传导律的关于多孔介质内能量分布的简化代数方程[52]。这些代数方程的求解，归结为求得有效的辐射传导率。尽管此方法并没有很坚实的理论基础，但在工程实际中获得了广泛采用。例如，Rosseland[53]假设辐射强度是气体温度下的黑体强度，提出了辐射传导率与固体的一般辐射特性的关系。Schoenwetter 等[54]导出了与介质发射率以及层透射率参数 B_r 有关的辐射特性的关系式，这就在连续模型和离散模型之间建立了联系。所有上述关系式在文献中经常被使用。要注意现有的辐射传导率的关系式是建立在不同的假设上的，因此通常它们的预测存在很大的差异。

在传统的体积平均辐射模型中，首先要确定一个表征体元，然后用 Mie 理论或其他方法计算出微元的散射截面。它假定：①多孔介质处于局部热平衡；②散射波之间不发生干涉；③各表征体元的散射是相互独立的。假定②给多孔介质的孔径 D 规定了一个下限：$D/\lambda > 0.5$，其中 λ 是波长。

体积平均辐射模型的一个难点是在表征体元上散射的计算，即使是规则排列的球形颗粒，其散射也是很难求解的。另外，局部热平衡对燃烧这种具有强烈非平衡性的过程是不合适的。所以，在实际应用中往往采用更为唯象化的方法，用所谓有效的吸收系数和有效散射系数来表征多孔介质的辐射特性。对于由不透明材料构成的多孔介质，如果假定其为具有有效吸收系数 κ 和散射系数 σ 的均匀介质，忽略多孔介质中流体的辐射，则光子的平均自由程就等于平均孔径 D_p，而 κ 和 σ_S 就可估计为

$$\kappa = \varepsilon_E / L, \quad \sigma_S = (1-\varepsilon)/L \qquad (2-88)$$

式中，ε_E 为多孔介质纯物质发射率。更普遍的做法是用实验数据进行拟合，给出辐射特性参数的经验关系式，例如：

$$\beta_S = (3/D)(1-\varepsilon) \qquad (2-89)$$

式中，$\beta_S = \kappa + \sigma_S$ 为衰减系数；ε 为孔隙率。

需要指出的是，目前多孔介质（包括松散介质和固结介质）的消光系数和单散射反照率数据非常有限，而且通常是在灰体假设基础上进行分析。通过假设胞元几何形状，对复杂的开式单元结构的辐射特性进行了许多尝试。对于开孔多孔

材料的辐射特性，最简单的半经验模型是 Hsu 等[55]提出的。此模型中，吸收、散射和消光系数由以下关系式给出：

$$\kappa = \varepsilon_E \left(\frac{3}{2D_p} \right)(1-\varepsilon) \tag{2-90}$$

$$\sigma_S = (2 - \varepsilon_E)\left(\frac{3}{2D_p} \right)(1-\varepsilon) \tag{2-91}$$

$$\beta = (k + \sigma_S) = \left(\frac{3}{D_p} \right)(1-\varepsilon) \tag{2-92}$$

式中，D_p 为孔径；ε_E 为固体的发射率（假设对辐射不透明）；ε 为孔隙率。将实验数据与基于几何光学理论的预测结果进行比较，发现该理论低估了消光系数。Kamiuto[56]通过将一个单元分解为两个柱状支板和一个接缝，建立了开放单元多孔材料辐射特性的解析表达式，将几何光学和衍射理论应用于这些散射体，假设它们在空间中随机定向。模型预测的消光系数与实验结果一致，精度在 25%以内。

　　Qian 等[31]对现有的颗粒填充床主要热传导和辐射模型进行了评价，并将预测结果与实验数据进行了比较。在低温条件下，发现 ZBS 模型对接触面积的影响不敏感，因此推荐 ZBS 模型计算填料床的有效导热系数。在高温条件下，虽然可以使用多种模型来计算填充床的辐射传热行为，但 Breitbach 和 Barthels（B-B）公式[57]是适用于不同粒径、发射率和孔隙率的最佳模型。

参 考 文 献

[1] Whitaker S. Equations of motion in porous media. Chemical Engineering Science，1966，21：291-300.

[2] Whitaker S. The Method of Volume Averaging. Berlin：Springer，1999.

[3] Quintard M，Whitaker S. Transport in ordered and disordered porous media Ⅴ：Geometrical results for two-dimensional systems. Transport in Porous Media，1994，15：183-196.

[4] Quintard M，Whitaker S. Transport in ordered and disordered porous media Ⅳ：Computer generated porous media for three-dimensional systems. Transport in Porous Media，1994，15：51-70.

[5] Quintard M，Whitaker S. Transport in ordered and disordered porous media Ⅲ：Closure and comparison between theory and experiment. Transport in Porous Media，1994，15：31-49.

[6] Quintard M，Whitaker S. Transport in ordered and disordered porous media Ⅱ：Generalized volume averaging. Transport in Porous Media，1994，14：179-206.

[7] Quintard M，Whitaker S. Transport in ordered and disordered porous media Ⅰ：The cellular average and the use of weighting functions. Transport in Porous Media，1994，14：163-177.

[8] Hornung U. Homogenization and Porous Media. Berlin：Springer Science & Business Media，1997.

[9] Hornung U. Applications of the homogenization method to flow and transport in porous media//Flow and Transport in Porous Media. Singapore：World Scientific，1992：167-222.

[10] Terada K，Ito T，Kikuchi N. Characterization of the mechanical behaviors of solid-fluid mixture by the

homogenization method. Computer Methods in Applied Mechanics and Engineering, 1998, 153: 223-257.

[11] Arbogast T, Douglas J, Hornung U. Derivation of the double porosity model of single phase flow via homogenization theory. SIAM Journal on Mathematical Analysis, 1990, 21: 823-836.

[12] Tsien H S. Superaerodynamics, mechanics of rarefied gases. Journal of Aeronautical Science, 1946, 13: 653-664.

[13] Bear J, Bachmat Y. Introduction to Modeling of Transport Phenomena in Porous Media. Amsterdam: Kluwer Academic Publishers, 1990.

[14] Warnatz J, Maasm U, Dibble R W. Combustion-Physical and Chemical Fundamentals, Modeling and Simulation, Experiments, Pollutant Formation. 4th ed. Berlin: Springer-Verlag, 2006.

[15] Schumann T E W. Heat transfer: A liquid flowing through a porous prism. Journal of the Franklin Institute, 1929, 208: 405-416.

[16] Hamdan M H, Barron R M. Analysis of the Darcy-Lapwood and the Darcy-Lapwood-Brinkman models: Significance of the laplacian. Applied Mathematics and Computation, 1991, 44: 121-141.

[17] Dupuit J. Èstudes Thèoriques et Pratiques Sur le Mouvement Des Eaux. Paris: Dunod, 1863.

[18] Forchheimer P. Wasserbewegung durch boden. Zeitschrift des Vereins Deutscher Ingineuer, 1901, 45: 1781-1788.

[19] Martin A R, Saltiel C, Shyy W. Frictional losses and convective heat transfer in sparse, periodic cylinder arrays in cross flow. International Journal of Heat and Mass Transfer, 1998, 41: 2383-2397.

[20] Papathanasiou T D, Markicevic B. A computational evaluation of the Ergun and Forchheimer equations for fibrous porous media. Physics of Fluids, 2001, 13: 2795-2804.

[21] Ward J C. Turbulent flow in porous media. Journal of the Hydraulics Division, American Society of Civil Engineers, 1964, 90: 1-12.

[22] Lage J. The fundamental theory of flow through permeable madia from Darcy to turbulence. Transport Phenomena in Porous Media. Oxford: Pergamon, 1998.

[23] Brinkman H C. A calculation of the viscous force exerted by a flowing fluid on a dense swarm of particles. Applied Scientific Research Section A-Mechanics Heat Chemical Engineering Mathematical Methods, 1947, 1: 27-34.

[24] Rudraiah N. Non-linear convection in a porous medium with convective acceleration and viscous force. Arabian Journal of Science and Engineering, 1984, 9: 153-167.

[25] Vafai K, Kim S J. On the limitations of the Brinkman-Forchheimer-extended Darcy equation. International Journal of Heat and Fluid Flow, 1995, 16: 11-15.

[26] Ergun S. Fluid flow through packed columns. Chemcal Engineering Progress, 1952, 48: 89-94.

[27] Macdonald I F, El-Sayed M S, Mow K, et al. Flow through porous media-the ergun equation revisited. Industrial and Engineering Chemistry Research Fundamentals, 1979, 18: 199-208.

[28] Xu H J, Xing Z B, Wang F Q, et al. Review on heat conduction, heat convection, thermal radiation and phase change heat transfer of nanofluids in porous media: Fundamentals and applications. Chemical Engineering Science, 2019, 195: 462-483.

[29] 林瑞泰. 多孔介质传热传质引论. 北京: 科学出版社, 1995.

[30] Yagi S, Kunii D. Studies on effective thermal conductivities in packed beds. AIChE (American Institute of Chemical Engineers) Journal, 1957, 3: 373-381.

[31] Qian Y, Han Z, Zhan J H, et al. Comparative evaluation of heat conduction and radiation models for CFD simulation of heat transfer in packed beds. International Journal of Heat and Mass Transfer, 2018, 127: 573-584.

[32] Kunii D, Smith J M. Heat transfer characteristics of porous rocks. AIChE (American Institute of Chemical Engineers) Journal, 1960, 6: 71-78.

[33] Zehner P, Schlünder E U. Warmeleitfahigkeit von schüttungen bei mäßigen temperature. Chemie Ingenieur Technik, 1970, 42: 933-941.

[34] Bauer R, Schlünder E U. Effective radial thermal conductivity of packings in gas flow. Part II: thermal conductivity of radiation heat transfer in packed pebble beds. International Journal of Chemical Engineering, 1978, 18: 189-204.

[35] Gunn D. Transfer of heat or mass to particles in fixed and fluidised beds. International Journal of Heat and Mass Transfer, 1978, 21: 467-476.

[36] Yusuf R, Halvorsen B, Melaaen M C. An experimental and computational study of wall to bed heat transfer in a bubbling gas-solid fluidized bed. International Journal of Multiphase Flow, 2012, 42: 9-23.

[37] Fu X, Viskanta R, Gore J R. Measurement and correlation of volumetric heat transfer coeffcients of cellular ceramics. Experimental Thermal and Fluid Seience, 1998, 17: 285-293.

[38] Nakayama A, Ando K, Yang C, et al. A study on interstitial heat transfer in consolidated and unconsolidated porous media. Heat Mass Transfer, 2009, 45: 1365-1372.

[39] Younis L B, Viskanta R. Experimental determination of the volumetric heat transfer coefficient between stream of air and ceramic foam. International Journal of Heat and Mass Transfer, 1993, 36: 1425-1434.

[40] 郑坤灿, 温治, 王占胜, 等. 前沿领域综述——多孔介质强制对流换热研究进展. 物理学报, 2012, 61: 1-11.

[41] Ravi S, Annapragada B, Jayathi Y. et al. Permeability and thermal transport in compressed open-celled foams. Numerical Heat Transfer Part B-Fundamentals, 2008, 54: 1-22.

[42] Kuwahara F, Shirota M, Nakayama A. A numerical study of interfacial convective heat transfer coeffcient in two-energy equation model for convection in porous media. International Journal of Heat and Mass Transfer, 2001, 44: 1153-1159.

[43] Cheng Q, Zhou H C. The DRESOR method for a collimated irradiation on an isotropically scattering layer. Journal of Heat Transfer-Transactions of The ASME, 2007, 129: 634-645.

[44] Wang F Q, Tan J Y, Shuai Y, et al. Thermal performance analyses of porouss media solar receiver with different irradiative transfer models. International Journal of Heat and Mass Transfer, 2014, 78: 7-16.

[45] Singh B, Kaviany M. Independent theory versus direct simulation of radiation heat-transfer in packed-beds. International Journal of Heat and Mass Transfer, 1991, 34: 2869-2882.

[46] Shin D, Choi S. The combustion of simulated waste particles in a fixed bed. Combustion and Flame, 2000, 121: 167-180.

[47] Argo W B, Smith J. Heat transfer in packed beds. Chemical Engineering Progress, 1957, 49: 443-451.

[48] Laubitz M J. Thermal conductivity of powders. Canadian Journal of Physics, 1959, 37: 798-809.

[49] Wakao N, Kato K. Effective thermal conductivity of packed beds. Journal of Chemical Engineering of Japan, 1969, 2: 24-33.

[50] Schotte W. Thermal conductivity of packed beds. AIChE (American Institute Chemical Engineering) Journal, 1960, 59: 1284-1286.

[51] Zehner P, Schlünder E U. Einfluss der warmestrahlung und des druckes auf den warmetransport in nicht durchstromten schüttungen. Chemie Ingenieur Technik, 1972, 44: 1303-1308.

[52] Antwerpen W, du Toit C G, Rousseau P G. A review of correlations to model the packing structure and effective thermal conductivity in packed beds of mono-sized spherical particles. Nuclear Engineering and Design, 2010, 240: 1803-1818.

[53] Rosseland S. Theoretical astrophysics//Atomic Theory and the Analysis of Stellar Atmospheres and Envelopes. Oxford: Clarendon Press, 1936.

[54] Schoenwetter M, Vortmeyer D. A new model for radiation heat transfer in emitting, absorbing and anisotropically scattering media based on the concept of mean beam length. International Journal of Thermal Sciences, 2000, 20: 983-990.

[55] Hsu P F, Howell J R. Measurements of thermal conductivity and optical properties of porous partially stabilized zirconia. Experimental Heat Transfer, 1993, 5: 293-313.

[56] Kamiuto K. Study of Dulnevs model for the thermal and radiative properties of open-cellular porous materials. JSME International Journal Series B-Fluids And Thermal Engineering, 1997, 40: 577-582.

[57] Breitbach G, Barthels H. The radiant heat transfer in the high temperature reactor core after failure of the afterheat removal systems. Nuclear Technology, 1980, 49: 392-399.

第 3 章　多孔介质中湍流流动与燃烧模型

3.1　概　　述

3.1.1　多孔介质中的流动状态

　　关于多孔介质中的流体流动状态，研究者已经进行了大量研究，发现在一定条件下，与自由空间流动一样，其流体流动也会从层流转捩为湍流。多孔介质固体骨架对流动的影响是很复杂的，目前对此类湍流流动机理的了解仍然有限。一方面，流体在狭窄复杂的流道内流动，受到流道迂曲度及粗糙度的强烈扰动，在较低的速度下即可成为湍流。另一方面，多孔介质内孔隙尺度又限制了湍流涡团的大小，使孔隙内一般不可能出现大尺度的拟序结构。

　　多孔介质内流动类似于绕管束的流动，当速度很高时，贴近多孔介质固壁的黏性边界层变得很薄且不稳定，极易从壁面分离和脱落。惯性力大到一定程度，可以显著地改变流场的拓扑结构，从而在孔隙中形成射流、涡流、死区等。旋涡（也称涡旋）的分裂和脱离是产生多孔介质内湍流的主要机理[1-3]。理论上，随着多孔介质内流体流动速度的不断增大，可以呈现微观（孔隙水平）湍流。对于大孔隙率的多孔介质，孔隙内有旋涡继续发展的空间，可以维持能量的逐级传递，即发生级联（cascade）过程，因而具备湍流的基本特征。然而在孔隙率小的情况下，由上游固体介质壁面产生的旋涡受到邻近固体的阻碍，有效的能量级联过程被抑制，因而在孔隙率较小时湍流不能够维持。可见，多孔介质内微观湍流流动受多孔介质结构的影响较小，而受多孔介质孔隙率的影响较大。可以说孔隙率大的时候湍流强度也大，孔隙率降低湍流强度也随之降低。

　　湍流强度和多孔介质孔隙的尺寸及其分布有很大的关系。显然，多孔介质中最大流动涡团的尺寸受孔隙尺寸的限制，通常比系统的宏观尺寸（反应器管径或柱径）小很多。不同尺寸的孔隙对湍流的产生和耗散起着不同的作用。大孔隙中产生较大尺寸的涡团能够从宏观流动中获得能量，而在细小孔隙中形成能量耗散的小尺寸涡团。例如，在过滤燃烧的情况下，在气体加速流动的火焰区，固体与火焰区的相互作用增强了大孔隙区湍流的产生速率。另外，在预热区和火焰后区均存在固体与流体的相互作用，湍流能量耗散成热而强化了对流换热，进而增强了小孔隙内两相之间的相互作用。

多孔介质内湍流的基本特征是微观湍流和宏观湍流同时存在,它们既有联系,又有重要区别[4-7]。通常,把微型探针置入多孔介质内部,将测得的数据作为微观湍流存在的实验依据。van der Merwe 等[8]对球形堆积床内的气流速度场和湍流强度进行了测量,发现最大湍流强度可达 0.6。

基于孔径雷诺数(以多孔介质的平均孔径作为特征长度),可以定义多孔介质中不同的流动状态。尽管各个研究者的实验结果并不完全相同(这当然与实验条件不同有关),但大体上还是比较一致或相互接近的。其中,Dybbs 等[9]的研究比较有代表性。他们用折射率法测量多孔介质孔隙尺度内流场的拓扑特征,并将流动机制按 Re 进行划分。

这里首先需要说明雷诺数的定义。对于多孔介质流动,相关文献中有几种不同的雷诺数定义。其主要区别是特征长度和特征速度的选取。通常都采用如颗粒直径或水力直径作为长度尺度,而以流体表观速度(达西速度)或实际速度(孔隙内实际速度的本征平均值)作为特征速度。在实际应用中,必须注意其具体定义方式及数量上的差别。较具代表性的是 Dybbs 等[9]的定义,他们将多孔介质中流体流动雷诺数(孔隙雷诺数)Re 定义为

$$Re = \frac{\overline{\langle u_x \rangle^\gamma}}{\nu} \frac{D\varepsilon}{1-\varepsilon} \qquad (3\text{-}1)$$

式中,ν 是流体的运动黏度;ε 是介质的孔隙率;$\overline{\langle u_x \rangle^\gamma}$ 是时均的多孔介质孔隙中的本征平均流速;u_x 是 x 方向(流向)的瞬时速度分量;空间平均运算用符号 $\langle \cdot \rangle$ 表示,横杠是时间平均运算符;D 是颗粒直径,其与水力直径 D_H 的关系为 $D_H = \frac{2}{3} D\varepsilon / (1-\varepsilon)$。

Dybbs 等[9]将多孔介质流动按雷诺数划分为 4 种机制。

(1)$Re < 10$:流动为达西流或蠕动流状态,流动近似满足达西定律,压力梯度和表观速度之间呈线性关系。在这些条件下,流动由黏性力控制。阻力与雷诺数平方成正比,惯性力的影响可忽略。

(2)$10 \leqslant Re < 150$:流动为 Forchheimer 流,即定常的惯性(非线性)流,压力梯度和速度之间呈非线性关系。在这种情况下,流动特性发生剧烈变化,惯性力开始超越黏性作用而对流动起主导作用。在多孔介质中,惯性项对流场的影响在许多方面与 Taylor 所报道的经典的弯管内二次流相似。实验观察和数值模拟均已证明螺旋状涡旋和其他复杂流动现象的存在。

(3)$150 \leqslant Re < 350$:流动为后 Forchheimer 流(post-Forchheimer flow),呈现为非稳态层流,即层流到湍流的过渡态。在此状态下,流动不再是定常的,但它还缺乏真正湍流的特征。

（4）$Re \geqslant 350$：流动为混沌流，即充分发展的湍流状态。诸多研究直接或间接证明了多孔介质中存在亚孔隙尺度湍流。但某些结果之间存在不一致性，一些研究者在相对较低的雷诺数（$Re \approx 350$）下观察到湍流。而另有报道须达到更高的雷诺数才能观察到湍流（$Re \approx 1000$）。

Takatsu 等[10,11]研究了液体流经交错管束时层流和湍流状态之间的过渡（图 3-1），得到了类似的结果。他们的研究报道除了划界的 Re 的数值有所不同外，基本结论是一致的。表 3-1 总结了球形颗粒固定床中液体水动力学状态发生变化时所对应的雷诺数。由于这些研究中采用了不同的实验技术，以及不同的颗粒尺寸和床层孔隙率，可以认为这些结果对于球形颗粒的固定床是一致的。

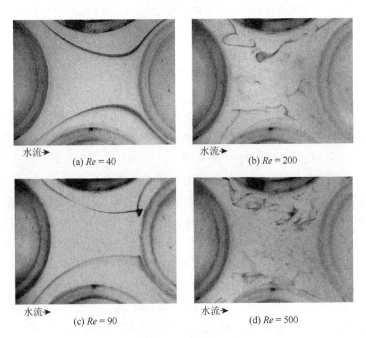

(a) $Re = 40$　　　　　　　(b) $Re = 200$

(c) $Re = 90$　　　　　　　(d) $Re = 500$

图 3-1　绕管束的流动随 Re 变化的实例

水流通过 24mm 直径的交错管束[11]

表 3-1　多孔介质从层流到湍流转掖雷诺数的范围

研究者	平均孔隙率	脉动起始 Re	湍流起始 Re
Jolls 和 Hanraty	0.41	110~150	300
Wegner 等	0.26	90~120	—
Latifi 等	0.39	110	400
Rode 等	0.40	110~150	300
Seguin 等	0.36	120	600
McFarland 等	0.48	123~153	—

据此可以推算，当多孔介质的孔径尺度为毫米级别时，表观流速不到 1m/s 的情况下即可以达到湍流。尤其在压力升高、气体密度增大的情况下，气体流动在更低流速下即转变为湍流。因此，对于流体在多孔介质内高温、高压流动，特别是发生燃烧的情况，湍流的影响必须加以考虑。

研究结果表明，从层流到湍流的过渡过程是通过黏性-惯性流动机制的发展逐步进行的，并伴随着孔隙速度剖面中惯性核的形成。表征这一转变的临界雷诺数比液体在直管中流动从层流转变为湍流的临界雷诺数小很多。对于具有局部回流和稳态涡型的多孔介质区域，即使层流流态中存在涡型，也不应将其误认为湍流。

对于高雷诺数的多孔介质流动，与流动物理有关的几个基本问题目前尚未了解透彻。在较高雷诺数的情况下，孔尺度流动结构在较强的惯性作用下无疑会发生变化。这种流动结构的变化如何影响孔隙内的湍流（即湍流动能分布和输运机制）尚未得到深入的研究。在一个密集填充的床层中，湍流是更接近内部管道流，还是分离的外部流，这对开发更精确的工程模型有重要影响。多孔几何形状引起的尺度限制必然会改变孔尺度湍流的产生和输运，但其程度尚不清楚。

为了深入理解多孔介质内的湍流特性及其机理，Patil 等[5]对随机填充床内的湍流流动进行了系统的实验研究，得到了有关多孔介质内湍流特征参数的定量数据。填充床由直径 $D_B = 15mm$ 的小球随机填充而成。床的孔隙率为 0.45，床宽径比（床宽与小球直径之比）较小，为 4.67。他们利用粒子成像技术（particle image velocimetry，PIV）获得了填充床内与时间相关的二维瞬态速度场是大量数据。孔隙内与平均流关联的大尺度结构的区域通过速度场的雷诺分解进行识别，而嵌入孔隙尺度区域内的小尺度结构是结合对大涡的尺度分解和旋流强度分析加以识别和定量化。孔隙空间的主要部分被划分为曲折的孔道流。对不同特征几何形状的孔隙采集速度图。选取了 4 个孔隙以代表 4 种典型的孔隙流动状态，分别对应于流线迁曲的渠道流、与孔隙壁面碰撞的撞击流、具有大动量的射流和小动量的回流。

实验结果显示，尽管各个区域表现出不同欧拉统计特性，但其涡团的基本结构特征，如旋转速率和涡团的数密度，是非常相似的。大尺度涡团结构的旋转速率随孔隙雷诺数的增大而近似线性增大，其时间尺度则呈线性关系减少。不同孔隙之间的湍流特征非常相似，若按填充床水力直径 D_H 和平均间隙速度 V_{int} 进行无量纲化，所得结果表明，若使用填充床孔隙尺度进行标准化，则随着雷诺数的增大，填充床内湍流趋于一个渐近的稳定状态。大多数湍流参数，如湍流动能的分量及其剪切产生率，在充分高的孔隙雷诺数（大约 2800）下趋于一个渐近值。而欧拉积分时间尺度和长度尺度则在较小的雷诺数（大约 1800）的情况下达到渐近极限。这些结果说明对随机填充床而言，孔隙内流动的湍流尺度都远小于特征孔隙的特征尺度。而且，孔隙内湍流所达到的渐近极限与孔隙几何构型无关。这是一个具有重要意义的发现。

Patil 等[5]基于 PIV 测量结果，给出了代表性的孔隙在孔隙雷诺数 839～3964
范围内的主要湍流参数的具体数值，包括湍流动能、湍流剪切率、欧拉积分
长度尺度和时间尺度、能谱分布。利用这些测量结果，计算得到了床内湍流
的各种统计量，如床内湍流长度、速度和时间的科尔莫戈罗夫尺度的估计值，
如表 3-2 所示。

表 3-2　随机填充床类型多孔介质中湍流参数的渐近极限值[5]

参数	取值
积分长度尺度 l	$0.20D_H$
积分速度尺度 u_l	$0.38V_{int}$
湍流雷诺数 Re_t	$0.07Re$
科尔莫戈罗夫长度尺度 η	$1.32\,D_H\,Re^{-3/4}$ 或 $0.90l\,Re_t^{-3/4}$
科尔莫戈罗夫速度尺度 u_η	$0.76\,V_{int}\,Re^{-1/4}$ 或 $1.03\,u_l\,Re_t^{-1/4}$

孔隙雷诺数 Re 按式（3-1）进行定义，$D_H = \phi D_B / (1-\varepsilon)$ 是水力直径；基于大尺度
湍流的表征雷诺数可定义为 $Re_t = u_l l / \nu$，l 是湍流积分长度尺度，u_l 是与大尺度涡（积
分尺度的大涡）相关联的速度尺度，按表 3-2 中的值估算，$Re_t = \dfrac{u_l}{V_{int}} \dfrac{l}{D_B} Re \approx 0.07Re$，
可见湍流雷诺数比孔隙雷诺数大约小一个量级。科尔莫戈罗夫尺度随湍流雷诺数
增加而减小，这符合一般湍流的规律。研究结果还表明，在所研究的孔隙范围内，
该流动在渐近极限下的湍流雷诺数约为 $0.07Re$ 数量级。

3.1.2　多孔介质流动的湍流模型

多孔介质湍流建模问题一直是一个富有挑战性的课题，至今未得到透彻、全
面的理论研究。

关于多孔介质中的湍流，学术界具有代表性的一种观点是 Nield[12]最早提出的。
他认为由于湍流涡团结构受到固体骨架中孔隙尺寸的限制，多孔介质中不可能存
在真实的宏观湍流，只有微观（孔隙尺度）湍流结构能够存在。按照此观点，多
孔介质中能量从大涡到小涡的级联过程，只能发生在孔隙内部。因此，任何多孔
介质中的湍流仅限于孔隙内的湍流；至少在致密多孔介质中，不可能出现真正的
宏观湍流。Antohe 等[7]指出，对于充分发展的稳态湍流流动，多孔介质内不存在
宏观湍流，只有孔隙水平的微观湍流；还指出对孔隙水平内速度的扰动量进行体
积平均后，较小的湍流脉动会被忽略。因而讨论多孔介质内湍流时，一定要明确
宏观湍流和微观湍流之间的区别。Nield 等[13]认为湍流只在数量上改变了多孔介

质流动的阻力，而没有定性地改变流动的特征。这样，对多孔介质中湍流建模时，必须对孔隙尺寸的影响加以考虑。这种观点被相当多的研究者所认可。例如，商用 CFD 软件 FLUENT 13.021 中，采用一种典型的微观湍流模型，它认为湍流在多孔介质中受到抑制，因此把雷诺应力项设为零。

Jin 等[14]对此问题进行了较深入的理论和数值研究，他们分别采用有限体积法（finite volume method，FVM）和网格-玻尔兹曼法（lattice Boltzmann method，LBM）两种数值方法对多孔介质宏观湍流的存在进行了探索。研究结果表明，孔隙大小确实限制了湍流涡团的尺寸，他们将此称为孔隙尺度控制假说（pore scale prevalence hypothesis，PSPH）。这一假说通过考察所有情况下速度场内的两点关系和能谱得到了证实。在进一步的研究中，他们将多孔拓扑结构从均匀的二维多孔结构扩展到三维非均匀多孔介质和壁面有界的多孔结构。研究结果进一步证实了这一假设。在近期的一项研究中，Jin 等[15]认为，在有壁面约束的多孔介质中，所有表征体元的宏观剪切雷诺应力都很小。

对于上述观点，学术界在问题的本质上并无争议，在实践中即具体模型的构建思路和途径方面差别也不大。通用的建模方法是采用时间平均法处理湍流，认为多孔介质中的湍流可以按照与纯净流体相同的方式来处理，即传统的雷诺平均法或时间平均法，而对多孔骨架的复杂几何形貌则用空间平均法处理。在这种方法中，实际上是把多孔介质中的湍流模拟为一种宏观现象，类似于纯净流体中的湍流模型。某种意义上可以说，多孔介质内宏观湍流模型是对微观湍流进行体积平均的结果。

这里所谓的微观湍流模型是充分考虑多孔介质的具体几何结构的形貌，直接在其孔隙内的空间上，即孔隙尺度上进行湍流流场的求解，从而无须任何体积平均而得到多孔介质内的湍流特性。本章后面提及的微观湍流模型都是指这种模型。

与此相反，多孔介质的宏观湍流模型都必须从纯净流体的基本控制方程，即 N-S 方程出发，经过时间平均和空间平均两个步骤才能得到。按照这两个步骤的先后顺序，迄今的宏观湍流模型主要可以分为三种。第一种由 Antohe 和 Lage（A-L）提出，先对 N-S 方程进行体积平均，再进行时间平均，得到的多孔介质内宏观双方程湍流模型。第二种由 Nakayama 和 Kuwahara（N-K）提出，先对 N-S 方程进行时间平均，再进行空间平均，得到的多孔介质内宏观双方程湍流模型。第三种是 Pedras 和 de Lemos（P-dL）提出的双分解法，双分解法的主要思想是同时考虑时间平均和空间平均。

Antohe 等[7]基于稳态充分发展流动的假设，采用先空间平均、再时间平均的方法，对多孔介质内不可压缩流体的湍流特性提出了一个双方程模型，简称为 A-L 模型。他们明确指出，多孔介质内不存在宏观湍流，只有孔隙尺度下的微观湍流。Nakayama 等[16,17]认为在湍流模型构建过程中，小涡必须先考虑。因为一旦先采用空间过滤，小涡的贡献有可能被过滤掉，因此他们对 N-S 方程先进行时间平均，再进行空间平均，得到了湍流模型的另一种表达形式，即 N-K 模型。与 A-L 模型不同，在充分发展的一维流动条件下，N-K 模型可以给出湍动能及其耗散率的非平凡解。Pedras 等[18]提出将 N-S 方程中的瞬态物理量在空间和时间上同时分解，再经过时间平均和空间平均，从而得出了 P-dL 模型。这种模型被认为能够同时模拟孔隙尺度的湍流和大尺度的湍流。同时，Pedras 等[18]还证明，刚性多孔介质的宏观湍流方程的表达形式与时、空平均顺序无关，即时间平均和空间平均两个运算的先后顺序是可以互换的。A-L 模型与 N-K 模型的差别源于它们对宏观湍动能的定义有所不同。对此，Nield[19]认为，以 N-K 模型为代表的这一类模型描述了孔隙内湍流的影响；而以 A-L 模型为代表的这类模型，则是描述全局范围内的湍流，即宏观湍流。对于小达西数、孔隙率一般小于 0.5 的致密多孔介质，N-K 一类模型通常在处理孔隙内湍流时应用较多，但对于大达西数的情况，特别是对于超多孔材料如金属泡沫，A-L 模型更适用。

宏观模型的产生及发展，是因为多孔介质孔隙内湍流的建模迄今还是一项严峻的挑战。这主要是由于多孔介质几何结构的复杂性，如果要进行孔隙尺度模拟，首先要对其复杂的随机结构进行建模，生成计算网格，这是一项极其耗费计算机资源的工作。而且对于孔隙内的流动，要精确模拟近壁面的湍流也有很大的难度。这一事实导致人们开发不受几何结构建模影响的宏观尺度模型。近年来，随着计算机技术及相关硬件和软件的迅猛发展，对多孔介质内流动和燃烧的孔隙尺度模拟，乃至多尺度模拟的研究也开展起来并迅速发展。在这些研究中，不再需要多孔介质的体积平均法和宏观湍流模型，全部过程都采用与纯净流体相同的理论、模型和方法来完成。这些已经超出本章的范围，第 9、10 章将对多孔介质的几何建模和孔隙尺度模拟进行集中介绍。

多孔介质的宏观湍流模型一般采用双方程模型，如 k 和 ε 方程计算涡黏度，进而获得雷诺应力。上述三种模型都属于这种双方程涡黏度模型。此外，也有不少研究者认为应用双方程模型并无大的优势，而采用更简单的代数模型。这类模型的特点是，把湍流效应简化为表观速度的代数函数形式，合并到动量方程的总阻力项中，如 Soulaine 等[20]及 Masuoka 等[21]均采用 Darcy-Forchheimer 公式（见 2.4 节）的扩展形式作为多孔介质湍流的零方程模型。

鉴于上述三种模型在理论研究和工程实际中都获得了较广泛的应用，本章后续各节在简要介绍时间-空间双分解法后，对这三种模型分别进行较详细的介绍。

3.2 时间-空间双分解法

de Lemos 等[18]提出的时间-空间双分解法的思路与雷诺平均法类似，即将变量分解为平均值和脉动值（对空间平均而言则称为偏离值）两部分。平均值可以在控制方程中直接表示，脉动值则需要通过某种方法进行模化。因为多孔介质中的参数变量不仅随着时间有波动，在空间上也是不断变化的，所以为了获得多孔介质中湍流流动的宏观输运方程，需对某一时刻某一空间点的一般变量 φ（可代表速度、温度和组分等）同时进行时间、空间平均。尽管某些模型的推导并没有使用双分解的方法，但都使用了体积平均或者时间平均的方法，而这两种方法的思想又都包含在双分解法之中，因此在这里只对双分解法进行简要介绍，其他的方法请参阅相关参考文献。

图 3-2 中圆圈之内的区域为表征单元体（以下简称单元体），其体积为 ΔV，内部由固体和流体两部分组成，其中流体所占的体积为 ΔV_f。因此，若用 φ 表示一个通用变量，则 φ 的单元体体积平均的定义为

$$\langle \varphi \rangle^V = \frac{1}{\Delta V} \int_{\Delta V} \varphi \mathrm{d}V \tag{3-2}$$

φ 的本征平均（也称为相平均）可以表示为

$$\langle \varphi \rangle^i = \frac{1}{\Delta V_f} \int_{\Delta V_f} \varphi \mathrm{d}V \tag{3-3}$$

二者之间的关系为

$$\langle \varphi \rangle^V = \varepsilon \langle \varphi \rangle^i \tag{3-4}$$

式中，ε 表示多孔介质的孔隙率，

$$\varepsilon \equiv \Delta V_f / \Delta V \tag{3-5}$$

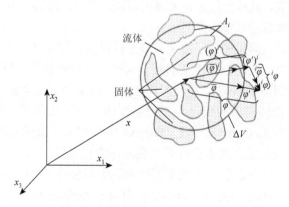

图 3-2　表征单元体、体积平均量、体积和时间脉动量示意图

由图 3-2 可以看出，因为受到固体骨架的影响，单元体内流动的变量 φ 在空间不同位置上会所有不同，即存在空间偏移 $^i\varphi$，因此有关式：

$$\varphi = \langle \varphi \rangle^i + {}^i\varphi \tag{3-6}$$

类似地，由于湍流的存在，在时间上也存在时间平均值 $\overline{\varphi}$ 与脉动值 φ'：

$$\overline{\varphi} = \frac{1}{\Delta t} \int_t^{t+\Delta t} \varphi \mathrm{d}t \tag{3-7}$$

$$\varphi = \overline{\varphi} + \varphi' \tag{3-8}$$

由此，便可以获得变量 φ 体积平均的时间平均值：

$$\overline{\langle \varphi \rangle^V} = \frac{1}{\Delta t} \int_t^{t+\Delta t} \left(\frac{1}{\Delta V} \int_{\Delta V_f} \varphi \mathrm{d}V \right) \mathrm{d}t \tag{3-9}$$

类似地，可以获得变量 φ 时间平均的体积平均值：

$$\langle \overline{\varphi} \rangle^V = \frac{1}{\Delta v} \int_{\Delta V_f} \left(\frac{1}{\Delta t} \int_t^{t+\Delta t} \varphi \mathrm{d}t \right) \mathrm{d}V \tag{3-10}$$

为了推导宏观物理量的控制方程，Whitaker[22]提出了得到广泛应用的局部体积平均理论，其主要公式如下：

$$\langle \nabla \varphi \rangle^V = \nabla(\varepsilon \langle \varphi \rangle^i) + \frac{1}{\Delta V} \int_{A_i} \boldsymbol{n} \varphi \mathrm{d}S \tag{3-11}$$

$$\langle \nabla \cdot \varphi \rangle^V = \nabla \cdot (\varepsilon \langle \varphi \rangle^i) + \frac{1}{\Delta V} \int_{A_i} \boldsymbol{n} \cdot \varphi \mathrm{d}S \tag{3-12}$$

$$\left\langle \frac{\partial \varphi}{\partial t} \right\rangle^V = \frac{\partial}{\partial t}(\varepsilon \langle \varphi \rangle^i) - \frac{1}{\Delta V} \int_{A_i} \boldsymbol{n} \cdot (\boldsymbol{u}_i \varphi) \mathrm{d}S \tag{3-13}$$

式中，A_i、$\boldsymbol{u}_i$ 和 $\boldsymbol{n}$ 分别表示相交界面的面积、速度矢量以及 A_i 的单位法矢量。对于单相流，如果固相基质是固定的，那么相 f 即为流体相的本身，且 $\boldsymbol{u}_i = \boldsymbol{0}$。

业已证明，当多孔介质为刚性，且所有单元体选择的时间间隔 Δt 相同时，时间与空间平均是相互独立的，两者的先后顺序可以相互交换。

$$\overline{\langle \varphi \rangle^V} = \langle \overline{\varphi} \rangle^V \text{ 或者} = \overline{\langle \varphi \rangle^i} = \langle \overline{\varphi} \rangle^i \tag{3-14}$$

将式（3-3）和式（3-8）联立、式（3-7）和式（3-6）联立有

$$\langle \varphi \rangle^i = \frac{1}{\Delta V_f} \int_{\Delta V_f} \varphi \mathrm{d}V = \frac{1}{\Delta V_f} \int_{\Delta V_f} (\overline{\varphi} + \varphi') \mathrm{d}V = \langle \overline{\varphi} \rangle^i + \langle \varphi' \rangle^i \tag{3-15}$$

$$\overline{\varphi} = \frac{1}{\Delta t} \int_t^{t+\Delta t} \varphi \mathrm{d}t = \frac{1}{\Delta t} \int_t^{t+\Delta t} (\langle \varphi \rangle^i + {}^i\varphi) \mathrm{d}t = \overline{\langle \varphi \rangle^i} + \overline{{}^i\varphi} \tag{3-16}$$

根据时间脉动的定义，空间平均值可以直接分解成时间平均值和时间脉动值：

$$\langle \varphi \rangle^i = \overline{\langle \varphi \rangle^i} + \langle \varphi \rangle^{i\prime} \tag{3-17}$$

通过比较式（3-15）和式（3-17），可以发现

$$\langle \varphi' \rangle^i = \langle \varphi \rangle^{i\prime} \tag{3-18}$$

同理，有

$$\overline{\varphi} = \langle \overline{\varphi} \rangle^i + {}^i\overline{\varphi}, \quad {}^i\varphi = {}^i\overline{\varphi} \tag{3-19}$$

综上，则可由式（3-8）和式（3-6）获得一般变量 φ 的双分解公式：

$$\varphi = \langle \varphi \rangle^i + {}^i\varphi = \langle \overline{\varphi} \rangle^i + \langle \varphi' \rangle^i + {}^i\overline{\varphi} + {}^i\varphi'$$
$$= \overline{\varphi} + \varphi' = \overline{\langle \varphi \rangle^i} + \overline{{}^i\varphi} + \langle \varphi' \rangle^i + {}^i\varphi' \tag{3-20}$$

同时，还应当注意到，由于时间脉动量的时间平均值为 0，空间脉动量的空间平均值为0，则有

$$\overline{{}^i\varphi'} = 0, \quad \langle {}^i\varphi' \rangle^i = 0 \tag{3-21}$$

至此，我们已经获得一般变量的双分解法。将式（3-20）代入各个具体的变量（动量、组分、温度等）控制方程中，则可以获得适用于多孔介质的控制方程。

　　图 3-3 所示为通用矢量图，可以形象地解释双分解的概念，即式（3-20）中四项之间的关系。图中，AF 为三维空间中的一个通用矢量变量 φ，注意 B、C、D、E 点位于同一平面内，线段 BC 和 BE 分别平行于线段 ED 和 CD。折线 ACF 代表标准的空间分解，如式（3-6）所示；而折线 AEF 代表式（3-8）给出的时间分解。三角形 ABC 代表式（3-17），而三角形 ABE 代表式（3-19）；线段 AB 代表式（3-14），而式（3-18）和式（3-19）的两个方程分别由平行的线段 BE 和 CD 以及 BC 和 ED 表示。最后，总的方程（3-20）满足折线 $ABCDF$ 或 $ABEDF$，两种均代表变量 φ 的分解。

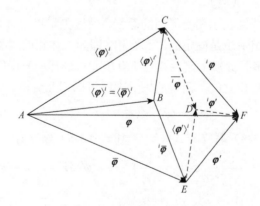

图 3-3　双分解概念的矢量表示

3.3　几种主要的多孔介质湍流模型

3.3.1　P-dL 模型

　　Pedras 等[18]将其提出的时间-空间双分解法直接应用于不可压流体流动的控

制方程，得出一种基于 $k\text{-}\varepsilon$ 方程的多孔介质的湍流模型，简称为 P-dL 模型。其简要推导过程如下。

将双分解法应用于不可压流体的连续性方程，有如下关系式：

$$\nabla \cdot \boldsymbol{u} = \nabla \cdot (\langle \overline{\boldsymbol{u}} \rangle^i + \langle \boldsymbol{u}' \rangle^i + {}^i\overline{\boldsymbol{u}} + {}^i\boldsymbol{u}') = 0 \tag{3-22}$$

对其进行体积平均和时间平均后，方程变形为

$$\nabla \cdot (\varepsilon \langle \overline{\boldsymbol{u}} \rangle^i) = 0 \tag{3-23}$$

流体的微观动量方程（N-S 方程）为

$$\rho \left(\frac{\partial \boldsymbol{u}}{\partial t} + \nabla \cdot (\boldsymbol{uu}) \right) = -\nabla p + \mu \nabla^2 \boldsymbol{u} + \rho \boldsymbol{g} \tag{3-24}$$

为获得 N-S 方程的时空平均表达式，有两条路径：先时间平均，后空间平均；先空间平均，后时间平均。这里分别使用两条路径进行推导。

对 N-S 方程进行时间平均后得到

$$\rho \left(\frac{\partial \overline{\boldsymbol{u}}}{\partial t} + \nabla \cdot (\overline{\boldsymbol{uu}}) \right) = -\nabla \overline{p} + \mu \nabla^2 \overline{\boldsymbol{u}} + \nabla \cdot (-\rho \overline{\boldsymbol{u}'\boldsymbol{u}'}) + \rho \boldsymbol{g} \tag{3-25}$$

再对其进行空间平均得到

$$\rho \left(\frac{\partial}{\partial t}(\varepsilon \langle \overline{\boldsymbol{u}} \rangle^i) + \nabla \cdot (\varepsilon \langle \overline{\boldsymbol{uu}} \rangle^i) \right) = -\nabla(\varepsilon \langle \overline{p} \rangle^i) + \mu \cdot \nabla^2 (\varepsilon \langle \overline{\boldsymbol{u}} \rangle^i)$$
$$-\nabla \cdot (\rho \varepsilon \langle \overline{\boldsymbol{u}'\boldsymbol{u}'} \rangle^i) + \varepsilon \rho \boldsymbol{g} + \overline{\boldsymbol{R}} \tag{3-26}$$

式中，

$$\overline{\boldsymbol{R}} = \frac{\mu}{\Delta V} \int_{A_i} \boldsymbol{n} \cdot (\nabla \overline{\boldsymbol{u}}) \mathrm{d}S - \frac{1}{\Delta V} \int_{A_i} \boldsymbol{n}\overline{p} \mathrm{d}S \tag{3-27}$$

右端两项分别表示由固体骨架对流体产生的黏性阻力和惯性阻力项。

类似地，对 N-S 方程进行空间本征平均后得

$$\rho \left(\frac{\partial}{\partial t}(\varepsilon \langle \boldsymbol{u} \rangle^i) + \nabla \cdot (\varepsilon \langle \boldsymbol{uu} \rangle^i) \right) = -\nabla(\varepsilon \langle p \rangle^i) + \mu \nabla^2 (\varepsilon \langle \boldsymbol{u} \rangle^i) + \varepsilon \rho \boldsymbol{g} + \boldsymbol{R} \tag{3-28}$$

式中，$\boldsymbol{R} = \frac{\mu}{\Delta V} \int_{A_i} \boldsymbol{n} \cdot (\nabla \boldsymbol{u}) \mathrm{d}S - \frac{1}{\Delta V} \int_{A_i} \boldsymbol{n}p \mathrm{d}S$，代表黏性和压力引起的阻力。

再将 $\boldsymbol{u} = \langle \boldsymbol{u} \rangle^i + {}^i\boldsymbol{u}$ 代入式（3-28）的惯性项 $\nabla \cdot (\varepsilon \langle \boldsymbol{uu} \rangle^i)$ 中有

$$\rho \left(\frac{\partial}{\partial t}(\varepsilon \langle \boldsymbol{u} \rangle^i) + \nabla \cdot (\varepsilon \langle \boldsymbol{u} \rangle^i \langle \boldsymbol{u} \rangle^i) \right) = -\nabla(\varepsilon \langle p \rangle^i) + \mu \nabla^2 (\varepsilon \langle \boldsymbol{u} \rangle^i)$$
$$-\nabla \cdot (\rho \varepsilon \langle {}^i\boldsymbol{u}\,{}^i\boldsymbol{u} \rangle^i) + \varepsilon \rho \boldsymbol{g} + \boldsymbol{R} \tag{3-29}$$

式中，等号右侧第三项是由空间偏移量引起的水力学弥散或机械弥散，需要引入封闭假设建立模型。但对于动量弥散，一般将其纳入雷诺应力或附加阻力项中，无须单独处理。关于弥散，将在第 4 章详细讨论。

进一步对空间平均方程进行时间平均可以得到

$$\rho\left(\frac{\partial}{\partial t}\overline{(\varepsilon\langle \overline{u}+u'\rangle^i)} + \nabla\cdot\overline{(\varepsilon\langle(\overline{u}+u')(\overline{u}+u')\rangle)}\right) = -\nabla\overline{(\varepsilon\langle \overline{p}+p'\rangle^i)}$$
$$+ \mu\cdot\nabla^2\overline{(\varepsilon\langle \overline{u}+u'\rangle^i)} + \varepsilon\rho g + \overline{R} \qquad (3\text{-}30)$$

展开公式中的乘积项，注意到脉动项的平均值为零，于是得到

$$\rho\left(\frac{\partial}{\partial t}(\varepsilon\langle \overline{u}\rangle^i) + \nabla\cdot(\varepsilon\langle \overline{uu}\rangle^i)\right) = -\nabla(\varepsilon\langle \overline{p}\rangle^i) + \mu\cdot\nabla^2(\varepsilon\langle \overline{u}\rangle^i)$$
$$- \nabla\cdot(\rho\varepsilon\langle \overline{u'u'}\rangle^i) + \varepsilon\rho g + \overline{R} \qquad (3\text{-}31)$$

式中，

$$\overline{R} = \frac{\mu}{\Delta V}\int_{A_i} n\cdot(\nabla\overline{(\overline{u}+u')})\mathrm{d}S - \frac{1}{\Delta V}\int_{A_i} n\overline{(\overline{p}+p')}\mathrm{d}S$$
$$= \frac{\mu}{\Delta V}\int_{A_i} n\cdot(\nabla\overline{u})\mathrm{d}S - \frac{1}{\Delta V}\int_{A_i} n\overline{p}\mathrm{d}S = \frac{\mu\varepsilon^2}{K}\langle \overline{u}\rangle^i + \frac{c_F\varepsilon^3\rho}{\sqrt{K}}(\langle \overline{u}\rangle^i)^2 \qquad (3\text{-}32)$$

其中，K 为多孔介质的渗透率。比较式（3-26）和式（3-31）可以发现，尽管采用了不同的时空平均顺序，但是两者的动量方程最终表达是相同的。因此，可以采用一种方法来模化时空平均方程，而无须对两种不同路径得到的方程进行特殊处理。两种路径的差异主要是湍动能的定义有所不同[18]。

应当注意到，虽然上述公式给出了完整的动量方程表达式，但是其中的惯性项 $\nabla\cdot(\rho\varepsilon\langle \overline{u'u'}\rangle^i)$ 与我们熟悉的雷诺应力一样，是一个未封闭项。为了将其模化，可以使用类似于纯流体中雷诺应力的模化方法进行推导。对于纯流体，可以利用涡扩散概念将雷诺应力表达式展开：

$$\rho\overline{u'u'} = 2\mu_t\overline{D} - \frac{2}{3}\rho k I \qquad (3\text{-}33)$$

式中，$\overline{D} = \dfrac{\nabla\overline{u}+(\nabla\overline{u})^T}{2}$ 是平均应变率张量；$k = \dfrac{\overline{u'\cdot u'}}{2}$ 是单位质量的湍动能；I 是单位张量。

类似地，将式（3-33）应用到多孔介质内部的宏观流动中，则有

$$\rho\varepsilon\langle \overline{u'u'}\rangle^i = 2\mu_{t\varepsilon}\langle \overline{D}\rangle^v - \frac{2}{3}\varepsilon\rho\langle k\rangle^i I \qquad (3\text{-}34)$$

式中，$\mu_{t\varepsilon} = \rho c_\mu \dfrac{\langle k\rangle^{i^2}}{\langle \varepsilon\rangle^i}$。应变率张量为

$$\langle \overline{D}\rangle^V = \frac{1}{2}(\nabla(\varepsilon\langle \overline{u}\rangle^i) + (\nabla(\varepsilon\langle \overline{u}\rangle^i))^T) \qquad (3\text{-}35)$$

将式（3-34）代入式（3-26）或者式（3-31）中，则可以得到模化后的动量方程

$$\rho\left(\frac{\partial}{\partial t}(\varepsilon\langle\overline{\pmb{u}}\rangle^i)+\nabla\cdot(\varepsilon\langle\overline{\pmb{uu}}\rangle^i)\right)=-\nabla\left(\varepsilon\langle\overline{p}\rangle^i+\frac{2}{3}\varepsilon\rho\langle k\rangle^i\right)+\mu\cdot\nabla^2(\varepsilon\langle\overline{\pmb{u}}\rangle^i)$$

$$-2\nabla\cdot(\mu_{t\varepsilon}\langle\overline{\pmb{D}}\rangle^v)+\varepsilon\rho\pmb{g}+\overline{\pmb{R}}\qquad(3\text{-}36)$$

利用体积平均 $\pmb{u}'=\langle\pmb{u}'\rangle^i+{}^i\pmb{u}'$ 展开宏观雷诺应力方程（3-34），可得如下表达式：

$$\rho\varepsilon\overline{\langle\pmb{u}'\pmb{u}'\rangle^i}=-\rho\varepsilon(\overline{\langle\pmb{u}'\rangle^i\langle\pmb{u}'\rangle^i}+\overline{\langle{}^i\pmb{u}'{}^i\pmb{u}'\rangle^i})\qquad(3\text{-}37)$$

式中，右边第一项表示由宏观平均速度的时间脉动引起的扰动量；第二项表示多孔介质内湍流弥散引起的扰动量。进而，可以将湍动能 k 定义为如下形式：

$$\langle k\rangle^i=\frac{1}{2}\overline{\langle\pmb{u}'\cdot\pmb{u}'\rangle}=\frac{1}{2}(\overline{\langle\pmb{u}'\rangle^i\cdot\langle\pmb{u}'\rangle^i}+\langle\overline{{}^i\pmb{u}'\cdot{}^i\pmb{u}'}\rangle^i)=k_{\mathrm{m}}+\frac{1}{2}\langle\overline{{}^i\pmb{u}'\cdot{}^i\pmb{u}'}\rangle^i\qquad(3\text{-}38)$$

与时空平均的湍动能相比，增加的右侧最后一项 $\frac{1}{2}\langle\overline{{}^i\pmb{u}'\cdot{}^i\pmb{u}'}\rangle^i$ 表示由于微观流体速度的时空脉动而引起的多孔介质内湍流弥散。为了将其模化，下面来推导适用于多孔介质内湍流流动的 $k\text{-}\varepsilon$ 方程。

对纯流体湍动能输运方程进行体积平均后可以得到如下形式：

$$\rho\left(\frac{\partial}{\partial t}(\varepsilon\langle k\rangle^i)+\nabla\cdot(\varepsilon\langle\overline{\pmb{u}}k\rangle^i)\right)=-\nabla\cdot(\varepsilon\langle\overline{\pmb{u}'(p'+\rho k)}\rangle^i)+\mu\cdot\nabla^2(\varepsilon\langle k\rangle^i)$$

$$-\rho\varepsilon\langle\overline{\pmb{u}'\pmb{u}'}:\nabla\overline{\pmb{u}}\rangle^i-\rho\varepsilon\langle\varepsilon_{\mathrm{T}}\rangle^i\qquad(3\text{-}39)$$

式中，ε_{T} 为湍流动能的耗散率。接下来对式（3-39）中的各项进行进一步处理。其中右侧第一项表示压力脉动引起的湍流扩散项，利用梯度扩散假设，可以将其模化为

$$-\nabla\cdot(\varepsilon\langle\overline{\pmb{u}'(p'+\rho k)}\rangle^i)=\rho\nabla\cdot\left(\frac{\mu_{t\varepsilon}}{\rho\sigma_k}\nabla\varepsilon\langle k\rangle^i\right)\qquad(3\text{-}40)$$

左侧第二项为对流项，利用空间平均展开后得到

$$\nabla\cdot(\varepsilon\langle\overline{\pmb{u}}k\rangle^i)=\nabla\cdot(\varepsilon(\langle\overline{\pmb{u}}\rangle^i\langle k\rangle^i+\langle{}^i\overline{\pmb{u}}{}^ik\rangle^i))\qquad(3\text{-}41)$$

式中，右侧第一项表示宏观流动引起的湍动能的对流项；第二项表示由于 k 和 $\pmb{u}$ 的空间脉动而引起的对流输运。

方程（3-39）中的右侧第三项为湍动能的生成项，可以展开为

$$-\rho\varepsilon\langle\overline{\pmb{u}'\pmb{u}'}:\nabla\overline{\pmb{u}}\rangle^i=-\rho\varepsilon(\langle\overline{\pmb{u}'\pmb{u}'}\rangle^i:\langle\nabla\overline{\pmb{u}}\rangle^i+\langle{}^i(\overline{\pmb{u}'\pmb{u}'}):{}^i(\nabla\overline{\pmb{u}})\rangle^i)\qquad(3\text{-}42)$$

式中，右侧第一项表示由于平均宏观流动引起的湍动能生成项；第二项表示由于 k 和 $\pmb{u}$ 的空间脉动引起的湍动能生成项。

式（3-41）和式（3-42）中的附加项分别表示多孔介质引起的湍动能输运和产生项，对于纯流体其值为 0，但在多孔介质中，应当正比于宏观速度和 $\langle k\rangle^i$，因此给出表达式如下：

$$\nabla\cdot(\varepsilon\langle{}^i\overline{\pmb{u}}{}^ik\rangle^i)-\rho\varepsilon\langle{}^i(\overline{\pmb{u}'\pmb{u}'}):{}^i(\nabla\overline{\pmb{u}})\rangle^i=c_k\rho\varepsilon\frac{\langle k\rangle^i|\overline{\pmb{u}}_{\mathrm{D}}|}{\sqrt{K}}\qquad(3\text{-}43)$$

式中，c_k 是无量纲常数，Pedras 等通过对微观模型进行数值模拟实验，并将计算结果进行拟合之后，建议其值应为 0.28。利用达西速度定义 $\bar{u}_\mathrm{D} = \phi \langle \bar{u} \rangle^i$，将输运方程中的速度表示成达西速度的形式，则湍动能输运方程表达式如下：

$$\rho \left(\frac{\partial}{\partial t} (\varepsilon \langle k \rangle^i) + \nabla \cdot (\bar{u}_\mathrm{D} \langle k \rangle^i) \right) = -\nabla \cdot \left(\left(\mu + \frac{\mu_{t\varepsilon}}{\sigma_k} \right) \nabla (\varepsilon \langle k \rangle^i) \right) - \rho \langle \overline{u'u'} \rangle^i : \nabla \bar{u}_\mathrm{D}$$
$$+ c_k \rho \varepsilon \frac{\langle k \rangle^i |\bar{u}_\mathrm{D}|}{\sqrt{K}} - \rho \varepsilon \langle \varepsilon_\mathrm{T} \rangle^i \qquad (3\text{-}44)$$

类似地，使用同样的方法可以得到耗散率 $\langle \varepsilon_\mathrm{T} \rangle^i$ 的输运方程，可以表示为

$$\rho \left(\frac{\partial}{\partial t} (\varepsilon \langle \varepsilon_\mathrm{T} \rangle^i) + \nabla \cdot (\bar{u}_\mathrm{D} \langle \varepsilon_\mathrm{T} \rangle^i) \right) = -\nabla \cdot \left(\left(\mu + \frac{\mu_{t\varepsilon}}{\sigma_k} \right) \nabla (\varepsilon \langle \varepsilon_\mathrm{T} \rangle^i) \right) - c_{1\varepsilon} (\rho \langle \overline{u'u'} \rangle^i : \nabla \bar{u}_\mathrm{D}) \frac{\langle \varepsilon_\mathrm{T} \rangle^i}{\langle k \rangle^i}$$
$$+ c_{2\varepsilon} \rho \varepsilon \left(c_k \frac{\langle \varepsilon_\mathrm{T} \rangle^i |\bar{u}_\mathrm{D}|}{\sqrt{K}} - \frac{(\langle \varepsilon_\mathrm{T} \rangle^i)^2}{\langle k \rangle^i} \right)$$

$$(3\text{-}45)$$

推导至此完成。方程（3-44）和方程（3-45）则组成了适用于多孔介质流动的宏观 k-ε 双方程 P-dL 湍流模型。

3.3.2　N-K 模型

Nakayama 和 Kuwahara 所提出的 N-K 模型[16]与 P-dL 模型有所不同。N-K 模型并未采用时空双平均的方法，而是从雷诺平均方程出发，对其进行体积平均，得到了适用于多孔介质内流动的宏观湍流模型。换言之，这是一种先时间平均、再体积平均的模型。

在 N-K 模型中，用附加项来阐明多孔介质固相对流动的影响，并且在附加项中引入了两个常数。为确定两个未知常数，Nakayama 和 Kuwahara 将多孔介质结构简化为空间周期性排列的方形柱体。从中取出一个微观单元，求解纯流体的流动方程，对获得的参数进行积分后确定未知常数。

Nakayama 和 Kuwahara 认为在孔隙雷诺数较大且湍流长度尺度比孔隙尺度小很多的情况下，多孔介质内也可以出现湍流流动；还认为任一适用于纯流体流动（不包含多孔介质）的湍流模型都可以用于求解微观多孔介质内的湍流流场。因此，这里先对 N-S 方程进行时间平均，得到雷诺平均方程，然后进行体积平均，以得到宏观湍流 k-ε 模型。

N-K 模型的一个重要贡献是提出了表征体元的概念，即应用一个代表性的单元体，加上周期性边界条件来代替宏观空间中多孔介质内的流动。雷诺平均的控

制方程可以直接应用在表征体元当中，但是为了获得宏观的控制方程，还需要对控制方程在单元体体积 V 内对其进行体积平均。体积平均后连续性方程和动量方程表达式如下：

$$\frac{\partial}{\partial x_j}\langle \overline{u}_j\rangle^i = 0 \tag{3-46}$$

$$\frac{\partial}{\partial t}\langle \overline{u}_i\rangle^i + \frac{\partial}{\partial x_j}\langle \overline{u}_j\rangle^i\langle \overline{u}_i\rangle^i = -\frac{1}{\rho_{\mathrm{f}}}\frac{\partial}{\partial x_i}\left(\langle \overline{p}\rangle^i + \frac{2}{3}\rho_{\mathrm{f}}\langle k\rangle^i\right) + \frac{\partial}{\partial x_j}\left((\nu+\nu_t)\left(\frac{\partial\langle \overline{u}_i\rangle^i}{\partial x_j} + \frac{\partial\langle \overline{u}_j\rangle^i}{\partial x_i}\right)\right)$$
$$+\frac{1}{V_{\mathrm{f}}}\int_{A_{\mathrm{int}}}\left((\nu+\nu_t)\left(\frac{\partial\overline{u}_i}{\partial x_j}+\frac{\partial\overline{u}_j}{\partial x_i}\right)-\left(\frac{\overline{p}}{\rho_{\mathrm{f}}}+\frac{2}{3}k\right)\delta_{ij}\right)n_j\mathrm{d}A - \frac{\partial}{\partial x_j}\overline{\langle {}^iu_j'\,{}^iu_i'\rangle^i} \tag{3-47}$$

式中，$\langle \overline{u}_j\rangle^i$ 为本征平均速度；V_{f} 为表征体元 V 内流体所占的体积；A_{int} 为流体和固体之间总的交界面；n_j 为从流体指向固体的单位法向向量。

方程（3-47）中的最后两项分别代表体积平均的表面黏性力和惯性力。基于 Fand 等[23]对 Darcy-Forchheimer 定律在湍流中有效性的验证，将 Darcy-Forchheimer 修正项引入多孔介质内湍流流动的动量方程中，来代替方程（3-47）中的最后两项，并采用 Vafai 等[24]提出的修正形式，修正后的动量方程如下：

$$\frac{\partial}{\partial t}\langle \overline{u}_i\rangle^i + \frac{\partial}{\partial x_j}\langle \overline{u}_j\rangle^i\langle \overline{u}_i\rangle^i = -\frac{1}{\rho_{\mathrm{f}}}\frac{\partial}{\partial x_i}\left(\langle \overline{p}\rangle^i + \frac{2}{3}\rho_{\mathrm{f}}\langle k\rangle^i\right) + \frac{\partial}{\partial x_j}\left((\nu+\nu_t)\left(\frac{\partial\langle \overline{u}_i\rangle^i}{\partial x_j} + \frac{\partial\langle \overline{u}_j\rangle^i}{\partial x_i}\right)\right)$$
$$-\varepsilon\left(\frac{\nu}{K}+\frac{\phi c_{\mathrm{F}}}{\sqrt{K}}\sqrt{\langle \overline{u}_j\rangle^i\langle \overline{u}_j\rangle^i}\right)\langle \overline{u}_i\rangle^i \tag{3-48}$$

式中，c_{F} 表示 Forchheimer 经验常数；$\varepsilon = V_{\mathrm{f}}/V$ 表示多孔介质的孔隙率。

为描述湍流扩散，需要对湍流黏度系数进行模化。在这里模化使用的是湍动能与耗散率的本征平均值，得到如下形式：

$$\nu_t = c_\mu\frac{(\langle k\rangle^i)^2}{\langle \varepsilon_{\mathrm{T}}\rangle^i} \tag{3-49}$$

体积平均后湍动能与耗散率的方程变为

$$\frac{\partial\langle k\rangle^i}{\partial t} + \frac{\partial}{\partial x_j}\langle \overline{u}_j\rangle^i\langle k\rangle^i = \frac{\partial}{\partial x_j}\left(\left(\nu+\frac{\nu_t}{\sigma_k}\right)\frac{\partial\langle k\rangle^i}{\partial x_j}\right) + 2\nu_t\langle s_{ij}\rangle^i\langle s_{ij}\rangle^i - \langle \varepsilon_{\mathrm{T}}\rangle^i$$
$$+2\nu_t\langle s_{ij}''s_{ij}''\rangle^i + \frac{\nu}{V_{\mathrm{f}}}\int_{A_{\mathrm{int}}}\frac{\partial k}{\partial x_j}n_j\mathrm{d}A \tag{3-50}$$

$$\frac{\partial \langle \varepsilon_{\mathrm{T}} \rangle^i}{\partial t} + \frac{\partial}{\partial x_j} \langle \overline{u}_j \rangle^i \langle \varepsilon_{\mathrm{T}} \rangle^i = \frac{\partial}{\partial x_j} \left(\left(v + \frac{v_t}{\sigma_k} \right) \frac{\partial \langle \varepsilon_{\mathrm{T}} \rangle^i}{\partial x_j} \right) + (2c_1 v_t \langle s_{ij} \rangle^i \langle s_{ij} \rangle^i - c_2 \langle \varepsilon \rangle^i) \frac{\langle \varepsilon_{\mathrm{T}} \rangle^i}{\langle k \rangle^i}$$

$$+ 2v_t \langle s'_{ij} s''_{ij} \rangle^i \frac{\langle \varepsilon_{\mathrm{T}} \rangle^i}{\langle k \rangle^i} + \frac{v}{V_{\mathrm{f}}} \int_{A_{\mathrm{int}}} \frac{\partial \varepsilon_{\mathrm{T}}}{\partial x_j} n_j \mathrm{d}A \qquad (3\text{-}51)$$

式中, $s_{ij} = \frac{1}{2} \left(\frac{\partial \overline{u}_i}{\partial x_j} + \frac{\partial \overline{u}_j}{\partial x_i} \right)$。

忽略上述湍流方程中的三阶及三阶以上的关联项, 并对二阶关联项进行模化后则得到 N-K 模型的最终表达式:

$$\frac{\partial \langle k \rangle^i}{\partial t} + \frac{\partial}{\partial x_j} \langle \overline{u}_j \rangle^i \langle k \rangle^i = \frac{\partial}{\partial x_j} \left(\left(v + \frac{v_t}{\sigma_k} \right) \frac{\partial \langle k \rangle^i}{\partial x_j} \right) + 2v_t \langle s_{ij} \rangle^i \langle s_{ij} \rangle^i - \langle \varepsilon_{\mathrm{T}} \rangle^i + \varepsilon_{\mathrm{T}\infty} \qquad (3\text{-}52)$$

$$\frac{\partial \langle \varepsilon_{\mathrm{T}} \rangle^i}{\partial t} + \frac{\partial}{\partial x_j} \langle \overline{u}_j \rangle^i \langle \varepsilon_{\mathrm{T}} \rangle^i = \frac{\partial}{\partial x_j} \left(\left(v + \frac{v_t}{\sigma_k} \right) \frac{\partial \langle \varepsilon_{\mathrm{T}} \rangle^i}{\partial x_j} \right) + (2c_1 v_t \langle s_{ij} \rangle^i \langle s_{ij} \rangle^i - c_2 \langle \varepsilon_{\mathrm{T}} \rangle^i) \frac{\langle \varepsilon_{\mathrm{T}} \rangle^i}{\langle k \rangle^i} + c_2 \frac{\varepsilon_{\mathrm{T}\infty}^2}{k_\infty}$$

$$(3\text{-}53)$$

当流动为宏观各向同性湍流, 且宏观剪应力为零时, 式 (3-52) 和式 (3-53) 变为如下形式:

$$\langle \overline{u} \rangle^i \frac{\partial \langle k \rangle^i}{\partial x} = -\langle \varepsilon \rangle^i + \varepsilon_\infty \qquad (3\text{-}54)$$

$$\langle \overline{u} \rangle^i \frac{\partial \langle \varepsilon \rangle^i}{\partial x} = -c_1 \frac{(\langle \varepsilon \rangle^i)^2}{\langle k \rangle^i} + c_2 \frac{\varepsilon_\infty^2}{k_\infty} \qquad (3\text{-}55)$$

当流动为周期性充分发展的湍流时, 则有

$$\langle k \rangle^i = k_\infty, \quad \langle \varepsilon \rangle^i = \varepsilon_\infty \qquad (3\text{-}56)$$

为了求解 k_∞ 和 $\varepsilon_{\mathrm{T}\infty}$ 的表达式, 需要应用表征体元, 模拟出充分发展各向同性湍流流动, 然后将所得结果在单元体内进行本征平均, 则可获得 k_∞ 和 $\varepsilon_{\mathrm{T}\infty}$ 的值。通过数值试验得到如下关系式:

$$k_\infty = 3.7(1-\varepsilon)\varepsilon^{1.5} \langle \overline{u}_j \rangle^i \langle \overline{u}_j \rangle^i \qquad (3\text{-}57)$$

$$\varepsilon_\infty = 39\varepsilon^2 (1-\varepsilon)^{2.5} \frac{1}{D} (\langle \overline{u}_j \rangle^i \langle \overline{u}_j \rangle^i)^{1.5} \qquad (3\text{-}58)$$

式中, D 是表征体元内固体单元的边长 (或直径)。

3.3.3 A-L 模型

Antohe 等[7]提出了一种多孔介质内不可压缩流体流动的宏观湍流 k-ε 模型, 简称 A-L 模型。他们先对 N-S 方程进行体积平均, 得到多孔介质内瞬态流体流动的控制方程；再进行时间平均得到宏观湍流控制方程及 k-ε 方程。其推导过程与前两个模型相同，这里不再重复，而直接给出结果。

湍动能方程：

$$\frac{\partial \langle k \rangle^i}{\partial t} + \langle \overline{u}_j \rangle^i \frac{\partial \langle k \rangle^i}{\partial x_j} = -\frac{\partial}{\partial x_j}\left(\left(vJ + \frac{v_t}{\sigma_k}\right)\frac{\partial \langle k \rangle^i}{\partial x_j}\right) - v_t \frac{\partial \langle \overline{u}_i \rangle^i}{\partial x_j}\left(\frac{\partial \langle \overline{u}_i \rangle^i}{\partial x_j} + \frac{\partial \langle \overline{u}_j \rangle^i}{\partial x_i}\right)$$
$$- J \langle \varepsilon_{\mathrm{T}} \rangle^i - 2\varepsilon \frac{v}{K}\langle k \rangle^i - \varepsilon^2 \frac{c_{\mathrm{F}}}{\sqrt{K}}\left(\frac{8}{3}Q\langle k \rangle^i - 2v_t \frac{\langle \overline{u}_j \rangle^i \langle \overline{u}_i \rangle^i}{Q}\frac{\partial \langle \overline{u}_j \rangle^i}{\partial x_i}\right)$$

$$(3\text{-}59)$$

式中，右边最后两项分别为 Darcy 项和 Forchheimer 项。其中，Darcy 项 $-2\phi v \langle k \rangle^i / K$ 总是对湍动能起抑制作用，并且正比于湍动能 $\langle k \rangle^i$。因此，Darcy 项随着多孔介质内湍动能的增大而增大，也就是说对湍动能的损耗也增大。而 Darcy 项随多孔介质渗透率的增大而减小。Forchheimer 项的第一部分对湍动能的作用与 Darcy 项相同；而第二部分中包含速度向量和速度的导数项。因此，不能直接确定对湍动能是起促进作用还是抑制作用。

湍动能耗散率方程：

$$\frac{\partial \langle \varepsilon_{\mathrm{T}} \rangle^i}{\partial t} + \langle \overline{u}_j \rangle^i \frac{\partial \langle \varepsilon_{\mathrm{T}} \rangle^i}{\partial x_j} = -\frac{\partial}{\partial x_j}\left(\left(vJ + \frac{v_t}{\sigma_k}\right)\frac{\partial \langle \varepsilon_{\mathrm{T}} \rangle^i}{\partial x_j}\right) - c_{\varepsilon 1}\frac{\langle \varepsilon_{\mathrm{T}} \rangle^i}{\langle k \rangle^i}v_t \frac{\partial \langle \overline{u}_j \rangle^i}{\partial x_i}\left(\frac{\partial \langle \overline{u}_j \rangle^i}{\partial x_i} + \frac{\partial \langle \overline{u}_i \rangle^i}{\partial x_j}\right)$$
$$- J c_{\varepsilon 2}\frac{\langle \varepsilon \rangle^{i2}}{\langle k \rangle^i} - 2\varepsilon \frac{v}{K}\langle \varepsilon \rangle^i - \varepsilon^2 \frac{c_{\mathrm{F}}}{\sqrt{K}}\left(\frac{8}{3}Q\langle \varepsilon_{\mathrm{T}} \rangle^i - \frac{5v}{3}\frac{\partial \langle k \rangle^i}{\partial x_r}\frac{\partial Q}{\partial x_r}\right)$$

$$(3\text{-}60)$$

方程（3-60）右边的 Darcy 项 $-2\phi v \langle \varepsilon_{\mathrm{T}} \rangle^i / K$ 总是负值，并且正比于湍动能耗散率 $\langle \varepsilon \rangle^i$，降低湍动能的损耗。而 Forchheimer 项可正可负，对湍动能耗散率的影响要根据速度向量和速度的导数项。

低雷诺数湍流流动时，湍动能耗散率方程和湍流黏度可以写成如下形式：

$$\frac{\partial \langle \varepsilon_{\mathrm{T}} \rangle^i}{\partial t} + \langle \overline{u}_j \rangle^i \frac{\partial \langle \varepsilon_{\mathrm{T}} \rangle^i}{\partial x_j} = -\frac{\partial}{\partial x_j}\left(\left(vJ + \frac{v_t}{\sigma_k}\right)\frac{\partial \langle \varepsilon_{\mathrm{T}} \rangle^i}{\partial x_j}\right) - c_{\varepsilon 1}f_1\frac{\langle \varepsilon_{\mathrm{T}} \rangle^i}{\langle k \rangle^i}v_t \frac{\partial \langle \overline{u}_j \rangle^i}{\partial x_i}\left(\frac{\partial \langle \overline{u}_j \rangle^i}{\partial x_i} + \frac{\partial \langle \overline{u}_i \rangle^i}{\partial x_j}\right)$$
$$- J c_{\varepsilon 2}f_2\frac{\langle \varepsilon_{\mathrm{T}} \rangle^{i2}}{\langle k \rangle^i} - 2\varepsilon \frac{v}{K}\langle \varepsilon \rangle^i - \varepsilon^2 \frac{c_{\mathrm{F}}}{\sqrt{K}}\left(\frac{8}{3}Q\langle \varepsilon_{\mathrm{T}} \rangle^i - \frac{5v}{3}\frac{\partial \langle k \rangle^i}{\partial x_r}\frac{\partial Q}{\partial x_r}\right)$$

$$(3\text{-}61)$$

$$v_t = f_\mu c_\mu \frac{k^2}{\varepsilon}$$

$$(3\text{-}62)$$

根据实验结果近似确定系数 $f_1 = 1.0$，$f_2 = 0.7$ 和 $f_\mu = 0.8$。湍流模型中的常数和湍流普朗特数分别为 $c_\mu = 0.09$，$c_1 = 1.44$，$c_2 = 1.92$，$\sigma_k = 1.0$，$\sigma_\varepsilon = 1.3$，$\sigma_T = 0.9$。Antohe 等针对单向充分发展湍流对上述方程进行了简化，详细过程见文献[7]。

3.3.4　J-K 模型

前面已经提及，以 Nield[19]为代表的一些研究者认为，由于固体骨架之间的孔隙尺寸的限制，多孔介质中湍流旋涡只能以尺度小于孔隙的微湍流的形式存在，而不可能有真实的大尺度宏观湍流。

其实从理论上讲，多孔介质中是否存在宏观湍流这一关键问题，并不能用雷诺平均 NS（Reynolds averaged Navier-Stokes，RANS）方程，甚至大涡模拟（large eddy simulation，LES）来解决，因为这些方法在模型中均包含对湍流涡团尺寸的隐式或显式的假设。在微观尺度上研究复杂的流动模式是理解流动机理和建立模型的关键，解决这个问题的方法只有实验或直接数值模拟（direct numerical simulation，DNS）。由于目前多孔骨架内，特别是微小孔隙内的流动测量比 DNS 更具挑战性，而且多孔介质通常被其所在容器的壁面所包围，对多孔介质诱导的流动及壁面剪切流动分离还需要进一步的研究。DNS 能对小到 Kolmogorov 尺度的所有尺度下的湍涡进行求解，从而消除了与宏观建模相关的不确定性。所以 DNS 应该是最好的选择，尽管它对计算资源的要求很高。近几年，Jin 等[15]使用 DNS 对多孔介质内微观孔隙流做了详细研究分析，目的是回答下列三个问题。

（1）雷诺应力是否对大尺度动量的输运有影响？

（2）湍流动能的输运即湍流级联过程是否能超出孔隙尺度？

（3）对于宏观多孔介质流动，涡黏性假设是否仍然有效？

为了便于分析速度梯度对动量和湍流能量输运的影响，Jin 等主要计算分析了两个平行板多孔通道中的湍流流动，用壁面附近速度梯度非零的一维问题描述宏观流场，对多孔介质通道内的湍流强迫对流进行了 DNS 模拟，以阐明宏观动量和湍流动能输运的机理。通过对微观 DNS 结果进行体积和时间平均，得到了宏观流场，从而得到了前述三个问题的明确的答案。

（1）由于壁面须满足无滑移边界条件，在近壁区表观速度的梯度 $\mathrm{d}u_{D1}/\mathrm{d}x_2$ 非零，尽管如此，该区的剪切雷诺应力分量 $\varepsilon\langle\overline{u_1'u_2'}\rangle^i$ 仍小到可以忽略。对动量输运的分析表明，与平均流的阻力项相比，雷诺应力项小得可以忽略，因此雷诺应力对宏观动量输运的贡献不大。

（2）发现湍流动能 k 主要在表征体元内部产生并耗散，是一种局地行为。湍能的扩散项远小于其产生项和耗散项。湍能的平衡关系总体上符合湍流动能输运不超过孔隙尺度范围的结论，但需要更高网格分辨率的 DNS 来证实这一结论。

（3）DNS 结果并没有否定涡黏度假设对多孔介质湍流的有效性，但同时也证明，没有必要采用涡黏度假设来建立宏观的湍流模型。湍流效应可以通过对时均阻力 $\bar{R}_i$ 的修正加以考虑，而无须引入涡黏度。其中 Brinkman 项应可考虑为 $\bar{R}_i$ 的一个分量，虽然它与湍流无关，但它可以模拟满足无滑移边界条件的固壁的影响。

上述三个问题的答案在逻辑上与孔隙尺度控制假说（pore scale prevalence hypothesis，PSPH）相符。在此基础上，Jin 等[15]提出了计算多孔介质中宏观湍流流动的一个模型。其基本思想是不用涡黏度假设，因而无须再建立和求解 k-ε 方程，而只需要对简化后的宏观动量方程求解，从而显著降低了计算量。发展此模型的关键是对其中几个阻力项建模，Jin 等在这方面开展了较深入的研究。此模型尚未经过广泛的实验验证，但它为多孔介质内湍流的建模提供了一个新的思路。现将其简要推导过程介绍如下。

1. 宏观动量方程

根据孔隙尺度控制假说，多孔介质中不存在宏观湍流，湍流的影响仅限于几个表征体元 REV 范围内。这意味着湍流只是一个局地效应，其影响可以通过平均阻力加以考虑，而宏观湍流的输运量则可以忽略不计。

多孔介质流动宏观连续方程：

$$\frac{\partial(\varepsilon\langle\overline{u}_i\rangle^i)}{\partial x_i}=0 \tag{3-63}$$

宏观动量方程：

$$\frac{\partial(\varepsilon\langle\overline{u}_i\rangle^i)}{\partial t}+\frac{\partial(\varepsilon\langle\overline{u}_i\rangle^i\langle\overline{u}_j\rangle^i)}{\partial x_j}+\frac{\partial(\varepsilon\langle{}^i\overline{u}_i{}^i\overline{u}_j\rangle^i)}{\partial x_j}$$

$$=-\frac{\partial(\varepsilon\langle\overline{p}\rangle^i)}{\partial x_i}+\nu\frac{\partial^2(\varepsilon\langle u_i\rangle^i)}{\partial x_j^2}-\frac{\partial(\varepsilon\langle\overline{u_i'u_j'}\rangle^i)}{\partial x_j}+\phi g_i+\overline{R}_i \tag{3-64}$$

式中，时间平均的阻力项由达西项、Forchheimer 项和 Brinkman 项三部分构成：

$$\overline{R}_i=-\varepsilon(\overline{R}_{\mathrm{D}i}+\overline{R}_{\mathrm{F}i}+\overline{R}_{\mathrm{B}i})=-\varepsilon\left(\frac{\nu}{K}u_{\mathrm{D}i}+\frac{C_{\mathrm{F}}}{\sqrt{K}}|\boldsymbol{u}_{\mathrm{D}}|u_{\mathrm{D}i}-\frac{1}{\varepsilon}\frac{\partial}{\partial x_j}\left(\tilde{\nu}\frac{\partial u_{\mathrm{D}i}}{\partial x_j}\right)\right) \tag{3-65}$$

其中，K 为多孔介质的渗透率，其值取决于多孔介质骨架的几何形状和结构。渗透率表征了流量率和施加的压力梯度之间的比例关系；ν 表示 Brinkman 项中的有效黏度，此项是对 Darcy-Forchheimer 方程的扩充，以考虑动量扩散。虽然 Nield 建议可以忽略 Brinkman 项，但在许多实际情况下，在有关模拟研究中，此项仍被保留，因为该项便于处理多孔介质内通道固壁处无滑移边界条件。

$\partial(\varepsilon\langle{}^i\overline{u}_i{}^i\overline{u}_j\rangle^i)/\partial x_j$ 项描述与微观时均速度的空间偏移有关的动量扩散，即弥散应力。此项也经常被忽略，但此处在宏观动量方程中仍保留所有这些项，让 DNS 结果来最终决定究竟是否可以忽略。

根据 DNS 结果，时间脉动产生的雷诺应力 $\varepsilon\langle\overline{u_i'u_j'}\rangle^i$ 和空间偏移产生的弥散应力 $\varepsilon\langle{}^i\overline{u}_i{}^i\overline{u}_j\rangle^i$ 具有相似的特性，可以将其合并为一项，即 $D_{ij} = \varepsilon\langle\overline{u_i'u_j'}\rangle^i + \varepsilon\langle{}^i\overline{u}_i{}^i\overline{u}_j\rangle^i$。当流体在主流 x_1 方向流动时，剪切应力 $D_{ij}(i \neq j)$ 变为零，而 D_{22} 和 D_{33} 几乎相同。假设这种行为是普遍的，它也适用于其他类型的多孔介质流动，这意味着，D_{ij} 是流动方向的函数。如果用单位向量 r 表征流动方向，则 D_{ij} 的流向部分由 rr^{T} 确定，其中上标 T 表示矢量的转置。因此，D_{ij} 可以模拟为

$$D_{ij} = g\delta_{ij} + (f - g)r_ir_j \tag{3-66}$$

式中，g 和 f 分别为 D_{ij} 的横向与流向标量函数；r_i 和 r_j 是矢量 r 的分量。如果流体流动是在 x_1 方向，g 和 f 可以由 $g = D_{22} = D_{33}$ 和 $f = D_{11}$ 得出。后面内容我们用 h 代表 $f-g$，将 $g\delta_{ij}$ 纳入平均阻力项中，应力张量 D_{ij} 简化为 hr_ir_j，6 个未知分量简化为一个分量，从而 $-\dfrac{\partial(hr_ir_j)}{\partial x_j}$ 可以纳入平均阻力项，则动量方程简化为

$$\frac{\partial(\varepsilon\langle\overline{u}_i\rangle^i)}{\partial t} + \frac{\partial(\varepsilon\langle\overline{u}_i\rangle^i\langle\overline{u}_j\rangle^i)}{\partial x_j} = -\frac{\partial(\varepsilon\langle\overline{p}\rangle^i)}{\partial x_i} + \varepsilon g_i - \varepsilon(\overline{R}_{\mathrm{D}i} + \overline{R}_{\mathrm{F}i} + \overline{R}_{\mathrm{B}i}) \tag{3-67}$$

式中，原动量方程中的 D_{ij}、$\partial D_{ij}/\partial x_j$ 的散度项已经包含在平均阻力项中了。此简化的宏观动量方程与 PSPH 相符，即湍流仅对平均阻力有影响，无须再考虑雷诺应力。

2. 平均阻力项的模拟

达西项、Forchheimer 项和 Brinkman 项这三项分别按以下公式计算：

$$\overline{R}_{\mathrm{D}i} = \frac{\nu}{K}u_{\mathrm{D}i}, \quad \overline{R}_{\mathrm{F}i} = \frac{C_{\mathrm{F}}}{\sqrt{K}}|u_{\mathrm{D}}|u_{\mathrm{D}i}, \quad \overline{R}_{\mathrm{B}i} = -\frac{1}{\varepsilon}\frac{\partial}{\partial x_j}\left(\tilde{\nu}\frac{\partial u_{\mathrm{D}i}}{\partial x_j}\right) \tag{3-68}$$

关于式（3-68）中各项及系数的模拟，相关文献已有较多报道（参见 Nield 等[13]和 Pedras 等[18]）；唯一的例外是 Brinkman 项中有效黏度 $\tilde{\nu}$。有几种方法模拟有效黏度 $\tilde{\nu}$。Bear 等[25]建议，对各向同性多孔介质，可以取 $\tilde{\nu}/\nu = 1/(\varepsilon\tau^*)$，这里，$\tau^*$ 是多孔介质的迂曲度。Liu 等[26]认为，有效黏度 $\tilde{\nu}$ 和运动黏度之间的区别是由动量弥散引起的。他们还认为 $\tilde{\nu}$ 强烈依赖于多孔介质的类型和表观速度。值得注意的是，这些模型中的长度尺度 l 和速度尺度并非显式确定的，这是需要克服的一个难点。

基于 DNS 结果，Jin 等[15]提出了一种新的高雷诺数 $\tilde{\nu}$ 模型。首先，表征体元 REV 的尺寸是一个合理的特征长度尺度，它由孔径 s 决定。因为动量弥散是由速度梯度决定的，类似于混合长度模型，速度尺度可选择为

$$\vartheta = 2l|\langle\overline{s}_{ij}\rangle^\nu| \tag{3-69}$$

式中，应变率按以下公式计算：

$$| \langle \overline{s}_{ij} \rangle^{\nu} | = (\langle \overline{s}_{ij} \rangle^{\nu} \langle \overline{s}_{ij} \rangle^{\nu})^{1/2} = \frac{1}{2} \left(\left(\frac{\partial u_{Di}}{\partial x_j} + \frac{\partial u_{Dj}}{\partial x_i} \right) \left(\frac{\partial u_{Di}}{\partial x_j} + \frac{\partial u_{Dj}}{\partial x_i} \right) \right)^{1/2} \quad (3\text{-}70)$$

有效黏度模拟为 $c_B l \vartheta$，于是 Brinkman 项可表示为

$$\overline{R}_{Bi} = -2 c_B l^2 \frac{\partial}{\partial x_j} \left(| \langle \overline{s}_{ij} \rangle^{\nu} | \frac{\partial u_{Di}}{\partial x_j} \right) \quad (3\text{-}71)$$

式中，c_B 为模型常数。式（3-71）假设为流体混合发生在特征长度（含一个因子 s）内，这与混合长度模型相似。需要注意的是，式（3-71）仅在 Forchheimer 项起控制作用的高雷诺数时得到验证。对于低雷诺数的问题，需要进一步的研究。

常数 c_B 的值取决于孔隙率。DNS 结果表明，c_B 与几何参数 d^2/K 成正比。计算 c_B 的一个简化公式如下：

$$c_B = 0.0016 d^2 / K \quad (3\text{-}72)$$

通过对平行板多孔通道中湍流流动的 DNS 结果进行比较，验证了该模型的有效性。数值结果表明，在此混合长度型模型中，模型常数 c_B 仅依赖于多孔骨架的几何形状和结构，对于任意多孔介质，模型常数的精确值可以通过系统的数值或实验研究来确定；应该使用由孔径 s 决定的 REV 大小作为长度尺度。式（3-72）计算的 c_B 值与 DNS 结果显示的值二者吻合良好，但目前还很难说它是普遍适用的，因为它只通过与有限的 DNS 的验证。同样，对于非周期性结构多孔介质，很难确定孔隙大小。因此，对于任意多孔介质，不建议使用式（3-72），而直接把式（3-71）中的 $c_B l^2$ 作为一个通用几何参数，通过系统的数值或实验研究对多孔介质中特定流动加以确定。目前的算例只考虑了由均匀分布小球组成的简化结构多孔介质。为了扩展模型的应用范围，需要对三维非均匀多孔介质中的流动等更为复杂的流动情况进行验证。

3.4　多孔介质的湍流燃烧模型

3.4.1　多孔介质反应流常用湍流燃烧模型

湍流燃烧是一种极其复杂的带化学反应的流动现象。这种复杂性不仅在于人们至今对单纯的（无化学反应的）湍流流动问题尚未彻底解决，更重要的原因是湍流与燃烧的相互作用涉及许多因素，流动参数与化学动力学参数之间耦合的机理极其复杂。人们对这一机理的认识至今仍处在相当肤浅的阶段[27-29]。

湍流对燃烧的影响主要体现在它能强烈地影响化学反应速率（简称反应率）。众所周知，湍流燃烧率显著高于层流燃烧率。定性地看，湍流中大尺度涡团的运动使火焰锋面变形而产生褶皱，其表面积显著增加。同时，小尺度涡团的随机运

动显著增强了组分间的质量、动量和能量传递。这两方面作用都使湍流燃烧能以
比层流燃烧快得多的速率进行。在高雷诺数情况下，甚至从"表面燃烧"变成"容
积燃烧"。多孔介质固体基质的存在又额外增加一个影响因素，使其湍流燃烧问
题的复杂性和困难度都显著增加。

微观层面上看，学术界对多孔介质内是否存在类似自由空间的火焰面结构还
存在一定的争议。宏观层面上看，迄今几乎所有的数值模拟研究均采用化学动力
学的有限反应速率模型计算燃料消耗速率，即把多孔介质内的化学反应假设为搅
拌反应器内的均匀反应，而将湍流对化学反应的作用局限在温度和组分输运系数
的提高。这种处理方法忽略了湍流脉动对火焰结构的影响，理论上并不严谨[30]。
自由空间湍流火焰实验已经证实：湍流中的大小涡团对层流火焰面具有褶皱、拉
伸和扭曲作用；与层流火焰相比，湍流效应显著提高了燃料的混合与反应速率。
因此，孔隙内湍流的存在必然对燃料燃烧率产生重要影响。但如何计算系统尺度
下本征平均燃料燃烧率始终是一个值得探讨的问题。de Lemos[31]对湍流过滤燃烧
进行了理论分析的尝试。他正确地指出，过滤燃烧的化学反应率应当由 4 部分组
成，即基本的平均反应率、时间脉动量产生的湍流反应率、空间偏移量产生的弥
散反应率，以及时间和空间双重平均产生的湍流弥散反应率。但是，de Lemos 并
未提出各相关的模型，也未进行求解。

用数值模拟方法分析和预测湍流燃烧现象的关键问题是正确模拟平均化学反
应率，即燃料的湍流燃烧速率。在层流情况下，燃烧一般是受化学动力学控制的。
对描述燃烧过程的单步总反应，其反应率可用熟知的 Arrhenius 公式表示：

$$R_{fu} = -A\rho^2 Y_{fu} Y_{ox} \exp(-E/(RT)) \tag{3-73}$$

在湍流燃烧情况下，由于式（3-73）是质量分数和温度 T 的非线性函数，当
我们按照传统的雷诺分解法，对 u 进行分解和平均后，其表达式中包含多个脉动
量的相关矩。故平均反应率并不等于用这些变量的平均值算出的反应率，即

$$\bar{R}_{fu} \neq -A\rho^2 \bar{Y}_{fu} \bar{Y}_{ox} \exp(-E/(R\bar{T})) \tag{3-74}$$

研究结果表明，式（3-74）两边有时相差 1~3 个数量级。可见，计算平均反
应率时，必须考虑湍流脉动相关量。因此，如何计算 $\bar{R}_{fu}$，或者湍流反应率的封闭
问题，就成为湍流燃烧数值模拟的核心问题。由于湍流反应率是湍流混合、分子
扩散和化学动力学三方面因素共同作用的结果，目前还不可能得出一个能把 $\bar{R}_{fu}$ 与
局部参数相联系的通用公式。只能针对具体问题，在一定假设的基础上，发展简
化的数学模型。

迄今所提出的多种多样的湍流燃烧模型，按其所采用的模拟假设和数学方法，
大致可分为四大类，即相关矩封闭法、基于湍流混合速率的方法、统计分析法（包
括概率密度函数和条件矩等方法）和基于湍流火焰结构几何描述的方法。本节将

介绍几种在多孔介质化学反应流中应用较多的湍流燃烧模型，即涡团破碎（eddy break up，EBU）模型、涡团耗散概念（eddy dissipation concept，EDC）模型、特征时间模型和火焰面密度模型。这些模型中，前三种属于基于湍流混合速率的模型；最后一种属于基于湍流火焰结构几何描述的模型。

1. 涡团破碎模型

如前所述，湍流反应率是受湍流混合、分子扩散和化学动力学三方面因素所控制的。在不少情况下，湍流起着主导作用。按照湍流理论，湍流运动是大量的尺度各不相同的涡团随机运动的总和。伴随着湍能从大涡团到小涡团的级联输送过程，涡团本身也不破裂，从最大尺度逐步减小到分子扩散起重要作用的微尺度。这一过程是由能量的级联输运率或涡团的破碎率所控制的惯性过程。当湍流处于平衡状态（不增强也不衰减）时，湍能的级联输运率与其黏性耗散率是相等的。因而尽管分子过程是化学反应进行的直接原因，但其进行的速率在大雷诺数下都与分子输运系数无关，而是取决于惯性过程的速率。为了突出湍流混合这一主要矛盾，简化数值分析，人们提出了一些基于湍流混合速率的燃烧模型。其中最著名的是 Spalding[32] 的旋涡或涡团破碎模型。此模型的基本思想是：对预混火焰，湍流燃烧区中的已燃气体和未燃气体都是以大小不等并做随机运动的涡团形式存在的。化学反应在这两种涡团的交界面上发生。化学反应率取决于未燃气涡团在湍流作用下破碎成更小涡团的速率，而此破碎速率正比于湍流脉动动能 k 的耗散率 ε_T。这样就将湍流反应率与湍流基本参数 k 和 ε_T 联系起来。一般情况下，EBU 公式表示为

$$\overline{R}_{fu} = \frac{C}{\tau_t}\left(\frac{\overline{Y}_{fu}}{\overline{Y}_{fu,0}}\right) \times \left(1 - \frac{\overline{Y}_{fu}}{\overline{Y}_{fu,0}}\right) \tag{3-75}$$

式中，$\overline{Y}_{fu,0}$ 是燃料初始浓度；τ_t 是湍流混合特征时间。EBU 模型给出的计算二维边界层湍流燃烧率的公式为

$$\overline{R}_{fu} = -C_E\rho\overline{Y}_{fu}\left|\frac{\partial\overline{u}}{\partial y}\right| \tag{3-76}$$

或

$$R_{fu} = -C_R\rho(g^{1/2})\varepsilon/k \tag{3-77}$$

式中，C_E 和 C_R 是常数；g 是当地燃料质量分数脉动的均方值，$g = \overline{Y_{fu}'^2}$；g 可以用与 $\overline{Y}_{fu}$ 或其梯度相关联的代数式来表示，例如：

$$g = C(\overline{Y}_{fu})^2 \tag{3-78}$$

$$g = l^2(\partial\overline{Y}_{fu}/\partial y)^2 \tag{3-79}$$

式中，C 和 l 均为常数。也可通过求解 g 的微分输运方程来获得：

$$\rho \frac{Dg}{Dt} = \frac{\partial}{\partial y}\left(\Gamma_g \frac{\partial g}{\partial y}\right) C_{g1}\mu_e \frac{\partial \overline{Y}_{fu}}{\partial y} - C_{g2}\rho g\varepsilon / k \qquad (3\text{-}80)$$

式中，$\Gamma_g = \mu_e / \sigma_g$、$\sigma_g$、$C_{g1}$ 和 C_{g2} 均为常数，其值通常取为 $C_{g1} = 2.8$，$C_{g2} = 1.79$。

EBU 模型突出了湍流混合对燃烧率的控制作用。它在物理上比较直观，计算也较简便，但它完全忽略了分子扩散和化学动力学因素的作用，故只能用于高雷诺数的湍流燃烧现象。

2. 涡团耗散概念模型

EBU 模型只能用于预混燃烧。Magnussen 等[33]在此基础上提出了一种可同时用于预混和扩散燃烧的模型，称为 EDC 模型。其基本思想是，燃烧率是由燃料和氧化剂在分子尺度水平上相互混合的速率所决定的，即由两种涡团的破碎率和耗散率所决定。对于扩散燃烧，燃料和氧化剂分别形成两种涡团；对于预混燃烧，两种涡团则是由已燃气体形成的"热"涡团和未燃混合气形成的"冷"涡团。燃烧总是在两种涡团的界面上进行。基于此模型的燃烧率可表示为半经验关系式：

$$\overline{R}_{fu} = -\frac{B\rho\varepsilon}{k}\min\left\{\overline{Y}_{fu}, \frac{\overline{Y}_{ox}}{S}, \frac{C\overline{Y}_{pr}}{1+S}\right\} \qquad (3\text{-}81)$$

式中，B、C 均为经验系数；$\overline{Y}_{fu}$、$\overline{Y}_{ox}$、$\overline{Y}_{pr}$ 分别为燃料、氧化剂和燃烧产物的平均质量分数；S 是氧化剂的化学计量系数；min 表示取括号内三项中的最小者。式（3-81）的物理意义是燃烧反应只能发生在湍流的微结构上，即 Kolmogorov 尺度的涡团上。一旦起控制作用的组分（括号内三项中最小者）的化学时间尺度大于 Kolmogorov 时间尺度，燃烧反应即会淬熄。此公式适应范围较广，甚至可用于部分预混、部分扩散燃烧的复杂情况（如柴油机），只需对系数加以调整。此公式与 EBU 公式很相似，但一个重要区别是，只含组分的平均浓度而不涉及其脉动浓度，故无须求解脉动浓度 g 的输运方程。但其中系数的选取仍是经验性的，并非通用的常数。

EDC 模型自提出以后 30 年间，Magnusson 等不断对其进行了改进，在理论上对其加以完善，使此模型得到了广泛的应用[34, 35]。目前，涡耗散概念已成为处理湍流与化学反应耦合问题的一个普遍的概念，而且不再局限于简单的反应机理，也可以纳入详细反应机理。如前所述，EDC 模型是基于湍流涡团输运与耗散过程的详细描述。改进后的 EDC 模型实质上是一种亚网格描述法，反映亚网格尺度上的分子混合。一个计算网格单元内的全部流场被划分为称为精细结构（fine structure）的反应区和称为整体流体（bulk fluid）的包围在精细结构周围的非反应区两部分。图 3-4 是 EDC 模型的网格单元结构示意图。

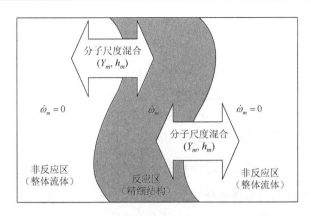

图 3-4　EDC 模型的网格单元结构示意图

所谓精细结构是指其尺度与湍流的最小尺度即 Kolmogorov 尺度相当，湍动能在这一尺度下耗散为热。EDC 模型假定所有气相组分的化学反应均发生在精细结构的微小反应区内，假定精细结构内的混合是在分子水平上快速进行的。因此，EDC 模型这种化学与湍流混合的耦合方法对于预混、部分预混和非预混燃烧都是适用的。

当化学反应采用快速反应假设时，精细结构区的状态取为化学平衡态或给定的状态；当采用详细反应机理时，此反应区在化学上则类似于稳态良好搅拌反应器，即在压力恒定条件下，以当前时刻的组分质量分数和温度为初始条件，按反应机理给定的速率进行。对精细结构内的几何与动力特性无须详细计算，其特征参数可根据湍流模型提供的长度尺度和时间尺度确定。

相比于精细结构，发生在整体流体中的化学反应则全部被忽略。在整体流体区域主要发生湍流混合，向反应区进行各种组分的输运，同时将反应产物从精细结构区带离。这里要注意的是区分精细结构的反应率和整个网格单元的平均反应率，但二者又密切关联，后者作为源项出现在时间平均的组分和温度的输运方程中。精细结构与整体流体之间的耦合及相互作用直接影响总的燃烧率。这一过程可以理解为，每一计算单元内的精细结构都代表一道火焰，它将该单元内的全部流体都转化为燃烧平衡产物。因此，EDC 模型有效地把握了燃烧过程中化学反应与湍流这两个方面的基本特征，而不必求解亚网格尺度的精细结构的具体几何特征。

在大约 30 年的发展历程中，EDC 模型及方法先后出现了多种版本。Hong 等[36]在其精细结构和整体流体区的控制方程中引入了非定常项，使其能应用于诸如内燃机之类的瞬态燃烧过程。其精细结构的组分和能量方程如下：

$$\frac{\mathrm{d}Y_m^*}{\mathrm{d}t} = -\frac{1}{\tau_r}(Y_m^* - \bar{Y}_m) + \frac{\dot{\omega}_m^* W_m}{\rho^*} \tag{3-82}$$

$$\frac{\mathrm{d}T^*}{\mathrm{d}t} = \frac{1}{C_p^*}\left(\frac{1}{\tau_r}\sum_{m=1}^{M}\bar{Y}_m(\bar{h}_m - h_m^*) - \sum_{m=1}^{M}\frac{h_m^*\dot{\omega}_m^*W_m}{\rho^*}\right) \tag{3-83}$$

式中，右端第一项代表精细结构与整体流体区之间的湍流混合作用，第二项代表有限反应速率的影响；上标*表示精细结构的参数值；横杠表示网格单元平均值；$\dot{\omega}_m^*$ 和 W_m 分别是组分 m 的反应率和分子量，$\dot{\omega}_m^*$ 的计算可以采用简单或详细的反应机理；τ_r 是组分在精细结构内的滞留时间：

$$\tau_r = \frac{1 - \chi\gamma^*}{\dot{m}^*} \tag{3-84}$$

式中，$\dot{m}^*$ 是精细结构与整体流体区之间的质量交换率；γ^* 是精细结构所在单元内占有的质量分数；χ 是精细结构中组分质量参与反应的比例，一般取为 1。$\dot{m}^*$ 和 γ^* 由下列公式计算：

$$\dot{m}^* = 2.43\left(\frac{\varepsilon}{\nu}\right)^{1/2} \tag{3-85}$$

$$\gamma^* = \left(2.13\left(\frac{\nu\varepsilon}{k^2}\right)^{1/4}\right)^3 \tag{3-86}$$

式（3-85）和式（3-86）的解确定了精细结构的参数状态，由于已假定化学反应只在精细结构内发生，于是可以得到网格单元内某组分的平均反应率为

$$\bar{\omega}_{m,\text{EDC}} = \frac{\bar{\rho}\chi\gamma^*}{W_m\tau_r}(Y_m^* - \bar{Y}_m) \tag{3-87}$$

式（3-87）作为整个单元内组分平均值 $\bar{Y}_m$ 的输运方程的源项，使其得到封闭。

EDC 模型的具体求解过程如下。在每一时间步开始时，利用网格单元内的参数平均值作为平衡计算的初始组分和温度，而由平衡计算获得的燃烧产物的组分和温度则作为精细结构的初始条件。利用绝热平衡条件计算确定精细结构中组分和温度的初始值。这样，就完成了精细结构内的燃烧计算，并在亚网格的局部区域内形成高温区。

整体流体区的所有标量变量都根据单元平均的条件来确定。精细结构与整体流体之间的相互作用通过求解 EDC 模型的方程来实现集成。在每一时间步结束时，对精细结构和整体流体的状态进行更新。

可见，改进的 EDC 模型较之原来的 EDC 模型的主要优点是，不仅考虑了高雷诺数和高达姆科勒数（Da）下，湍流燃烧受控于湍流混合的情况；也兼顾了化学反应率起控制作用的情况。例如，着火过程及污染物的形成。Hong 等[36]为了实现着火过程与燃烧过程的转换与衔接，采用了一种简便的方法，即引入一个转换参数 α，其取值为 0～1。对着火控制的反应，$\alpha = 0$；对燃烧控制的反应，$\alpha = 1$。α 的值由各网格单元内剩余的反应物的数量确定。

$$\bar{\omega}_m = (1 - \alpha)\cdot\bar{\omega}_{m,\text{Ignition}} + \alpha\cdot\bar{\omega}_{m,\text{EDC}} \tag{3-88}$$

式中，$\bar{\omega}_{m,\text{Ignition}}$ 表示着火控制的反应率，按化学动力学公式计算。

3. 特征时间模型

EBU 模型原则上只适合于高雷诺数的湍流燃烧，而不适用于化学动力学因素起主导作用的情况。例如，着火阶段以及燃烧过程中的低温区或过度的贫油区和富油区。对于这些场合，仍以采用 Arrhenius 公式为宜。如果同时兼顾这两种情况，就得出所谓的混合模型，或称特征时间模型，即

$$\bar{R}_{\text{fu}} = \begin{cases} \bar{R}_{\text{A}}, & \gamma \geqslant 1 \\ \bar{R}_{\text{E}}, & \gamma < 1 \end{cases} \tag{3-89}$$

当 $\gamma \geqslant 1$ 时，用 Arrhenius 公式（3-73）；当 $\gamma < 1$ 时，按 EBU 公式（3-75）。γ 为化学动力学时间尺度与湍流时间尺度之比：

$$\gamma = \frac{t_{\text{r}}}{t_{\text{m}}} = \frac{A\rho \exp(-E/(RT))}{k/\varepsilon} \tag{3-90}$$

式（3-90）无论对化学动力学控制还是混合控制的燃烧均适用。以 Magnussen 公式为代表的 EBU 类的模型（3-75）或混合模型（3-89），由于形式简单，适用面广，而在迄今为止的多维模拟计算中得到了广泛应用。

4. 火焰面密度模型

火焰面密度模型过去曾被称为拟序小火焰模型（coherent flamelet model，CFM），因为它确实与层流小火焰模型有很密切的关系。它的基本假设是，在达姆科勒数 Da 很高的情况下，反应区变得很薄，化学反应尺度小于湍流最小涡的尺度。因此，湍流已经不能影响各处局部火焰的内部结构，而只能使火焰在其自身平面内发生应变和扭曲。因而各局部火焰均可视为层流火焰，其燃烧率可通过分析一维层流拉伸火焰（如对冲火焰）或利用火焰传播速度关系式来求得。在这些方面，它与层流小火焰模型几乎完全相同。不同的是总燃烧率的计算方法，它是将单位火焰面积（即所谓火焰面积密度）的燃烧率对整个火焰面积积分来求出的，因此称为火焰面积密度（简称为火焰面密度）模型。

火焰面密度 Σ 的严格定义是单位体积所拥有的火焰面积：$\Sigma = \delta A / \delta V$，即火焰的比表面积。于是，组分 i 的平均燃烧率可表示为

$$\bar{\omega}_i = \dot{\Omega}_i \Sigma \tag{3-91}$$

式中，$\dot{\Omega}_i$ 是当地的单位火焰面积的平均燃烧率在火焰面法向（即"厚度"方向）的积分。显然，$\dot{\Omega}_i$ 取决于当地火焰锋面的特性，而且可按其对应的层流原型火焰来计算。式（3-91）的最大优点是简捷地实现了化学动力学（体现在 $\dot{\Omega}_i$ 中）与湍流（体现在 Σ 中）的解耦。

火焰面密度的计算大致有三种方法，即利用经验性的代数公式、求解 Σ 的输运方程和借助分形理论。这里仅对前两种方法加以简介。

1）计算火焰面密度的代数公式

Bray 等[37]根据新鲜混合气与已燃气体之间存在湍流间歇性的假设，导出了下列公式：

$$\Sigma = g\frac{\overline{c}(1-\overline{c})}{\sigma_y L_y} = \frac{g}{\sigma_y L_y}\frac{1+\tau}{(1+\tau\overline{c})^2}\overline{c}(1-\overline{c}) \qquad (3\text{-}92)$$

式中，g 是量级为 1 的常数；τ 是湍流时间尺度；L_y 是湍流火焰锋上褶皱的长度尺度，一般假定它与湍流的积分尺度 l_t 成正比：

$$L_y = C_l l_t\left(\frac{S_L}{u'}\right)^n \qquad (3\text{-}93)$$

其中，C_l 和 n 均是量级为 1 的经验常数；S_L 和 u' 分别是层流火焰速度和湍流度。式（3-92）中的 σ_y 称为小火焰方向系数，它反映了小火焰的空间方位对 Σ 的影响，可根据火焰锋法线与平均火焰刷（即由小火焰的系综平均得出的火焰锋面）法线之间的夹角来计算，或者按火焰锋与反应进度变量的等值面的平均夹角来计算。但在实际应用中，一般取为常数，$\sigma_y \approx 0.5$。该公式在相关文献中被称为 BML 模型。实验表明，该模型有足够的精度。

2）求解火焰面密度输运方程

火焰面密度作为湍流燃烧过程的一个特征参数，也是一个可输运量，因而我们可推导出其输运方程。推导的步骤类似于 pdf 的输运方程，其中间过程和最后的数学表达式都相当复杂[38]，这里均略去，只给出方程的示意形式：

$$\frac{\partial \Sigma}{\partial t} + \nabla(U\Sigma) = \nabla\left(\frac{v_t}{\sigma_\Sigma}\nabla\Sigma\right) + S_1 + S_2 + S_3 - D \qquad (3\text{-}94)$$

式（3-94）具有标准的输运方程形式。式中，左端两项和右端第一项分别是 Σ 的时间变化率、对流项和扩散项，其中 σ_Σ 是 Σ 的普朗特数；最后一项 D 代表火焰面积的耗散项；而其他三项 S_1、S_2 和 S_3 为火焰面积的源项，分别代表平均流场作用在火焰表面的应变率，湍流脉动产生的应变率以及其他因素引起的 Σ 的增加或减少。需要注意的是，这四项中都含有未封闭的湍流相关矩，因而必须分别为其建立模型，使方程封闭后才能求解。迄今为止，各国的研究者已经提出了为数不少的模型[38, 39]。在第 10 章中，我们将结合火焰面密度在多孔介质预混燃烧中的应用，介绍一种用火焰速度封闭后的 Σ 方程。

3.4.2 基于双分解法的湍流燃烧模型

求解湍流燃烧问题的关键是解决湍流流动与化学反应的耦合，即如何确定化学反应率。de Lemos[31]利用时间-空间双分解法，从理论上考察了多孔介质中湍流和弥散对化学反应组分方程源项的影响，并给出了由于湍流和弥散作用而增加的反应源项的表达式。然而其中所含的空间脉动关联项都是未知的，必须加以模化后才能应用到求解具体问题中。

de Lemos[31]在湍流燃烧数值模拟方面做了大量工作。文献[40]～文献[42]分别采用一维和二维模型模拟了多孔介质中的湍流燃烧，所使用的控制方程详细考虑了湍流、弥散对组分输运系数和传热系数的影响，反应率采用时间-空间平均的组分浓度来计算。通过对比层流、湍流、层流辐射、湍流辐射不同模型的结果，发现不同的模型对计算结果影响较大。

如前所述，de Lemos[31]正确地指出，过滤燃烧的化学反应率由 4 部分组成，即基本的平均反应率、时间脉动量产生的湍流反应率、空间偏移量产生的弥散反应率，以及时间和空间双重平均产生的湍流弥散反应率。但是，他并未提出各相关的模型，也未进行求解。总之，关于湍流对多孔介质内燃烧特性的影响，迄今的了解还很肤浅。大孔隙率多孔介质中的湍流过滤燃烧仍然是一个亟待探索和深入研究的课题。下面将对 de Lemos 关于多孔介质湍流燃烧率的理论推导进行简要介绍。

因为化学反应的存在，组分输运方程和能量输运方程中均存在反应源项，这些源项的大小均与反应率直接相关。通常，可以使用 Arrhenius 公式来求解化学反应率。但是不同于自由空间内的湍流燃烧，在计算多孔介质内湍流燃烧速率时，Arrhenius 公式中所使用的燃料与氧化剂浓度是一个在时间和空间上均有脉动的量。因此，在推导多孔介质内湍流燃烧模型时，需进行时间-空间双分解。

为了将问题简化，假设化学反应采用了单步总包反应机理。对于甲烷、正庚烷、辛烷等碳氢化合物，化学反应可以写成通用的表达式：

$$C_nH_{2m} + \left(n+\frac{m}{2}\right)(1+\Psi)(O_2+3.76N_2) \longrightarrow$$

$$nCO_2 + mH_2O + \left(n+\frac{m}{2}\right)\Psi O_2 + \left(n+\frac{m}{2}\right)3.76(1+\Psi)N_2 \quad （3-95）$$

式中，Ψ 为过量空气系数；n、m 为反应方程式系数，对于不同的燃料，n、m 取不同的数值，见表 3-3。

表 3-3　通用化学反应方程式的系数

燃料	n	m	$n+m/2$	$(n+m/2) \times 3.76$
甲烷	1	2	2	7.52
正庚烷	7	8	11	41.36
辛烷	8	9	12.5	47

　　根据一步总反应 Arrhenius 公式，求得在多孔介质内某一时刻、某一点上的反应率：

$$S_{\mathrm{fu}} = \rho_{\mathrm{f}}^a A m_{\mathrm{fu}}^b m_{\mathrm{ox}}^c \exp(-E/(R\langle \overline{T} \rangle^i)) \tag{3-96}$$

式中，m_{fu} 和 m_{ox} 为某点、某时刻的燃料和氧气质量分数；a、b、c 是不同反应所对应的常数。在这里为了简化起见，选定燃料为甲烷，则有 $a=2$，$b=c=1$。ρ_{f} 为流体混合物的密度，可以由理想气体状态方程获得。

　　为了获得宏观的燃烧模型，需通过微观的瞬时当地质量分数乘积，即 $m_{\mathrm{fu}}m_{\mathrm{ox}}$，获得时间、空间平均项 $\langle \overline{m_{\mathrm{fu}}m_{\mathrm{ox}}} \rangle^i$，进而才能获得时间-空间平均的反应率 $\langle \overline{S_{\mathrm{fu}}} \rangle^i$。对 m_{fu} 和 m_{ox} 分别使用双分解法，得到

$$m_{\mathrm{fu}} = \langle \overline{m}_{\mathrm{fu}} \rangle^i + {}^i\overline{m}_{\mathrm{fu}} + \langle m'_{\mathrm{fu}} \rangle^i + {}^i m'_{\mathrm{fu}} \tag{3-97}$$

$$m_{\mathrm{ox}} = \langle \overline{m}_{\mathrm{ox}} \rangle^i + {}^i\overline{m}_{\mathrm{ox}} + \langle m'_{\mathrm{ox}} \rangle^i + {}^i m'_{\mathrm{ox}} \tag{3-98}$$

将式（3-97）和式（3-98）代入 $m_{\mathrm{fu}}m_{\mathrm{ox}}$，并进行体积平均和时间平均后得到

$$\overline{\langle m_{\mathrm{fu}}m_{\mathrm{ox}} \rangle^i} = \overline{\langle \overline{m}_{\mathrm{fu}} \rangle \langle \overline{m}_{\mathrm{ox}} \rangle} + \overline{\langle {}^i\overline{m}_{\mathrm{fu}}\,{}^i\overline{m}_{\mathrm{ox}} \rangle} + \overline{\langle \overline{m}_{\mathrm{fu}} \rangle^{i\prime}\langle \overline{m}_{\mathrm{ox}} \rangle^{i\prime}} + \overline{\langle {}^i m'_{\mathrm{fu}}\,{}^i m'_{\mathrm{ox}} \rangle^i} \tag{3-99}$$

将结果进行时间-空间顺序互换后得到

$$\langle \overline{m_{\mathrm{fu}}m_{\mathrm{ox}}} \rangle^i = \langle \overline{m}_{\mathrm{fu}} \rangle^i \langle \overline{m}_{\mathrm{ox}} \rangle^i + \langle {}^i\overline{m}_{\mathrm{fu}}\,{}^i\overline{m}_{\mathrm{ox}} \rangle^i + \overline{\langle m'_{\mathrm{fu}} \rangle^i \langle m'_{\mathrm{ox}} \rangle^i} + \overline{\langle {}^i m'_{\mathrm{fu}}\,{}^i m'_{\mathrm{ox}} \rangle^i} \tag{3-100}$$

　　将式（3-100）代入式（3-96），即得到甲烷燃烧模型的完整表达式：

$$\langle \overline{S_{\mathrm{fu}}} \rangle^i = \rho_{\mathrm{f}}^2 A \langle \overline{m_{\mathrm{fu}}m_{\mathrm{ox}}} \rangle^i \exp(-E/R\langle \overline{T} \rangle^i)$$

$$= \rho_{\mathrm{f}}^2 A \left(\underbrace{\langle \overline{m}_{\mathrm{fu}} \rangle^i \langle \overline{m}_{\mathrm{ox}} \rangle^i}_{\mathrm{I}} + \underbrace{\langle {}^i\overline{m}_{\mathrm{fu}}\,{}^i\overline{m}_{\mathrm{ox}} \rangle^i}_{\mathrm{II}} + \underbrace{\overline{\langle m'_{\mathrm{fu}} \rangle^i \langle m'_{\mathrm{ox}} \rangle^i}}_{\mathrm{III}} + \underbrace{\overline{\langle {}^i m'_{\mathrm{fu}}\,{}^i m'_{\mathrm{ox}} \rangle^i}}_{\mathrm{IV}} \right) \exp(-E/(R\langle \overline{T} \rangle^i)) \tag{3-101}$$

分析式（3-101）右侧四项的组成，可以给出四项分别乘以 $\rho_{\mathrm{f}}^2 A \exp(-E/(R\langle \overline{T} \rangle^i))$ 后的含义。

　　Ⅰ：平均反应率，时间-空间平均的反应物浓度即质量分数产生的反应率。

　　Ⅱ：弥散反应率，是时间平均质量分数的空间脉动产生的反应率。因为该值反映的是空间脉动的作用，因此在层流下也存在该项。

　　Ⅲ：湍流反应率，是空间平均质量分数的时间脉动产生的反应率，该项的存在说明了湍流对于燃烧速率具有增强的作用。

　　Ⅳ：湍流弥散反应率，是质量分数空间偏移和时间脉动产生的反应率。

采用同样步骤，可以得到

$$\overline{\langle m'_{\mathrm{fu}}m'_{\mathrm{ox}} \rangle^i} = \overline{\langle m'_{\mathrm{fu}} \rangle^i \langle m'_{\mathrm{ox}} \rangle^i} + \overline{\langle {}^i m'_{\mathrm{fu}}\,{}^i m'_{\mathrm{ox}} \rangle^i} \tag{3-102}$$

并定义湍流反应率：

$$S_{\mathrm{fu},\varphi}^t = \rho_{\mathrm{f}}^2 A \overline{\langle m'_{\mathrm{fu}}m'_{\mathrm{ox}} \rangle^i} \exp(-E/(R\langle \overline{T} \rangle^i)) \tag{3-103}$$

类似地，弥散反应率为

$$S_{fu,\varphi}^{disp} = \rho_f^2 A \langle \,^i\overline{m}_{fu}\,^i\overline{m}_{ox}\rangle^i \exp(-E/(R\langle\overline{T}\rangle^i)) \tag{3-104}$$

基本的平均反应率为

$$S_{fu,\varphi} = \rho_f^2 A \langle \overline{m}_{fu}\rangle^i \langle \overline{m}_{ox}\rangle^i \exp(-E/(R\langle\overline{T}\rangle^i)) \tag{3-105}$$

综上可得

$$\langle\overline{S_{fu}}\rangle^i = S_{fu,\varphi} + S_{fu,\varphi}^{disp} + S_{fu,\varphi}^{t} \tag{3-106}$$

式（3-106）即为多孔介质内湍流燃烧模型的完整形式。值得注意的是，虽然湍流燃烧模型的公式已经给出，然而如何对空间脉动项进行模化和计算，仍然是一个开放的问题。迄今未见相关研究报道。目前应用于多孔介质的所有湍流燃烧模型都只考虑了式（3-106）中右侧的第一项。

参 考 文 献

[1] Suga K. Understanding and modelling turbulence over and inside porous media. Flow Turbululence and Combustion, 2016, 96 (3): 717-756.

[2] Elsinga G E, Marusic I. Evolution and lifetimes of flow topology in a turbulent boundary layer. Physics of Fluids, 2010, 22 (1): 015102.

[3] Sathe M, Joshi J, Evans G. Characterization of turbulence in rectangular bubble column. Chemical Engineering Science, 2013, 100: 52-68.

[4] Davit Y, Quintard M. One-phase and two-phase flow in highly permeable porous media. Heat Transfer Engineering, 2019, 40: 391-409.

[5] Patil V A, Liburdy J A. Turbulent flow characteristics in a randomly packed porous bed based on particle image velocimetry measurements. Physics of Fluids, 2013, 25: 043304.

[6] He X I, Apte S V, Finn J R, et al. Characteristics of turbulence in a face-centred cubic porous unit cell. Journal of Fluid Mechanics, 2019, 873: 608-645.

[7] Antohe B V, Lage J L. A general two-equation macroscopic turbulence model for incompressible flow in porous media. International Journal of Heat and Mass Transfer, 1997, 40: 3013-3024.

[8] van der Merwe D F, Gauvin W H. Velocity and turbulence measurements of air flow through a packed bed. AIChE Journal, 1971, 17 (3): 519-528.

[9] Dybbs A, Edwards R V. A new look at porous media mechanics——Darcy to turbulent//Fundamentals of Transport Phenomena in Porous Media. Leiden: Martinus Nijhoff Publishers, 1984: 199-254.

[10] Takatsu Y, Inoue T. Velocity and turbulence measurements of air flow through a packed bed. Microscale Thermophysical Engineering, 2002, 6: 347-357.

[11] Masuoka T, Takatsu Y, Inoue T. Chaotic behavior and transition to turbulence in porous media. Microscale Thermophysical Engineering, 2002, 6: 347-357.

[12] Nield A. The limitations of the Brinkman-Forchheimer equation in modeling flow in a saturated porous medium and at an interface. International Journal of Heat and Fluid Flow, 1991, 12: 269-272.

[13] Nield D A, Bejan A. Convection in Porous Media. 4th ed. New York: Springer, 2013.

[14] Jin Y, Uth M F, Kuznetsov A V, et al. Numerical investigation of the possibility of macroscopic turbulence in porous media: A direct numerical simulation study. Journal of Fluid Mechanics, 2015, 766: 76-103.

[15] Jin Y，Kuznetsov A V. Turbulence modeling for flows in wallbounded porous media：An analysis basedon direct numerical simulations. Physic of Fluids，2017，29：045102.

[16] Nakayama A，Kuwahara F A. Macroscopic turbulence model for flow in a porous medium. Transactions on ASME Journal Fluids Engineering，1999，121：427-433.

[17] Nakayama A，Kuwahara F A. General macroscopic turbulence model for flows in packed beds，channels，pipes，and rod bundles. ASME Journal of Fluids Engineering，2008，130：101205.

[18] Pedras M H J，de Lemos M J S. On the definition of turbulent kinetic energy for flow in porous media. International Communications in Heat and Mass Transfer，2000，27（2）：211-220.

[19] Nield D A. Alternative models of turbulence in a porous medium，and related matters. ASME Journal of Fluids Engineering，2001，123：928-931.

[20] Soulaine C，Quintard M. On the use of a Darcy-Forchheimer like model for a macro-scale description of turbulence in porous media and its application to structured packings. International Journal of Heat And Mass Transfer，2014，74：88-100.

[21] Masuoka T，Tatsu Y. Turbulence model for flow through porous media. International Journal of Heat and Mass Transfer，1996，39：2803-2809.

[22] Whitaker S. The Method of Volume Averaging. Berlin：Springer，1999.

[23] Fand R，Kim B，Lam A，et al. Resistance to the flow of fluids through simple and complex porous media whose matrices are composed of randomly packed spheres. ASME Journal of Fluids Engineering，1987，109：268-278.

[24] Vafai K，Tien C. Boundary and inertia effects on flow and heat transfer in porous media. International Journal of Heat and Mass Transfer，1981，24：195-203.

[25] Bear J，Bachmat Y. Introduction to Modeling of Transport Phenomena in Porous Media. Dordrecht：Kluwer Academic，1990.

[26] Liu S，Masliyah J H. Ispersion in Porous Media，in Handbook of Porous Media. 2nd ed. Boca Raton：Taylor and Francis，2005：81-140.

[27] Driscoll J F，Chen J H，Skiba A W，et al. Premixed flames subjected to extreme turbulence：Some questions and recent answers. Progress in Energy and Combustion Science，2020，76：1-36.

[28] Ertesvåg I S. Analysis of some recently proposed modificationsto the eddy dissipation concept（EDC）. Combustion Science and Technology，2020，192：1108-1136.

[29] 解茂昭，贾明. 内燃机计算燃烧学. 3版. 北京：科学出版社，2016.

[30] Gauthier G P，Watson G M G，Bergthorson J M. Burning rates and temperatures of flames in excess-enthalpy burners：A numerical study of flame propagation in small heat-recirculating tubes. Combust Flame，2014，161：2348-2360.

[31] de Lemos M J S. Analysis of turbulent combustion in inert porous media. International Communications in Heat and Mass Transfer，2010，37：331-336.

[32] Spalding D B. Mixing and chemical reaction in steady confined turbulent flames. 13th Symposium on Combustion，Los Angeles，1971.

[33] Magnussen B F，Hjertager B H. On mathematical modeling of turbulent combustion with special emphasis on soot formation and combustion. 16th Symposium on Combustion, London，1977.

[34] Ertesv G，Magnussen B F. The eddy dissipation turbulence energy cascade model. Combustion Science and Technology，2000，159：213-235.

[35] Magnussen B F. The eddy dissipation concept：A bridge between science and technology. ECCOMAS Thematic

Conference on Computational Combustion，Lisbon，2005：21-24.

[36] Hong S J，Wooldridge M S，Im H G，et al. Modeling of diesel combustion，soot and NO emissions based on a modified eddy dissipation concept. Combustion Science and Technology，2008，180：1421-1448.

[37] Bray K N C，Champion M，Libby P A. The interaction between turbulence and chemistry in premixed tubulent flames//Turbulent Reacting Flows，Lecture Notes in Engineering. Berlin：Springer，1989：541-563.

[38] Vervisch L，Veynante D. Turbulent combustion modeling. Progress in Energy and Combustion Science，2002，28：193-266.

[39] Ellzey J L，Belmont E L，Smith C H. Heat recirculating reactors：Fundamental research and applications. Progress in Energy and Combustion Science，2019，72：32-58.

[40] de Lemos M J S. Numerical simulation of turbulent combustion in porous materials. International Communications in Heat and Mass Transfer，2009，36：996-1001.

[41] de Lemos M J S. Simulation of turbulent combustion in inert porous media using a thermal non-equilibrium model. Proceedings of The ASME International Mechanical Engineering Congress And Exposition，2010，3：107-114.

[42] de Lemos M J S. Comparison of two-dimensional models for predicting turbulent combustion in inert porous media. Proceedings of the ASME International Mechanical Engineering Congress and Exposition，2008，3：553-559.

第4章 多孔介质中的动量、热量与质量弥散

4.1 弥散的基础知识

4.1.1 弥散的概念

1. 弥散与湍流的区别

大孔隙率多孔介质内流动和燃烧问题的一个重要现象和一大难点，就是同时存在时间上的湍流脉动和空间上的扰动即弥散，且二者互相交织。由多孔介质中形状结构极不规则的固体基质对流体流动产生强烈的扰动而引起的扩散效应称为弥散。研究表明，对于孔隙雷诺数较高的情况，组分的弥散对于传质具有很重要的影响。弥散在许多过程和实际应用中起着关键作用，包括污染物在地下水中扩散、过滤、色谱、液固催化和非催化反应等方面的输运。

作为流体中的一种输运现象，弥散对各种可输运量均会发生。只要流场在空间上不均匀，包括质量（化学组分）、动量、能量等物理量都会发生弥散。通常一些学术著作和论文中论及的弥散，则是一种狭义的弥散，专指质量弥散。例如，渗流力学、环境流体力学及土力学等领域的专著中通常这样定义弥散："流体动力学弥散是指由于流体在介质中流动速度的空间波动而使组分在多孔介质中的扩散。"这里说的实际上就是质量弥散。这是因为这些领域最关心的是污染物等物质在地下水或其他环境中的扩散，或诸如此类的问题，质量弥散在其中起着至关重要的作用；而热量弥散或简称热弥散则一般无足轻重，但后者在传热和燃烧领域却至关重要。另外，动量弥散的宏观表现与雷诺应力相似，是流体在黏性应力基础上一种附加应力。当流速很小时，此应力可以忽略不计；而对速度较高的流动，雷诺应力都显著大于弥散应力，因此通常都把弥散应力与雷诺应力合并处理，无须再单独建立模型。所以，相关文献中鲜见对动量弥散的报道。本章也仅限于讨论质量弥散与热弥散。

首先，有必要说明弥散与湍流的区别。多孔介质中的弥散效应和湍流扩散效应是具有类似效果但本质完全不同的两种现象，它们在数学上分别是对多孔介质流动控制方程（N-S 方程）取体积平均和统计平均（时间平均）的结果，分别代表流场在空间上的不均匀性和时间上的脉动性的影响。

为了说明弥散这个概念，必须指出，弥散并不仅仅是多孔介质流动中特有的现象。实际上，任何流场，包括纯净流体的自由流动（即无多孔介质存在），只要其在空间上是非均匀的，即流场各点速度的大小与方向均不同，就会产生弥散现象。对任意的三维流场，为了简化分析，人们经常将其简化为二维甚至一维流动，这样用断面平均参数表示一维流动状况，或用一个平面断面上的参数表达二维流动状况时，就意味着我们已经采用了空间平均的手段对实际流场进行简化。在此平均过程中，原流场中各点的具体流动信息被忽略，而被置于一个整体的附加项中，此附加项就是弥散项。此操作过程完全可以与我们采用雷诺时均法处理湍流问题相比拟。只不过，前者是空间平均，而后者是时间平均。对孔隙雷诺数较高的情况，动量弥散相对于雷诺应力而言一般不重要。然而，热量和组分的弥散对于热质传递却具有很重要的影响。目前，学术界对弥散现象的认识并不十分清晰，有的文献甚至将弥散与普通的层流及湍流组分质量扩散混为一谈。现以质量弥散为例，考虑一个含有两种以上组分流体的流动过程。

实验发现，当流体在孔隙通道内不停地改变着流速的大小和方向，或者流体在无多孔介质的通道内流动，由于固壁边界层的作用，其速度分布也会不均匀。于是流体质点的掺混和分离也在时刻发生，表现为组分的传播区域越来越大，这种输运现象就是质量弥散（或称对流扩散）现象。微观尺度的不均匀性（孔隙、颗粒的出现等）和流体在不同区域的渗透性差异是造成质量弥散的重要原因。随着流速逐渐增大，质量弥散在总扩散中所占的地位逐渐增大。只要流动存在，组分就会逐渐传播开来并占据越来越大的流动区域，超出了仅按平均流动所预计的占有区域。具体而言，如果在开始时由组分所标志的流体占据某一个别区域，该区域具有一个能与非标志流体分清的突变界面，但在后续的时间里我们并不能按达西定律所给出的平均流速来确定任何突变界面的位置，代替它的是一个越来越宽的过渡带，这种现象就是质量弥散。相关文献中常将其称为流体动力弥散。应当注意，这里描述的现象包括两种基本的输运机制：对流引起的弥散和分子运动引起的扩散（在湍流情况下，还包括湍流扩散）。两者的效果虽然相同，但机理却完全不同。弥散是由宏观的对流运动所引起，而层流扩散是由分子的微观运动所引起，湍流扩散则是由湍流涡团的无规则运动引起的。这种类型的输运也常称为机械弥散或对流扩散。分子扩散是和机械弥散同时发生的。实际上在流动状态下流体动力弥散以不可分开的形式包含了这两个过程。

上述是对普通纯净流体的自由流动而言。对于多孔介质，其流动的非均匀性在构形复杂的固体基质干扰下尤为强烈。多孔介质对流体流动和输运的扰动可以由多种不同的因素引起。例如，多孔介质造成的障碍会改变流体流动方向，流体微团在孔隙内的涡旋和回流引起流体速度和压力变化，多孔介质中某些的不连通孔隙产生的滞止效应，等等。由填充床微观结构组成的复杂通道系统导致了流管的连续分裂和重新连接。流道方向的广泛变化使流线的缠绕和发散更加明显。当地速度在大小和方向的变化，沿着曲折的流动路径和相邻路径的速度分布在每个孔隙中造成组分分布扩散传播。除了微观上的非均质性，多孔介质渗透率的空间变化也有助于组分初始分布的整体扩散。多孔介质内部复杂微通道系统使得组分在不断地被分细后进入更为纤细的通道分支。在上述各种因素作用下，沿着这些弯曲的流动路径以及在相邻的流动路径之间，局部速度的大小和方向都会发生变化，正是这种变化造成了组分向越来越宽的范围传播。

2. 前人弥散研究的概览

作为一种最典型的质量弥散现象，地下水运动过程中的组分弥散问题从 20 世纪初就引起了人们的关注，但直到 20 世纪 50 年代，水动力弥散或混相驱替的一般性问题才成为系统研究的课题。这个课题引起了水文学家、地球物理学家、石油和化学工程师等研究人员的兴趣。对弥散问题解析解的推导最早可追溯到 Taylor[1] 的研究。1953 年，他对圆管内低速流动下可溶性物质浓度分布的非均匀性进行了理论分析，提出可以借助表观扩散系数描述组分的弥散。稍后，Aris[2] 扩展了 Taylor 的工作，提出了包括分子扩散的弥散系数的表达式。后来，Brenner[3] 将 Taylor-Aris 理论扩展到研究惰性组分在多孔介质中的弥散，建立了确定空间周期性多孔介质输运特性的一般理论。这为后续的研究提供了一个框架，可以在无须模拟整个系统几何结构的情况下，对具有复杂形貌的多孔介质中的弥散进行综合研究。

最近 40 多年来的实验和数值研究表明，水动力弥散系数通常是 Péclet 数（Pe）的非线性函数。多孔介质中的流体动力弥散是两个不同过程的结果：①分子扩散，它来源于流体组分的随机分子运动；②机械弥散，它是由速度和流动的不均匀引起的路径分布。分子扩散和机械弥散在流动状态下是不能分离的。在扩散模型中，通常将分子扩散和机械弥散的影响叠加在一个扩散通量项中，其中流体动力弥散系数的值等于分子扩散和机械弥散系数的和。当 Péclet 数较大时，这种对流弥散机理几乎纯粹是机械式的，与分子扩散特性无关，而与 Péclet 数呈线性关系。然而在多孔固体骨架壁面附近，这种弥散机理并不纯粹是机械式的，它还与分子扩散特性密切相关，此时的弥散系数与 Péclet 数的平方成正比。

Gray[4]、Bear[5] 和 Whitaker[6] 利用 Slattery[7] 提出的体积或空间平均方法，推导出精确的多孔介质中组分平均浓度输运方程。在 Brenner[3] 工作的基础上，Carbonell 等[8, 9] 利用体积平均理论推导了一个计算空间周期介质中弥散系数的框架，并对二维空间周期性多孔介质进行了具体的计算。Eidsath 等[10] 基于这些空间周期模型计算了填充床中的轴向和横向弥散系数，并将结果与现有的实验数据进行了比较，其计算的弥散系数表现出对 Péclet 数有很强的依赖关系。

理论分析还进一步指出，当标量输运过程发生的长度尺度和时间尺度小于某一组分速度变化的长度尺度和时间尺度时，体积平均形式的 Fick 定律不能用来描述此时的输运现象。取而代之，应该采用非局部输运理论来描述，其中非局部输运理论中的标量流量不是标量浓度梯度的线性函数，而是标量梯度与扩散系数的时空相关的波长乘积的卷积。Schotting 等[11]的理论分析和实验测量数据结果表明，当多孔介质内浓度梯度较大时，基于线性关系给出的弥散质量流量与浓度梯度之间的关系式，即体积平均形式的 Fick 定律并不适用。弥散质量流量需要借助非线性关系来表征。此外，弥散系数的值随着浓度梯度的增大而减小。

众多的实验研究致力于分析填充床几何特性和水动力弥散参数之间的相关性，诸如填充床（填充柱）的长度、流体性质、柱体直径与颗粒直径之比、粒径分布、颗粒形状和流体速度的影响等。Fried 等[12]总结了关于沙粒填充床中纵向弥散系数 D_L 与流速关系的实验数据。图 4-1 以 D_L/D_m 随 Péclet 数的变化形式表示这些数据，此处 Péclet 数定义为 $Pe = ud_p/D_m$，其中 u 为孔隙空间内的平均流体流速，d_p 为颗粒或孔隙的平均大小，D_m 是分子扩散系数。根据弥散输运过程的主要控制因素，即 Pe 的大小，可以区分五种弥散机制[12, 13]，如图 4-1 所示。五种不同弥散机制的物理意义如下。

（Ⅰ）$Pe<0.3$，扩散机制：对流非常缓慢，扩散几乎完全控制了弥散。

（Ⅱ）$0.3≤Pe<5$，过渡机制：机械弥散变得显著，对总弥散有一定贡献，但扩散效应仍较强。

（Ⅲ）$5≤Pe<300$，幂律机制：机械弥散的贡献成为主要部分，但扩散效应不可忽视。

（Ⅳ）$300≤Pe<10^5$，纯对流弥散或机械弥散机制：弥散是由随机分布的孔隙边界的扰动引起的随机速度变化所形成。

（Ⅴ）$Pe≥10^5$，湍流弥散机制：流动机制已超出达西定律的有效性范围，Péclet数不再是唯一的相关参数，还应同时使用雷诺数作为特征参数。

Brenner[14]基于 Fried 等[12]绘制了纵向弥散系数 $C_L = D_L/d_p u_{av}$ 对 Péclet 数的依赖关系（图 4-2）。根据此曲线，区分出四个不同的弥散机制（把图 4-1 的弥散机制 2 和 3 合并）：①$Pe<0.2$，分子扩散占主导地位；②$0.2≤Pe<500$，分子扩散和机械弥散效应的叠加；③$500≤Pe<2×10^5$，机械弥散占主导地位；④$Pe≥2×10^5$，弥散机制已超出达西定律适合的区域。

这一发现表明，在高速范围（图 4-1 中Ⅴ区、图 4-2 中Ⅳ区）纵向弥散系数的下降可能是流动模式不稳定的结果，这种不稳定性会加速流体中同一剖面上速度最大值与最小值之间的"横向平衡"，导致弥散系数减小。然而，流速的进一步增加和湍流的发生并没有导致弥散系数的行为发生质的变化。

关于横向弥散，Fried 等[12]总结了四种与纵向弥散相同的弥散机制，但分别对应于更高的 Péclet 数。

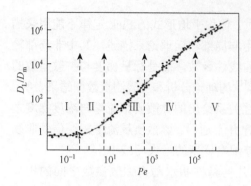 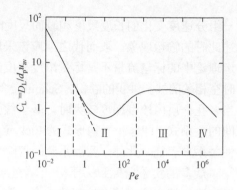

图 4-1　固定床中纵向弥散对 Péclet 数依　　　图 4-2　天然多孔介质中纵向弥散系数随
赖关系的五种弥散机制[12]　　　　　　　　　　　　　　Pe 的变化[12, 13]

3. 弥散的计算模型

　　弥散是很复杂的现象,多孔介质中的流动模式同时依赖于孔隙空间的形貌(几何形状和拓扑结构)以及单个孔隙中的流动状态。因此,其理论计算或解析解几乎是不可能的。这使得开发一种通用的多孔介质水动力弥散模型异常困难。而且,如何确定由这些模型导出的宏观方程中出现的各种系数仍然是一大问题。弥散系数并非流体或多孔介质物性参数,而是取决于流固两相以及系统的结构和工况参数。我们无法从数学分析本身得到它们,唯一可靠的方法只有实验。虽然目前已有更精细的模型,它们把平均后的宏观模型的总系数与更基本的多孔介质特性参数相联系,但这些基本性质仍然必须通过实验来确定。

　　尽管开发通用的多孔介质弥散模型有很大难度,近几十年来,人们还是开发出各种不同的用于计算弥散系数的数学模型。按照 Bear[5]的看法,所有常用的水动力弥散模型方法都可以统一分为两类。第一类模型可以称为现象模型,是用一个虚构的简化模型代替多孔介质,从而可以用精确的数学方法分析发生的混合过程。单管、管束、按规律排列的单元体等都是这种简化模型的例子。由于在几何上显著简化,这种模型能够考虑影响多孔介质弥散的一些主要因素,并能对弥散现象进行定量的数学分析。第二类方法力图建立流体组分粒子微观运动的模型,并对这种微观运动进行平均以获得宏观描述。多孔介质中的非线性输运和反应过程可以用孔隙尺度(微观)或达西尺度(宏观)模型来描述。孔隙尺度模型具有坚实的物理基础,但需要孔隙几何形状和结构的详细信息,而这些信息很难获得,而且用于大尺度系统上作为预测工具是不切实际的。宏观模型(包括等效模型、放大模型、连续模型、均质模型等)将多孔介质表示为平均连续体,克服了这些限制,其代价是主要依赖于现象学描述或封闭假设。尽管宏观模型在工程实际中很有用,但它们往往不能捕捉到实验观察到的一些弥散输运特征。

概括前人的工作，在宏观水平上通常采用两种方法处理弥散问题。一种是对致密型即小渗透率多孔介质，由于湍流效应不显著，故不专门应用湍流模型，而在控制方程中用 Fick 定律形式的经验弥散系数来统一表征湍流和多孔介质弥散作用的影响。由于多孔介质的非均匀性，弥散系数是一个二阶张量。但对工程实际问题，一般可简化为两个分量，即横向弥散系数和纵向弥散系数。其中，横向弥散系数是与流体流动方向垂直的横截面上的弥散系数，而纵向弥散系数是与流体流动方向平行的水平面上的弥散系数。研究表明，当雷诺数小于 1 时，两种弥散系数近似等于有效分子扩散系数；当雷诺数大于 10 时，纵向弥散系数大约是横向弥散系数的 5 倍。另一种方法是针对大孔隙率、大渗透率多孔介质（过滤燃烧大多属此情况）。如前所述，对于动量弥散，湍流与弥散的耦合项通常均纳入湍流模型考虑；而对于质量和热弥散，除采用经验系数外，一般还经常采用体积平均和尺度放大法计算。多孔介质的详细结构非常不规则，但是其几何特征及流动参数均在一定程度上符合统计特性。因此，一方面，利用体积平均或空间平均方法，可以得到多孔介质内组分的平均浓度输运方程；另一方面，再利用多孔介质内微观流场的参数分布，则可根据弥散系数的定义，直接计算弥散张量的数值。

尺度放大法主要关注有效模型的推导，这些模型将多孔介质和流体过程的微观（孔尺度）特征与它们的宏观（连续介质、介观尺度或达西尺度）特性联系起来。在此过程中，人们忽视了平均过程中的某些项。例如，认为它们各自平均值的波动都很小，可以忽略不计。这些方法在不同尺度上建立了物理化学过程之间的联系，提供了基本的假设。然而，它们本身不能用来确定这些假设的有效性和连续介质模型（有效模型）失效的计算区域。基于特征无量纲数（如 Damkohler 数和 Péclet 数）的升级方法则可以为各种升级近似的有效性提供定量判据。

Kuwahara 等[15]将多孔介质简化为周期性排列的大量方形固体单元，假设流体均匀的流过固体单元区域，在流体的流动方向上强加了一个线性的温度梯度。用 N-S 方程和能量方程求解了微观尺度的速度场和温度场，然后在周期性单元内对微观计算结果进行积分，得到了横向热弥散系数。用同样的多孔介质结构简化方法，Pedras 等[16]等用双分解的思想对周期性单元内湍流流动时的热弥散进行了数值研究，得到了横向热弥散系数和纵向热弥散系数。但对于质量和组分的弥散，尚未见到类似的报道。4.2 节和 4.3 节将介绍作者所在团队基于这一思想所开展的工作。作者从微观流场的数值模拟入手，分别计算大孔隙多孔介质内流体湍流流动时的质量弥散系数和热弥散系数，并详细分析多孔介质引起的弥散（包括湍流弥散）对组分和质量传递过程的影响。

4.1.2　质量弥散

前面已经指出，"质量弥散"在相关文献中并没有明确的定义。有的文献将物质或化学组分的扩散和弥散这两种不同的效应不加严格区分，合称为弥散；而为了与分子扩散相区别，把由于流场不均匀而产生的质量弥散称为机械弥散、动力弥散或水动力学弥散。本书则将其严格区分为质量扩散和质量弥散，而将两者的总和称为有效扩散。质量扩散主要是由流体中组分的浓度差异，或流体中存在温度梯度、压力梯度等势差引起的。在低流速的情况下，分子扩散在总扩散中所占的地位比弥散更重要。

对于多孔介质中的质量弥散，国内外研究人员使用各种实验技术进行了大量研究。但这些实验研究中，纵向弥散和横向弥散的测量通常是分开进行的，一般认为横向弥散的实验要比纵向弥散的实验困难得多。当流体流经由惰性颗粒构成的床层时，可以观察到由于分子扩散和孔隙内对流的共同作用而造成的流体的弥散。实验结果通常借助量纲分析的 Π 定理整理成经验公式。这类公式一般把弥散系数表示为 Péclet 数与描述多孔介质几何特征及流体的无量纲参数的函数形式。一般情况下，雷诺数大于 10 时，纵向弥散系数比横向弥散系数高 5 倍。对于雷诺数较低的情况（如 $Re<1$），两个弥散系数近似相等，且等于分子扩散系数。

理论方面，通过复杂结构来描述多孔介质流动流体的精确解几乎是不可能的。因而只能通过不同的简化方法建立模型再求解。在宏观层面上，目前对弥散的定量处理都是基于 Fick 定律，当然必须结合适当定义的弥散系数。通常使用两种方法来研究流体质量弥散。第一种方法是，实际的多孔介质用一个假想的、显著简化的模型来代替，并且可以用精确的数学方法来分析模型中发生的弥散现象，如一个简单的管道、毛细管束、网格阵列等模型。这种规格化了的模型由于其简单性很适合用于进行精确的数学分析。而且，这类简化模型仍然可以把影响弥散的某些因素考虑在内。第二种方法即体积平均法，它已得到更普遍的应用。这种方法的关键在于构造一个带标志的流体质点微观运动的统计模型，然后对这些运动加以平均得到它们的宏观描述。

下面介绍填充床内质量弥散实验研究方面的一些代表性成果。

1. 纵向弥散系数

影响纵向弥散的主要变量包括填充床几何尺寸，以及颗粒和流体的主要物性参数。对于常见的圆柱形反应器，主要包括圆柱长度 L 和直径 D、颗粒直径 d、流体密度 ρ 和黏度 μ、速度 u、组分的分子扩散系数 D_m。

纵向弥散系数的实验数据可通过量纲分析归纳为下式：

$$D_{\mathrm{L}} = \Phi(L, D, u, d, \rho, \mu, D_{\mathrm{m}}) \tag{4-1}$$

利用 Π 定理，可将式（4-1）中的参数重新组合为

$$\frac{D_{\mathrm{L}}}{D_{\mathrm{m}}} \text{ 或 } Pe_{\mathrm{L}} = \Phi\left(\frac{L}{D}, \frac{D}{d}, \frac{ud}{D_{\mathrm{m}}}, \frac{\mu}{\rho D_{\mathrm{m}}}\right) \tag{4-2}$$

式中，第三个组合参数即为分子 Péclet 数，定义为 $Pe_{\mathrm{m}} = ud / D_{\mathrm{m}}$，第四个参数为 Schmidt 数 $Sc = \mu / \rho D_{\mathrm{m}}$。式（4-2）可以绘制为（$D_{\mathrm{L}}/D_{\mathrm{m}}$）与 Pe_{m} 的关系曲线。

除上述参数之外，还必须考虑填充机制对弥散系数的影响。研究表明，当颗粒在填充床中未能良好地填充时（不够致密），会使弥散系数增大，这是因为填充不紧密导致颗粒间孔隙增大，而增大的孔隙率有助于组分的扩散，从而增强弥散。Gunn 等[17]的实验结果表明，不同的床层重新充填后使横向 Péclet 值偏差达 15%。可见，填充床的流体力学特性不仅由孔隙率和迁曲度等参数决定，而且取决于床层充填的质量。因此，对填充床孔隙率的准确测量是减少实验测量误差的前提。

Gunn 等[18]认为圆柱形填充床中存在两个区域：一个是中心轴线附近的快速流动区；另一个是外围接近壁面的几乎停滞的流体区。他们从概率论的角度推导出纵向弥散系数的如下表达式：

$$\frac{1}{Pe_{\mathrm{L}}} = \frac{\varepsilon Pe_{\mathrm{m}}}{4\alpha_1^2(1-\varepsilon)}(1-p)^2 \tag{4-3}$$

$$+\left(\frac{\varepsilon Pe_{\mathrm{m}}}{4\alpha_1^2(1-\varepsilon)}\right)^2 p(1-p)^3\left(\exp\left(-\frac{4(1-\varepsilon)\alpha_1^2}{p(1-p)\varepsilon Pe_{\mathrm{m}}}\right)-1\right) + \frac{1}{\tau Pe_{\mathrm{m}}} \tag{4-4}$$

式中，α_1 是贝塞尔方程 $J_0(U)=0$ 的第一个零点；对球形颗粒的填充床 p 定义为

$$p = 0.17 + 0.33 \times \exp\left(-\frac{24}{Re}\right), \text{ 对球形颗粒 } \tau = \sqrt{2} \tag{4-5a}$$

$$p = 0.17 + 0.29 \times \exp\left(-\frac{24}{Re}\right), \text{ 对圆柱形颗粒 } \tau = 1.93 \tag{4-5b}$$

$$p = 0.17 + 0.20 \times \exp\left(-\frac{24}{Re}\right), \text{ 对空心圆柱颗粒 } \tau = 1.8 \tag{4-5c}$$

Tsotsas 等[19]提出另一个预测 Pe_{L} 的关系式，他们在一个简单的流动模型中定义了快速流（毛细管模型的中心区域）和停滞流体两个区域，但与之相关的数学表达式比较烦琐：

$$\frac{1}{Pe_{\mathrm{L}}} = \frac{1}{\tau}\left(\frac{1}{Pe_{z,1}} + \frac{1}{Pe'_{\mathrm{m}}}(1-\xi_{\mathrm{c}}^2)\right) + \frac{1}{32}\left(\frac{D_{\mathrm{c}}}{d}\right)^2\left(Pe_{\mathrm{r},1}\xi_{\mathrm{c}}^2 f_1(\xi_{\mathrm{c}}) + Pe'_{\mathrm{m}} f_2(\xi_{\mathrm{c}})\right) \tag{4-6}$$

式中，快速流的纵向和径向 Péclet 数分别是

$$\frac{1}{Pe_{z,1}} = \frac{1}{Pe_1'} + \frac{1}{1.14(1+10/Pe_1')} \qquad (4\text{-}7a)$$

$$\frac{1}{Pe_{r,1}} = \frac{1}{Pe_1'} + \frac{1}{8} \qquad (4\text{-}7b)$$

$$Pe_1' = \frac{u_1 d}{D_m'} \qquad (4\text{-}7c)$$

式中，$D_m' = D_m/\tau$ 是表观分子扩散系数，τ 是多孔介质迂曲率；$u_1 = u/\xi_c^2$ 是快速流的达西速度，ξ_c 是流动速度发生跃变的无量纲位置，即高速区半径与填充床半径之比，它等于

$$Re \leqslant 0.1 \rightarrow \xi_c = 0.2 + 0.21\exp(2.81y) \qquad (4\text{-}8a)$$

$$Re \leqslant 0.1 \rightarrow \xi_c = 1 - 0.59\exp(-f(y)) \qquad (4\text{-}8b)$$

其中，

$$y = \log(Re) + 1 \qquad (4\text{-}9a)$$

$$f(y) = y(1 - 0.274y + 0.086y^2) \qquad (4\text{-}9b)$$

最后，分布函数 $f_1(\xi_c)$ 和 $f_2(\xi_c)$ 定义如下：

$$f_1(\xi_c) = (1 - \xi_c^2)^2 \qquad (4\text{-}10a)$$

$$f_2(\xi_c) = 4\xi_c^2 - 3 - 4\ln(\xi_c) - \xi_c^4 \qquad (4\text{-}10b)$$

与实验结果的比较表明，Gunn 的关系式（4-4）在 $Pe_m < 10^3$ 范围内，对 Sc 的变化不敏感，而 Tsotsas 等[19]的关系式（4-5）对 Sc 变化比较敏感，但此式对描述气体流动中的弥散，具有很好的准确性。Guedes de Carvalho 等[20]根据 Gunn 等[17]以及 Edwards 等[21]的实验结果，在关系式（4-4）的基础上，修正 p 对 Sc 的依赖关系，得出了下列修正的拟合关系式的曲线。

$$\frac{1}{Pe_L} = \frac{Pe_m}{5}(1-p)^2 + \frac{Pe_m^2}{25}p(1-p)^3\left(\exp\left(-\frac{5}{p(1-p)Pe_m}-1\right)+\frac{1}{\tau Pe_m}\right) \qquad (4\text{-}11)$$

$$p = \frac{0.48}{Sc^{0.15}} + \left(\frac{1}{2} - \frac{0.48}{Sc^{0.15}}\right)\exp\left(-\frac{75Sc}{Pe_m}\right) \qquad (4\text{-}12)$$

2. 横向弥散系数

关于横向弥散系数，根据液体流动的实验数据总结出来一些经验关系式，如 Gunn 等[18]的方程：

$$\frac{1}{Pe_r} = \frac{1}{Pe_f} + \frac{1}{\tau}\frac{\varepsilon}{ReSc} \qquad (4\text{-}13)$$

式中，Péclet 数 Pe_f 的定义为

$$Pe_f = 40 - 29e^{-7/Re}，\text{对球形颗粒 } \tau = \sqrt{2} \qquad (4\text{-}14a)$$

$$Pe_f = 11 - 4e^{-7/Re}, \quad 对圆柱形颗粒 \tau = 1.93 \tag{4-14b}$$

$$Pe_f = 9 - 3.3e^{-7/Re}, \quad 对空心圆柱颗粒 \tau = 1.8 \tag{4-14c}$$

Wen 等[22]总结出如下的经验方程:

$$Pe_T = \frac{17.5}{Re^{0.75}} + 11.4, \quad 用于大 Pe_m \tag{4-15}$$

对于 $Pe_T(\infty) = 12$ 的极限情况, 可以得出

$$\frac{D_T}{D_m} = \frac{1}{\tau} + \frac{1}{12}\frac{ud}{D_m} \quad 或 \quad \frac{1}{Pe_T} = \frac{1}{\tau}\frac{\varepsilon}{ReSc} + \frac{1}{12} \tag{4-16}$$

与实验点的对比表明, 当 $Pe_m < 600$ 时, 此式并没有反映 Sc 对 Pe_T 的影响; 当 Sc 值较低而 $600 < Pe_m < 10^5$ 时, 对这一影响的反映似乎也很不充分。Wen 等[22]提出的对大的 Pe_m 和 Sc 值的经验相关式也很不充分, 因为它仅基于有限的实验。

图 4-3 为 Guedes de Carvalho 等[20]获得的实验点, 实线代表式 (4-17) 和式 (4-18) 对不同 Sc 的计算结果。可以看出, 公式与实验数据吻合很好, 最大偏差为 20%。对于 $Sc \leqslant 550$ 的情况, 实验表明 (图 4-3), Pe_T 既依赖于 Pe_m, 又依赖于 Sc, Delgado[23]建议采用如下表达式:

$$\frac{1}{Pe_T} = \frac{1}{\tau}\frac{1}{Pe_m} + \frac{1}{12} - \left(\frac{Sc}{1500}\right)^{4.8} \times (\tau Pe_m)^{3.83-1.3\log_{10}(Sc)}, \quad Pe_m \leqslant 1600 \tag{4-17a}$$

$$Pe_T = (0.058Sc + 14) - (0.058Sc + 2)\exp\left(-\frac{352Sc^{0.5}}{Pe_m}\right), \quad Pe_m > 1600 \tag{4-17b}$$

这些曲线的上升段 [式 (4-17a)] 和下行段 [式 (4-17b)] 之间的分界点大约在 $Pe_m \approx 1600$, 因为 Pe_m 在式 (4-17a) 和 (4-17b) 交点的精确值取决于 Sc。对于 $Sc < 550$, 曲线的两段始终在区间 $1400 < Pe_m < 1750$ 内相交; 对于该区间内任意给定的 Pe_m 值, 在表示 Pe_T 与 Pe_m 依赖关系时, 应采用 Pe_T 的较低值 [式 4-17 (a) 和式 4-17 (b) 给出的值]。然而, 如果考察式 (4-17a) 与式 (4-17b) 之应用范围的分界点, 对于 $Sc < 550$ 的所有值, 精确地说在 $Pe_m = 1600$, Pe_T 和 Pe_m 曲线在该点都有一个很小的间断, 然而与实验的误差相比, 此间断点可以忽略不计。

对于 $Sc > 550$ 的情况, 必须注意, 关于实验数据的拟合公式中, 在 Pe_T-Pe_m 曲线的上升部分, Pe_T 只依赖于 Pe_m, 而在同一曲线下降部分 Pe_T 只依赖于 Re ($Re = \varepsilon Pe_m / Sc$)。下面的方程很好地表示了 $Sc > 550$ 的数据:

$$\frac{1}{Pe_T} = \frac{1}{\tau}\frac{1}{Pe_m} + \frac{1}{12} - 8.1 \times 10^{-3}(\tau Pe_m)^{0.268}, \quad Pe_m \leqslant 1600 \tag{4-18a}$$

$$Pe_T = 45.9 - 33.9 \times \exp\left(-\frac{15Sc}{Pe_m}\right), \quad Pe_m > 1600 \tag{4-18b}$$

综上所述, Delgado[23]提出的纵向弥散系数的拟合公式 [式 (4-11)、式 (4-12)]

以及横向弥散系数的拟合公式[式（4-17）、式（4-18）]，是依据大量实验数据得出的。这些公式涵盖了 Pe_m 和 Sc 的整个取值范围，而且比之前的一些公式更精确。

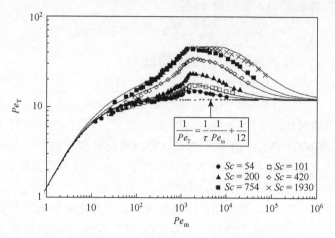

图 4-3　实验数据与式（4-17）、式（4-18）的比较[23]

4.1.3　热弥散

1. 影响热弥散的因素

热弥散本质上是多孔介质内流体质点速度偏离本征平均速度而引起的热量在孔隙尺度上流体微元间的对流扩散。简言之，热弥散项是对能量方程进行体积平均和尺度升级的结果。当流体流经多孔介质时，孔隙尺度内的速度和温度的波动、流体的混合以及绕固相曲折通道的二次流动等引起了热弥散效应，它可以显著增强相应的对流换热。热弥散是多孔材料中流动和传热研究的一个重要领域。

如前所述，大体积多孔介质系统的孔隙尺度传热分析难度很大。因此人们采用体积平均法进行宏观分析。即使是简单的、充分发展的单向热流体流动的管内，建立基于平均速度和温度的流体运动和能量方程都会出现一个额外的弥散项。热弥散是多孔介质中对流传热的一个重要现象。除了分子扩散外，热弥散也是影响传热的一个因素。

为了获得适用于计算各种多孔介质热弥散系数的普遍关系式，首先需要确定影响热弥散的无量纲参数。理论和实验研究均表明，以下参数对热弥散都有重要影响。

Péclet 数和雷诺数：热弥散系数值强烈依赖于颗粒或孔隙雷诺数，因为颗粒之间孔隙中的流体流动模式和混合受到雷诺数的高度影响。热弥散随雷诺数的增大而增大。一些研究者已经提出了基于颗粒尺寸的 Péclet 数与有效导热系数的相关关系式，其中不仅涉及颗粒的导热率，而且涉及颗粒的流体动力效应，以及孔隙尺度上的热相互作用。

固相与液相导热率之比 k_s/k_f（或当量导热率与流体导热率之比 k_e/k_f）：热弥散受固相与液相热相互作用的影响，因此也受二者导热率的影响。一般不用两相的导热系数之比，而代之以多孔介质等效（滞止）导热系数与流体导热系数 k_e/k_f 的比值，其中已包括 k_s/k_f。

孔隙率：现有某些关系式中显含孔隙率效应，但在大多数关系式中，孔隙率效应是隐含的。孔隙率对热弥散的影响是明显的，但此种影响与雷诺数和当量导热系数均有关。

多孔介质结构：材料结构（孔隙形状、颗粒或固体单元间的连接形式及相互距离、表面粗糙度等）由于其对孔隙尺度流动的影响，在热弥散中起着重要的作用。

固体和流体之比热容比：此比值对瞬态传热问题很重要，因为空间各点存储或释放热量的大小直接影响多孔介质的温度分布。

2. 计算热弥散系数的理论基础

系统尺度下，描述多孔介质内的热传递过程会引入一个重要的特征参数。该参数不仅与气固两相本身的物性相关，而且依赖于流场，一般将其定义为总的热扩散系数，即

$$\boldsymbol{D} = \frac{\boldsymbol{k}_{\text{eff}}}{(\rho c_p)_f} + \varepsilon \boldsymbol{D}_{\text{dis}} \tag{4-19}$$

式中，$\boldsymbol{k}_{\text{eff}}$、$\boldsymbol{D}_{\text{dis}}$ 和 ε 分别表示有效导热系数张量、弥散导热系数张量和孔隙率。

对于多孔介质中的不可压缩牛顿流体，流体相和固相的能量方程可分别表示为

$$\rho_f c_{pf}\left(\frac{\partial T_f}{\partial t} + \nabla \cdot \boldsymbol{u} T_f\right) = k_f \nabla^2 T_f \tag{4-20}$$

$$\rho_s c_{ps}\frac{\partial T_s}{\partial t} = k_s \nabla^2 T_s \tag{4-21}$$

式中，ρ 是密度；c_p 是比热容；T 是温度；下标 s 表示固体；下标 f 表示孔隙间的流体。速度矢量和导热系数分别用 $\boldsymbol{u}$ 和 k 表示。将第 2 章介绍的体积平均法施用于式（4-20）和式（4-21），便可得到多孔介质中流体和固相的宏观能量方程：

$$\rho_f c_{pf}\left(\varepsilon \frac{\partial \langle T \rangle^f}{\partial t} + \langle \boldsymbol{u} \rangle \cdot \nabla \langle T \rangle^f\right) = k_f \varepsilon \nabla^2 \langle T \rangle^f + \nabla\left(\frac{1}{V}\int_s k_f T \mathrm{d}S\right)$$

$$+ \frac{1}{V}\int_s k_f \nabla T \mathrm{d}S - \rho_f c_{pf} \nabla \cdot \langle T' \boldsymbol{u}' \rangle \tag{4-22}$$

$$\rho_s c_{ps}(1-\varepsilon)\frac{\partial \langle T\rangle^{s}}{\partial t} = k_s(1-\varepsilon)\nabla^2 \langle T\rangle^{s} - \nabla \cdot \left(\frac{1}{V}\int_S k_s T \mathrm{d}S\right) + \frac{1}{V}\int_S k_s \nabla T \mathrm{d}S \quad (4\text{-}23)$$

式（4-22）和式（4-23）分别为流体相和固相能量方程的宏观形式。与式（4-20）和式（4-21）相比，体积平均能量方程中的多余项代表了穿越流固界面的热通量。对于大多数多孔介质中的对流问题，可以假定固相和液相之间处于局部热平衡。Quintard 等[24]提出了热平衡假设有效性必须满足的约束条件，这些条件的详情可以参考文献[24]、[25]。

如果两相之间的热平衡成立，则有 $\langle T\rangle^{f} = \langle T\rangle^{s} = \langle T\rangle$，将式（4-22）和式（4-23）相加便得到流固统一的连续域上即多孔介质总体积上的宏观总能量方程：

$$(\rho c_p)_e \frac{\partial \langle T\rangle}{\partial t} + \rho_f c_{pf}\langle \boldsymbol{u}\rangle \cdot \nabla \langle T\rangle = k_e \nabla^2 \langle T\rangle - \nabla \cdot \left(\frac{1}{V}\int_S (k_f - k_s)T\mathrm{d}S\right) - \rho_f c_{pf}\nabla \cdot \langle T'\boldsymbol{u}'\rangle \quad (4\text{-}24)$$

式中，$(\rho c_p)_e$ 和 k_e 分别为连续域的等效热容和等效导热率，当量导热系数又称为滞止导热系数。所谓滞止导热系数是指在无流动条件下，单位时间内仅由固体骨架和内部流体以导热形式传递的热量。在一定程度上，滞止有效导热率反映了骨架几何结构的影响。关于滞止有效导热率的研究，可以参考相关文献[26]。其中涉及的等效性质包括孔隙率以及固体和流体的热性质。等效热容和等效导热率定义如下：

$$(\rho c_p)_e = (1-\varepsilon)\rho_s c_{ps} + \varepsilon \rho_f c_{pf} \quad (4\text{-}25)$$

$$k_e = (1-\varepsilon)k_s + \varepsilon k_f \quad (4\text{-}26)$$

当量导热系数方程（4-26）直接来自于获得单一宏观能量方程的体积平均过程。相关文献中已有相当多的各种模型，可用于确定多孔介质的当量导热系数及其他参数，如与颗粒接触效应有关的系数等。宏观总能量方程（4-24）的后两项可分别定义为热迁曲和热弥散。这些项在微观能量方程中并不存在，它们是由体积平均产生的。热迁曲项是指固体和流体之间由于导热率不同而引起的热扩散路径的变化。它被描述为由固体颗粒的存在而导致的传热路径的延伸[25]。热迁曲度反映出由于散布在多孔介质中的固体基质或孔隙对热流的扰动[27]。热迁曲度主要受孔隙率及孔隙形状和大小的影响。如果 $(k_f - k_s)T$ 在界面上是常数，那么热迁曲度为零。热扭曲项通常都是可以忽略的。$\rho_f c_{pf}\nabla \cdot \langle T'\boldsymbol{u}'\rangle$ 这一项与湍流对流换热中的湍流热流类似，它代表流体热弥散的贡献，同样可以用梯度扩散假设来模拟。因此，式（4-24）中的热弥散项可以利用热弥散导热率（k_{dis}）写成热扩散输运的如下形式：

$$-\rho_f c_{pf}\nabla \cdot \langle T'\boldsymbol{u}'\rangle = k_{dis}\nabla^2 \langle T\rangle \quad (4\text{-}27)$$

由式（4-27）可以看出，热弥散取决于流体相的热物理性质以及由于两种不同相的存在而引起的多孔介质的温度和速度波动。因此，热弥散导热率项包含了温度和速度不均匀性的影响。将式（4-27）代入式（4-24），忽略热扭曲项，就得到包含固相和液相的连续介质区域的宏观总能量方程，它具有如下新形式：

$$(\rho c_p)_{\mathrm{e}} \frac{\partial \langle T \rangle}{\partial t} + \rho_{\mathrm{f}} c_{pf} \langle \boldsymbol{u} \rangle \cdot \nabla \langle T \rangle = k_{\mathrm{eff}} \nabla^2 \langle T \rangle \tag{4-28}$$

式中，k_{eff} 为有效导热系数（有效热扩散系数），为多孔介质总体的当量导热系数与弥散导热系数之和。

$$k_{\mathrm{eff}} = k_{\mathrm{e}} + k_{\mathrm{dis}} \tag{4-29}$$

当量导热系数由式（4-26）定义，弥散导热系数可以通过实验或数值计算得到。有效导热系数的大小取决于流体流速、孔隙率、孔隙形状、固体和流体的热性能等参数。由于非均匀速度效应和温度梯度的影响，多孔介质中存在不同方向的热弥散，所以有效导热系数是一个张量，其对角线项表示纵向和横向有效导热系数。相关文献中经常使用无量纲的有效导热系数比，即有效导热系数与流体导热系数的比值。已提出的大多数关系式是基于颗粒的雷诺数或 Péclet 数 $\left[k_{\mathrm{eff}} / k_{\mathrm{f}} = f(Re, Pr) \right]$。

有效导热系数数值计算方法仍然是求解多孔介质中控制体积的 N-S 方程和能量方程，得到微观速度和温度分布。然后，用这些场的体积积分来确定宏观输运性质，如有效导热系数和渗透率。对于 k_{eff} 的理论计算，可以直接使用文献[11]中的公式：

$$k_{\mathrm{eff}} = k_{\mathrm{e}} + \frac{\rho_{\mathrm{f}} c_{pf}}{V_{\mathrm{f}} \nabla \langle T \rangle} \int_{V_{\mathrm{f}}} (u - \langle u \rangle)(T - \langle T \rangle) \mathrm{d}V \tag{4-30}$$

式中，V_{f} 是孔隙所占体积；k_{e} 用式（4-26）计算。

Hsu 等[26, 27]及 Olives 等[28]采用体积平均方法对稀疏排列球状颗粒构成的多孔介质内的热弥散现象进行了理论分析。结果表明，不同雷诺数下，热弥散张量对速度和孔隙率的依赖并不相同。具体表现为：在高雷诺数下，纵向热弥散导热系数与 Péclet 数呈正比关系；在低雷诺数下，则与 Péclet 数的平方成正比。Levec 等[29, 30]以体积平均方法为基础，通过测量颗粒堆积床对热脉动的瞬态响应获得了一个流固两相双温模型。该模型包含了气固两相界面对流换热对热弥散的影响。他们认为，有效导热率的稳态测量值与瞬态测量值存在较大差别，这种差别主要来自温度脉动引起的相间传热。

Kuwahara 等[31]对由许多方棒组成的二维多孔介质区域内的对流换热及热弥散进行了数值研究，并给出了高、低 Péclet 数时横向热弥散导热率的相关关系。基于 N-S 方程和能量守恒方程，Nakayama 等[32]对多孔介质内弥散热流量输运方程进行了推导，给出了热弥散系数计算中梯度扩散假说成立的严格充分条件。通过对弥散热流量输运方程中再分布项和耗散项的理论分析，得到了一维流动下弥散系数的 Taylor 表达式。Nakayama 等[33, 34]将体积平均理论应用到多孔介质内滞止导热系数和热弥散系数的求解过程,基于双温模型,给出了纵向和横向热弥散系数的一般关联式。Hunt 等[35]通过实验研究了高孔隙率多孔材料的热弥散效应,发现热弥散系数与渗透率和流体流速直接相关,他们提出了热弥散系数与渗透率和流体流速的关系式:

$$k_d = C_d \rho_f c_f \sqrt{K} u \qquad (4\text{-}31)$$

关于数值计算的详细过程将在 4.3 节中介绍。

3. 热弥散系数的实验确定方法

当用宏观方法来分析热和物质组分在多孔介质中的输运时,必须准确知道有效导热系数,包括滞止导热系数和弥散导热系数。为此,人们已经开展了大量实验研究。大部分研究都是在填充床类型的流动反应器上完成的。通过外部风扇或泵的动力,使流体在固体颗粒之间通过填充床流动。床的加热(或冷却)是从边界或从内部进行的。随着床层的温度升高或降低,床层与流经床层的流体之间发生传热。通过测量床内不同位置的流体温度,并将宏观能量方程的解与实验数据进行比较,就可以确定有效导热系数。

在热弥散系数的实验研究中采用了不同形状和结构的多孔介质。就填充床而言,多数人使用球形颗粒,也有人使用圆柱、拉希格环(Raschig ring,一种空心圆柱体)等。所采用的多孔材料也多种多样,如玻璃陶瓷和金属材料等。所用流体主要是空气和水。实验的工况有稳态条件也有瞬态条件。在确定有效导热系数时一般都采用热平衡假设以简化计算。

所有的实验方法基本上都遵循相同的步骤。为了确定有效导热系数,包括多孔介质的当量导热系数和热弥散导热系数,基本步骤如下。

(1)利用某种热源/热汇在填充床中产生一定的温度梯度,热源可以施加在填充床内部或施加在床层边界处。

(2)测量不同填充床位置的温度。

(3)对填充床求解宏观能量方程(4-28)。在大多数的研究中,采用解析的方法得到此方程的解。

(4)通过由解析解得到的温度场与实测温度场的比较,便可得到填料层的有效导热系数。

实验得到的有效导热系数一般都整理成以无量纲参数表示的如下形式的经验公式:

$$\frac{k_{\text{eff}}}{k_f} = \frac{k_e}{k_f} + a Re Pr \qquad (4\text{-}32)$$

式中,a 为常数。

热弥散导热系数不能与湍流贡献区分开,实验确定的弥散系数包括了两者。

Ozgumus 等[25]采用列表法系统地总结了众多研究者根据实验研究得出的有效导热系数关系式。有效导热系数的计算是系统总结了基于流动和结构参数，如雷诺数（或 Péclet 数）和颗粒形状和材料，所提出的关系式大多涉及雷诺数和床层的等效导热系数，也有研究者将普朗特数和孔隙率包括在内。式（4-29）表明有效导热系数可以写成当量导热系数和热弥散导热系数之和。

一般而言，关联式中的第一项表示当量导热系数的影响。从式（4-26）可以看出，填充床的当量导热系数可以是常数。第二项显示了热弥散导热系数随雷诺数（或 Péclet 数）的变化。因此，有效导热系数的关系式应包括这些导热系数。一些研究人员采用了当量导热系数与流体导热系数的比值，并提出了相应的关系式。在此情况下，当量导热系数的值必须用方程来计算。另一些研究人员则给出当量导热系数与流体导热系数之比的常数值。其中径向或轴向有效导热系数的关系式都是基于雷诺数或 Péclet 数的。在所有公式中，有效导热系数与雷诺数之间存在正比关系。随着雷诺数的增加，与分子热扩散相比，热弥散对填充床传热的影响更大。一般来说，相关文献中报道的研究是使用流体（水或空气）进行的。因此，在一些关联式中是否包含普朗特数都影响不大，因为主要的变量参数是雷诺数，而普朗特数是固定不变的。但如果对不同的流体进行实验，则将普朗特数包含在相关系数中就很有必要。

4.2　大孔隙率多孔介质内质量弥散的数值研究

前面已经指出，可以通过数值计算方法确定多孔介质的质量和热弥散系数。其基本思想是利用体积平均或空间平均方法，得到多孔介质内组分和热量的平均输运方程，其中包含其系数有待确定的弥散项。另外，可以在表征体元内求解多孔介质孔隙中纯流体的动量方程、组分方程和能量方程，得到微观速度、温度和组分分布。然后，对这些参数场的详细信息进行体积积分，得到各参数的体积平均值及相应的各点的空间偏移值。由此，则可根据弥散系数的定义，直接计算弥散张量的数值。本节基于这一思想，将多孔介质简化为空间周期性排列的圆柱，从微观流场的数值模拟入手，计算大孔隙多孔介质内流体湍流流动时的质量弥散系数，详细分析多孔介质引起的弥散（包括湍流弥散）对组分和质量传递过程的影响[36, 37]。

4.2.1　多孔介质模型

如图 4-4 所示，将多孔介质结构简化为周期性排列的圆柱固体单元，H 是相邻两圆柱中心线之间的距离，D 为圆柱直径。通常有两种排列方式，第一种是均匀排列，小圆柱之间按正四边形布置；第二种是交错性排列，小圆柱之间以正三角形布置。本章的数值研究选择第二种排列方式。

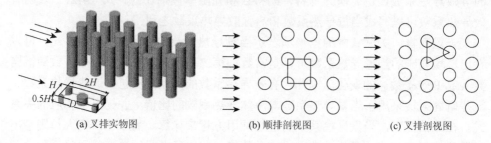

(a) 叉排实物图　　　　　　(b) 顺排剖视图　　　　　　(c) 叉排剖视图

图 4-4　多孔介质的圆柱阵列模型

　　图 4-5 所示为二维计算单元，即表征体元，流体从左侧进入此单元内，假设流体入口由三部分组成，上下两部分为空气入口，中间部分为甲烷气体入口，三股流体速度均相等。入口平面上甲烷的平均质量分数定义为入口平面甲烷的质量与入口平面所有气体的质量之比。

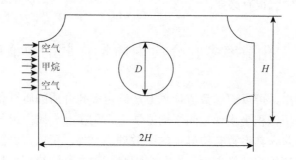

图 4-5　微观单元的物理模型

4.2.2　层流流动的宏观组分输运方程

　　通常用对流扩散方程来表示均质多孔介质中的组分输运过程，如方程（4-33）所示为二元混合物在多孔介质内流动时，组分的稳态输运方程：

$$\nabla \cdot (\boldsymbol{u}c) = -\nabla \cdot (-D_\mathrm{m}\nabla c) \tag{4-33}$$

式中，c 是混合气中组分的质量浓度；$\boldsymbol{u}$ 是流体速度；D_m 是分子扩散系数。在微观单元内对方程（4-33）进行体积平均[36]，可以写成如下形式：

$$\nabla \cdot \langle \boldsymbol{u}c \rangle^v = \nabla \cdot \left(D_\mathrm{m}\left(\phi\nabla\langle c \rangle^i + \frac{1}{V}\int_{A_i} n_i c \mathrm{d}A \right) \right) \tag{4-34}$$

进一步分析方程（4-34），类似于时间平均过程，将流体的浓度和速度分解为空间平均量和偏移量之和。最后，对层流流动，体积平均的对流扩散方程可以表示为如下形式[36]：

$$\nabla\cdot(\phi\langle\boldsymbol{u}\rangle^i\langle c\rangle^i)=\nabla\cdot\left(D_{\mathrm{m}}\left(\phi\nabla\langle c\rangle^i+\frac{1}{V}\int_{A_i}n_ic\mathrm{d}A\right)\right)-\nabla\cdot\langle^i\boldsymbol{u}^ic\rangle^v \tag{4-35}$$

上述方程可进一步简化，改写成如下形式：

$$\nabla\cdot(\langle\boldsymbol{u}\rangle^i\langle c\rangle^i)=\nabla\cdot(D\cdot\nabla\langle c\rangle^i) \tag{4-36}$$

总的质量扩散张量 $\boldsymbol{D}$ 定义为有效分子扩散系数 D'_{m} 和弥散张量 $\boldsymbol{D}_{\mathrm{disp}}$ 之和，如下所示：

$$\boldsymbol{D}=D'_{\mathrm{m}}\boldsymbol{I}+\boldsymbol{D}_{\mathrm{disp}} \tag{4-37}$$

式中，$\boldsymbol{I}$ 是单位张量；

$$D'_{\mathrm{m}}=\frac{D_{\mathrm{m}}}{\tau} \tag{4-38}$$

其中，τ 为多孔介质的迂曲度。分子扩散项和质量弥散项分别为式（4-39）和式（4-40）：

$$D'_{\mathrm{m}}\cdot\nabla\langle c\rangle^i=\nabla\cdot\left(D_{\mathrm{m}}\left(\phi\nabla\langle c\rangle^i+\frac{1}{V}\int_{A_i}n_ic\mathrm{d}A\right)\right) \tag{4-39}$$

$$\boldsymbol{D}_{\mathrm{disp}}\cdot\nabla\langle c\rangle^i=-\nabla\cdot\langle^i\boldsymbol{u}^ic\rangle^i \tag{4-40}$$

4.2.3　湍流流动的宏观组分输运方程

上述为多孔介质内层流流动的组分方程的推导，而湍流流动同时包含时间和空间上的脉动量，所以处理有更大难度。为此，仍采用 de Lemos[38]提出的双分解方法来处理。按照第 2 章介绍的双分解法，当流体作湍流流动时，根据方程（4-33）微观单元内质量组分方程写成如下形式：

$$\nabla\cdot(\overline{\boldsymbol{u}c})=-\nabla\cdot(-D_{\mathrm{m}}\nabla\overline{c})+\nabla\cdot(-\overline{\boldsymbol{u}'c'}) \tag{4-41}$$

式中，$\nabla\cdot(-\overline{\boldsymbol{u}'c'})$ 表示湍流扩散项，利用局部体积平均理论对方程（4-41）进行体积平均，可以得到如下形式的多孔介质内流体湍流流动的宏观质量组分方程[6]：

$$\begin{aligned}\nabla\cdot(\langle\overline{\boldsymbol{u}}\rangle^i\langle\overline{c}\rangle^i)&=\nabla\cdot\left(D_{\mathrm{m}}\nabla\phi\langle\overline{c}\rangle^i+\frac{1}{V}\int_{A_i}n_iD_{\mathrm{m}}\overline{c}\mathrm{d}A\right)\\&\quad-\nabla\cdot\left(\langle^i\overline{\boldsymbol{u}}\,^i\overline{c}\rangle^i+\overline{\langle\boldsymbol{u}'\rangle^i\langle c'\rangle^i}+\langle^i\boldsymbol{u}'\,^ic'\rangle^i\right)\\&=\nabla\cdot\boldsymbol{D}\cdot\nabla(\phi\langle\overline{c}\rangle^i)\end{aligned} \tag{4-42}$$

式中，各项意义如下。

平均流质量弥散：

$$-\langle^i\overline{\boldsymbol{u}}^i\overline{c}\rangle^i = \boldsymbol{D}_{\text{disp}} \cdot \nabla\langle\overline{c}\rangle^i \tag{4-43}$$

湍流扩散：

$$-\overline{\langle\boldsymbol{u}'\rangle^i\langle c'\rangle^i} = -\overline{\langle\boldsymbol{u}\rangle^i\langle c\rangle^{i'}} = \boldsymbol{D}_{\text{t}} \cdot \nabla\langle\overline{c}\rangle^i \tag{4-44}$$

湍流质量弥散：

$$-\langle^i\overline{\boldsymbol{u}'^ic'}\rangle^i = \boldsymbol{D}_{\text{disp,t}} \cdot \nabla\langle\overline{c}\rangle^i \tag{4-45}$$

在纯流体湍流流动时，湍流扩散项可以写成如下形式：

$$-\overline{\boldsymbol{u}'c'} = \frac{1}{\rho}\frac{\mu_{\text{t}}}{Sc_{\text{t}}}\nabla\overline{c} \tag{4-46}$$

式中，μ_{t} 是湍流黏度；Sc_{t} 是湍流施密特数，Fluent 中默认为 0.7。对式（4-46）进行体积平均，微观湍流质量扩散转变为宏观量，表达式如下：

$$-\langle\overline{\boldsymbol{u}'c'}\rangle^i = \frac{1}{\langle\rho\rangle^i}\frac{\langle\mu_{\text{t}}\rangle^i}{\langle Sc_{\text{t}}\rangle^i}\nabla\langle\overline{c}\rangle^i \tag{4-47}$$

由式（4-56）和式（4-63）可以得到

$$\boldsymbol{D}_{\text{t}} + \boldsymbol{D}_{\text{disp,t}} = \frac{1}{\langle\rho\rangle^i}\frac{\langle\mu_{\text{t}}\rangle^i}{\langle Sc_{\text{t}}\rangle^i}\boldsymbol{I} \tag{4-48}$$

则总的质量扩散张量：

$$\boldsymbol{D} = \boldsymbol{D}_{\text{m}}' + \boldsymbol{D}_{\text{disp}} + \boldsymbol{D}_{\text{t}} + \boldsymbol{D}_{\text{disp,t}} \tag{4-49}$$

$$\boldsymbol{D}_{\text{m}}' = \frac{D_{\text{m}}}{\tau}\boldsymbol{I} \tag{4-50}$$

$$\boldsymbol{D}_{\text{t}} + \boldsymbol{D}_{\text{disp,t}} = \frac{1}{\rho}\frac{\mu_{\text{t}\phi}}{Sc_{\text{t}}}\boldsymbol{I} \tag{4-51}$$

4.2.4　弥散系数的求解

根据图 4-5 所示的宏观速度方向，X 轴方向的浓度梯度可以表示为

$$\nabla\langle\overline{c}\rangle^i = \frac{\Delta\langle\overline{c}\rangle_X}{2H} \tag{4-52}$$

Y 轴方向的浓度梯度可以表示为

$$\nabla\langle\overline{c}\rangle^i = \frac{\Delta\langle\overline{c}\rangle_Y}{H/2} \tag{4-53}$$

则两种流动机制时，X 轴和 Y 轴方向的弥散系数分别表示为

$$
\begin{aligned}
(D_{\text{disp}})_{XX} &\approx -\frac{\dfrac{1}{\overline{V}}\displaystyle\int_{V_f}{}^i\overline{u}^i\overline{c}\mathrm{d}V}{\dfrac{\Delta\langle\overline{c}\rangle_X}{2H}} \\
&= -\frac{2H}{V\Delta\langle\overline{c}\rangle_X}\int_0^{2H}\int_0^H(\overline{u}-\langle\overline{u}\rangle^i)(\overline{c}-\langle\overline{c}\rangle^i)\mathrm{d}x\mathrm{d}y
\end{aligned} \tag{4-54}
$$

$$(D_{\text{disp}})_{YY} \approx -\frac{\dfrac{1}{\bar{V}}\displaystyle\int_{V_f} {}^i\bar{v}\,{}^i\bar{c}\,\mathrm{d}V}{\dfrac{\Delta\langle\bar{c}\rangle_Y}{H/2}}$$

$$= -\frac{H}{2V\Delta\langle\bar{c}\rangle_Y}\int_0^{2H}\int_0^H (\bar{v}-\langle\bar{v}\rangle^i)(\bar{c}-\langle\bar{c}\rangle^i)\mathrm{d}x\mathrm{d}y \tag{4-55}$$

以上方程中，由式（4-52）和式（4-53）可以求出沿 X 轴和 Y 轴方向的浓度梯度。$\bar{u}$、$\bar{v}$ 和 $\bar{c}$ 分别是稳态湍流流动时某一点流体分速度和甲烷的浓度，通过 Fluent 的自定义函数功能可以调用这两个值。$\langle\bar{u}\rangle^i$ 和 $\langle\bar{c}\rangle^i$ 可以在计算单元内对 $\bar{u}$ 和 $\bar{c}$ 的逐点分布值进行体积平均而求出。然后，可以利用式（4-54）和式（4-55），在图 4-6 所示计算网格内对微观单元的计算结果进行积分，再通过计算分别求出纵向弥散系数和横向弥散系数。

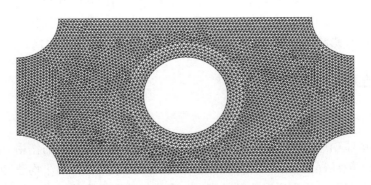

图 4-6　计算网格

为获得所需的宏观数据，当流体层流和湍流流动时分别需要如下边界条件。

进口：

$$\bar{C}_{\text{CH}_4} = \bar{C}_{\text{CH}_4,\text{in}}, \quad \bar{C}_{\text{O}_2} = \bar{C}_{\text{air,in}}, \quad \bar{u} = \bar{u}_{\text{in}} \tag{4-56}$$

出口：

$$\frac{\partial \bar{C}_{\text{CH}_4}}{\partial x} = \frac{\partial \bar{C}_{\text{air}}}{\partial x} = 0 \tag{4-57}$$

式中，$\bar{C}_{\text{CH}_4,\text{in}}$ 和 $\bar{C}_{\text{air,in}}$ 分别为进口处甲烷与空气的平均浓度值。

计算域的上下边界（$y=0$ 及 $y=H$）为对称边界：

$$\frac{\partial \bar{u}}{\partial y} = \frac{\partial \bar{v}}{\partial y} = \frac{\partial \bar{C}_{\text{CH}_4}}{\partial y} = \frac{\partial \bar{C}_{\text{air}}}{\partial y} = 0 \tag{4-58}$$

固体壁面：

$$\bar{u} = 0, \quad \nabla \bar{C}_{\text{CH}_4} = 0, \quad \nabla \bar{C}_{\text{air}} = 0 \tag{4-59}$$

初始条件如下。

为了模拟甲烷在空气中的扩散过程,流体区域初始充满空气且处于静止状态。多孔介质壁面温度设定为 300K 保持不变,流体区域的初始温度设定为 300K 保持不变。

在数值研究中使用了三种多孔介质孔隙率和三种入口条件。孔隙率分别为0.72、0.8 和 0.88,而三种入口条件分别为:

(1)为研究孔隙率对扩散过程的影响,在三种孔隙率条件下设定入口平面上甲烷平均质量分数相同,取值为 0.4。

(2)为研究入口平面上不同甲烷质量分数对扩散过程的影响,在多孔介质孔隙率为 0.8 时,分别规定入口甲烷质量分数为 0.2 和 0.6。

数值研究的求解过程采用 CFD 软件包 Fluent6.2。计算过程中温度保持不变,所以固体和气体的热物性参数均为常数。计算中采用边长为 0.2mm 三角形网格,由于使用适当的网格密度便可以保证足够的计算精度,进一步细化网格对微观单元的计算结果影响并不显著,因此在计算中采用图 4-6 所示的网格。

4.2.5　结果与讨论

1. 流体速度对扩散的影响

流体的流动速度对多孔介质内的扩散与弥散过程起着重要的作用。为分析流动速度对扩散过程的影响,保持孔隙率不变,通过改变进口的平均速度,以分析流体速度对多孔介质内质量弥散的影响。当进口速度较小的时候,甲烷气体在水平方向和 Y 轴方向上散布都比较均匀,质量分数在 0.25~0.3。随着进口速度的增大,水平方向上甲烷气体的扩散水平明显增强,Y 轴方向上也随之出现递减趋势。其原因是:层流流动时多孔介质内总的质量扩散包括质量弥散和分子扩散。当流体速度非常小的时候,例如,极限情况 $u \to 0$ 时,分子扩散在总的质量扩散中起主要作用。此外,孔隙率相同时,随着进口平均速度的增大,单元内的平均速度也随之增大。质量弥散对多孔介质内扩散过程的影响会逐渐增大,而分子扩散的影响逐渐降低。

湍流流动时甲烷气体扩散的面积大致相同。其原因是,当湍流流动时随着入口平均速度的增大,微观单元内平均速度也随之增大;弥散效应对多孔介质总的质量扩散起主要作用。当流体绕过中心圆柱时,随着流动速度增大,圆柱后面漩涡更加明显,导致甲烷的扩散增强。

2. 入口平面甲烷气体的平均质量分数对扩散的影响

图 4-7 为湍流流动时甲烷气体的质量百分比分布图,孔隙率为 0.8,入口平

均速度为 16m/s；$CH_4 = 0.2$、$CH_4 = 0.6$ 分别表示入口平面甲烷质量分数为 0.2 和 0.6。可以看出，随着入口处甲烷质量分数的增大，X 方向和 Y 方向上甲烷的扩散水平都明显提高。这主要是由于随着入口处甲烷气体质量分数的增大，入口处甲烷气体的质量流量也随之增大，所以沿着水平方向甲烷气体的扩散水平相应增大。

综上可知，入口速度、多孔介质孔隙率和入口平面甲烷气体的浓度对扩散过程都具有很大影响。这说明上述三个参数应存在一个最优的组合，能够实现甲烷和空气在多孔介质内均匀混合的目标。

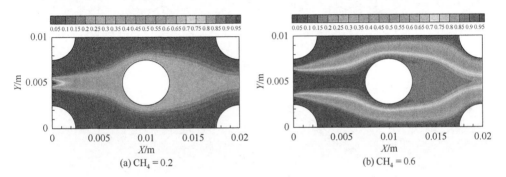

(a) $CH_4 = 0.2$ (b) $CH_4 = 0.6$

图 4-7 湍流流动时甲烷气体的质量浓度分布（入口平均速度 16m/s）

3. 纵向弥散系数

我们用 D_{XX} 表示总的纵向扩散系数（或纵向有效扩散系数），它在层流流动时包含纵向质量弥散和有效分子扩散，而在湍流流动时包含平均流质量弥散、有效分子扩散、湍流扩散和湍流质量弥散。由上述分析可知，多孔介质内流体的质量传递主要是分子扩散时，可以表示为 $D_{XX} = D'_m = D_m / \tau$，其中 τ 是迂曲度，D'_m 是有效分子扩散系数。随着流体速度的逐渐增大，分子扩散的影响逐渐减小，质量弥散的影响逐渐增大，但不能忽略分子扩散。为分析速度变化对质量弥散的影响，定义贝克来数如下：

$$Pe_m = \frac{ud}{D_m} \tag{4-60}$$

式中，u 是达西速度；d 是圆柱的直径。

图 4-8 为按照 4.2.4 节的公式计算得出的无量纲纵向质量弥散与贝克来数之间的关系。其中，多孔介质孔隙率分别为 0.72、0.8 和 0.88；$D_{disp-XX}$ 表示纵向质量弥散系数；入口处甲烷质量分数为 0.2、0.4 和 0.6。从图中我们首先注意到，无量纲纵向质量弥散与贝克来数之间基本保持线性关系，而且当贝克来数 $Pe_m > 10$ 时，比例系数近似为 1；而当 $Pe_m < 1$ 时，比例系数近似为 0.2；因此，可以认为：当

贝克来数 Pe_m < 0.5 时，无量纲纵向质量弥散小于 0.1，即此时纵向弥散的影响可忽略不计；当贝克来数 Pe_m 为 1 的量级时，纵向质量弥散系数与贝克来数同阶；而当贝克来数 Pe_m > 10 时，纵向质量弥散系数在数量级上开始超过分子扩散，而且其影响随着贝克来数的增大急剧增大，从而在总的质量扩散中占据绝对主导地位，故此时分子扩散效应可忽略不计。

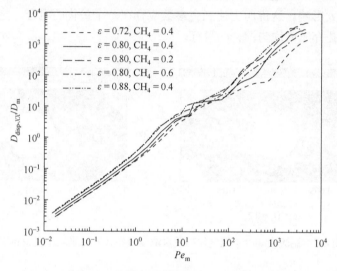

图 4-8　纵向质量弥散与 Pe_m 之间关系

同时，可以看出，当贝克来数 Pe_m < 10 时，基于三种孔隙率计算得出的纵向质量弥散非常相近。这是因为当流动速度较小时，不同孔隙率多孔介质对流体的扰动非常相近。当贝克来数 10 < Pe_m < 200 时，基于上述三种模型计算得出的质量弥散也非常相近，但出现一些波动。可见，随着流动速度的逐渐增大，质量弥散的影响逐渐增大，并逐渐占据主要地位。当贝克来数 Pe_m > 200 时，基于孔隙率 0.8 和 0.88 计算得出的纵向质量弥散比较相近，但是稍大于孔隙率 0.72 的纵向质量弥散系数。其主要原因是随着贝克来数的增大，多孔介质内流体速度也逐渐增大，逐渐呈现湍流流动。当小孔隙率多孔介质呈现低雷诺数湍流流动时，较大孔隙率的多孔介质内已呈现较高雷诺数湍流流动，多孔介质对流体的扰动可能会更加强烈，导致纵向质量弥散水平更高。

为进一步研究质量弥散系数与贝克来数之间的关系，现将多孔介质孔隙率保持 0.8 不变，研究入口平面甲烷气体的质量分数对纵向质量弥散的影响。从图 4-8 中可以看出，当贝克来数 Pe_m < 10 时，不同甲烷初始浓度计算得出的纵向质量弥散非常相近，甲烷质量分数 0.6 的质量弥散系数稍大一些。这是因为当多孔介质

内流速非常小时，分子扩散占据主要地位，入口甲烷质量分数对弥散的影响很小。

当贝克来数 $10 < Pe_m < 200$ 时，不同初始浓度计算得出的质量弥散也非常相近，但出现一些波动。其原因是随着流动速度逐渐增大，质量弥散的影响也增大，并逐渐占据主要地位。当贝克来数 $Pe_m > 200$ 左右时，从图 4-8 中可以看出，当贝克来数 Pe_m 的逐渐增大时，甲烷入口质量分数的增大导致纵向质量弥散系数减小。

图 4-9 所示为无量纲总纵向扩散系数（或纵向有效扩散系数）D_{xx} 与贝克来数之间的关系。多孔介质孔隙率分别为 0.72、0.8 和 0.88。从图中我们可以看出，当贝克来数 $Pe_m < 1$ 时，三种孔隙率计算得出的纵向有效扩散系数非常相近。主要原因有两个：①数值试验是在常温条件下研究甲烷在充满空气的多孔介质内弥散，因而分子扩散系数受孔隙率影响很小；②当贝克来数较小时，纵向有效扩散中分子扩散起主要作用。

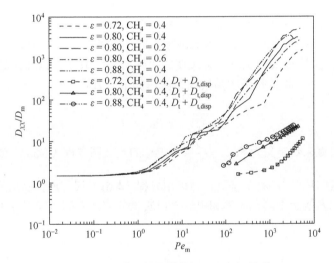

图 4-9　纵向总扩散系数与 Pe_m 之间关系

当贝克来数 $1 < Pe_m < 10$ 时，随着贝克来数的逐渐增大，总的纵向扩散系数也随着增大；孔隙率越大纵向有效扩散系数也越大。当贝克来数 $10 < Pe_m < 200$ 时，有效扩散系数随贝克来数的变化趋势没有变化，但出现一些波动。其主要原因是，随着流动速度逐渐增大，质量弥散的影响逐渐增大，并逐渐占主导地位。

当贝克来数 $Pe_m > 200$ 左右时，孔隙率越大，总的纵向扩散系数也越大。随着流动速度逐渐增大，质量弥散占据主要地位，多孔介质内逐渐呈现湍流流动。当孔隙率 0.72 的多孔介质内呈现低雷诺数湍流流动时，更大孔隙率的多孔介质内已呈现高雷诺数湍流流动，故湍流扩散作用更加强烈。因而孔隙率越大纵向有效扩散系数也越大。

　　从图中还可以看出，孔隙率保持不变时，入口平面甲烷质量分数对总的纵向扩散系数的影响。从图 4-9 中还可以看出，当贝克来数 Pe_m ＜1 时，基于三种初始浓度得出的总的纵向扩散系数非常相近。其原因与上述相同。当贝克来数 1＜Pe_m＜10 时，随着贝克来数的逐渐增大，总的纵向扩散系数也随着增大；入口平面质量分数越大，总的纵向扩散系数也越大。当贝克来数 10＜Pe_m＜200 时，总的纵向扩散系数随贝克来数的变化趋势没有变化，但出现一些波动。这是由于随着流动速度的逐渐增大，质量弥散的影响逐渐增大，并逐渐占据主要地位。当贝克来数 Pe_m＞200 时，随着入口平面甲烷质量分数的增大，总的纵向扩散系数减小。

　　从图 4-9 中可以看出，湍流流动时湍流扩散与湍流弥散系数这两个分量之和在总的纵向扩散系数中所占的比重很小（相差两个量级），而且随着贝克来数 Pe_m 增大，所占的比重更加减小。这充分说明，在大贝克来数或大雷诺数下，多孔介质中的时均流的弥散在总的质量扩散中占据绝对主导地位。从图中还可以看出，随着多孔介质孔隙率的增大，湍流扩散与湍流弥散系数这两个分量也增大。

　　前面所述多孔介质内流体速度逐渐增大时，质量弥散逐渐增大。Bhattacharya 等[39]指出，在湍流极限情况时，弥散变成"纯质量弥散"，在球体颗粒床多孔介质内 $Pe_{XX}(\infty) \approx 2$，并且基于实验数据总结出如下方程：

$$\frac{1}{Pe_{XX}} = \frac{1}{\tau}\frac{1}{Pe_m} + \frac{1}{2} \tag{4-61}$$

式中，纵向贝克来数定义为 $Pe_{XX} = \dfrac{ud}{D_{XX}}$，$Pe_m$ 的定义同方程（4-60）。Carvalho 等[20]指出对大多数气体（$Sc \approx 1$）流动，可以用方程（4-61）很好地预测总的纵向扩散系数。图 4-10 为基于不同孔隙率和甲烷入口质量分数计算的纵向贝克来数与 Pe_m 之

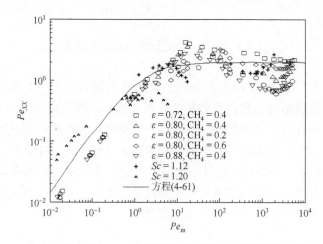

图 4-10　纵向贝克来数与 Pe_m 之间的关系（图中实验数据转自文献[23]）

间的关系。从图中可以看出当贝克来数 Pe_m ＜ 6 时，基于上述条件计算得到的纵向贝克来数稍小于基于方程（4-61）的计算值。当贝克来数 6 ＜ Pe_m ＜ 20 时，计算得到的纵向贝克来数都大于基于方程（4-61）的计算值，且其差值随贝克来数 Pe_m 的增大而增大。当贝克来数 20 ＜ Pe_m ＜ 100 时，基于上述条件计算得到的纵向贝克来数都大于基于方程（4-61）的计算值，随贝克来数 Pe_m 的增大而逐渐减小。从图中还可以看出，随 Pe_m 逐渐增大，纵向贝克来数先减小而后增大，并逐渐趋近于 2。

4. 横向弥散系数

研究表明，当雷诺数大于 10 时，纵向有效扩散系数通常是横向有效扩散系数的 5 倍左右[40]。当雷诺数小于 1 时，两个弥散系数近似相等并趋近于分子扩散系数。现将横向质量弥散无量纲化，与无量纲参数贝克来数进行比较和分析。图 4-11 所示为无量纲横向总扩散系数与贝克来数之间的关系。其中，多孔介质孔隙率分别为 0.72、0.8 和 0.88，$D_{disp-YY}$ 表示横向质量弥散系数。从图中可注意到，与纵向质量弥散相类似，无量纲横向质量弥散系数与贝克来数之间基本上也保持线性关系，但比例系数仅为大约 0.1。这意味着横向质量弥散系数要比纵向质量弥散系数小一个量级，即比贝克来数也小一个量级。因此，可以认为：当贝克来数 Pe_m ＜ 1 时，无量纲横向质量弥散系数约小于 0.1，即此时横向弥散的影响可忽略不计；当贝克来数 Pe_m 为 10 的量级时，横向质量弥散系数与分子扩散系数同阶；而当贝克来数 Pe_m ＞ 100 时，横向质量弥散系数在数量级上开始超过分子扩散，而且其影响随着贝克来数的增大急剧增大，从而在总的质量扩散中占据绝对主导地位，故此时分子扩散效应可忽略不计。

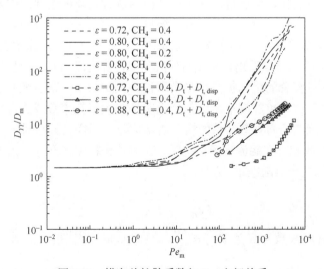

图 4-11　横向总扩散系数与 Pe_m 之间关系

　　同时可以看出，当贝克来数 $Pe_m<10$ 时，基于三种模型计算得出的横向质量弥散非常相近。当贝克来数 $10<Pe_m<200$ 时，基于三个孔隙率计算得出的横向质量弥散也非常相近，但出现一些波动。当贝克来数 $Pe_m>200$ 时，基于孔隙率0.72和0.8计算得出的横向质量弥散比较相近，而基于孔隙率0.88计算得出的横向质量弥散稍小于上述两种模型的计算值。其原因是，随着流动速度的逐渐增大，直径较小的圆柱对流动的横向扰动减小。

　　图4-11为无量纲横向总扩散系数与贝克来数之间的关系。其中，总的横向扩散系数在层流流动时包含横向质量弥散和有效分子扩散，而在湍流流动时包含横向平均流质量弥散、有效分子扩散、湍流扩散和湍流质量弥散。从图中可以看出，当贝克来数 $Pe_m<5$ 时，三种孔隙率得出的横向有效扩散系数非常相近。其原因有二：①数值试验是在常温条件下研究甲烷在充满空气的多孔介质内弥散，因而分子扩散系数受孔隙率影响很小；②当贝克来数较小时，纵向有效扩散中分子扩散起主要作用。

　　当贝克来数 $5<Pe_m<10$ 时，随着贝克来数的逐渐增大，总的横向扩散系数也随着增大；孔隙率越大总的横向扩散系数也越大。当贝克来数 $10<Pe_m<200$ 时，总的横向扩散系数随贝克来数的变化趋势没有变化，但出现一些波动。其原因是，随着流动速度的逐渐增大，质量弥散的影响逐渐增大，并占据主要地位。当贝克来数 $Pe_m>200$ 时，基于孔隙率0.88计算得出的总的横向质量弥散系数小于较小孔隙率的计算值。

　　当贝克来数 $5<Pe_m<10$ 时，随着贝克来数的逐渐增大，总的横向扩散系数也随着增大。当贝克来数 $10<Pe_m<200$ 时，总的横向扩散系数随贝克来数的变化趋势没有发生变化，但出现一些波动。出现这种现象的主要原因是，随着流动速度的逐渐增大，质量弥散的影响逐渐增大，并占据主要地位。当贝克来数 $Pe_m>200$ 时，随着入口平面质量分数的增大，总的横向扩散系数也随之增大。

　　从图4-11中还可以看出，与纵向扩散类似，湍流流动时湍流扩散与湍流弥散系数这两个分量在总的横向扩散系数中所占的比重很小，而且随着贝克来数 Pe_m 的增大，所占的比重更加减小。这充分说明，在大贝克来数或大雷诺数下，多孔介质中的时均流的横向弥散在总的横向质量扩散中同样占据绝对主导地位。

　　Gunn[17, 18]指出，在湍流极限情况时，在球体颗粒床多孔介质内 $Pe_{YY}(\infty)\approx12$，并且基于实验数据总结出如下方程：

$$\frac{1}{Pe_{YY}}=\frac{1}{\tau}\frac{1}{Pe_m}+\frac{1}{12} \tag{4-62}$$

式中，横向贝克来数定义为 $Pe_{YY}=\dfrac{ud}{D_{YY}}$。Delgado 等[23]指出，对于大多数气体（$Sc\approx1$）流动，方程（4-62）可以很好地预测总横向弥散系数。图4-12所示为基于不同孔隙率和甲烷入口质量分数计算得出的横向贝克来数与 Pe_m 之间的关系。其中 $CH_4 = 0.2$、$CH_4 = 0.4$ 和 $CH_4 = 0.6$ 分别表示入口平面甲烷质量分数为 0.2、0.4 和 0.6。从图中可以看出，当贝克来数 $Pe_m < 20$ 时，基于上述条件计算得到的横向贝克来数稍小于基于方程（4-62）的计算值。当贝克来数 $20 < Pe_m < 100$ 时，基于上述条件计算得到的大部分工况的横向贝克来数都大于基于方程（4-62）的计算值，且随贝克来数 Pe_m 的增大而增大。从图中还可以看出，当贝克来数 $Pe_m > 500$ 后，各种工况的横向贝克来数都趋于方程（4-62）的计算值，并逐渐趋近于常数 12。

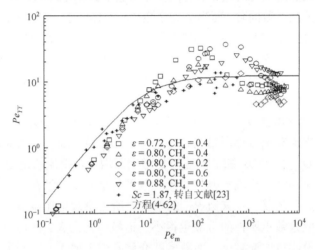

图 4-12　横向贝克来数与 Pe_m 之间的关系

4.2.6　小结

本节将多孔介质结构简化为由圆柱固体单元组成的空间周期阵列，利用微观流场的计算结果和体积平均方法，求出了甲烷在充满空气多孔介质内的纵横向质量弥散系数，以及总的纵横向扩散系数。将计算结果与相关文献的研究结果和提出的公式进行了比较和分析，得出以下几个结论。

（1）大孔隙率多孔介质内的组分和质量传递是一个十分复杂的过程，它包含几种不同的效应，即分子扩散（分子运动引起）、湍流扩散（湍流涡团脉动运动引起）以及平均流和湍流的弥散（由多孔介质复杂孔隙结构引起）。相应地，大孔隙率多孔介质内总的质量扩散系数张量也由这几部分组成。

（2）无量纲纵向质量弥散与贝克来数之间基本保持线性关系，而且当贝克来数 $Pe_m > 10$ 时，比例系数近似为 1；而当 $Pe_m < 1$ 时，比例系数近似为 0.2。因此，可以认为：当贝克来数 $Pe_m < 0.5$ 时，无量纲纵向质量弥散小于 0.1，即此时纵向

弥散的影响可忽略不计；当贝克来数 Pe_m 为 1 的量级时，纵向质量弥散系数与贝克来数同阶；而当贝克来数 $Pe_\mathrm{m}>10$ 时，纵向质量弥散系数在数量级上开始超过分子扩散，而且其影响随着贝克来数的增大急剧增大，从而在总的质量扩散中占据绝对主导地位，故此时分子扩散效应可忽略不计。

（3）横向质量弥散系数比纵向质量弥散系数约小一个量级，即比贝克来数也小一个量级。无量纲横向质量弥散与贝克来数之间基本上也保持线性关系，但比例系数仅为大约 0.1。当贝克来数 $Pe_\mathrm{m}<1$ 时，无量纲横向质量弥散系数约小于 0.1，即此时横向弥散的影响可忽略不计；当贝克来数 Pe_m 为 10 的量级时，横向质量弥散系数与分子扩散系数同阶；而当贝克来数 $Pe_\mathrm{m}>100$ 时，横向质量弥散系数在数量级上开始超过分子扩散，而且其影响随着贝克来数的增大急剧增大，从而在总的有效扩散率中占据绝对主导地位，故此时分子扩散效应可忽略不计。

（4）纵向质量弥散 $D_{\mathrm{disp}-XX}$ 和总的纵向扩散系数 D_{XX} 受多孔介质孔隙率的影响较小，受流动速度的影响较大。

（5）横向质量弥散 $D_{\mathrm{disp}-YY}$ 和总的横向质量扩散系数 D_{YY} 受多孔介质孔隙率影响稍大一些，当流动速度逐渐增大，$D_{\mathrm{disp}-YY}$ 和 D_{YY} 随孔隙率的增大而减小；而孔隙率不变时，$D_{\mathrm{disp}-YY}$ 和 D_{YY} 随流动速度的增大而增大，受流动速度影响较大。

（6）湍流流动时，湍流扩散与湍流弥散系数这两个分量在总的扩散系数中所占的比重很小，且随着贝克来数 Pe_m 的增大，所占份额更加减小。而这两个分量在总的横向扩散系数中所占的份额也很小，但较纵向为大。随着贝克来数 Pe_m 增大，其所占的份额也逐渐减小。随着多孔介质孔隙率增大，这两个分量也增大。可见，在大贝克来数或大雷诺数下，多孔介质中的时均流的弥散在总的质量扩散中占据绝对主导地位。

（7）当贝克来数 Pe_m 逐渐增大时，纵向贝克来数 Pe_{XX} 趋向于 2，而横向贝克来数 Pe_{YY} 趋向于 12，符合相关文献的结论。

4.3　大孔隙率多孔介质内热弥散特性

颗粒堆积床内的热弥散问题，前人已经开展了大量研究[40-43]。然而，对于大孔隙率泡沫类多孔介质内的热弥散特性的研究却相对较少。按照有无热源，热弥散问题可分为两类：①气（液）、固两相表面及体内均无热源。这类问题理论比较成熟，求解的方法可分为两种，即直接求解温度场[44,45]和间接求解温度场[46,47]。二者本质上相同，但后者是将温度场的求解问题转化为求解边界值问题。②气（液）相或固相表面或体内存在热源。例如，固相壁面上的辐射换热，固体基质表面的化学反应放热或气（液）相中的体积化学反应放热等等。这类问题的理论还有待进一步完善。

本节基于局部热平衡假设，采用间接求解温度场的方法对 Weaire-Phelan 几何模型内无化学反应放热的热弥散现象进行研究[48]。

4.3.1 热弥散边值问题求解法的基本理论

为了使问题简化，我们考虑关于远离系统边界无内热源的热弥散问题，这样可以采用热平衡模型，能量方程仅有一个，而且其中不含源项。这类问题的求解一般有两种方法：一种是直接法，即直接在孔隙尺度下求解速度场和温度场，通过计算二者速度和温度分布的空间偏差直接计算热弥散系数；另一种是间接法，即回避直接求解速度场和温度场，而利用格林函数和一阶标量梯度扩散假设，将孔隙内点态的温度空间偏差场与宏观（系统）尺度下的本征平均温度的梯度联系起来，通过映射矢量函数将全域内场的求解问题简化为表征体元内微分方程的边界值问题。与前者相比，后者的计算量要小得多。本节采用间接求解法求解这类弥散问题。

关于热平衡条件下的能量方程，前面已经做了详尽的推导，在此仅对相关文献中的求解思路进行简要的概述。

对于局部气（液）、固两相能量方程：

$$\frac{\partial T_{\mathrm{f}}}{\partial t} + \frac{\partial}{\partial x_j}(u_j T_{\mathrm{f}}) = \frac{\partial}{\partial x_j}\left(\alpha_{\mathrm{f}} \frac{\partial T_{\mathrm{f}}}{\partial x_j}\right) \tag{4-63}$$

$$\frac{\partial T_{\mathrm{s}}}{\partial t} = \frac{\partial}{\partial x_j}\left(\alpha_{\mathrm{s}} \frac{\partial T_{\mathrm{s}}}{\partial x_j}\right) \tag{4-64}$$

在两相界面上满足边界条件：

$$n_j \lambda_{\mathrm{f}} \frac{\partial T_{\mathrm{f}}}{\partial x_{\mathrm{f}}} = n_j \lambda_{\mathrm{s}} \frac{\partial T_{\mathrm{s}}}{\partial x_j}, \quad T_{\mathrm{s}} = T_{\mathrm{f}} \tag{4-65}$$

式中，n_j 表示气（液）、固两相交界面上单位法矢量。经体积平均处理后，应用热平衡假设可得下

$$\left(\varepsilon(\rho c_p)_{\mathrm{f}} + (1-\varepsilon)(\rho c_p)_{\mathrm{s}}\right)\frac{\partial \langle T \rangle^i}{\partial t} + (\rho c_p)_{\mathrm{f}} u_{\mathrm{D},j} \frac{\partial \langle T \rangle^i}{\partial x_j}$$

$$= \frac{\partial}{\partial x_j}\left((\varepsilon\lambda_{\mathrm{f}} + (1-\varepsilon)\lambda_{\mathrm{s}})\frac{\partial \langle T_{\mathrm{f}} \rangle^i}{\partial x_j} + \frac{\lambda_{\mathrm{f}} - \lambda_{\mathrm{s}}}{V}\int_{A_{\mathrm{fs}}} n_j \tilde{T}_{\mathrm{f}}\,\mathrm{d}S\right) - \varepsilon\frac{\partial}{\partial x_j}\langle \tilde{u}_j \tilde{T}_{\mathrm{f}}\rangle^i \tag{4-66}$$

式中，积分限 A_{fs} 表示流固相界面；$\tilde{T}_{\mathrm{f}}$ 和 $\tilde{u}_j$ 分别表示温度和速度的空间偏差，即

$$\tilde{T}_{\mathrm{f}} = T_{\mathrm{f}} - \langle T_{\mathrm{f}} \rangle^i, \quad \tilde{u}_j = u_j - \langle u_j \rangle^i \tag{4-67}$$

式（4-66）右端最后一项为水力弥散项。式（4-66）和式（4-67）表明，温度空间偏差场由本征平均温度梯度所驱动。这里采用文献[49]中的点源方法，避开直接

求解 $\tilde{T}_f$ 的微分方程，而是利用格林函数，将其视为空间点源场的线性叠加。这可将复杂偏微分方程求解简化为边界值问题求解。借鉴 Valdés-Parada 等[50]在均质反应中组分质量弥散的研究方法，温度偏差的形式解写为

$$\tilde{T}_f = \left(\int_{y_0 \in V_f} G(y, y_0) \tilde{\boldsymbol{u}} \mathrm{d}V(y_0) \right) \cdot \nabla \langle T_f \rangle^f \tag{4-68}$$

式中，$G = G(y, y_0)$ 表示格林函数。为实施点源法，现引入变量：

$$\boldsymbol{b} = \int_{y_0 \in V_f} G(y, y_0) \tilde{\boldsymbol{u}} \mathrm{d}V(y_0) \tag{4-69}$$

式中，矢量 $\boldsymbol{b}$ 即 b_i，为空间位置矢量函数，表示将某一物理量的本征平均梯度场映射到单元内点态空间偏差场的坐标映射矢量。于是，温度空间偏差 $\tilde{T}_f$ 与本征平均温度梯度通过 b_i 联系起来，具有一阶梯度扩散的形式：

$$\tilde{T}_f = b_{f,j} \frac{\partial \langle T_f \rangle^i}{\partial x_j}, \quad \tilde{T}_s = b_{s,j} \frac{\partial \langle T_s \rangle^i}{\partial x_j} \tag{4-70}$$

将式（4-68）代入式（4-66），得

$$(\varepsilon(\rho c_p)_f + (1-\varepsilon)(\rho c_p)_s) \frac{\partial \langle T \rangle^i}{\partial t} + (\rho c_p)_f u_{D,j} \frac{\partial \langle T \rangle^i}{\partial x_j} = (\rho c_p)_f \frac{\partial}{\partial x_j} \left(D_{ij} \frac{\partial \langle T \rangle^i}{\partial x_i} \right) \tag{4-71}$$

式中，D_{ij} 表示总热扩散张量，根据相关理论 D_{ij} 可以表示为

$$D_{ij} = \frac{k_{\text{eff},ij}}{(\rho c_p)_f} + \varepsilon D_{ij}^d \tag{4-72}$$

其中，$k_{\text{eff},ij}$ 和 D_{ij}^d 分别表示有效导热张量和热弥散张量，二者表达式如下：

$$k_{\text{eff},ij} = (\varepsilon \lambda_f + (1-\varepsilon)\lambda_s)\delta_{ij} + \frac{\lambda_f - \lambda_s}{V} \int_{A_{fs}} n_j \tilde{T}_f \mathrm{d}S \tag{4-73}$$

这里仅给出温度空间偏差 $\tilde{T}_f$ 形式解的表达式：

$$\tilde{T}_f = \boldsymbol{b} \cdot \nabla \langle T_f \rangle^f + \frac{\Delta h_c}{c_{p,f}} \boldsymbol{c} \cdot \nabla \langle Y_i \rangle^f + \varphi(T_w - \langle T_f \rangle^f) \tag{4-74}$$

为了完全封闭该问题，还必须施加一定的边界条件。为了减小计算量，这里采用周期性边界条件，即在表征体元边界 A_{fe} 上强制性要求 $\tilde{T}_f$ 满足

$$\tilde{T}_f(x) = \tilde{T}_f(x + \Delta x) \tag{4-75}$$

在表征体元计算域 Ω 内满足

$$\langle \tilde{T}_f \rangle^f = 0 \tag{4-76}$$

$$D_{ij}^d = -\frac{1}{V_f} \int_{V_f} \tilde{u}_i b_{f,j} \mathrm{d}V \tag{4-77}$$

经上述处理后，原始的温度空间偏差场的求解问题转化为求解以 $\boldsymbol{b}$ 场为参数

的边界值问题。根据 Sahraoui 等[46]的建议，该项可由下面的方程在给定计算域内求解确定。

$$\tilde{u}_i + u_j \frac{\partial b_{\mathrm{f},i}}{\partial x_j} = \frac{\partial}{\partial x_j}\left(\alpha_{\mathrm{f}} \frac{\partial b_{\mathrm{f},i}}{\partial x_j}\right) \tag{4-78}$$

$$\frac{\partial}{\partial x_j}\left(\frac{\partial b_{\mathrm{s},i}}{\partial x_j}\right) = 0 \tag{4-79}$$

式（4-78）和式（4-79）在边界上需满足边界条件：

$$\lambda_{\mathrm{f}} n_j \frac{\partial b_{\mathrm{f},i}}{\partial x_j} = \lambda_{\mathrm{s}} n_j \frac{\partial b_{\mathrm{s},i}}{\partial x_j} + n_i(\lambda_{\mathrm{f}} - \lambda_{\mathrm{s}}) \tag{4-80}$$

$$b_{\mathrm{f},i} = b_{\mathrm{s},i} \tag{4-81}$$

若 b_i 的场已知，则可求得有效导热张量 $k_{\mathrm{eff},ij}$ 和热弥散张量 D_{ij}^d。对于均质多孔介质热弥散张量的纵向和横向分量的表达式为

$$D_{\parallel}^d = \left(\frac{u_{\mathrm{D},i}}{u_{\mathrm{D}}}\right)D_{ij}\left(\frac{u_{\mathrm{D},i}}{u_{\mathrm{D}}}\right) \tag{4-82}$$

$$D_{\perp}^d = n_j D_{ij} n_i \tag{4-83}$$

式中，n_j 表示垂直于纵向的单位矢量。

为了求解速度的空间偏差场和矢量场 $\boldsymbol{b}$，需要先在表征体元 REV 内求解孔尺度下的速度场。为了减小计算量，我们采用周期性边界条件仅计算一个单元，相关的边界条件见文献[51]，这里不再赘述。

4.3.2　几何模型及求解

本节采用第 9 章介绍的表面演化动力学软件 Surface Evolver 的基本思想构建几何模型。不同的是，骨架节点间采用三棱柱拓扑结构进行演化。经比较发现，三棱柱拓扑结构演化得到的泡沫材料与泡沫金属的几何结构比较接近[48]。

数值求解过程简述如下：将 Surface Evolver 软件生成的几何模型导入商业软件 ICEM 进行拓扑修复。然后采用 Tetra/Mixed 非结构性网格（图 4-13）对气（液）、固两相计算域进行空间离散。为了满足平移周期性边界条件的要求，x 方向的两个端面采用完全一致的网格。本章采用 SIMPLE 算法求解稳态的能量方程。

实际泡沫多孔介质的几何结构与孔隙率和孔密度密切相关，因此为了使计算的结果更具说服力，在计算热弥散系数之前，我们先计算了基质骨架的滞止有效导热率，再根据计算的结果对几何模型的参数做适当地筛选。为了对比分析，本节共选取 11 组参数，见表 4-1。计算中分别以水和空气为工质，固体基质的物性参数以泡沫铝 T-6201 为准，见文献[52]。

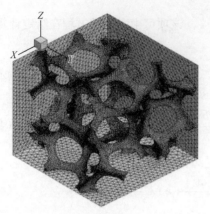

(a) 骨架表面网格分布

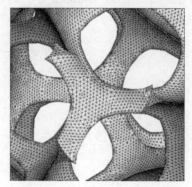

(b) 网格放大图

图 4-13　空间离散示意图

表 4-1　几何结构参数

No.	孔隙率	ppi
1	0.971	5
2	0.946	5
3	0.905	5
4	0.949	10
5	0.909	10
6	0.978	20
7	0.949	20
9	0.972	40
10	0.952	40
11	0.937	40

　　计算结果显示，滞止导热系数预测值与实验数据在趋势上一致。当孔隙率大于 0.94 时，本节的数值模拟结果与实验测量值定量吻合。然而，随着孔隙率减小，预测值与实验数据之间的偏差越来越大。当孔隙率接近 0.9 时，二者之间的相对误差接近 25%。无论空气还是水，对滞止导热系数的预测都存在显著偏差。值得注意的是，本书的数值结果与 Krishnan 等[53]的计算结果在趋势上和定量上皆相吻合。这也说明理想的 Kelvin 模型和 Weaire-Phelan 模型一样，在表征实际泡沫多孔介质时存在自身缺陷。

　　Krishnan 等[53]通过实验观察发现，与大孔隙率相比，小孔隙率多孔介质单元间窗口封闭性更强。这是因为重力作用所导致的液态熔浆在凝固过程中形成的薄膜堵塞了单元间的窗口。虽然窗口封闭对整块泡沫多孔介质的孔隙率影响不是很大（薄膜体积所占的比重很小），但薄膜的出现改变了热流在骨架中的传递模式。

随着孔隙率的减小，理想模型与实际材料之间的热流密度差异越来越明显。因此，本节仅优选了两组具有代表性的大孔隙率的几何模型参数，即 No.1 和 No.10，作为热弥散计算的依据，以减少结构差异导致的结论不确定性。

4.3.3　结果与讨论

结构参数 No.1 和 No.10 的孔隙率分别为 0.971 和 0.952，相差不到 2%，由 2.3 节分析可知，相比于孔径，孔隙率的作用可以忽略不计。本节分别从孔径、达西速度和气（液）、固两相热扩散系数比三个方面分析各因素对热弥散系数的影响。各小节中 Péclet 数的定义如下：

$$Pe_h = \frac{u_D D_H}{\alpha_f} \tag{4-84}$$

式中，D_H 表示水力直径；α_f 表示气（液）相的热扩散系数。

1. 纵向热弥散系数影响因素分析

图 4-14 给出了纵向热弥散系数的计算结果。从图 4-14（a）和（b）中可以看出，相同工质，孔径越小，纵向热弥散越强；不同工质，纵向热弥散的强弱与孔径的大小相关，见图 4-14（c）和（d）。具体表现为：对于大孔径（No.1），当 Péclet 数较小时，流体的热扩散系数对纵向热弥散的影响很小。随着 Péclet 数的增大，流动由层流过渡到湍流，水的热弥散效应逐渐强于空气的热弥散效应。与大孔径相比，小孔径（No.10）内热弥散效应更依赖于流体自身的物性参数。

其原因在于，热弥散系数大小主要由速度场和温度场的空间均匀性决定。Péclet 数一定，对于相同工质，若孔径越小、达西速度越大，则流场的空间均匀性越差，纵向热弥散越强；对于相同孔径，但不同工质，纵向热弥散的强弱还与温度场的空间偏差有关。水的热扩散系数远小于空气，故其自身的热平衡能力远

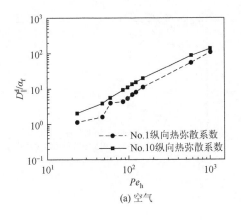

(a) 空气

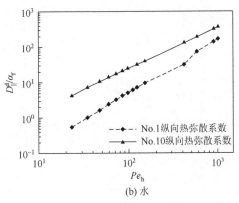

(b) 水

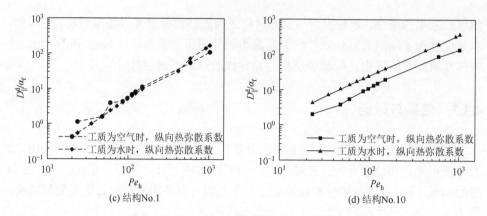

(c) 结构No.1　　　　　　　　　　　(d) 结构No.10

图 4-14　纵向热弥散系数随 Péclet 数的变化

不如空气。同时，由于水的热扩散系数约为空气的 1/150，那么相同 Péclet 数下，空气的表观流速约是水的 150 倍。较大的流速意味着较强的气固两相间的对流换热。氧化铝泡沫作为一种优良的导热载体，在较强的对流作用下，必将减小孔隙内温度场的空间偏差。因此，比较水和空气的热弥散效应，不难理解，空气的热弥散效应必小于水。特别是对小孔径来说，相同 Péclet 数时，孔隙内速度场的空间偏差贡献更大，因此水比空气的热弥散效应更明显。

2. 横向热弥散系数影响因素分析

图 4-15 给出了横向热弥散系数的计算结果。由图 4-15（a）和（b）可以看出，当 Péclet 数一定，对相同工质，孔径越小，横向热弥散越强。对不同工质，孔径对横向热弥散的影响略有区别，见图 4-15（c）和（d）。对于大孔径（No.1），当 Péclet 数较小时，流体热扩散系数对横向热弥散影响很小；然而，对于小孔径（No.10），流体的热扩散对横向热弥散影响却比较明显。流动由层流过渡到湍流后，无论大孔径（No.1）还是小孔径（No.10），空气的横向热弥散强于水。

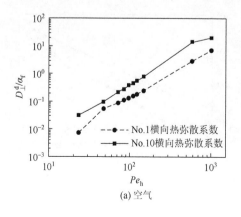

(a) 空气

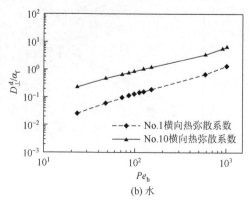

(b) 水

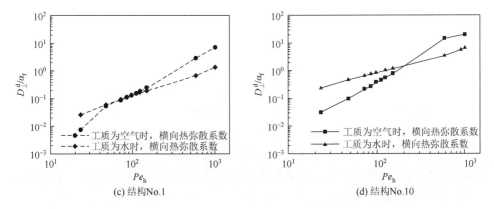

(c) 结构No.1　　　　　　　　(d) 结构No.10

图 4-15　横向热弥散系数随 Péclet 数的变化

产生上述现象的原因在于：对于相同的工质，影响速度场均匀性的关键因素是孔径，孔径越小，达西速度越大，速度横向分量的空间偏差越大，横向热弥散越强。当 Péclet 数较小时，同一孔径下，虽然工质不同，但横向速度的空间偏差较小，热弥散主要取决于温度场的均匀性。与水相比，空气的热平衡能力更强，其温度场的空间分布相对更均匀，因此其横向热弥散略逊于水。随着 Péclet 数的增大，流动由层流过渡到低速湍流，此时，横向速度的空间偏差已非常明显，热弥散主要取决于速度场的均匀性。对于相同孔径，与水相比，空气的热扩散系数 α_f 的值较大，对应的达西速度也越大，速度横向分量的空间偏差越大，故空气的横向热弥散逐渐强于水。对于相同 Péclet 数不同孔径，不同工质间的横向热弥散系数的差值也略有不同。与大孔径相比，小孔径中空气和水横向热弥散差异更为明显。对比横向和纵向热弥散不难发现，纵向热弥散远强于横向，这与质量弥散是相同的。

3. 纵向热弥散系数经验关联式

根据以上分析，借助数值拟合得到大孔隙率下热弥散系数的经验关联式。考虑到多孔介质燃烧器内气流速度一般较低，这里仅对图 4-14 和图 4-15 中层流的纵向和横向热弥散系数的模拟值进行分析和拟合。

对每一种工质和孔径进行数据拟合，得到以下关联式。

No.1-空气：

$$D_\parallel^\mathrm{d} / \alpha_\mathrm{f} = 3.268\times10^{-4} Pe_\mathrm{h}^2 + 2.261\times10^{-2} Pe_\mathrm{h} + 0.2289 \tag{4-85}$$

No.10-空气：

$$D_\parallel^\mathrm{d} / \alpha_\mathrm{f} = 3.347\times10^{-4} Pe_\mathrm{h}^2 + 8.756\times10^{-2} Pe_\mathrm{h} - 0.7465 \tag{4-86}$$

No.1-水：

$$D_{\parallel}^{\mathrm{d}} / \alpha_{\mathrm{f}} = 1.232 \times 10^{-4} Pe_{\mathrm{h}}^{2} + 4.546 \times 10^{-2} Pe_{\mathrm{h}} - 0.7664 \qquad (4\text{-}87)$$

No.10-水：

$$D_{\parallel}^{\mathrm{d}} / \alpha_{\mathrm{f}} = 8.285 \times 10^{-5} Pe_{\mathrm{h}}^{2} + 0.2867 Pe_{\mathrm{h}} - 3.72 \qquad (4\text{-}88)$$

不难发现，虽然工质和孔径均不相同，但是与 Péclet 数之间皆呈二次函数关系，这与前人的结论一致。根据弥散系数实际物理意义，式（4-85）～式（4-88）中等号右端常数项必为零。因为当多孔介质内无流动时，自然不存在弥散现象。从二次项的系数来看，该项主要是由工质本身的导热特性决定的，而对水力学因素的依赖较弱。相反，一次项的系数不仅与工质本身的导热特性有关，而且与水力学因素紧密联系。基于这样的考虑，将式（4-85）～式（4-88）统一表示为

$$D_{\parallel}^{\mathrm{d}} / \alpha_{\mathrm{f}} = P_{1}^{*} Pe_{\mathrm{h}}^{2} + P_{2}^{*} Pe_{\mathrm{h}} \qquad (4\text{-}89)$$

式中，$P_{1}^{*} = P_{1}^{*}(\alpha_{\mathrm{f}} / \alpha_{\mathrm{s}})$；$P_{2}^{*} = P_{2}^{*}(\alpha_{\mathrm{f}} / \alpha_{\mathrm{s}}, \sqrt{K} / D_{\mathrm{H}})$。其中，$K$ 表示渗透率。通过分析函数的单调性，利用 MATLAB 拟合工具，最终得到 P_{1}^{*} 和 P_{2}^{*} 的表达式为

$$P_{1}^{*} = 4.57 \times 10^{-5} \ln(\alpha_{\mathrm{f}} / \alpha_{\mathrm{s}}) + 3.942 \times 10^{-4} \qquad (4\text{-}90)$$

$$P_{2}^{*} = (191.37 \sqrt{K} / D_{\mathrm{H}} - 14.41)^{0.75} [-0.0223 \ln(\alpha_{\mathrm{f}} / \alpha_{\mathrm{s}}) + 0.0242]^{0.01} \qquad (4\text{-}91)$$

拟合后的曲线如图 4-16 所示，散点值与拟合后的曲线吻合较好，进一步证实上述分析是正确的。

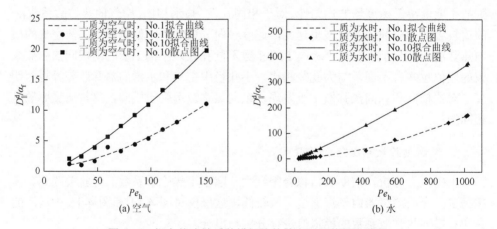

图 4-16　纵向热弥散系数模拟值的散点图及其拟合曲线

4. 横向热弥散系数经验关联式

图 4-17 显示，对于空气，随着 Péclet 数的增大，横向热弥散增强。在层流范围内，横向热弥散系数略低于自身的热扩散系数。当流动机制接近湍流时，横向热弥散系数与热扩散系数相当。对于水，随着 Péclet 数的增大，横向热弥散系数逐渐大于自身的热扩散系数。接近湍流时，小孔径多孔介质内水的横向热弥散系

数约是自身热扩散系数的 10 倍。按前述方法对每一种工质和孔径进行数据拟合，得到以下关联式。

No.1-空气：

$$D_\perp^d / \alpha_f = 1.1782 \times 10^{-3} Pe_h - 0.039 \tag{4-92}$$

No.10-空气：

$$D_\perp^d / \alpha_f = 5.993 \times 10^{-3} Pe_h - 0.1838 \tag{4-93}$$

No.1-水：

$$D_\perp^d / \alpha_f = 1.255 \times 10^{-3} Pe_h - 0.01805 \tag{4-94}$$

No.10-水：

$$D_\perp^d / \alpha_f = 6.112 \times 10^{-3} Pe_h - 0.1732 \tag{4-95}$$

由式（4-92）～式（4-95）中一次项的系数，不难看出，同一孔径下该值相差较小，一次项的系数主要取决于水力因素。综合分析结果所得经验关联式如下：

$$D_\perp^d / \alpha_f = (6.0712\sqrt{K} / D_H - 0.4571)Pe_h \tag{4-96}$$

拟合后的曲线如图 4-17 所示。水的横向热弥散系数的拟合曲线与模拟的散点值吻合较好，但空气的拟合曲线与模拟的散点值吻合略差。

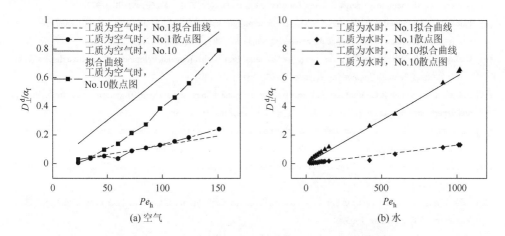

(a) 空气　　　　　　　　　　　　(b) 水

图 4-17　横向热弥散系数模拟值的散点图及其拟合曲线

本节的主要研究结论总结如下。

（1）理想的 Weaire-Phelan 模型可以准确预测孔隙率大于 0.94 的泡沫多孔介质的滞止导热系数。然而，对孔隙率小于 0.94 的泡沫多孔介质，因单元间"窗口"封闭严重，预测的滞止导热系数明显偏离实验值。

（2）热弥散的强弱与孔径和流体自身的热扩散系数密切相关：保持 Péclet 数一定，对于相同工质，孔径越小，热弥散越强；对于不同工质，热弥散的强弱不仅取决于自身的传热特性，还与孔径的大小相关。具体来说，对于大孔径，当 Péclet 数较小时，流体本身的热扩散系数对热弥散的影响较小；与大孔径相比，小孔径内热弥散更依赖于自身传热特性的变化。

（3）根据函数特性对模拟数据进行拟合后获得的经验关联式表明：低速流动时，纵向热弥散系数与自身热扩散系数的比与 Péclet 数呈平方关系；而横向热弥散系数与自身热扩散系数的比与 Péclet 数呈线性关系。

参 考 文 献

[1] Taylor G I. Dispersion of soluble matter in solvent flowing slowly through a tube. Proceedings of the Royal Society of London A: Mathematical, Physical and Engineering Sciences, 1953, 219: 186-203.

[2] Aris R. On the dispersion of a solute in a fluid flowing through a tube. Proceedings of the Royal Society of London A: Mathematical, Physical and Engineering Sciences, 1956, 235: 67-77.

[3] Brenner H. Dispersion resulting from flow through spatially periodic porous media. Philosophical Transactions of the Royal Society of London A: Mathematical, Physical and Engineering Sciences, 1980, 297: 81-133.

[4] Gray W G. A derivation of the equations for multiphase transport. Chemical Engineering Science, 1985, 30: 229-233.

[5] Bear J. Dynamics of Fluids in Porous Media. New York: Dover Publications, 1972: 6-149.

[6] Whitaker S. Diffusion and dispersion in porous media. AIChE Journal, 1967, 13: 420-432.

[7] Slattery J C. Momentum, Energy and non Transfer in Continua. New York: McGraw-Hill, 1972.

[8] Paine M A, Carbonell R G, Whitaker S. Dispersion in pulsed systems Part 1. Heterogeneous reaction and reversible adsorption in capillary tubes. Chemical Engineering Science, 1983, 38: 1781-1793.

[9] Carbonell R G, Whitaker S. Dispersion in pulsed systems. Part II -theoretical developments for passive dispersion in porous media. Chemical Engineering Science, 1983, 38: 1795-1801.

[10] Eidsath A, Carbonell R G, Whitaker S, Herrmann L R. Dispersion in pulsed systems-III comparison between theory and experiments for packed beds. Chemical Engineering Science, 1983, 38: 1803-1816.

[11] Schotting R J, Moser H, Hassanizadeh S M. High-concentration-gradient dispersion in porous media: Experiments, analysis and approximations. Advances in Water Resources, 1999, 22: 665-680.

[12] Fried J J, Comparnous M A. Dispersion in porous media, Advances in Hydroscience. New York: Academic Press, 1971: 169-282.

[13] Sahimi M. Flow and Transport in Porous Media and Fractured Rock: From Classical Methods to Modern Approaches. Weinheim: VCH Verlag, 1995.

[14] Brenner H, Adler P M. Dispersion resulting from flow through spatially periodic porous media II. Surface and intraparticle transport. Philosophical Transactions of the Royal Society of London Series A, 1982, 307 (1498): 149-200.

[15] Kuwahara F, Nakayama A. Numerical determination of thermal dispersion coefficients using a periodic structure. ASME (American Society of Mechanical Engineers) Journal of Heat Transfer, 1999, 121: 160-163.

[16] Pedras M H J, de Lemos M J S. Thermal dispersion in porous media as a function of the solid-fluid conductivity ratio. International Journal of Heat and Mass Transfer, 2008, 51: 5359-5367.

[17] Gunn D J, Pryce C. Theory of axial and radial dispersion in packed beds. Transactions of the American Institute of Chemical Engineers, 1969, 47: 351-359.

[18] Gunn D J，Pryce C. Dispersion in packed beds. Transactions of the American Institute of Chemical Engineers，1969，47：341-350.

[19] Tsotsas E，Schlunder E U. On axial dispersion in packed beds with fluid flow. Chem Eng Process，1988，24：15-31.

[20] Guedes de Carvalho J R F，Delgado J M P Q. The effect of fluid properties on dispersion in flow through packed. AIChE Journal，2003，49：1980-1985.

[21] Edwards M F，Richardson J F. Gas dispersion in packed beds. Chemical Engineering Science，1968，23：109-123.

[22] Wen C Y，Fan L T. Models for Systems and Chemical Reactors. New York：Marcel Dekker，1975.

[23] Delgado J M P Q. A critical review of dispersion in packed beds. Heat Mass Transfer，2006，42：279-310.

[24] Quintard M，and Whitaker S. Local thermal equilibrium for transient heat conduction：Theory and comparison with numerical experiments. International Journal of Heat and Mass Transfer，1995，38：2779-2796.

[25] Ozgumus T，Mobedi M，Ozkol U，et al. Thermal dispersion in porous media—A review on the experimental studies for packed beds. Applied Mechanics Reviews ASME，2013，65：031001，1-11.

[26] Hsu C T. Conduction in Porous Media，Handbook of Porous Media. Boca Raton：CRC Press，2000.

[27] Hsu C T，Cheng P. Thermal dispersion in a porous-medium. International Journal of Heat And Mass Transfer，1990，33：1587-1597.

[28] Olives R，Mauran S. A highly conductive porous medium for solid-gas reactions：Effect of the dispersed phase on the thermal tortuosity. Transport in Porous Media，2001，43：377-394.

[29] Levec J，Carbonell R G. Longitudinal and lateral thermal dispersion in packed-beds. 2. comparison between theory and experiment. AICHE Journal，1985，31：591-602.

[30] Levec J，Carbonell R G. Longitudinal and lateral thermal dispersion in packed-beds.1. Theory，AICHE Journal，1985，31：581-590.

[31] Kuwahara F，Nakayama A，Koyama H. A numerical study of thermal dispersion in porous media. ASME Journal of Heat Transfer，1996，118：765-761.

[32] Nakayama A，Kuwahara F. Kodama Y. An equation for thermal dispersion flux transport and its mathematical modelling for heat and fluid flow in a porous medium. Journal of Fluid Mechanics，2006，563：81-96.

[33] Nakayama A，Kuwahara F. Algebraic model for thermal dispersion heat flux within porous media. AICHE Journal，2005，51：2859-2864.

[34] Nakayama A，Kuwahara F，Yang C，et al. Exact solutions for a thermal nonequilibrium model of fluid saturated porous media based on an effective porosity. Journal of Heat Transfer-Transactions of The ASME，2011，133：112602.

[35] Hunt M L，Tien C L. Effects of thermal dispersion on forced convection in fibrous media. International Journal of Heat and Mass Transfer，1988，31：301-309.

[36] 东明. 大孔隙率多孔介质内湍流流动和质量弥散的数值研究. 大连：大连理工大学，2009.

[37] Dong M，Xie M. Numerical investigation on mass dispersion in turbulent flows through porous media with high porosity. Numerical Heat Transfer，Part A：Applications，2015，67：3，293-312.

[38] de Lemos M J S. Analysis of turbulent combustion in inert porous media . International Communications in Heat and Mass Transfer，2010，37：331-336.

[39] Bhattacharya A，Calmidi V，Mahajan R. Thermophysical properties of high porosity metal foams. International Journal of Heat and Mass Transfer，2002，45：1017-1031.

[40] Wilhelm R H. Progress towards the a priori design of chemical reactors. Pure and Applied Chemistry，1962，5：403-421.

[41] Gautam A，Saini R P.Experimental investigation of heat transfer and fluid flow behavior of packed bed solar thermal energy storage system having spheres as packing element with pores. Solar Energy，2020，204：530-541.

[42] Yang C，Thovert J F，Debenest G. Upscaling of mass and thermal transports in porous media with heterogeneous combustion reactions. International Journal of Heat and Mass Transfer，2015，84：862-875.

[43] Batycky R P，Brenner H. Thermal macrotransport processes in porous media. A review. Advances in Water Resources，1997，20：95-110.

[44] Kuwahara F，Nakayama A. Numerical determination of thermal dispersion coefficients using a periodic porous structure. Journal of Heat Transfer，1999，121：160-163.

[45] Pedras M H，de Lemos M J. Thermal dispersion in porous media as a function of the soliding a periductivity ratio. International Journal of Heat and Mass Transfer，2008，51：5359-5367.

[46] Sahraoui M，Kaviany M. Slip and no-slip temperature boundary conditions at the interface of porous，plain media: Convection. International Journal of Heat and Mass Transfer，1994，37：1029-1044.

[47] Quintard M，Kaviany M，Whitaker S. Two-medium treatment of heat transfer in porous media: Numerical results for effective properties. Advances in Water Resources，1997，20：77-94.

[48] 陈仲山. 多孔介质内热质弥散及湍流预混火焰特性双尺度研究. 大连：大连理工大学，2015.

[49] Quintard M，Whitaker S. Convection，dispersion，and interfacial transport of contaminants：Homogeneous porous media. Advances in Water Resources，1994，17：221-239.

[50] Valdés-Parada F，Aguilar-Madera C，Alvarez-Ramera C A. On diffusion，dispersion and reaction in porous media. Chemical Engineering Science，2011，66：2177-2190.

[51] 陈仲山，解茂昭，刘宏升，等. 大孔穴多孔介质内湍动特性研究. 工程热物理学报，2013，34（1）：189-193.

[52] Calmidi V，Mahajan R. The effective thermal conductivity of high porosity fibrous metal foams. Journal of Heat Transfer，1999，121：466-471.

[53] Krishnan S，Murthy J Y，Garimella S V. Direct simulation of transport in open-cell metal foam. Journal of Heat Transfer，2006，128：793-799.

第5章 多孔介质中气体燃料预混合燃烧

5.1 多孔介质燃烧分类

多孔介质中燃烧涉及的范围很宽,预混燃烧只是多孔介质中燃烧的一个分支。近几十年来,各国学者对多孔介质燃烧开展了大量的研究工作。为叙述上的方便,首先将多孔介质中燃烧进行简要分类。如前言所述,本书主要体现作者研究团队近几年所取得的成果和进展,因此内容并不追求全面,对于未涉足的领域或者某一类别的多孔介质燃烧,只做简单的分类,方便读者从总体上把握和理解。

本书所指多孔介质燃烧是指气体或液体燃料在惰性多孔介质中燃烧,并不涉及多孔介质中的催化燃烧。与传统的自由空间燃烧相类比,按照燃烧方式分类,多孔介质燃烧可分为多孔介质中预混燃烧和多孔介质中扩散燃烧。多孔介质中预混燃烧是指燃料和氧化剂在进入多孔介质之前进行充分完全混合;而多孔介质中扩散燃烧是指燃料、氧化剂通过各自的喷口进入多孔介质内后发生混合与燃烧,燃料、氧化剂在进入多孔介质之前未进行混合。多孔介质中扩散燃烧将在第 6 章中介绍。预混气体多孔介质中燃烧,按照气流流动方向可分为单向流动与往复流动下的燃烧。根据火焰与多孔介质的相对位置,分为火焰稳定在多孔介质出口表面的表面燃烧和火焰完全浸没于多孔介质孔隙中的浸没燃烧,前者主要用于工业加热和食品加工等领域,例如,红外燃气灶就是基于多孔介质表面燃烧技术研发的一类燃烧器,其节能环保性能优异,备受业界好评。

按照燃烧状态分类,多孔介质燃烧可分为稳态、非稳态和具有周期特征的准稳态。预混气体完全浸没于均质的多孔介质中燃烧为非稳态燃烧,会出现向上游或下游传播的燃烧波,其中低速过滤燃烧是典型的非稳态燃烧,国内外研究者对此开展了大量的研究,取得了丰硕的成果。燃烧器内布置不同结构或材料的多孔介质时,在一定的工况范围内,火焰会自适应地驻定在多层多孔介质交界面附近,此时多为稳定状态。基于两种不同材料或结构组合的燃烧器,并将火焰控制在两种材料交界面的燃烧器称为两层多孔介质燃烧。该燃烧器技术相对成熟,在工业加热等领域开始推广应用。国内外研究者对稳定燃烧开展了大量的研究。具有周期特征的准稳态是指预混气体多孔介质往复流动下的燃烧。气流流动方向在一定的半周期下交替往复换向,当运行达到一定的半周期后,在相邻的两个半周期内,燃烧和流动等表现出相似的状态而不再随周期的变化而变化。

近 20 年来，研究者开展了多孔介质中微尺度和介尺度燃烧的研究。根据 Ju 等[1]的建议，可以根据燃烧器的尺寸、火焰淬熄直径和相对长度尺寸对微尺度和介尺度燃烧进行分类。当燃烧器的尺度小于 1mm 时，是微尺度燃烧；燃烧器尺度介于 1~10mm 时，则认为是介尺度燃烧。其他两类参考文献[1]。

Babkin 等[2]根据预混气体多孔介质中燃烧波传播速度的区段以及相应的形成机理，将过滤燃烧分为低速、高速、声速、低速爆炸和爆震波等 5 种稳定的燃烧。其中低速过滤燃烧的燃烧波传播速度的数量级为 0.1mm/s，是目前研究较为集中的热点。过去十余年内，作者团队在该方向开展了系统深入的研究，因此在本章中占用的篇幅较大。按照燃料的相态分类，多孔介质中燃烧可分为多孔介质中气体燃烧和多孔介质中液体燃烧。

在理论分析和数值研究中，研究者通常假设火焰锋面是连续、稳定的平面波，且火焰厚度为无限薄或是毫米量级燃烧波，但这与实际燃烧器内的火焰结构相去甚远，甚至在本质上是错误的。多孔介质本身是随机无序的，因此其火焰形态可能是不连续且多维的，甚至在一定条件下火焰会产生失稳变形等非稳定现象。研究者先后在实验中观测到了火焰出现破裂、倾斜、热斑、胞室和熄火等非稳定结构，而不再保持初始时刻的火焰形状。因此，按照气体多孔介质中的燃烧状态，可分为稳定燃烧与非稳定燃烧。燃烧波前沿的非稳定发展，会导致火焰熄灭或者形成新的火焰前沿，对于工业和实际的燃烧器的利用是非常不利的。探索火焰锋面的非稳定机制、寻求抑制火焰失稳策略，无疑具有重要的科学意义。第 7 章将介绍过滤燃烧的非稳定性。

5.2　低速过滤燃烧

5.2.1　低速过滤燃烧的实验研究

1. 燃烧波传播

低速过滤燃烧实验研究主要集中于燃烧波传播速度、超绝热燃烧、燃烧区域最高温度、污染物排放、火焰结构和火焰失稳形变等方面[3-5]。火焰失稳形变和不稳定燃烧将在第 7 章介绍。研究者在实验中证实，当预混气体在均质的多孔介质中燃烧时，无论贫燃料还是富燃料，都会出现向上游或下游传播的燃烧波，或者在特定情况下，火焰驻定于燃烧器内，其主要影响因素是当量比和流速，其中当量比是最重要的控制参数。在火焰传播过程中，燃烧波以接近于常速均匀稳定地传播，燃烧波传播速度的数量级为 0.1mm/s，这是低速过滤燃烧的显著特征之一[2]。需要指出的是，大多数研究者采用热电偶嵌入燃烧器中测量温度，实验测得的燃烧波速度的依据是燃烧器内最高温度位置移动速度的平均值。

Zhdanok 等[6]以甲烷/空气为燃料，实验和理论分析研究 5.6mm 随机小球填充床

内的超绝热燃烧。他们发现当量比为 0.15、
流速为 0.43m/s 的甲烷/空气可以自维持燃
烧，燃烧温度大约是相应绝热温度的 2.8 倍，
显著地拓展了贫可燃极限。需要指出的是，
甲烷/空气混合物在自由空间预混燃烧的贫
可燃极限大约是 0.5。因此可以看出，低速
过滤燃烧可以扩展贫可燃极限。

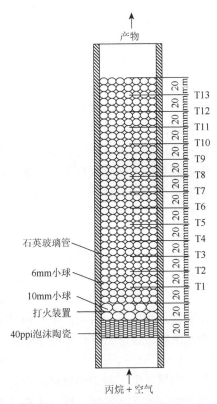

　　史俊瑞[7]以丙烷/空气为燃料，实验研究
了低速过滤燃烧的瞬态特性和燃烧波传播。
图 5-1 是实验主要设备燃烧器及热电偶布置
图。燃烧器是内径为 61mm、外径为 66mm 的
透明电熔石英玻璃管，在石英玻璃管外壁包裹
了 80mm 厚的耐高温纤维保温毡，以减少通过
壁面的热损失。燃烧器竖直布置，在燃烧器的
300mm 长度内填充了氧化铝小球，其中直径
为 6mm 的耐高温氧化铝小球占据 280mm 长
度。另外为了便于打火，在 6mm 小球的下方，
布置了直径为 10mm 的耐高温氧化铝小球（占
据燃烧器长度 20mm），小球都为重力作用下
的自然堆积。为防止回火，燃烧器最下方布置

图 5-1　燃烧器及热电偶布置示意图

了长度为 20mm 的 40ppi（单位英寸长度上的平均孔数）的氧化铝泡沫陶瓷。

　　稀薄预混气体在多孔介质中的燃烧，具有非常明显的瞬态特性。图 5-2 是燃
烧波混合气流速为 0.47m/s，当量比为 0.39 在 1509s 内的温度变化图。如图 5-2 所示，

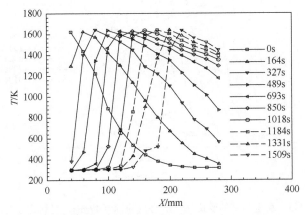

图 5-2　稳定传播的燃烧波（混合气流速 0.47m/s，当量比 0.39）

0s 对应的是预热结束时热电偶测量的温度分布，当实验切换到设定工况后，各个测点的温度随时间不断地变化，说明低速过滤燃烧具有明显的瞬态特征。随着时间进行，每个热电偶都先后测量显示出温度最大值，这表明火焰从入口端不断向下游传播。同时，最高温度出现的时间间隔近似等间距。

　　图 5-3、图 5-4 分别是混合气入口速度为 0.47m/s，当量比分别为 0.31 和 0.26 时燃烧波在各个时刻的温度变化图。从图 5-3、图 5-4 可以看出，除了受到初始时刻预热的影响外，燃烧区域的最高温度变化幅度不大，而高温区域却在不断地拓宽，这是由于化学反应的部分热量，通过对流换热不断地蓄积在具有较好蓄热能力的多孔介质固体中。这也是预混气体多孔介质中燃烧区别于自由空间中燃烧的重要特征。伴随着最高温度向下游传播，燃烧器进口端的温度不断下降，而出口端的温度不断升高。在图 5-2～图 5-4 各个时刻最高温度的上游，由于当量比较大，温度变化很快，温度梯度很陡峭，说明当量比较大时，混合物在上游得到了有效的预热，到达点火温度后迅速完成反应。由图 5-2～图 5-4 可以看出，各个时刻上游的温度曲线接近于平行，温度曲线呈现平移的趋势，当量比越大，趋势越明显。而实验记录的各个时刻的最高温度的下游，高温区域不断拓宽，温度曲线变得越来越平缓。这说明多孔介质固体良好的蓄热能力。丙烷/空气的预混合气体在自由空间燃烧需要的最低当量比约为 0.53。图 5-2～图 5-4 中，在最高当量比为 0.39 时，仍然发生了超绝热燃烧，而且超绝热燃烧效应很明显，燃烧区域的最高温度的平均值大于 1600K。图 5-4 中，在燃烧波传播的后期，测点温度出现波动，这是实验中的非正常现象，可能是受到实验过程中燃气流量波动的影响或其他不确定因素的干扰。

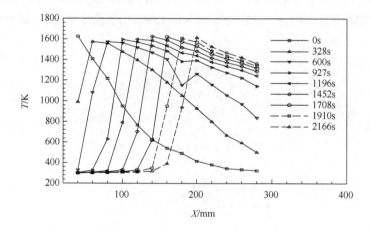

图 5-3　稳定传播的燃烧波（混合气流速 0.47m/s，当量比 0.31）

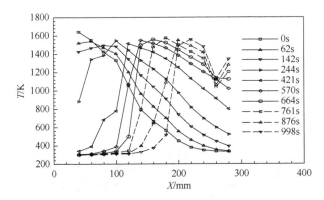

图 5-4　稳定传播的燃烧波（混合气流速 0.47m/s，当量比 0.26）

　　图 5-5 表明，混合物流速为 0.38m/s，当量比为 0.15 的丙烷/空气混合物在多孔介质中就可以稳定地燃烧。与图 5-2～图 5-4 的温度场相比，当量比为 0.15 时各个时刻的最高温度的上游的温度梯度较为平缓，而下游各个测点的温差较大。因此，稀薄混合气在多孔介质中的燃烧显著地拓展了贫可燃极限。

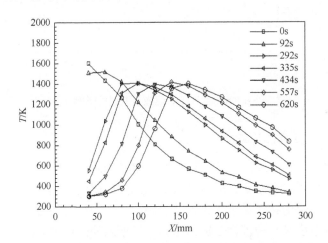

图 5-5　稳定传播的燃烧波（混合气流速 0.38m/s，当量比 0.15）

　　实验表明，当量比对燃烧波的传播速度有显著影响。图 5-6 为当量比在 0.19～0.39 的范围内，混合气入口流速分别为 0.47m/s 和 0.28m/s 时，当量比对燃烧波波速的影响。实验测得的燃烧波的传播速度依据是填充床中的燃烧区域最高温度移动速度的平均值，数量级为 0.1mm/s。随着当量比的增加，燃烧波的传播速度减小。在当量比相同时，流速增大导致燃烧波的传播速度增大。

　　需要说明的是，作者团队的实验研究侧重于稀薄气体的燃烧，贫可燃极限可以扩展到当量比为 0.15，但并未涉及富燃料的多孔介质中燃烧。多位研究者发现[8, 9]，富燃料在多孔介质中燃烧时，燃烧波传播速度的数量级也是 0.1mm/s，说明低速过滤燃烧涵盖的燃料的浓度范围很宽。利用超绝热燃烧可实现燃料的改性，燃料的富可燃极限得到了极大的扩展。极富的碳氢燃料与工业生产过程中富产的有害气体 VOC 等，利用超绝热燃烧可实现燃料改性或者焚烧有机废气。Kennedy 等[10]率先利用多孔介质燃烧技术实现了富燃料部分氧化制取合成气，为该领域的研究做出了重要贡献。

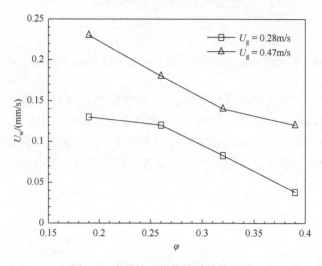

图 5-6　当量比对燃烧波波速的影响

2. 燃烧火焰可视化与温度的测量

在实验揭示填充床中的温度、组分和火焰结构时，研究者采用了不同的测量手段和方法。使用最为广泛、成本较低的当属热电偶测量填充床中的温度分布。多孔介质孔隙中辐射特性易于简化计算，因此使用响应时间短的热电偶测量多孔介质内的气固温度是一种较为合适的选择，但嵌入的热电偶无疑会破坏填充床的结构。

在实验研究中，大多研究者使用热电偶测量温度。热电偶节点大多嵌于燃烧器的中心轴线上，测量的温度值是填充床内气固间平均温度，而并没有准确测量多孔介质的固体和气体温度。Zheng 等[11]提出包覆与裸露热电偶成对布置同步测量气固温度。他们在燃烧器的一侧用氧化铝小球包覆热电偶节点，准确测量燃烧器内多孔介质的固相温度，另一侧热电偶结点对称布置在多孔介质孔隙中以测量气体温度。裸露热电偶包覆于孔隙中，其与周围小球、气流进行热量交换，同时热电偶本身存在导热，因此测量的气体温度需要校核。

为了揭示孔隙内的微观燃烧机理，近几十年来研究者不断探索实现孔隙内燃烧的可视化。近年来，非浸入测试技术在实现多孔介质燃烧可视化方面取得了重大突破。Kiefer 等[12]通过搭建相干反斯托克斯-拉曼散射（coherent anti-Stokes-Raman scattering，CARS）实验台，测量了上游直孔氧化铝通道、大孔隙率泡沫陶瓷内的气体温度分布和反应区域的氢气含量。Stelzner 等[13]利用激光诱导荧光（laser induced fluorescence，LIF）实现了孔隙内火焰的测量，他们研究了热负荷与过量空气系数对甲烷/空气在泡沫陶瓷中火焰结构的影响。燃烧装置包括防回火装置和 SiC 泡沫陶瓷，高度分别为 20mm 和 15mm，泡沫陶瓷的长宽分别为 135mm 和 185mm。在泡沫陶瓷长和宽的中心位置，开有 1mm 的光学通道。开孔的宽度既要满足光学测量的要求，同时要小于泡沫陶瓷孔隙的特征尺寸，最大限度减小开孔对燃烧的影响，因此 1mm 的开孔是经过反复验证和优化选取的。羟基（OH）是大部分燃料燃烧过程中都会产生的一种中间组分，在火焰面上分布有很大的梯度，而且易激发，受激后辐射出的荧光信号强，因此选羟基表征火焰结构。

需要指出的是，采用激光测量手段成本极高且需要在多孔介质内留有光学通道，这不可避免地破坏了多孔介质结构，对流动和燃烧过程造成影响；红外热像仪可直接实现燃烧器外表面温度的测量，但是难以透过燃烧器壁面测量燃烧器内的温度。Dunnmon 等[14]利用 X 射线计算机断面扫描实现了对燃烧器内全部截面的扫描，在没有损坏多孔介质结构的前提下，实现了多孔介质填充床内的温度测量。

3. 污染物排放

多孔介质的存在显著改善了燃烧室内的换热性能，反应热被有效地输运到周围的固体材料中去，故反应区域的温度较低。同时，固体辐射换热和良好的导热性能使燃烧室内温度区域均匀，避免了局部高温区的形成，从而可显著削减 NO_x 的生成。另外，反应区的范围大，反应时间更长，因此燃烧更充分更安全，有利于降低 CO 的排放，燃烧效率也大幅度提高。

碳氢燃料不含 N 元素，碳氢燃料燃烧形成 NO_x 主要是热力型和快速型。研究者对稳定燃烧过程中污染物的排放做了大量的研究。燃料在多孔介质中燃烧，热力型 NO_x 占主导地位，燃烧区域的最高温度对 NO_x 的形成有很大的影响[15]。因此当量比对预混气体在多孔介质中燃烧 NO_x 的排放的影响是显然易见的：当量比增大，燃烧温度升高，NO_x 排放增大，反之排放降低。燃烧器的功率不变，流速对 NO_x 排放需要具体的分析：当流速减小时，燃烧区域的最高温度降低不利于 NO_x 的形成，但烟气在燃烧器内停留时间增大，这又有利于 NO_x 的形成，因此流速对 NO_x 排放的影响要从燃烧区最高温度和烟气停留时间两个方面综合考虑。相反地，燃烧温度降低无疑导致不完全燃烧产物 CO 和 UHC（未燃碳氢化合物）的增加，但流速对 CO 排放的影响也需要具体的分析[16-18]。

5.2.2 低速过滤燃烧的理论分析

对低速过滤燃烧的理论分析，大多理论研究者继承了自由空间中预混燃烧层流火焰的理论解分析方法，如对火焰区域分区处理，对能量方程中的扩散项、源项等进行合理简化或者取舍，或者采用量纲分析法等。

1. 超绝热燃烧的形成机理

能量集中于燃烧波中的机理是多种多样的：首先是热量的回流，包括自我组织的火焰行为和利用燃烧器外部的换热器来完成的热回流。在上述两种热回流中，复杂的热量交换包括导热、对流和辐射都起到了重要的作用。除了热量的传递外，传质过程也可以参与到燃烧波中的能量集中过程中。Babkin[2]等指出，深入研究燃烧波中的性质，诸如可燃极限、火焰的传播及其机理，不仅有利于发展这些理论，而且对发展非传统的化学能转换器、反应器和相应的技术也是大有裨益的。

对于超焓燃烧机理的研究，早先研究者关注的对象是活性多孔介质基质填充床，Aldushin 等[19]是该领域的开拓者。本书所指超绝热燃烧是气体或液体燃料在惰性多孔介质内燃烧，其燃烧温度大于相应入口燃料的理论燃烧温度，是能量集中现象的一种。理论上讲，超绝热燃烧效应越显著，扩展的贫富可燃极限越宽，可以利用浓度极低的工业废气或浓度极高的燃料，可拓宽燃料的适用性。因此，研究者从多个角度揭示超绝热燃烧的形成机理，包括热回流、热波与燃烧波的叠加以及燃烧器壁面热回流等。

1）热回流

本章所指热回流是指燃烧器内部自我组织的热回流或热反馈，而区别于早期研究利用庞大的外接换热器实现的"热回流"。在早期的研究中，实现热回流的主要方法是利用燃烧器外接的一个（单向热回流）或两个（往复流动热回流）庞大的换热器，通过温度较高的尾气来预热新鲜空气，以此来提高预混气体的温度。这种庞大的换热器在后期的研究中得到了改进，换热器与燃烧器设计为一体，因此空间结构比较紧凑。

多孔介质中预混燃烧，固体基质的导热和辐射是燃烧器内部热回流的两种重要方式。早期的研究并未意识到固体辐射对热回流的重要性[20-22]。为揭示低速过滤燃烧自我组织的热回流机制，Shi 等[23]建立了低速过滤燃烧数学模型，通过量化当地的气体和固体能量方程中的各项的相对大小，研究预混气体多孔介质中燃烧的热回流特性。图 5-7 为气体能量守恒方程各项的相对大小。在预热区域，气体通过相间对流换热得到预热，预热效果非常显著，这与自由空间的燃烧有很大的区别。在反应区域，反应热在气体能量守恒方程中占到了主导地位，同时有强烈的对流换热和气体导热，但是气体的导热并没有占到热量交换的主导地位，而气体在自由空间燃烧，导热是热量传递的主导方式。在多孔介质中燃烧，无论在任何区域，气体导热都不占主导地位。

图 5-8 为固体能量方程中各项的相对大小。在预热区域，多孔介质固体通过导热和辐射向上游进行热回流，此时导热的回流效果较明显，对反应区域的反应热进行再分配，而在反应集中的高温区域，辐射传热的作用明显优于导热。在反应区域下游，对流换热的作用非常明显，热量又蓄积在多孔介质中。系统热损失在燃烧器的整个区域内的相对数值都很小。可以看出，预混气体多孔介质中的燃烧过程，实际上是一个内部自我组织的热回流过程。

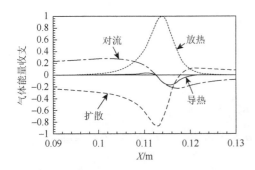

图 5-7　气体能量方程中各项在反应区域的收支

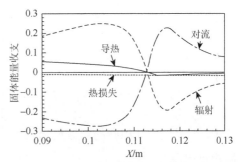

图 5-8　固体能量方程中各项在反应区域的收支

当量比 0.2，流速 0.43m/s，热损失系数 600W/(m³·K)

Li 等[24-27]的研究表明，微小燃烧器内（燃烧器直径 1mm），燃烧器壁面的导热对热回流也有很大的影响。范爱武团队[28-31]研究了中等尺度的多孔介质燃烧器（内径 4mm）内的热回流，他们的研究表明，随着燃烧器壁面导热系数的增大，热回流效应增强，使得火焰传播速度增大，燃烧器的工作范围拓宽。

面对日益紧迫的节能与环保要求，开发燃烧效率高、污染物排放低、燃料适用性好、燃烧器工作范围宽的燃烧器，需要开展广泛的基础性研究，也是各国学者孜孜不倦的追求。最近，Ellzey 等[32]从热回流的角度对多孔介质反应器的研究现状和应用进行了全面的综述，他们将不需要外部设施进行热回流的燃烧器统称为热回流燃烧器，并将热回流的方式进行了总结和延拓，热回流对多孔介质燃烧器性能的影响可见一斑。

2）热波与燃烧波的叠加

Zhdanok 等[6]与 Koester[33]在揭示超绝热燃烧机理上做出了卓越的工作。他们基于热波与燃烧波叠加的思想，从实验和理论上研究了预混气体多孔介质中燃烧的超绝热燃烧机理。Zhdanok 等在理论分析中，忽略了气体的导热，固体的辐射换热折合为有效导热，不考虑扩散效应，在假定气固相处于热平衡的情况下，推导出了燃烧区域的最高温升是预混气体的理论燃烧温升、燃烧波波速和热波波速的函数：

$$\Delta T_{s,g}^{max} = \frac{\Delta T_{ad}}{1 - u_w / u_t} \tag{5-1}$$

式中，ΔT_{ad}、u_w 和 u_t 分别为预混气体的绝热温升、燃烧波波速和热波波速。从式（5-1）可以看出，燃烧波与热波的波速比值（u_w / u_t）决定了是否发生超绝热燃烧，这是 Zhdanok 等提出热波和燃烧波叠加的理论依据：通过控制燃烧波波速和热波波速的相对大小，来实现超绝热燃烧。可以注意到，$u_w = 0$ 是发生超绝热燃烧的临界点。当燃烧波与热波的方向相反，即 $u_w / u_t < 0$ 时，燃烧波中的最高温度小于绝热燃烧温度，发生亚绝热燃烧。当 $0 < u_w / u_t < 1$，即燃烧波与热波方向相同且 $u_w < u_t$ 时，发生超绝热燃烧。而当 $u_w / u_t \to 1$ 时，发生最大限度的超绝热燃烧。

同时，Zhdanok 等[6]推导了无量纲波速 u：

$$u = u_w / u_t = 1 - \left(\left(\frac{\Delta T_{ad}}{\Delta T_{s,i}} \right)^2 - \frac{4\beta a}{h_v} \right)^{0.5} \tag{5-2}$$

式中，h_v 是气、固相间的对流换热系数；a 为无量纲数；β 是热损失系数；$\Delta T_{s,i}$ 是固相点火温升。

需要指出的是，尽管式（5-2）给出了燃烧波传播速度，但是如前面所述，表征低速过滤燃烧的两个重要参数，燃烧波传播速度和燃烧波中的最大温度没有关联，即方程不封闭。

Shi 等对 Zhdanok 等[6]的工作进行了延拓，对稀薄预混气体多孔介质中的低速过滤燃烧进行理论分析[23]。方程（5-3）是得出的燃烧器内温度分布理论解析解：

$$T(x,t) = T_1(x,t) + T_2(x,t) \tag{5-3}$$

式中，

$$T_1(x,t) = \frac{1}{\sqrt{4\pi\Omega t}} \int_{-\infty}^{+\infty} (T^0(\xi) - T_0) \exp\left(\frac{(x - \xi - tu_1)^2}{4\Omega t} \right) d\xi + T_0 \tag{5-4}$$

$$T_2(x,t) = \frac{\varepsilon \rho_g c_g \Delta T_{ad}}{(1-\varepsilon) \rho_s c_s} \int_0^t \frac{1}{\sqrt{4\pi\Omega\tau'}} \exp\left(-\frac{(x - u_t\tau')^2}{4\Omega\tau'} \right) d\tau' \tag{5-5}$$

方程（5-3）是表征燃烧器内温度场的函数，它的物理意义很明确：方程中右端第一项是初始温度场 $T^0(x)$（即热波）对燃烧器内温度场的影响。可以看出，随着时间的推移，初始温度的影响逐步衰减，其对整体温度场的影响逐步减小；右端第二项是燃烧波前沿反应放热的影响。因此，燃烧器内的温度场是热波与燃烧波二者共同作用的结果。也就是说，从理论上证实，在一定的工况下，超绝热燃烧是由热波和燃烧波叠加引起的。

2. 燃烧波解析解

前面指出，燃烧波传播速度的数量级为 0.1mm/s。Zhdanok 等[6]在实验中观测到了稳定传播的燃烧波，并从理论分析得出了燃烧波传播速度表达式。国内对低速过滤燃烧开展较晚，但近 20 年来开展了各具特色的研究。著者假设燃烧区域为无限薄的区域，建立无量纲燃烧波波速 u 与燃烧区域最高温度 T_{max} 的第一个关系式[7]：

$$T_{max} = \frac{\Delta T_{ad}}{((1-u)^2 + 4a\beta)^{0.5}} + T_0 \tag{5-6}$$

然后利用层流预混火焰理论，将整个区域分为预热区和反应区，建立燃烧波波速与燃烧区域最高温度的另一个关系式：

$$u = 1 - \frac{\varepsilon \rho_g c_g K_{eff}^p A R T_{max}^2}{u_g^r E(T_i - T_0)} \exp(-E/RT_{max})\left(1 - \exp\left(\frac{E(T_i - T_{max})}{RT_{max}^2}\right)\right) \tag{5-7}$$

从而得到燃烧波波速和燃烧区域最高温度的封闭解，即利用式(5-6)、式(5-7)可同时求解 T_{max} 与 u_w。图 5-9 是理论预测的燃烧波波速与燃烧波中温度最大值与实验值的比较，理论分析的结果与实验值[6]的趋势是一致的，理论解预测的燃烧波波速和最高温度均大于相应的实验值。

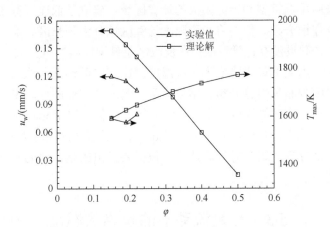

图 5-9　理论解预测的燃烧波波速和温度最大值与实验值的比较

流速 0.29m/s，热损失系数 600W/(m³·K)

3. 燃烧器内瞬态温度和组分分布

低速过滤燃烧要达到充分发展需要很长的时间，充分发展的理论解无法描述瞬态特征。分析低速过滤燃烧是瞬态过程，需要探究建立非稳态燃烧的理论解。Koester[33]与张根烜等[34, 35]基于双温模型和修正的单温模型，采用格林函数法对小球填充床内低速过滤燃烧过程进行瞬态理论分析,并开展了参数敏感性分析。引入双通量辐射模型和多步化学反应机理,采用传统的反应流双相模型和新颖的均相模型,对充分发展后低速过滤燃烧过程进行数值模拟,验证瞬态理论分析方法和准稳态理论分析方法,并详细讨论了化学反应机理、辐射模型、弥散效应以及变热物性和热输运参数等对计算结果的影响。

Foutko 等[36]延续了 Zhdanok[6]的工作,采用双温模型的特征值方法得出充分发展后的温度场和燃烧波传播速度。他们假设反应区域无限薄,因此化学反应源项简化为 Delta 函数,而没有求解燃料在燃烧区域的分布;为了封闭方程,他们还推导出了固相点火温度。

前面所述的理论解是基于体积平均法建立控制方程组,在适当的假设条件下,推导得出了燃烧波波速和燃烧区域的最高温度。但大多研究者假设化学反应在无限薄的区域内完成,并未涉及燃烧区域燃料组分的详细分布。最近,Vandadi 等[37]报道了超绝热燃烧的理论研究成果。他们采用双温模型,假设反应区域是有限厚度,讨论了入口流速、当量比、孔隙率和导热系数对超绝热燃烧效应的影响。他们的模型可以计算燃烧区域内的组分分布,但是该模型假设在燃烧器的出口没有热损失,气固温度最终达到热平衡,这与实际的燃烧器出口温度分布相去甚远。

Bubnovich 等[38]对 Foutko 等[36]的工作进行了延拓。他们假设气固两相处于当地热平衡,采用单温模型和半无限大的计算区域,建立了低速过滤燃烧的能量守恒方程和组分守恒方程。他们将半无限大计算区域分为预热区、反应区和反应后区域。在预热区假设没有化学反应,在反应区无量纲燃料质量分数从 1 变化到 0,而在反应后区域内温度最终降低为环境温度。在这些假设下,他们得到了半无限大区域内的温度分布和组分分布。结果显示,温度分布能够反映出瞬态燃烧波的传播过程,化学反应区的厚度是毫米量级,例如,他们以 Zhdanok 等[6]的实验为原型,发现在当量比为 0.15,流速为 0.43m/s 时,反应区的厚度为 9.34mm。尽管他们创新性地推导出了组分方程表达式,但需要指出的是,他们模型过高地预测了反应区厚度。

5.3　往复流动下的超绝热燃烧

5.3.1　往复流动下超绝热燃烧的实验研究

往复流动下的实验研究主要集中于贫富可燃极限扩展、污染物排放、取热、燃料改性和温差发电等方面的研究[3, 39]。单向流动的多孔介质燃烧器能够扩展贫可燃极限,但其降低贫可燃极限的程度毕竟是有限的。Zhdanok 等[6]的实验可以将天然气/空气在单向的小球填充床燃烧器中的贫可燃极限扩展到 0.15。为了进一步扩展贫可燃极限，使得低热值甚至超低热值的燃料和工业废气也可以稳定燃烧，研究者提出了往复流动下的超绝热燃烧（reciprocating superadiabatic combustion in porous medium，RSCP）。所谓 RSCP 技术，就是将混合气流过多孔介质的方向实行周期性交替改变，实现周期性循环燃烧。RSCP 技术与普通多孔介质燃烧技术最大的不同在于，它不仅利用了多孔介质的热反馈作用，而且通过来流气体的往复，不断吸收上个半周期下游多孔介质储存的尾气热量。因此，燃烧气体的预热效果改善显著，从而极大地拓展了预混气体的贫可燃极限。文献[40]指出，往复流多孔介质燃烧器可实现当量比仅为 0.021 的甲烷/空气的低热值气体稳定燃烧，而当量比达到 0.041 的低热值气体可实现取热利用，被视为极具吸引力的高效清洁燃烧技术。澳大利亚 MEGTEC 公司于 2007 年建成了处理量为 25 万 m^3/h 瓦斯气的电站，处理当量比仅为 0.09 的瓦斯气，可见往复流多孔介质燃烧器具有工业化处理低热值气体的应用前景。

邓洋波等[41,42]设计了 RSCP 系统，可以实现浓度很低的可燃气体自维持燃烧。实验系统核心设备燃烧器如图 5-10 所示，主要设备是透明耐高温石英玻璃管，其内分别填充 10ppi、20ppi 和 40ppi 的氧化铝泡沫陶瓷，泡沫陶瓷是空间贯通的重复十二面体。

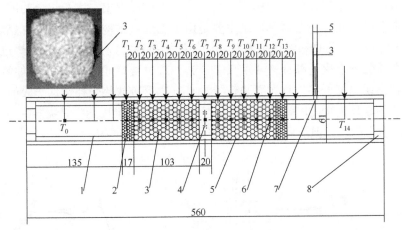

图 5-10　燃烧室结构图

单位：mm

实验中采用了三种填装方式的多孔介质燃烧室，其结构和温度测点布置为：在点火空间两侧填装左右对称两组多孔介质，每组由一块长为 16mm 的 40ppi 和 5 块长为 21mm 的 20ppi 的多孔介质块组成。本书后面称这种填装情况为 1 号填装情况。在多孔介质内，沿多孔介质轴向中心线布置 13 个热电偶，T_1 与 T_{13} 分别距多孔介质端进出口端 12mm，$T_1 \sim T_{13}$ 热电偶间均相距 20mm。在燃烧室进出口端

布置 T_0 和 T_{14} 两支热电偶。在点火空间两侧填装左右对称两组多孔介质，每组由一块长为 16mm 的 40ppi 和 5 块长为 21mm 的 10ppi 的多孔介质块组成左右对称两组多孔介质，后面称这种填装情况为 2 号填装情况。热电偶布置情况与 1 号填装情况燃烧室相同。

RSCP 系统工作前需要进行预热。调节燃气流量至浓度接近理论当量比的 80%，开始点火预热，设置好往复半周期值，将 RSCP 系统置于往复流动状态，燃烧室内形成了稳定的往复流动燃烧后，调节空气和燃气流量至实验测试值。RSCP 系统中从点火到达到准稳态平衡，需要 20 多个周期，实验中，通过观察可视化几个测点瞬时温度曲线和往复过程中着火位置是否对称，以此确定是否达到准稳态平衡。如无声明，下面实验研究、数值模拟报道的 RSCP 的燃烧特性，均指系统达到准稳态平衡时半周期开始或者结束时对应的温度分布或者其他变量。

1. RSCP 系统的燃烧过程

图 5-11 和图 5-12 是 2 号填装燃烧室，当量比 $\varphi = 0.16$，混合气体流速 $u = 0.6$m/s，往复半周期 20s，RSCP 系统准稳态平衡时，前后两个相邻半周期内轴向温度分布变化情况。RSCP 系统燃烧过程中，轴向整体温度分布呈梯形，中间是宽而平的高温区域，进、出口端的温度梯度很大。从图中可以看出，实验记录的前、后两个半周期温度分布不完全对称，这主要是由于燃烧室结构不完全对称，燃烧过程中，复杂的流动、传热和燃烧及装置启动的初始条件等因素影响的。燃烧过程中，在多孔介质邻近点火孔隙处（测温点 T_6、T_7、T_8 位置），随气流的周期往复换向，总是交替出现温度低谷，这主要是该处没有气体反应放热来补偿这一段的热量损失而造成的。即使 RSCP 系统达到准稳定平衡状态，在半周期内燃烧器中的温度也是典型的瞬态过程，但前后两个半周期的温度分布是相同的。

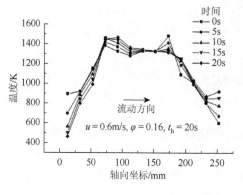 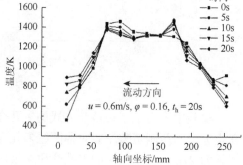

图 5-11 正向流动半周期内温度分布变化图　　图 5-12 反向流动半周期内温度分布变化图

图 5-13 是相应的准稳态平衡时，各测点位置温度波动状况。图 5-11 中，$t=0$ 时是正向流动起始时刻（由左向右流动为正向），对照图 5-13，在正向流动半周期开始，下游最大温度处 T_9 温度下降，上游 T_5 出现温度最大值，并且温度慢慢升高。图 5-11 正向流动时，$T_1 \sim T_3$ 温度下降，表明气体在这一区域被预热；而最大温度附近 $T_4 \sim T_6$ 温度上升，表明这段区域是反应放热区域；$T_{10} \sim T_{13}$ 位置温度升高，表明高温燃气加热并把热量蓄存在这一区域的多孔介质内。在每个半周期内，整个高温区域都由进口端向出口端平行移动，这表明火焰反应区域在半周期内向下游区域移动。图 5-13 中各测点位置温度值周期地波动，表明 RSCP 系统的燃烧过程呈往复过程演变；燃烧室进出口端的温度波动大而中间小，表明进出口端的气固相之间的换热量大。

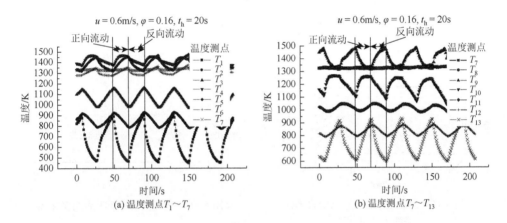

图 5-13　测点温度波动状况

2. 半周期对燃烧及排放特性的影响

图 5-14 和图 5-15 表示燃烧室为 2 号填装情况，当量比 $\varphi = 0.16$，气流速度 $u = 0.6\text{m/s}$，半周期变化时，燃烧室内轴向温度分布、燃烧效率和 CO、NO 和 CO_2 排放变化的情况。图 5-15 中曲线是在相应条件下的正向流动（从左到右）半周期结束时刻记录的。图 5-15 中的 CO、NO 和 CO_2 排放值和燃烧效率是半周期内的平均值。随往复半周期减小，燃烧室内的最大温度几乎不变，高温区域变宽，出口温度增大；燃烧效率增高，排放中 CO_2 含量增多，CO、NO 含量减少。这主要原因是往复周期变小而放热和蓄热频率变大，热回收效率增强的结果。

由以上分析可以看出，半周期变小，燃烧反应率增强的影响明显大于由于出口端温度升高而带来热量损失的增加。所以，贫可燃极限明显随半周期的变小而扩展了，如图 5-16 所示，在本实验台上可以实现当量比为 0.065 的丙烷/空气的稳定燃烧。但在周期很小的情况，混合气体燃烧生成物还来不及完全排放，流动方向就已转变，从而使燃烧效率将下降。

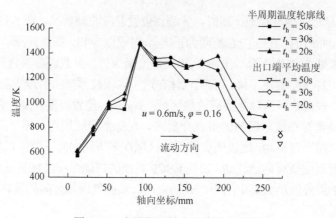

图 5-14　半周期对轴向温度分布影响

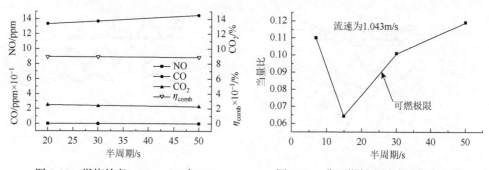

图 5-15　燃烧效率、CO_2、CO 和 NO
　　　　排放浓度变化图

ppm 表示百万分之一

图 5-16　贫可燃极限随半周期变化图

3. 流速对燃烧及排放特性的影响

图 5-17 和图 5-18 为燃烧室 2 号填装情况，当量比 $\varphi = 0.158$，半周期 10s，混合气为三种不同流速时，燃烧室内轴向温度分布、燃烧效率和 CO、NO 和 CO_2 排放变化的情况。图 5-17 中曲线是在相应条件下的正向流动（从左到右）半周期结束时刻记录的。图 5-18 中的燃烧效率和 CO、NO 和 CO_2 排放值是半周期内的平均值。随着混合气体的流速增大，最高温度峰值明显升高，高温区加宽，出口温度升高；燃烧效率减弱，CO_2 排放含量降低，CO 排放含量增大；由于燃烧室内的整体温度水平增高，所以 NO 排放含量增大。主要原因是随流速增大热值输入量增加，燃烧放热量增多，热量损失增大，燃烧效率反而减弱。所以，NO 排放量增大。主要原因是随流速增大输入热量增加，燃烧放热量增大，燃烧效率反而降低。此项研究表明，NO 和 CO 排放能够控制在很低水平。对于丙烷-丁烷混合气，贫可燃极限可扩展到 0.065，达到国内先进水平。排放物 NO 浓度低于 19×10^{-6}，多数情况低于 10×10^{-6}。

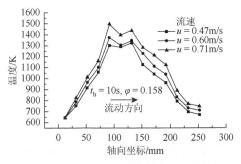

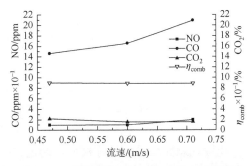

图 5-17　流速对轴向温度分布影响图　　　　图 5-18　燃烧效率、CO_2、CO 和 NO 排放
　　　　　　　　　　　　　　　　　　　　　　　　变化图（一）

图 5-19 和图 5-20 表示燃烧室为 2 号填装情况，往复半周期 15s，空气和甲烷混合气体流速 0.55m/s，混合气体当量比变化时，RSCP 系统燃烧室内轴向温度分布情况和燃烧效率及 CO、NO 排放量受混合气体的流速变化影响情况。轴向温度分布情况为反向流动半周期末时记录值，燃烧效率及 CO、NO 排放量为半周期内时间平均值。随着当量比的增大，最高温度增大，高温区域的宽度显著增宽，而且高温区域中间凹度加深，进出口端温度梯度增大，出口温度明显增大；随混合气体当量比增大，也意味着更接近化学计量比，燃烧效率也增大，CO_2 排放含量增多，CO 含量减少；由于整体温度水平提高，NO 含量增大。

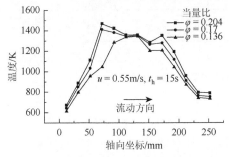

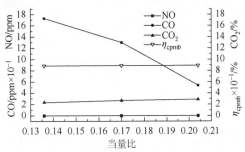

图 5-19　当量比对轴向温度分布的影响　　　图 5-20　燃烧效率、CO_2、CO 和 NO 排放
　　　　　　　　　　　　　　　　　　　　　　　　变化图（二）

近 20 年来，国内研究者对 RSCP 系统开展了各具特色的研究。浙江大学程乐鸣研究团队在多孔介质燃烧领域开展了系统深入的研究，包括渐变型多孔介质燃烧器、往复流动下贫可燃极限的扩展[43]、取热[44]和工业化应用等[45-47]。文献[43]对 RSCP 系统的填充材料和燃烧器结构不断进行尝试改进，最终将贫可燃极限扩展到 0.07。刘永启团队在国内率先开始研究煤矿乏风瓦斯热逆流氧化技术，主持研制了具有我国自主知识产权的国内首台套 60000m³/h 的热逆流氧化利用系列装备，实现了我国在该领域的重大技术突破[48-51]。利用往复流动下的超绝热燃烧进行取热是一个重要的研究方向[44, 48, 52, 53]。

5.3.2　往复流动下超绝热燃烧的数值研究

国际燃烧界[54-57]以及作者团队[58-64]和国内同行[65-71]均对 RSCP 开展了各具特色的实验和数值研究。本节重点介绍作者团队的数值研究。

本章模拟的多孔介质预混合燃烧室是一细长圆柱形结构，因此研究对象是一个比较理想的二维轴对称模型。通过二维模型可以比较准确模拟 RSCP 系统中的气体流动、对流换热和辐射热损失等情况，真实地描述边界条件，避免采用一维模型中不可缺少的一些模糊的可调参数，如辐射光学厚度等。由于真实的多孔介质是高度随机性和不确定性的复杂多相结构，本书中忽略多孔介质迂曲率的影响。多孔介质预混合燃烧室是典型的轴对称结构，因此选取一半作为计算对象，并简化成如图 5-21 所示的物理模型。

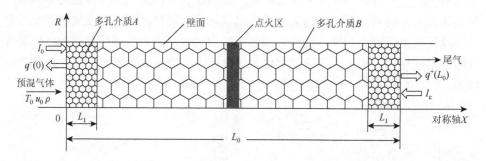

图 5-21　多孔介质燃烧器的二维模型示意图

本章数值模拟中多孔介质燃烧室长度为 $L_0 = 32\text{cm}$，$L_1 = L_0/10$，燃烧室半径 $R_0 = 4\text{cm}$，新鲜预混合气以初速度（不妨假设气体从燃烧室左端向右端流动时为正）交替从多孔介质两端导入，每隔（称为系统的半周期）t_c 秒混合气的流向自动反向。预混合气体进入燃烧室前不考虑多孔介质对气体的预热，假定环境温度为 T_0，则混合气入口端温度为 T_0（即室温）。

RSCP 系统的控制方程已在第 2 章中介绍。利用自编的模拟程序，作者针对计算区域采用有限容积法离散，空间方向上将燃烧室均匀划分为 125×25 个网格，角向空间均匀划分为 9×15 个网格。燃烧是极快的化学反应现象，相对而言多孔介质中的换热是一个慢过程，它们的耦合使得控制方程组表现出强烈的刚性。为了克服刚性，在每个时间步上控制方程的求解分成两个阶段进行：首先，假定多孔介质的温度分布为定值（由前一次计算得到）求解化学反应项，将算得的热释放加到稳态气体能量方程和组分守恒方程中；其次，步进一个时间步长，计算新时间步长上的气体能量方程和多孔介质能量方程。对扩散-对流项采用乘方格式，对时间项采用全隐格式，边界条件采用附加源项法处理。以下介绍主要的计算结果。

1. 燃烧室内的典型热结构及其演化

混合气点燃以后，经过多次换向，求解区域各点的温度基本趋于稳定。图 5-22 所示为达到准稳态平衡以后，RSCP 系统中前后两个半周期末的典型气、固温度分布和放热率。工况参数是燃-空当量比 0.15，混合气入口流速 0.1m/s，换向半周期 60s。周期性换向操作燃料的输运与反应热的传递有机地结合起来，形成了独特的热结构，如图所示，气、固温度分布形态基本呈梯形，换向前后的轴向温度场基本对称，与混合气单向流动的多孔介质预混合燃烧（porous medium combustion，PMC）系统相比，整个温度场的分布明显趋缓，反应区（火焰区）周期性左右移动，高温区明显加宽，有利于燃料的充分燃烧和降低尾气排放。

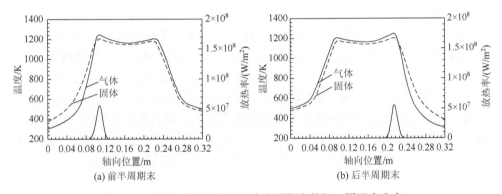

图 5-22　RSCP 系统中前后两个半周期末的气、固温度分布

即使达到准稳态平衡，在半周期内燃烧器内的温度分布仍然具有瞬态特性。图 5-23 为模拟得到的半周期内四个不同时刻的气体温度分布和放热率，从温度峰值及最大放热率的位置可以判断 RSCP 系统中火焰区随着气流的往复换向而周期性移动。这种燃烧特点有利于减少热损失、提高和均衡燃烧室内的温度场，可进一步强化对气体的预热效果。火焰区的位置（即温度峰值区）取决于混合气流速和火焰传播速度的相对大小，二者相等则火焰位置保持不动，若混合气流速较大，则火焰向下游移动，反之则向上游移动。因此，对于 PMC 系统，不出现类似于图 5-22 那样的中间低温度区（除非此处有较大的热损失，使温度迅速降至低于周期节点的温度），若两个速度相差较大，则火焰始终向一个方向移动，最后被吹灭。RSCP 系统由于流向的周期性换向，火焰传播速度也周期性往复换向，这个速度一般不等于混合气的流速，因此火焰区不断周期性左右移动。

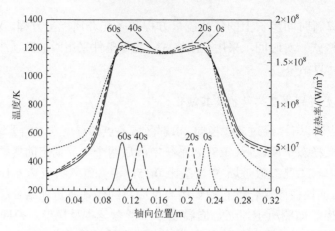

图 5-23　半周期内气体温度分布的变化图

2. 混合气流速对热结构的影响

对于燃烧室的尺寸和多孔介质的材料确定的 RSCP 的燃烧器，影响燃烧室的热结构和燃烧性能的主要参数是混合气的换向半周期、燃空当量比和混合气流速。图 5-24 表示甲烷-空气当量比 0.15 的混合气在三种不同流速的温度和放热率分布，各工况下换向半周期 40s。由图中可知，流速增大，温度峰值和最大放热率明显升高，火焰区向两端移动，高温区加宽。这是由于换向周期不变情况下，当流速增大，单位时间内有更多的新鲜混合气进入燃烧室，参与燃烧反应的气体量也就越多，单位时间内放出的热量必然也越多。这个现象表明，对于极稀薄可燃气体（包括工业废气）应以较大的流速导入燃烧器中，以便于燃烧或处理。

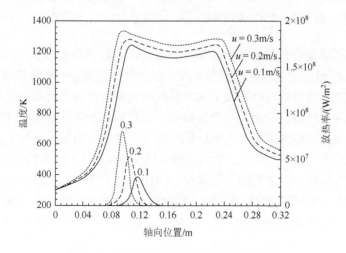

图 5-24　过滤速度对气体温度分布的影响

热辐射的作用随着系统温度的提高而提高。与 PMC 系统相比，RSCP 系统由于混合气的流向周期性变换，使混合气周期性与高温端接触，预热效果提高，燃烧系统的温度提高，热辐射增强。

3. 当量比对热结构的影响

图 5-25 表示燃烧室中的气体温度与放热率与不同甲烷与空气当量比的关系，各工况中换向半周期 40s，混合气流速 0.1m/s。随着当量比的增大，反应区向两侧移动，高温区的宽度显著增宽，温度梯度增大，温度峰值和出口温度明显增大。减小当量比，高温区缩短，当量比为 0.075 时，气体温度分布形态呈三角形分布，当量比小到一定程度时，温度峰值减小到低于最小点燃温度，火焰将熄灭。各算例中混合气的当量比都很小，用目前的燃烧技术都无法点燃，但在 RSCP 中气体温度峰值都较高，其中当量比为 0.075 时，温度峰值 1117.5K。这说明 RSCP 具有很强的扩展贫可燃极限的能力。

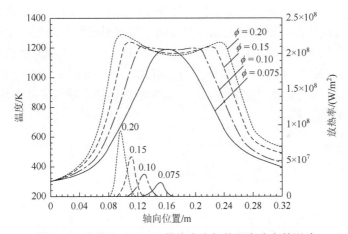

图 5-25　当量比对 RSCP 燃烧室中气体温度分布的影响

为研究多孔介质对燃烧速率的影响，作者团队模拟了当量比 0.3~0.65 的甲烷-空气混合气在多孔介质和自由空间中的燃烧情况，工况参数是入口流速 0.1m/s，半周期 40s，计算了各工况下稳定燃烧时的最大燃烧速率，并与 Hsu 等[72]的研究结果进行对照。模拟结果如图 5-26 所示，自由火焰的实验数据来自文献[73]、[74]。与在自由空间中相比，组分相同的混合气在 RSCP 系统中的最大燃烧速率增大 3~8 倍，而在传统多孔介质中增大 2~3 倍，而且当量比越大越突出。

4. 半周期对热结构的影响

图 5-27 描述的是甲烷与空气当量比 0.15 的混合气以速度 0.1m/s 在导入多孔

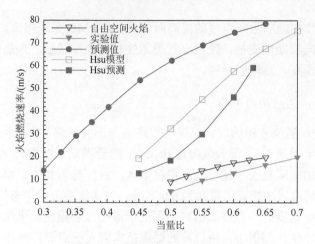

图 5-26　燃烧速率与当量比的关系

介质中燃烧时的温度分布及放热率与换向半周期的关系。由模拟结果可知，随着换向半周期的增大，反应区和高温区向燃烧室中部移动，高温区的宽度减小，梯形温度分布逐渐变形，出口温度也越来越高，峰值温度稍有降低，半周期增大至很大，即混合气不再往复换向时，梯形温度分布形态消失，高温区的宽度变得很窄，导致出口温度很高，意味着热损失明显增大，图中 PMC 系统的当量比为 0.35，流速为 0.1m/s。可见，在一定范围内，半周期越短燃烧中的温度分布越趋于均匀，燃烧室的利用率提高。

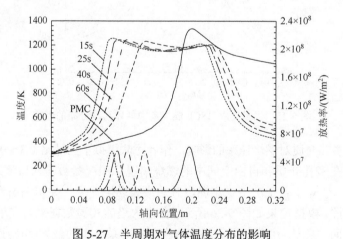

图 5-27　半周期对气体温度分布的影响

5.3.3　往复流多孔介质燃烧器结构改进的数值研究

作为集燃烧区域、蓄热载体和热回流功能于一体的惰性多孔介质材料，材料在孔隙率和空间结构上的差异而决定了热惯性与流场及温度场的相互作用，对 RSCP 有至关重要的影响。因此，通过对燃烧器内的多孔介质材料的优化组合，可以达到提高燃烧效率和减少压力损失的目的。据此，史俊瑞[7]对往复式惰性多孔介质燃烧器进行了二维数值模拟和结构改进。数学模型与求解见文献[7]。真实的实验装置[41]经简化得到计算模型如图 5-28 所示。模拟的燃烧器为高 264mm，内径 60mm 的石英玻璃管（壁厚 2.5mm）。在其外壁包裹一层保温材料（40mm 厚）以减少通过管壁的热损失。为了防止回火，在燃烧器的两端对称布置 12mm 厚的 40ppi 的氧化铝泡沫陶瓷。中间部分填充多孔材料为 10ppi 氧化铝泡沫陶瓷或直径分别为 4.0mm、5.6mm 和 8.0mm 耐高温氧化铝小球。在石英玻璃管的轴向对称处布置点火装置。燃气是甲烷和空气的均匀混合物。实验中燃烧器是水平布置的，为了标注方便，图 5-28 采用垂直布置。

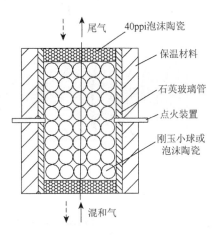

图 5-28　实验装置示意图

图 5-29（a）、图 5-29（b）为燃烧器内气体和石英玻璃管、多孔介质固体的温度分布。从图中等温线可以看出，燃烧器内温度分布的二维特征很明显，尤其是靠近管壁附近，这与忽略径向热损失的一维模拟的结果差异很大。在入口端，固体温度高于气体温度，预混气体得到了有效预热。在距入口端约 0.06m 处，密集且温度值最高的气体等温线代表着火焰的位置。与此相对应，以燃烧器的中心线为对称点，在下游也存在一个局部高温区，这是上半个周期火焰的位置。在两个局部高温区域之间，气体和固体温度值相差不大，而且等温线呈现了典型的马鞍形曲线，中间部位有凹坑，这是由径向的热量损失所致，并且该部分没有反应热来弥补热量损失。在下游，气体温度高于固体温度，部分热量又蓄积在下游。图 5-29（c）为燃烧器内轴向速度分布，二维特征也很明显，呈现典型的抛物线形。在入口流速为 0.55mm/s 时，燃烧器内轴向最大速度达到 3.25mm/s。

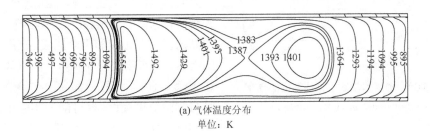

(a)气体温度分布
单位：K

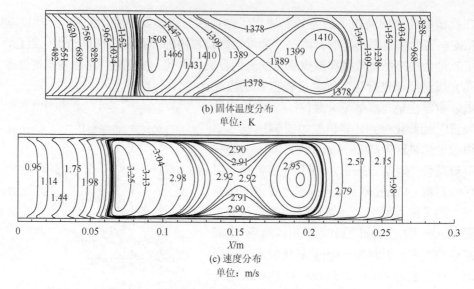

(b) 固体温度分布
单位: K

(c) 速度分布
单位: m/s

图 5-29　燃烧器气体、固体温度和轴向速度分布图

当量比 0.204, $u_g = 0.55$, 半周期 15s

　　为了验证模型的有效性, 数值模拟结果与实验值进行了对比。图 5-30 为燃烧器轴线上多孔介质固体温度计算值与实验值。图 5-30 所示的计算值与实验值, 均为达到准稳态平衡后正向半周期结束时的温度值。实验中, RSCP 系统从点火预热到最终的准稳态平衡, 需要很长一段时间。首先, 将 RSCP 系统置于单向流动状态, 通入当量比接近于 1 的燃气进行预热, 然后逐步减小当量比到预定目标值, 并按设定的半周期进行换向。随着周期的进行, 当观察到先后两个半周期内的可视化测点的瞬时温度曲线基本重合, 和往复过程中火焰位置已经对称, 认为达到准稳态平衡。为了讨论热损失对 RSCP 特性的影响和燃烧器的改进, 分别计算了保温层厚度为 0mm (即裸管), 40mm (实验条件) 和 80mm 厚的温度分布。由图 5-30 可以看出, 热损失对燃烧器内的温度分布有很大的影响, 保温层越厚, 意味着热量损失越小, 气体的最高温度相应地增大, 同时高温区域向上游和下游拓展。在燃烧器的上游, 二者吻合得相当好, 当气体温度达到最大值后, 计算值都高于实验值且裸管与实验值更接近, 这可能与实验中为了观察火焰而保留了局部裸管有关。下游的

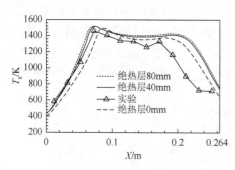

图 5-30　燃烧器轴线上固体温度的分布

当量比 0.204, $u_g = 0.55$, 半周期 15s

温度梯度也趋于一致，但是温度值相差较大。究其原因，可能是本节使用的单步总包反应机理本身的缺陷：反应过于集中且反应区域后的温度值偏高。另外在实验中为了观察火焰而在保温层上开有小孔，这与数值模拟假设的燃烧器完全保温或没有保温的裸管有显著的区别。同时，实验中燃烧器内的多孔材料布置并不完全对称，因此实验得到的温度曲线的对称点并不在燃烧器的中心，而是存在着轴向的位移，这也可能是造成下游实验值与数值模拟结果存在差异的一个原因。

作为惰性多孔介质填充床材料，实验研究和数值模拟应用最广泛的是氧化铝小球和泡沫陶瓷。由不同直径的氧化铝小球或泡沫陶瓷堆积的填充床，由于孔隙率和结构上的差异，对 RSCP 的特性有很大的影响。如图 5-31 和图 5-32 所示，10ppi 泡沫陶瓷作为填充材料的燃烧器的燃烧情况最好，其气体反应速度最大，气体温度高温区域最宽且最大值接近于 1600K，比相应的由小球组成的燃烧器内的气体温度值高出约 200K，但是尾气温度也很高。这是由于泡沫陶瓷的孔隙率大，其热惯性比小球填充床小，作为燃烧空间，在燃烧器点火启动或负荷变化时响应时间短。虽然孔隙率大且空间的网状结构使得其导热形成的热回流相对很小，但是泡沫陶瓷丰富发达的内孔结构，在燃烧区形成的高温区域有利于形成较大的辐射热回流，因此泡沫陶瓷更适合于布置在燃烧区域。

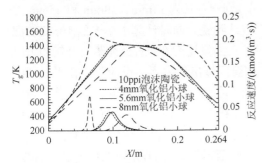
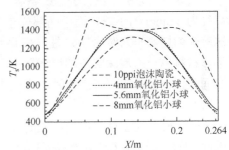

图 5-31　燃烧器轴线上气体温度和反应速率　　　图 5-32　燃烧器轴线上固体温度分布图

当量比 0.204, $u_g = 0.55$，半周期 15s

本节中小球填充床的孔隙率为 0.4，在燃烧器的单位体积内，气体所占的空间有限，化学反应区较宽但反应速度较低，即使在反应区，气固温度的差异也不大。填充材料为 8mm 小球的燃烧器，其气体温度曲线呈现类似于三角形的形状，已经接近于贫可燃极限；而由 4mm 和 5.6mm 小球组成的燃烧器，二者的气体温度几乎重合，气体反应速度也相差不大，但在燃烧器出口处，4mm 小球的气体温度最低。因此，用小球填充床作为燃烧区域效果很差，但是其相对较大的热惯性、两相间较大的对流换热系数决定了其更适合作为蓄热的载体。

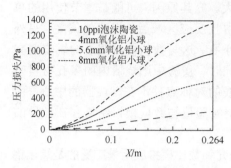

图 5-33　氧化铝小球燃烧器内的压力损失

而三种不同直径的小球堆积的填充床，由于孔隙率相对较小，相应的热惯性较大，渗透性差，因而气体在燃烧器内的流动压力损失大。如图 5-33 所示，四种不同方式的填充材料，燃烧器内部的压力损失有很大的差异，泡沫陶瓷燃烧器内的压力损失最小，只有 200Pa 左右；随着小球直径的减小，压力损失在增大，但是最大值仍然小于 1400Pa。

通过上面的计算分析说明，孔隙率大的泡沫陶瓷适合于作为燃烧区域，而且整个燃烧器内的压力损失很小；与此相对应的小球则更适合于作为蓄热的载体，但是压力损失较大。在以上四种类型的燃烧器中，材料单一的多孔介质既作为燃烧区域，又是热量传递的载体。实际上，在以扩展贫可燃极限为主要目的往复式燃烧器中，当量比越小，反应越接近于燃烧器的中间部位。因此，在燃烧器的中间部位，布置有利于燃烧的泡沫陶瓷，而在热量蓄积和交换占主导地位的燃烧器两端，布置蓄热效果更好的氧化铝小球，可以最大限度地蓄积热量。

根据以上分析，在改进的燃烧器二端分别布置长为 15mm、30mm 和 45mm 的直径为 4.0mm 的小球，而中间部位布置泡沫陶瓷，同时计算了单一的 10ppi 的泡沫陶瓷燃烧器作为对比。如图 5-34 所示，在当量比为 0.1 的极稀薄混合气的情况下，材料单一的泡沫陶瓷的燃烧器中，高温区域出现尖点，反应集中在燃烧器的中间部位，已经接近可燃极限。而改进的三种燃烧器，在燃烧器二端的蓄热效应非常明显。在正向半周期的入口段，温度曲线非常陡峭，当二端布置的小球长度为 15mm 时，在小球与泡沫陶瓷的接触面处，比没有布置小球的温度高出 237K。因此，预混气体在未达到燃烧器中间部位时已经着火，有着相对宽广的高温区域。随着周期性换向，反应分别在燃烧器中间部位的两侧进行。燃烧器二侧布置的小球越多，高温区越宽。二端布置 15mm 和 30mm 长的小球的燃烧器，高温区域有着较大的差异，但是当布置的小球长度增加为 45mm 时，高温区域已经与 30mm 的高温区域的差异不大。这也说明，并非二端布置的小球区域越长，改进的效果越显著。在本工况下，布置 30mm 的小球是较好的方案。随着小球厚度的增加，压力损失也在增大。如图 5-34 所示，在布置小球的区域，压力损失几乎呈现线性关系，而在泡沫陶瓷区域，压力损失变得平缓。在二端小球为 45mm 时，总的压力损失也小于 550Pa。因此，在燃烧器的二端布置小球而带来的压力损失是很小的，而其蓄热效应相当明显，有效地拓展了高温区域，这也预示着改进后的燃烧器可以显著地拓展贫可燃极限，改进的效果是十分明显的，达到了预期的目标。

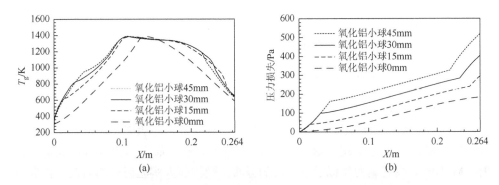

图 5-34　10ppi 和结构改进后的燃烧器轴线上的气体温度分布及压力损失

当量比 0.1，$u_g = 0.55$m/s，$t_{csp} = 15$s

5.3.4　往复流动下超绝热燃烧的理论分析

如前所述，RSCP 在拓展贫可燃极限以及降低污染物的排放方面具有独特的优势。基于上述燃烧器的优良特性，随着计算机技术的发展，研究者应用完整的数值模型对往复式多孔介质燃烧器进行了深入研究。而模拟瞬时和准稳态平衡的往复式燃烧器特性，需要选择合适的半周期和初始的预热温度等参数，因此即使是应用简单的燃烧模型，计算时间也较长，因为当系统达到准稳态平衡，填充床为惰性多孔介质时，需要往复 20 多个周期，而应用在化工领域的催化燃烧器，甚至需要 200 多个周期[75]。为了简化模型，Boreskov 等[76]提出了高切换频率的简化模型。Nieken 等[77]分析了往复半周期为无限大和无限小的两种极限情况。通过简化一个准稳态平衡模型，得到了一个与重要的控制参数相关联的简化模型。模型可以预测燃烧区域最高温度，以及燃烧器两侧的温度梯度。Thullie 等[75]通过进一步简化推导，可以预测燃烧器的最小长度、最大半周期、最大和最小气流入口速度等参数。以上的模型分析，都是以化工领域的往复式催化燃烧器为基础进行的研究。而作为预混气体往复式超绝热燃烧的惰性多孔介质燃烧器简化解的研究，目前见到的报道较少。

作者团队探索建立了 RSCP 简化理论解[7, 78]。本节首先通过 RSCP 与稳态的逆流燃烧器类比，推导 RSCP 的一个简化的理论解，理论解的有效性通过与实验结果的比较进行验证。该解适用于绝热条件下的惰性多孔介质内往复流动下的超绝热燃烧。简化理论解包括两个常微分方程，方程中包括了所有的重要控制参数，因此有助于深入理解这些控制参数对燃烧器特性的影响。然后，利用理论解推导的分段线性函数来构建燃烧器内多孔介质固体的温度曲线，讨论工况参数对固体温度最大值的影响。最后，利用分段线性函数，尝试通过与实验和数值模拟的对比，作进一步推导和分析，构建燃烧器在接近贫可燃极限时的温度分布。同时，分析得出贫可燃极限和最大半周期的理论表达式，并讨论二者的影响因素；分析得出往复式半周期应该遵循的准则数。

1. 最高温度、燃烧器两侧的温度梯度

由前面的实验分析可以看出，RSCP 的优势在于拓展贫可燃极限，因此大多 RSCP 在接近于贫可燃极限状态工作，当 RSCP 在贫可燃极限工况附近工作时，燃烧室内的温度分布呈现明显的类似于 M 形的分布。而当达到贫可燃极限状态时，M 形的曲线衰减为类似于三角形的分布。受到前人实验研究的启发，作者通过与稳态的逆流燃烧器类比，得到了往复流动下绝热惰性多孔介质内的超绝热燃烧的简化理论解。下面介绍理论解的建立过程。

图 5-35 为逆向反应器温度分布示意图。与往复式惰性多孔介质燃烧器相比，前者的燃烧器中的多孔介质是催化剂，不仅参与了热量的蓄积和释放过程，而且参与了化学反应，而后者是惰性的，只进行热量的传递。另外，前者新鲜混合气气流分为两股，等量永久地同时分别从两端流入，每一端入口气体的预热都是通过另一端的尾气，借助于多孔介质固体来完成。而后者的预热是通过上半个周期，利用气体蓄积在燃烧器出口的热量来进行的。因此，在往复式惰性多孔介质燃烧器气流方向快速翻转的极限情况下，由于固体的热容很大，在每个半周期内，固体温度几乎不变。只是气体温度在固相温度线的上下周期变化。因此，这两类燃烧器的结构和温度分布非常类似，图 5-36 中 T_1 与 T_s、T_2 与 T_s 分别相当于往复式惰性多孔燃烧器系统在达到准稳态平衡时，正向（从左到右）和逆向流动半周期结束时的气体与多孔介质固体的温度曲线。因此，通过二者的类比，可以推导出后者的简化理论解。

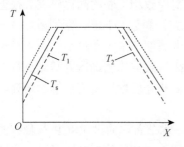

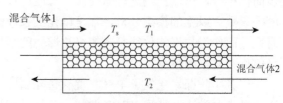

图 5-35　简化的逆向反应器温度分布　　　　图 5-36　逆向反应器示意图

多孔介质能量守恒方程：

$$(1-\varepsilon)\lambda_{se}\frac{d^2T_s}{dx^2} + \frac{1}{2}h_v(T_{g1}-T_s) + \frac{1}{2}h_v(T_{g2}-T_s) = 0 \qquad (5\text{-}8)$$

式中，ε 为孔隙率；λ_{se} 为包括导热、辐射在内的多孔介质固体有效导热系数；h_v 为气、固两相间的对流换热系数。

混合气 1 和 2 能量守恒方程：

$$-\varepsilon\rho_g u_g c_g \frac{dT_{g1}}{dx} + \varepsilon\lambda_g \frac{d^2 T_{g1}}{dx^2} - h_v(T_{g1} - T_s) + h_0\varepsilon\gamma W_{g1} = 0 \qquad (5\text{-}9)$$

$$\varepsilon\rho_g u_g c_g \frac{dT_{g2}}{dx} + \varepsilon\lambda_g \frac{d^2 T_{g2}}{dx^2} - h_v(T_{g2} - T_s) + h_0\varepsilon\gamma W_{g2} = 0 \qquad (5\text{-}10)$$

式中，λ_g 为气体的导热系数；h_0 为燃料低热值；γ 为反应物中燃料的质量分数；W_{g1} 是混合气体 1 反应物消耗速度；W_{g2} 为混合气体 2 反应物消耗速度。

混合气体 1 和 2 组分守恒方程：

$$-\rho_g u_g \frac{dY_{g1}}{dx} + D \frac{d^2 Y_{g1}}{dx^2} + W_{g1} = 0 \qquad (5\text{-}11)$$

$$\rho_g u_g \frac{dY_{g2}}{dx} + D \frac{d^2 Y_{g2}}{dx^2} + W_{g2} = 0 \qquad (5\text{-}12)$$

假设燃烧反应是一级反应，反应物消耗速度（气体混合物看作由反应物、生成物组成）为

$$W_{g1} = \rho_{g1} Y_{g1} A e^{-E/(RT_{g1})} \qquad (5\text{-}13)$$

$$W_{g2} = \rho_{g2} Y_{g2} A e^{-E/(RT_{g2})} \qquad (5\text{-}14)$$

式中，E 是燃料活化能；R 是气体通用常数；A 是指数前因子。式（5-8）～式（5-14）构成了逆流反应器的计算模型。

为了使问题简化，给出下列假设：

（1）气体、固体的物性参数均为常数；

（2）忽略气体组分扩散，即忽略式（5-11）、式（5-12）中的二阶项；

（3）与固体相比，气体的导热系数很小，忽略混合气体的导热项，即忽略式（5-9）、式（5-10）中的二阶项。

式（5-8）与式（5-10）相加，同时式（5-9）与式（5-10）相减后对其求导，分别得到式（5-15）和式（5-16）：

$$2(1-\varepsilon)\lambda_{se}\frac{d^2 T_s}{dx^2} + \varepsilon\rho_g u_g c_g\left(\frac{dT_{g2}}{dx} - \frac{dT_{g1}}{dx}\right) + h_0\varepsilon\gamma(W_{g1} + W_{g2}) = 0 \qquad (5\text{-}15)$$

$$\varepsilon\rho_g u_g c_g\left(\frac{dT_{g2}}{dx} - \frac{dT_{g1}}{dx}\right) - \frac{h_0\gamma\rho_g u_g c_g\varepsilon^2}{h_v}(W_{g2} - W_{g1})' = \frac{(\varepsilon\rho_g u_g c_g)^2}{h_p}\left(\frac{d^2 T_{g2}}{dx^2} + \frac{d^2 T_{g1}}{d^2 x}\right) \qquad (5\text{-}16)$$

对其取近似值：

$$T_s = \frac{T_{g1} + T_{g2}}{2} \qquad (5\text{-}17)$$

将式（5-17）代入式（5-16）中，有

$$2\lambda_{eff}\frac{d^2T_s}{dx^2}+\frac{h_0\gamma\rho_g u_g c_g \varepsilon^2(W_{g2}-W_{g1})'}{h_v}+h_0\gamma\varepsilon(W_{g2}+W_{g1})=0 \quad (5\text{-}18)$$

式中，

$$\lambda_{eff}=(1-\varepsilon)\lambda_{se}+\frac{(\varepsilon\rho_g u_g c_g)^2}{h_v} \quad (5\text{-}19)$$

$$(W_{g2}-W_{g1})'=-\rho_g u_g\left(\frac{dY_{g2}}{dx}+\frac{dY_{g1}}{dx}\right)' \quad (5\text{-}20)$$

$$(W_{g2}+W_{g1})=-\rho_g u_g\left(\frac{dY_{g2}}{dx}-\frac{dY_{g1}}{dx}\right) \quad (5\text{-}21)$$

将式（5-20）、式（5-21）代入式（5-18）中并积分：

$$2\lambda_{eff}\frac{dT_s}{dx}-h_0\gamma\varepsilon\rho_g u_g(Y_{g2}-Y_{g1})=\frac{h_0\gamma c_g(\varepsilon\rho_g u_g)^2\left(\frac{dY_{g2}}{dx}+\frac{dY_{g1}}{dx}\right)}{h_v} \quad (5\text{-}22)$$

因为燃烧器完全对称，为了推导多孔介质固体温度的最大值，下面的推导只考虑燃烧器的前半部分（0≤x≤L/2）。假设混合气体 2 从末端（x=L）到达对称点时已完全反应，即对 0≤x≤L/2 有

$$dY_{g2}/dx=Y_{g2}=0$$

故方程（5-22）可简化为

$$2\lambda_{eff}\frac{dT_s}{dx}+h_0\gamma\varepsilon\rho_g u_g Y_{g1}=\left(h_0\gamma c_g(\varepsilon\rho_g u_g)^2\frac{dY_{g1}}{dx}\right)\Big/h_v \quad (5\text{-}23)$$

将方程（5-11）代入方程（5-23）中，有

$$\frac{dT_s}{dx}=\left(F-Ge^{\frac{E}{RT_s}}\right)\frac{dY_{g1}}{dx} \quad (5\text{-}24)$$

式中，

$$F=\frac{h_0\gamma c_g(\varepsilon\rho_g u_g)^2}{2\lambda_{eff}h_v}, \quad G=-\frac{h_0\gamma\varepsilon\rho_g u_g^2}{2\lambda_{eff}A}$$

方程（5-11）忽略 Y_{g2} 的扩散源进一步简化为

$$\frac{dY_{g1}}{dx}=\frac{K}{u_g}Y_{g1}e^{-E/(RT_g)} \quad (5\text{-}25)$$

热波的传播速度[77]为

$$u_t = \frac{c_g \rho_g u_g}{c_s \rho_s (1-\varepsilon)} \left(1 - \frac{\Delta T_{ad}}{T_{max} - T_0} \right) \tag{5-26}$$

于是，完整的模型已经简化为单一的准稳态平衡固体温度和组分的微分方程，式（5-24）、式（5-25）构成了仅由两个常微分方程组成的简化解，与完整数值模型比较，得到了很大简化。而热波的传播速度可以根据方程（5-26）确定，通过与式（5-24）、式（5-25）联合求解，就可以确定给定工况的解。

应用下列边界条件[77]对方程（5-24）进行变量分离，并从 $x=0$ 到 $x=L/2$ 积分。反应器入口：

$$T\big|_{X=0} = T^0 + \frac{\Delta T_{ad}}{2}\left(1 - \frac{Y^e}{Y^0}\right), \qquad Y_1\big|_{X=0} = Y^0 = 1, \quad Y_2\big|_{X=0} = Y^e \tag{5-27a}$$

燃烧器的中心（对称点）：

$$Y_1\big|_{X=L/2} = Y_2\big|_{X=L/2}$$

$$\int_{T_0+\frac{1}{2}\Delta T_{ad}}^{T_{max}} \frac{1}{Ge^{\frac{E}{RT_s}} - F}\, \mathrm{d}T_s = Y_0 - Y_e = Y_0 = 1 \tag{5-27b}$$

用一个简单的迭代程序，就可以得到 T_{max}。对于预热段，假设没有化学反应，由方程（5-22）直接得到燃烧器入口的温度梯度：

$$\frac{\mathrm{d}T_s}{\mathrm{d}x} = \frac{h_0 \gamma \varepsilon \rho_g u_g Y_0}{2\lambda_{eff}} \tag{5-28}$$

2. 简化理论解的应用

简化理论解可用于解析地预测 RSCP 燃烧器内固体温度分布。

图 5-37 为建立的燃烧器内温度分布示意图。简化解的温度曲线由分段线性函数构成：首先在入口预热段（L_{ph1}），由于假设没有化学反应，温度梯度由方程（5-28）直接得到。中间段为高温区域（L_{hz}），点火温度由文献[79]计算：

$$T_i = \frac{E}{R \ln\left(\dfrac{Y_{CH_4} h_0 \rho_g A}{h_v T_{med}} \right)} - T_{med} \tag{5-29a}$$

式中，

$$T_{med} = \frac{\Delta T_{ad}}{1 + \dfrac{h_v \lambda_{eff}}{u_g^2 c_g^2 \rho_g^2}} \tag{5-29b}$$

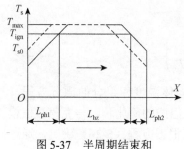

图 5-37　半周期结束和
开始时的温度曲线

其中，T_{ad} 为甲烷混合气的绝热温度；T_{med} 是为了使点火温度表达式简洁的一个中间变量。温度最大值由方程（5-27）得到；最后为出口段（L_{ph2}），固体温度在出口的值 T_{out} 由热波的移动来确定。如图 5-37 所示，将温度曲线在半周期内的演变，看作从半周期初始时刻起，温度曲线（虚线）以热波的速度均匀地向下游移动，半周期结束时，已演变为半周期末的固体的温度曲线（实线），因此出口温度为

$$T_{out} = T_{s0} - \omega T_{csp} \frac{dT_s}{dx} \tag{5-30}$$

式中，T_{s0} 为正向半周期开始时燃烧器入口的固体温度；T_{csp} 是半周期。

作为简化解的计算实例，本书选用的往复式燃烧器长为 200mm，填充材料为惰性的 5 孔/cm 的氧化铝泡沫陶瓷，孔隙率为 0.875。应用简化模型求解时，气体混合物的物性参数是常数，选为绝热火焰温度下对应的物性值，气固两相对流换热系数[80]取为 0.65 倍。数值模拟是用 CFD 软件包 FLUENT6.1 完成的，气体的物性是随温度和组分而变化的，这与简化解的设置是不同的，而固体的物性和其他的参数设置与简化解完全相同。燃气是甲烷与空气的均匀混合物，甲烷的燃烧假设为单步总包不可逆反应，反应速度和完整的数值模拟模型见文献[81]。

图 5-38 为应用简化的理论解得到的温度分布曲线与完整的数值模型解的比较。从图中可以看出，理论解与数值模拟解吻合得很好。而入口处的温度，理论解和数值模拟的结果都显示，当预混气体 $\varphi = 0.12\sim0.2$，$u_g = 0.33$m/s 时，固体温度入口值为 $T_{s0} = 1650-T_i$，该值是一个较好的估算值。

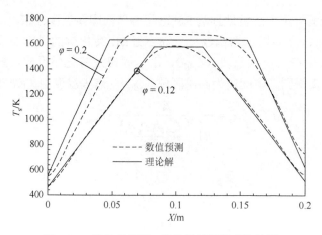

图 5-38　简化理论解、数值模拟解温度比较图

图 5-39 和图 5-40 分别为简化模型计算的流速和当量比对最高温度的影响。该实验结果来自文献[82]。二者对最高温度的影响非常重要，因为过高的温度可能会超过多孔材料的热疲劳极限；另外，过低的温度可能会导致熄火。与数值模拟的计算工作量相比，如前面所述，除了初始阶段的预热外，另外至少需要往复 20 多个周期，而且可能会因为给定的流速或者当量比过小，而出现中途熄火的现象，导致计算失败。应用简化解求解，只需要一个非常简单的迭代公式，计算几乎不需要时间。应用简化理论解求解的流速与当量比对最高温度的影响，与实验[82]结果的趋势完全相同，但是与实验结果在定量上还存在一定的差异。这是因为在做理论解的推导时，做了很多假设，气体的物性、对流换热系数等采用了常数，而在实际的燃烧器中变化很大，同时没有考虑热损失；另外实验[82]使用的天然气中甲烷占 88%，与理论解的假设（100%甲烷）不符，这也可能是造成差异的一个原因。

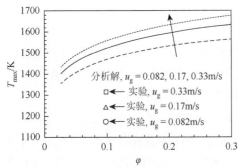

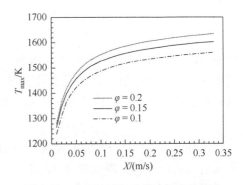

图 5-39　流速对固体最大温度的影响　　　　图 5-40　当量比对固体最大温度的影响

前面基于类比的方法，将往复式多孔介质燃烧完整的数学模型简化为两个常微分方程，分别为燃烧器内多孔介质温度的最大值和组分微分方程式（5-25）、式（5-27）。对方程（5-27）进行积分，得到了燃烧器中固体温度最大值 T_{max}；假设预热段没有化学反应，得到了预热段温度梯度表达式：

$$\frac{\mathrm{d}T_{\mathrm{s}}}{\mathrm{d}x}=\frac{h_0\gamma\varepsilon\rho_{\mathrm{g}}u_{\mathrm{g}}Y_0}{2\lambda_{\mathrm{eff}}} \tag{5-31}$$

式（5-27）和式（5-31）与热波传播速度相联合，利用分段线性函数，获得了燃烧器内的温度分布，并与数值模拟的计算结果进行了对比。但是，由于简化后的组分方程表达式中，含有变量固体温度，该值在燃烧器内是变化的，固体温度在燃烧器的进出口采用了经验公式计算。因此该方法的通用性较差。实际上，以扩展贫可燃极限为主要目的的往复式多孔介质燃烧器，燃烧大多在贫可燃极限附近。通过实验[82]可以看出，在正向半周期结束时，燃烧器进口的温度与环境温度相差不大，本书选定进口温度为环境温度300K。根据此假设条件，就可以求得任意半周期内的温度曲线。首先，多孔介质固体温度在半周期内的演变，看作热波在半周期内的移动，如图5-35所示，得到燃烧器进出口温差表达式：

$$T_{s0} - T_{out} = u_t T_{csp} \frac{dT_s}{dx} \tag{5-32}$$

式中，T_{s0}、T_{out}分别表示正向半周期开始时固体进出口温度；T_{csp}是半周期；u_t是热波移动速度[见方程（5-26）]。根据前面的假设，$T_{out} = T_0 = 300K$，代入方程（5-32），得到

$$T_{s0} - T_0 = u_t T_{csp} \frac{dT_s}{dx} \tag{5-33}$$

同时，由图5-37可以写出燃烧器长度L的表达式：

$$L = \frac{T_{ign} - T_{s0}}{dT_s / dx} + L_{hz} + \frac{T_{ign} - T_{out}}{dT_s / dx} \tag{5-34}$$

式中，L_{hz}表示高温区域的宽度，如图5-37所示。本书中称固体温度高于点火温度的区域为高温区域。其中温度等于固体温度最大值的区域称为高温平台区域，具有特指的意义。T_i是点火温度，对于甲烷取为[83]

$$T_i = 0.75 T_{max} \tag{5-35}$$

式（5-33）～式（5-35）构成了求解燃烧器内固体温度曲线的方程组。固体温度的最大值T_{max}、温度梯度dT_s/dx和热波波速是可求的。图5-41和图5-42给出了理论计算值与实验值[82]的比较，本节中的实验结果均来自文献[82]。为了验证理论解的通用性，分别计算了多孔介质规格为5孔/cm和12孔/cm两种燃烧器。实验与理论解均表明，多孔介质材料本身对RSCP有显著的影响。使用两种规格多孔介质的实验中，除了12孔/cm规格的当量比为0.096，与5孔/cm的当量比0.1有很小的区别外，其他工况都相同。实验所用的5孔/cm和12孔/cm的多孔介质，孔隙率均为0.875，但是孔径不同并由此导致了不同的多孔介质衰减系数和内孔表面积[82]。12孔/cm的多孔介质具有单位面积内更大的内孔面积，在上游有利于预热预混气体，而在下游有利于热量的蓄积。同时，12孔/cm的多孔介质具有较大的衰减系数，有利于形成局部高温区。为了进一步验证理论解的使用范围，图5-42为流速和半周期都较大时理论解和实验的比较，与图5-42和图5-41相比，当流速与半周期的乘积较大时，温度曲线在轴线方向上有明显的向下游的位移。图5-42中，理论计算的燃烧器两侧的温度曲线与实验值相差不大，但是计算的最高温度要高于实验值，但两者的误差在20%以内。造成两者差异的原因，在前面内容已经做了解释。

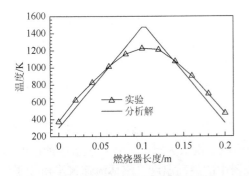
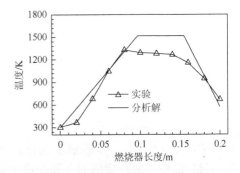

图 5-41　理论解预测的温度与实验值的比较（一）　　图 5-42　理论解预测的温度与实验值的比较（二）

　　$u_g = 0.083\text{m/s}$，当量比 0.1，半周期 30s　　　　　　$u_g = 0.17\text{m/s}$，当量比 0.096，半周期 90s

3. 贫可燃极限的预测及影响因素的讨论

　　实验和数值模拟的结果显示，燃气在多孔介质中燃烧，当量比越高，高温区域越宽。在燃烧器的中心部位，固体温度几乎保持不变，存在高温平台，温度曲线类似于梯形。随着当量比的减小，高温平台的宽度在减小，固体温度曲线逐步衰减为类似于三角形的形状。据此，我们将实验[82]中燃气在接近贫可燃极限时，温度曲线类似于三角形的规律，应用在理论解中。当高温平台成为尖点时，认为达到贫可燃极限。此时方程（5-34）成为

$$L = \frac{2T_{\max} - T_{s0} - T_{\text{out}}}{\text{d}T_s / \text{d}x} \tag{5-36}$$

将式（5-36）代入式（5-34）中，得到

$$L - \frac{2T_{\max} - 2T_{\text{out}}}{\text{d}T_s / \text{d}x} + u_t T_{\text{csp}} = 0 \tag{5-37}$$

　　方程（5-37）中隐含着贫可燃极限，即给定入口气流速度，求满足方程的当量比。也就是说，对于一个给定的燃烧器，在给定入口流速后，通过试算寻找一个使得能够稳定燃烧的最小当量比。方程（5-37）利用一个很小的程序求解，在几秒钟之内即可完成。而数值模拟则需往复 20 多个周期，用试算法反复寻求最小当量比。

　　图 5-43 为理论解求得的贫可燃极限与实验值的比较。实验和数值模拟都表明，同样的工况下，12 孔/cm 的多孔介质更适合于扩展贫可燃极限，而且效果很显著；总的来说，贫可燃极限随着流速的增加而得到扩展，但在不同的流速范围内，贫可燃极限对流速的依赖程度不同。当流速较小时，贫可燃极限对流速有强烈的依赖关系，通过增大流速来扩展贫可燃极限是非常有效的。因此，对于实际的燃烧器，当燃气的热值很低时，为了获得稳定的燃烧，不宜采用小流速。流速小于 0.12m/s 时，理论解预测的趋势与实验值相符，流速对贫可燃极限的影响非常显著。

而流速在高于 0.12m/s 时，5 孔/cm 燃烧器的预测结果与实验值预测的趋势相反，而 12 孔/cm 预测的贫可燃极限变化很小。这说明，理论解对贫可燃极限的预测，只适用于流速小于 0.12m/s。而在流速大于 0.17m/s 时，实验的结果表明，流速对贫可燃极限的影响很小，对于 5 孔/cm 的燃烧器，流速的增加反而对贫可燃极限的扩展是不利的。

图 5-43 的结果表明，孔隙率相同的多孔介质，小孔径燃烧器可以获得更小的贫可燃极限。为了进一步理解多孔材料对燃烧器内最大温度和贫可燃极限的影响，图 5-44 比较了两种规格的多孔介质燃烧器中的最高温度（气体流速×半周期/燃烧器长度 = 25）。结果表明，在流速 0.05～0.3m/s 的范围内，12 孔/cm 的多孔介质燃烧器中的温度最大值，始终高于 5 孔/cm 的温度最大值。因此，小孔径多孔介质燃烧器在扩展贫可燃极限方面具有更好的性能。

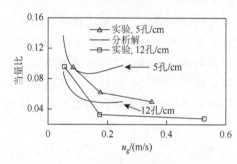

图 5-43　理论解预测的贫可燃极限
　　　　　与实验值的比较

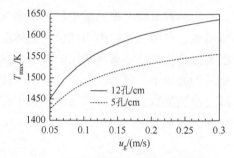

图 5-44　入口流速对最高温度的影响

如图 5-43 所示，在流速较大时，理论解预测的贫可燃极限与实验值有较大的误差，说明以 RSCP 的温度曲线出现尖点来代替贫可燃极限的假设具有局限性。造成误差的主要原因是模型过于简化。首先，本书中假定混合气体在多孔介质中的流动为层流，实际上，在流速较大时，忽略湍流对燃烧过程的影响可能会带来较大的误差。其次，对贫可燃极限的分析，应该研究多孔介质微孔内的火焰行为，利用严格的火焰熄火理论来进行研究分析，但目前尚未有该方面的研究报道。最后，对于每一种工况，可能存在不止一个尖点。总之，本书的简化模型对 RSCP 贫可燃极限的预测，在流速较小时吻合得较好，对于 RSCP 的优化设计、实验和燃烧器的设计都具有指导意义，但是模型仍然有待于进一步的完善和改进，尤其是火焰在多孔介质微孔内的燃烧行为需要大量的基础研究。

图 5-45 中也给出了 Dobrego 等[84]预测的贫可燃极限随入口流速的变化。由图可见，随着入口流速的增大，数值预测的贫可燃极限降低，与实验的趋势相符。但是当流速大于 0.3m/s 时，实验结果显示贫可燃极限随着流速的增大而增大，与数值预测的趋势不符，Dobrego 等认为该现象是由数值预测时采用的单步反应机理造成的。

　　增加燃烧器的长度有利于扩展贫可燃极限，如图 5-46 所示（12 孔/cm，气体流速×半周期/燃烧器长度 = 5）。同样地，在流速较小时，增加燃烧器的长度对扩展贫可燃极限的效果很显著，但是在流速大于 0.15m/s 时，流速的增大对贫可燃极限的扩展几乎没有影响，与图 5-45 预测的趋势相同。但是对于实际的燃烧器，过大的燃烧器长度会带来较大的压力降。实验将燃烧器的长度由 0.2m 延长到 0.3m，同时增大了燃烧器的内径，以减小径向热损失，结果贫可燃极限有显著的扩展。

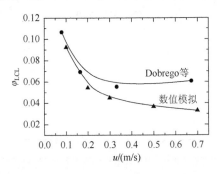

图 5-45　贫可燃极限随入口流速的变化　　　　图 5-46　入口流速对贫可燃极限的影响

　　需要注意的是，上述理论解的推导过程没有考虑系统的热损失；RSCP 系统在贫可燃极限状态下工作时，假设高温区域衰减为三角形，中心区域的高温区域宽度为零。这与实际运行的燃烧器还是有差异的。Dobrego 等[84]延拓了贫可燃极限的理论推导，他们采用理论推导与数值模拟相结合的方法，考虑系统热损失，研究了热损失、系统压力、颗粒直径和燃烧器长度等对贫可燃极限的影响。

参 考 文 献

[1] Ju Y G，Maruta K R. Microscale combustion：Technology development and fundamental research. Progress in Energy and Combustion Science，2011，37（6）：669-715.

[2] Babkin V S，Vierzba I，Kairm G A. Energy-concentration phenomenon in combustion wave. Combustion Explosion and Shock Waves，2002，38（1）：1-8.

[3] Howell J R，Hall M J，Ellzey J L. Combustion of hydrocarbon fuels within porous inert media. Progress in Energy and Combustion Science，1996，22：121-145.

[4] Wood S，Harris A T. Porous burners for lean-burn applications. Progress in Energy and Combustion Science，2008，34（5）：667-684.

[5] Mujeebu A M. Hydrogen and syngas production by superadiabatic combustion—A review. Applied Energy，2016，173：210-224.

[6] Zhdanok S，Kennedy L A，Koester G. Superadiabatic combustion of methane air mixtures under filtration in a packed bed. Combustion and Flame，1995，100：221-231.

[7] 史俊瑞. 多孔介质中预混气体超绝热燃烧机理及其火焰特性的研究. 大连：大连理工大学，2007.

[8] Kennedy L A, Bingue J P, Saveliev A V, et al. Chemical structures of methane-air filtration combustion waves for fuel-lean and fuel-rich conditions. Proceedings of the Combustion Institute，2000，28（1）：1431-1438.

[9] 凌忠钱. 多孔介质内超绝热燃烧及硫化氢高温裂解制氢的试验研究和数值模拟. 杭州：浙江大学，2008.

[10] Drayton M K, Saveliev A V, Kennedy L A, et al. Syngas production using superadiabatic combustion of ultra-rich methane-air mixtures. Symposium（International）on Combustion，1998，27（1）：1361-1367.

[11] Zheng C H, Cheng L M, Saveliev A, et al.Gas and solid phase temperature measurements of porous media combustion. Proceedings of the Combustion Institute，2011，33（2）：3301-3308.

[12] Kiefer J, Weikl M C, Seeger T, et al. Non-intrusive gas-phase temperature measurements inside a porous burner using dual-pump CARS. Proceedings of the Combustion Institute，2009，32（2）：3123-3129.

[13] Stelzner B, Keramiotis C H, Voss S, et al. Analysis of the flame structure for lean methane-air combustion in porous inert media by resolving the hydoroxyl radical. Proceeding of the Combustion Institute，2015，35：3381-3388.

[14] Dunnmon J, Sobhani S, Wu M, et al. An investigation of internal flame structure in porous media combustion via X-ray Computed Tomography. Proceedings of the Combustion Institute，2017，36（3）：4399-4408.

[15] Delalic N, Mulahasanovic D, Ganic E N. Porous media compact heat exchanger unit experiment and analysis. Experimental Thermal and Fluid Science，2004，28（2）：185-192.

[16] Bakry A, Al-Salaymeh A, Al-Muhtaseb A H, et al. CO and NO$_x$ emissions in porous inert media（PIM）burner system operated under elevated pressure and inlet temperature using a new flame stabilization technique. Chemical Engineering Journal，2010，165（2）：589-596.

[17] Keramiotis C, Stelzner B, Trimis D, et al. Porous burners for low emission combustion：An experimental investigation. Energy，2012，45（1）：213-219.

[18] Dehaj S M, Ebrahimi R, Shams M, et al. Experimental analysis of natural gas combustion in a porous burner. Experimental Thermal and Fluid Science，2017，84：134-143.

[19] Aldushin A P, Rumanov I E, Matkowsky B J. Maximal energy accumulation in a superadiabatic filtration combustion wave. Combustion and Flame，1999，118：76-90.

[20] Takeno T, Sato K. An excess enthalpy flame theory. Combustion Science and Technology，1979，20：73-84.

[21] Takeno T, Sato K. A theoretical study on an excess enthalpy flame. The Combustion Institute，Eighteen Symposium（International）on Combustion，Waterloo，1981：1503-1509.

[22] Yoshizawa Y, Sasaki K, Echigo B. Analytical study of the structure of radiation controlled flame. International Journal of Heat and Mass Transfer，1998，31（2）：311-319.

[23] Shi J R, Xie M Z, Liu H, et al. Numerical simulation and theoretical analysis of low-velocity filtration combustion of lean mixture.International Journal of Heat and Mass Transfer，2008，51：1818-1829.

[24] Li J, Wang Y, Shi J R, et al. Dynamic behaviors of premixed hydrogen-air flames in a planar micro-combustor filled with porous medium. Fuel，2015，145：70-78.

[25] Li J, Chou S K, Li Z W, et al. Experimental investigation of porous media combustion in a planar micro-combustor. Fuel，2010，89：708-715.

[26] Li Q Q, Li J, Shi J R, et al. Effects of heat transfer on flame stability limits in a planar micro-combustor partially filled with porous medium. Proceeding of Combustion Institute，2019，37（4）：5645-5654.

[27] Li J, Li Q, Shi J R, et al. Numerical study on heat recirculation in a porous micro-combustor. Combust and Flame，2016，171：152-161.

[28] Liu Y, Fan A W, Yao H, et al. Numerical investigation of filtration gas combustion in a mesoscale combustor filled

with inert fibrous porous medium. International Journal of Heat and Mass Transfer，2015，91：18-26.

[29] Liu Y，Ning D G，Fan A W，et al. Experimental and numerical investigations on flame stability of methane/air mixtures in mesoscale combustors filled with fibrous porous media. Energy Conversion and Management，2016，123：402-409.

[30] Liu Y，Fan A W，Yao H，et al. A numerical investigation on the effect of wall thermal conductivity on flame stability and combustion efficiency in a mesoscale channel filled with fibrous porous medium. Applied Thermal Engineering，2016，101：239-246.

[31] 向赢，刘毅，范爱武. 填充多孔纤维的微细通道内 CH_4/空气火焰的稳燃机理. 燃烧科学与技术，2018，24（5）：439-445.

[32] Ellzey J L，Belmont E L，Smith C H. Heat recirculating reactors：Fundamental research and applications. Progress in Energy and Combustion Science，2019，72：32-58.

[33] Koester G E. Propagation of Wave-like Unstabilized Combustion Fronts in Inert Porous Media. Columbus：Doctoral Dissertation of the Ohio State University，1997.

[34] 张根烜. 基于多孔介质内燃烧的微小型化学推进系统的数值研究. 合肥：中国科学技术大学，2006.

[35] Zhang G，Cai X，Liu M，et al. Characteristic analysis of low-velocity gas filtration combustion in an inert packed bed. Combustion Theory and Modeling，2006，10（4）：683-700.

[36] Foutko S I，Stanislav S I，Zhdanok S A. Superadiabatic combustion wave in a diluted methane-air mixture under filtration in a packed bed. Proceeding of Combustion Institute，1996，26：3377-3382.

[37] Vahid V，Chanwoo P. Analytical solutions of superadiabatic filtration combustion. International Journal of Heat and Mass Transfer，2018，117：740-747.

[38] Bubnovich V I，Zhdanok S A，Dobrego K V. Analytical study of the combustion waves propagation under filtration of methane-air mixture in a packed bed.International Journal of Heat and Mass Transfer，2006，49：2578-2586.

[39] 解茂昭，杜礼明，孙文策. 多孔介质中往复流动下超绝热燃烧技术的进展与前景. 燃烧科学与技术，2002，8（6）：520-524.

[40] Gosiewski K，Pawlaczyk A，Jaschik M，et al. Energy recovery from ventilation air methane via reverse-flow reactors. Energy，2015，92：13-23.

[41] 邓洋波. 多孔介质内往复流动下超绝热燃烧的实验和数值模拟研究. 大连：大连理工大学，2004.

[42] 邓洋波，解茂昭. 多孔介质内预混合超绝热燃烧的排放特性. 大连理工大学学报，2004，44（3）：392-397.

[43] 李涛. 低热值预混气在往复式多孔介质中燃烧实验研究. 杭州：浙江大学，2010.

[44] 段毅. 内嵌换热面多孔介质燃烧与传热研究. 杭州：浙江大学，2017.

[45] Zhang J C，Cheng L M，Zheng C H，et al. Development of non-premixed porous inserted regenerative thermal oxidizer. Journal of Zhejiang University Science，2013，14：671-678.

[46] 景淼. 多孔介质热循环熔炼炉阻力及混合特性. 杭州：浙江大学，2012.

[47] 吴雪松. 工业级多孔介质低氮燃烧器开发研究. 杭州：浙江大学，2018.

[48] Gao Z L，Liu Y Q，Gao Z L. Influence of packed honeycomb ceramic on heat extraction rate of packed bed embedded heat exchanger and heat transfer modes in heat transfer process. International Communications in Heat and Mass Transfer，2015，65：76-81.

[49] 毛明明，刘永启，高振强，等. 煤矿瓦斯旋流混合器定工况下混合均匀性研究. 北京理工大学学报，2013，33（4）：343-348.

[50] Sun P，Yang H Z，Zheng B，et al. Heat transfer trait simulation of H finned tube in ventilation methane oxidation steam generator for hydrogen production. International Journal of Hydrogen Energy，2019，44：5564-5572.

[51] Zheng B，Liu Y Q，Sun P，et al. Oxidation of lean methane in a two-chamber preheat catalytic reactor. International Journal of Hydrogen Energy，2017，42：18643-18648.

[52] Jugjai S，Wongveera S，Teawchaiitiporn T，et al. The surface combustor-heater with cyclic flow reversal combustion. Experimental Thermal and Fluid Science，2001，25（3）：183-192.

[53] Contarin F，Barcellos W M，Saveliev A V，et al. Energy extraction from a porous meida reciprocial flow burner with embedded heat exchanges. Journal of Heat Transfer，2005，27：123-127.

[54] Qiu K，Hayden A C S. Thermophotovaltaic power generation systems usingnatural gas-fired radiant burners. Solar Energy Materials and Solar Cells，2007，91：588-596.

[55] Hanamura K，Echigo R. Superadiabatic combustion in a porous medium. International Journal of Heat and Mass Transfer，1993，36（13）：3201-3209.

[56] Echigo R，Hanamura K，Yoshida H. Sophisticated thermoelectric conversion device of porous materials by super-adiabatic combustion of reciprocating flow and advanced power generation system. International Conference on Thermoelectric，Lisbon，1992：45-50.

[57] Hoffmann J G，Echigo R，Tada S，et al. Analytical study on flame stabilization reciprocating combustion in porous media with high thermal conductivity. The Combustion Institute Twenty-sixth Symposium（International）on Combustion，Tokyo，1996：2709-2716.

[58] 杜礼明，解茂昭. 预混气体在多孔介质中往复流动下超绝热燃烧的理论探讨. 能源工程，2003，5：6-11.

[59] 杜礼明，解茂昭. 预混合燃烧系统中多孔介质作用数值研究. 大连理工大学学报，2004，44（1）：70-75.

[60] 杜礼明. 稀薄混合气在多孔介质中超绝热燃烧的理论研究. 大连：大连理工大学，2003.

[61] Du L M，Xie M Z. Numerical prediction of radiative heat transfer in reciprocating superadiabatic combustion in porous media. Journal of Environmental Sciences，2011，23（11）：26-31.

[62] 马世虎，解茂昭，邓洋波. 多孔介质往复流动燃烧的一维数值模拟. 热能动力工程，2004，19（4）：384-388.

[63] 马世虎. 往复流动下预混气体在多孔介质中超绝热燃烧的数值模拟. 大连：大连理工大学，2004.

[64] Xie M Z，Shi J R，Deng Y B，et al. Experimental and numerical investigation on performance of a porous medium burner with reciprocating flow. Fuel，2009，88：206-213.

[65] 赵平辉. 惰性多孔介质内预混燃烧的研究. 合肥：中国科学技术大学，2007.

[66] 蒋利桥. 微尺度火焰及微燃烧器的稳燃强化技术研究. 合肥：中国科学技术大学，2008.

[67] 徐侃. 微小尺度燃烧中淬熄距离和贫燃极限的研究. 合肥：中国科学技术大学，2011.

[68] 曹海亮，张凯，赵纪娜，等. 微小多孔介质燃烧器的燃烧特性研究. 工程热物理学报，2011，32（12）：2157-2160.

[69] Gao H B，Qu Z G，Feng X B，et al. Methane/air premixed combustion in a two-layor porous burner with different foam materials. Fuel，2014，114：154-161.

[70] 代华明. 多孔介质内煤矿低浓度瓦斯燃烧波多参数耦合时空演化机理. 徐州：中国矿业大学，2016.

[71] Song F Q，Wen Z，Dong Z，et al. Ultra-low calorific gas combustion in a gradually-varied porous burner with annular heat recirculation. Energy，2017，119：497-503.

[72] Hsu P F，Evans W D，Howell J R. Experimental and numerical study of premixed combustion within nonhomogeneous porous media. Combustion Science and Technology，1993，90：149-172.

[73] Hendricks T J，Howell J R. Absorption/scattering coefficients and scattering phase functions in reticulated porous ceramics. Journal of heat transfer，1996，118：79-87.

[74] Yamaoka I，Tsuji H. Determination of burning velocity using counterflow flames. Symposium（International）on Combustion，1985，20（1）：1883-1892.

[75] Thullie J，Burghadt A. Simplified procedure for estimating maximum cycling time of flow-reverse reactors.

Chemical Engineering Science，1995，50：2299-2309.

[76] Boreskov G K，Matros Y S. Unsteady-state performance of heterogeneous catalytic reactions. Catalytic Review and Science Engineering，1983，25（4）：551-590.

[77] Nieken U，Kolios G，Eigenberger G A. Limiting cases and approximate solution for fixed-bed reactors with periodic flow reversal. AIChE Journal，1995，41（8）：1915-1925.

[78] Shi J R，Xie M Z，Li G，et al. Approximate solutions of lean premixed combustion in porous media with reciprocating flow. International Journal of Heat and Mass Transfer，2009，52：702-708.

[79] Dobrego K V，Zhdanok S A，Khanevich E I. Analytical and experimental investigation of the transition from low-velocity to high-velocity regime of filtration combustion. Experimental Thermal and Fluid Science，2000，21（1）：9-16.

[80] Younis L B，Viskanta R. Experimental determination of the volumetric heat transfer coefficient between stream of air and ceramic foam. International Journal of Heat and Mass Transfer，1993，36（6）：1425-1434.

[81] Contarin F，Saveliev A V，Fridman A A，et al. A reciprocal flow filtration combustor with embedded heat exchangers：Numerical study. International Journal of Heat and Mass Transfer，2003，46：949-961.

[82] Hoffmann J G，Echigom R，Yoshida H，et al. Experimental study on combustion in porous media with a reciprocating flow system. Combustion and Flame，1997，111（12）：32-46.

[83] Glassman I. Combustion. 3rd ed. New York：Academic press，1996.

[84] Dobrego K V，Gnesdilov N N，Lee S H，et al. Lean combustibility limit of methane in reciprocal flow filtration combustion reactor. International Journal of Heat and Mass Transfer，2008，51（9/10）：2190-2198.

第6章 多孔介质中气体燃料扩散燃烧

6.1 多孔介质扩散燃烧特点

过去几十年，研究者对多孔介质预混燃烧开展了大量的研究工作，并取得了显著的进展。但是对多孔介质扩散燃烧的研究则关注极少。气体在多孔介质中扩散燃烧，必然具有扩散燃烧的某些特性和新的特征。研究者先后在实验中观测到两种火焰结构：浸没于多孔介质填充床内的浸没火焰和在多孔介质表面的扩散火焰，且随着小球直径和流速等的变化，火焰明显表现出类似于自由空间中燃烧（燃料在开敞和封闭空间内的燃烧）的变化规律。多孔介质复杂多变的通道，增强了气流的传热传质和横向掺混；同时由于弥散作用，火焰结构又有别于自由空间扩散燃烧的火焰结构。

多孔介质有很大的比表面积，气固相间可以进行充分地热交换，因此扩散过滤燃烧必然具有预混过滤燃烧的某些特性。例如，由于多孔介质蓄热和良好的传热性能，能对燃气和空气进行有效的预热，这将提高火焰稳定性。同时，扩散燃烧速度取决于燃料与氧气的混合速度，多孔介质特有的流道桥路和弥散作用能增强燃料和空气的混合和输运，有利于提高燃烧速度。另外，气、固两相间可以进行充分的热交换，使得燃烧温度相对均匀，降低 NO_x 排放。

基于过滤燃烧的这些优越性，其在国民经济各部门和生产领域中获得了广泛的应用，如高效低污染多孔介质燃烧器的开发、燃料的转化和改性，多孔介质燃烧发电装置和基于微孔燃烧的先进能源系统开发，同时，对于提高地下油气采收率和火灾防护等，具有广阔的应用前景。可见，扩散过滤燃烧对于国民经济建设和科学技术发展都具有十分重要的意义。

对过滤燃烧的研究，火焰结构与形态始终是研究者关注的焦点之一。研究者通过理论分析、实验研究和数值模拟不断探索构建火焰结构，分析工作参数的影响和火焰结构的预测，以及扩散过滤燃烧器辐射热效率的研究。本章主要介绍多孔介质中扩散燃烧火焰结构形态与变化规律、燃烧器内温度分布以及污染物排放。

6.2 多孔介质扩散燃烧的实验研究

6.2.1 火焰结构与形态

火焰结构是表征扩散过滤燃烧的重要参数。燃料和空气以相同的速度从同心的圆形套管内流出，点燃后形成的火焰是一个典型的层流扩散火焰[1, 2]。经典的自由空间扩散燃烧的研究取得了很大的进展[3-9]。在分析扩散火焰的总体特性时，往往假定火焰是一个几何面，实验测量结果也表明，能够穿过发亮火焰界面的燃料和氧化剂都几乎没有，这一结果证实了化学反应是在一个很窄的区域内完成的。

气体燃料多孔介质中扩散燃烧，火焰结构与自由空间中扩散燃烧有很大差异。Kamiuto 等[10, 11]率先开展了多孔介质中扩散燃烧的研究，他们先后观测了同轴圆形和槽形燃料喷嘴的锥形浸没火焰，发现随小球直径减小和雷诺数增大，火焰高度增大，但没有报道污染物排放和燃烧器内温度分布。Kamiuto 等[10, 11]采用火焰面模型（flame sheet model），不考虑组分的轴向传质，组分的径向扩散和弥散采用宏观参数计算，得出火焰面结构隐式解，较好地预测了火焰的总体结构，但预测的火焰宽度明显小于实验值。对上述误差的分析，Kamiuto 等[11]认为误差是没有考虑多孔介质固体热辐射造成的，但影响火焰宽度的因素很多，包括气体的扩散、弥散、多孔介质物性和孔隙结构等，需要开展大量的基础研究来证实。由于Kamiuto 等[11]得出的是隐式解，因此物理意义不明确，无法定性分析燃料质量分数、雷诺数和小球直径等对火焰高度和结构的影响。

对经典扩散燃烧的研究，燃料与氧化剂同轴扩散燃烧器是常见实验装置。对火焰的观测可采用先进的非浸入光学测量。但多孔介质中扩散燃烧测量是非常困难的。为此，作者团队[12, 13]从矩形喷口和矩形燃烧器的研究中得到启发，研发了矩形多孔介质扩散燃烧器，其火焰结构在燃烧器宽度方向是相同的，三维火焰结构可以近似简化为二维结构。

搭建的扩散燃烧的实验台包括燃烧器（填充多孔介质小球的方形石英玻璃管）、气体供给系统和测量系统等，对稀释甲烷-氧气的扩散气体在多孔介质中燃烧的火焰特性以及污染物排放进行研究。图 6-1 是稀释甲烷-氧气在多孔介质中扩散燃烧实验系统图，图 6-2 是扩散燃烧室。如图所示，居中的是燃料喷口，两侧是氧化剂喷口。图 6-3 是扩散燃烧多孔介质燃烧器，燃烧器是透明的方形石英玻璃管，外形尺寸长×宽×高为 127mm×54.8mm×490mm，壁厚 3mm，其内填充2.5mm 的氧化铝小球。为了研究扩散火焰在多孔介质中的燃烧形态，本章分别对不同入口气体流速、不同甲烷质量分数（当量比）以及不同填充床小球直径下，扩散火焰随着填充床小球高度的影响进行了分析，具体工况如表 6-1 所示。

实验中过量空气系数为 1.88～3.55。在未注入小球时，在燃烧器的出口点火。实验过程中，填充床内每次注入 40mm 的 2.5mm 氧化铝小球，直到填充床高度达到 200mm。固定相机位置（相机型号 OLYMPUS SZ-30MR，SKTMM500C-12A），在注入小球且燃烧稳定后，从燃烧器的上方和正面观测记录火焰形态，同时从燃烧器出口测量烟气中的污染物排放（烟气分析仪型号 TESTO 350Pro）。燃烧器外表面温度利用红外热像仪测量（Ti32）。

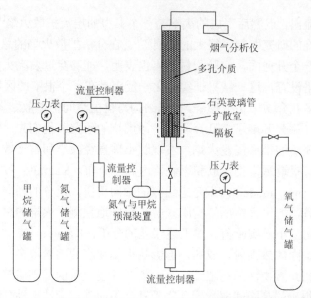

图 6-1　稀释甲烷-氧气在多孔介质中扩散燃烧实验系统图

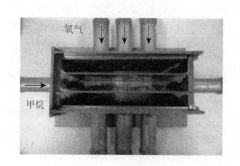

图 6-2　扩散燃烧室示意图

图 6-3　扩散燃烧多孔介质燃烧器

表 6-1　实验工况

参数	数值			
入口流速 u_g/(m/s)	0.05	0.06	0.07	0.08
甲烷质量分数 Y_{CH_4}	0.138	0.188	0.238	0.288
填充床小球直径 d/mm	2.5	3.5		
填充床高度 h/mm	40	80	120	160	200

　　为了研究入口流速对火焰形态的影响，实验中给定四种不同入口流速即 0.05m/s、0.06m/s、0.07m/s、0.08m/s 在四种不同填充床高度下的火焰形态。图 6-4

是甲烷质量分数为 0.188 时，不同填充床高度和不同流速下的火焰结构。从图中可以看出，同时存在着两种火焰即浸没于填充床中的火焰与小球表面的火焰，浸没于小球填充床中的火焰是近似于平行的浅色火焰。尽管多孔介质占据了自由空间，增强了气体的扰动和弥散，但是填充床中的火焰仍然表现出类似于自由空间的火焰形态。可以推断出浅色平行线是甲烷与空气剧烈的化学反应区，形成了蓝色的火焰面。对于相同速度的不同填充床高度下，浸没火焰高度均随着填充床高度的增加而增加，而多孔介质表面火焰高度越来越小。这是由于随着填充床高度的增加，燃料在多孔介质中停留时间增加，在填充床内消耗的燃料量越来越多，因此逃逸到小球表面的甲烷量减少，故小球表面的火焰高度减小。可以看出，小球表面的火焰呈现出类似于锥形火焰。对于相同的填充床高度，随着流速的增大，浸没火焰的形态变化不大，而小球表面的锥形火焰高度增加。这是由于随着流速的增大，单位时间内流入燃烧器的甲烷量增大。扩散燃烧的速度取决于燃料与氧化剂的混合速度，有很多未燃烧的甲烷逃逸到小球表面，因此小球表面的火焰高度增加。

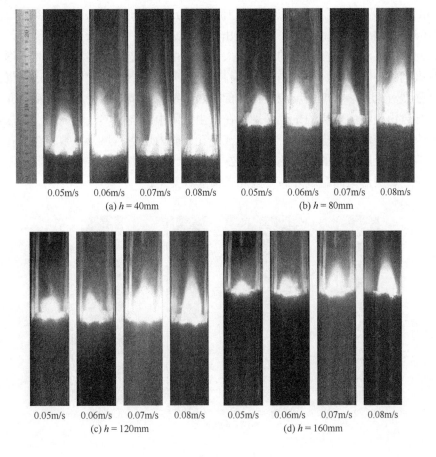

0.05m/s　0.06m/s　0.07m/s　0.08m/s
(a) $h = 40\text{mm}$

0.05m/s　0.06m/s　0.07m/s　0.08m/s
(b) $h = 80\text{mm}$

0.05m/s　0.06m/s　0.07m/s　0.08m/s
(c) $h = 120\text{mm}$

0.05m/s　0.06m/s　0.07m/s　0.08m/s
(d) $h = 160\text{mm}$

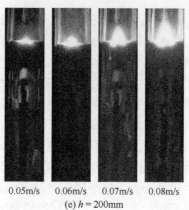

0.05m/s   0.06m/s   0.07m/s   0.08m/s
(e) $h = 200$mm

图 6-4 $Y_{CH_4} = 0.188$、$d = 2.5$mm 扩散火焰形态随流速及填充高度的变化

　　图 6-5 是红外热像仪记录的燃烧器外表面火焰侧的温度分布。从图中我们可以清楚看到两个变化趋势:当填充床高度不变,燃气入口流速增大时,红外热像仪记录的高温区域宽度变大,高温区域的最高温度增大。例如,当填充床高度为 40mm 时,高温区域的最高温度从入口流速为 0.05m/s 时的 505K 增大到入口流速为 0.08m/s 时的 541K。同时,可以看出,当流速不变,填充床高度增加时,高温区域向下游移动且高温区域的宽度增大。这是由于流速不变,填充床高度增大,浸没火焰的高度增大,也就是说,燃料在填充床中燃烧的份额增大,由于气体与固体强烈对流换热,燃烧反应放出的部分热量蓄积在填充床中。这是多孔介质中燃烧与自由空间中燃烧的重要区别。在自由空间中燃烧,燃气燃烧放出的热量无法蓄积,随着烟气流出系统。而气体在多孔介质内燃烧,热量被蓄积在多孔介质中,即燃烧反应放出的部分热量蓄积在系统内。由于多孔介质与燃烧器壁面强烈热交换,燃烧器壁面温度升高,因此高温区域变宽。

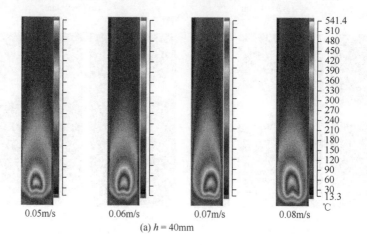

0.05m/s   0.06m/s   0.07m/s   0.08m/s
(a) $h = 40$mm

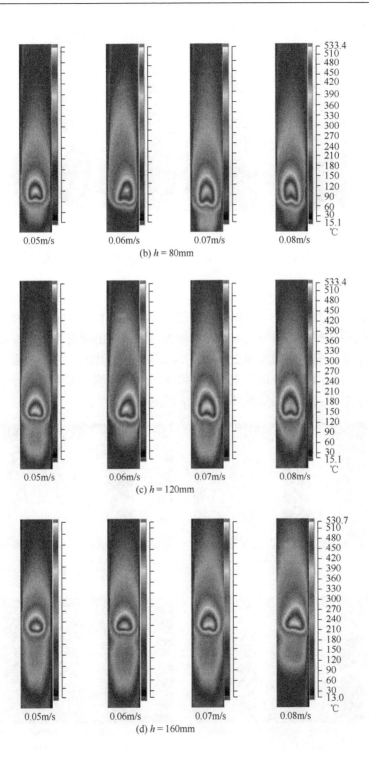

(b) $h = 80$mm

(c) $h = 120$mm

(d) $h = 160$mm

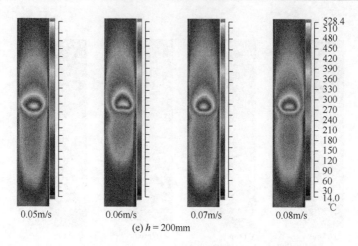

(e) $h = 200\text{mm}$

图 6-5　　$Y_{CH_4} = 0.188$、$d = 2.5\text{mm}$ 燃烧器外表面温度分布

　　图 6-6 是甲烷质量分数为 0.188 时，从燃烧器正上方拍摄的火焰照片。从图中可以看出两条明亮的光线，可以推断出是火焰面，这与自由空间中的燃烧是相似的。在流速相同时，随着填充床高度的增大，可以看出两条明亮光线之间的距离变小，当填充床的高度增大到 200mm、入口流速为 0.05m/s 时，两条明亮的光线几乎重合。这是由于随着填充床高度的增加，燃料在填充床中的停留时间增加，即在填充床中消耗的甲烷量增多，因此火焰面变窄。

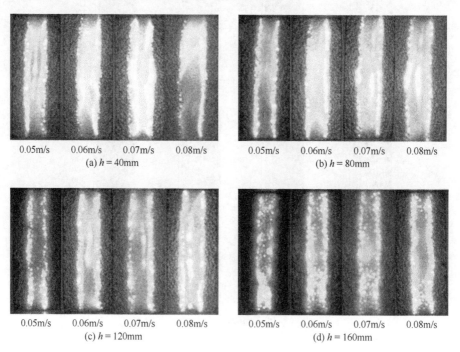

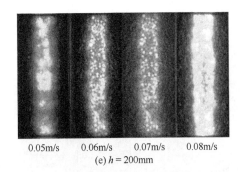

0.05m/s　　0.06m/s　　0.07m/s　　0.08m/s
(e) $h = 200$mm

图 6-6　$Y_{CH_4} = 0.188$、$d = 2.5$mm 扩散火焰随流速及填充高度的变化

6.2.2　填充床高度对污染物 CO 和 NO_x 排放的影响

图 6-7 是在四种不同的过量空气参数以及固定的入口速度下，污染物 CO 和 NO_x 排放，以及燃烧器外表面温度的最大值的变化。在实验中观测到，NO 是 NO_x 的主导性产物，其他种类的 NO_x 很少，因此下文分析中以 NO 来说明 NO_x 的变化规律。需要指出的是，为了分析上的方便，将甲烷质量分数为 13.8%、18.8%、23.8%、28.8%转化为过量空气系数为 3.55、2.7、2.2 和 1.88。从图 6-7（a）中可以看出，当填充床高度小于 120mm 时，填充床高度对 NO 排放有显著的影响，但是当填充床的高度从 120mm 增大到 200mm 时，填充床高度对 NO 排放的影响很小。例如，当填充床高度从 40mm 增大到 120mm，NO 浓度从 1950×10^{-6} 降低到 211×10^{-6}。当填充高度增大到 120mm 后，NO 的排放达到定值 27×10^{-6}。从图 6-7（b）中还可以看出，对于四种不同的过量空气系数，CO 的排放始终随着填充床高度的增大而线性增大。随着填充床高度增加，高温区域的长度在增大，如图 6-7（c）所示，燃烧器外表面温度最大值轻微降低。另外，随着过量空气系数的增大，燃烧器外表面温度在降低。例如，若填充床高度为 40mm，当过量空气系数从 1.88 增大到 3.55 时，燃烧器外表面温度最大值从 806K 降低到 756K。

从图 6-7 可以看出，填充床高度对 NO、CO 和燃烧器外表面最高温度的影响规律是相似的，与过量空气系数和入口流速无关。根据 Turns[14] 的研究，温度、组分和停留时间是决定非预混燃烧氮氧化物生成的重要因素。从氮氧化物的形成机理分析，氮氧化物的生成有热力型机理，快速机理和燃料型机理。在该研究中甲烷是燃料，不存在燃料型氮氧化物；因此控制氮氧化物生成的机理是热力型和快速型。然而，Moreno 等[15] 的研究表明，只有当氮氧化物的生成浓度小于 9×10^{-6} 时，快速型机理才变得重要。而该研究中氮氧化物排放都高于 9×10^{-6}，因此本章认定燃烧生成的 NO 都是热力型氮氧化物。

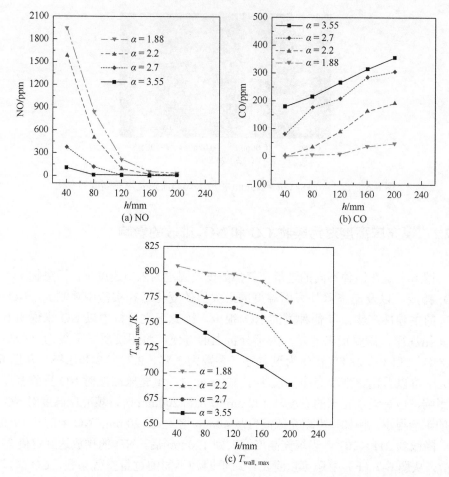

图 6-7　填充床高度对 NO、CO 与壁面最高温度 $T_{wall,max}$ 的影响（$u_{g,in}$ = 0.05m/s）

　　填充床高度对 CO、NO_x 和燃烧器外表面温度分布的影响，可分析解释如下。当填充床高度增加时，先前的气相空间由多孔介质占据，因此浸没火焰高度增大。也就是说，随着填充床高度的增加，燃料在多孔介质区域内停留时间增加，甲烷消耗量相应增大。当燃料在填充床内燃烧时，燃烧放出的部分热量被多孔介质基质吸收，因此导致燃烧温度降低。因此，我们可以推断，当填充床高度较小时，最高的燃烧温度位于小球表面的自由空间内，而非多孔介质区域内。这个推断可以从后面的数值模拟得到证实。由此进一步推断，在本章的研究范围内，热力型机理是 NO_x 形成的主导性机理，由此大量的 NO 是在自由空间的高温区域内生成的。同时，大量的 CO 在多孔介质区域内生成，当 CO 流动到自由空间的高温区域内，CO 转化为 CO_2。换句话说，CO 和 NO 的生成主要来自上述高温区域。当填充床高度较小时，大量的甲烷来不及在多孔区域内燃烧就逃逸到小球表面的自由空间内燃烧，因此自由空间内的燃烧温度非常高，这有利于逃逸的 CO 转化为 CO_2。同时，高温区域有利于 NO 的生成，这就是前述的当填充床高度较小时，CO 排放低，而 NO 排放高；而当填充床高度增大时，CO 的排放增加，而 NO 的排放降低。

作者团队[12, 13]较为全面地研究了填充床高度对火焰形态结构、污染物排放的影响。需要指出的是，我们发现污染物 CO、NO_x 的排放较高。对于气体扩散燃烧，燃料与氧化剂的混合对控制污染物特别是 CO 的排放非常关键。Kamal 等[16]的实验证实了这一点。为了改善非预混多孔介质燃烧器出口表面的辐射传热与降低污染物排放，他们巧妙设计了增强燃气和氧化剂混合的旋流燃烧器和调节燃气喷口与多孔介质距离的装置，并测量了多孔介质表面的辐射光谱和燃烧器出口的污染物排放，发现在优化燃气喷口与多孔介质的距离后，多孔介质辐射热流量可增大 5.7 倍，同时发现在较高的旋流数时，CO 与 UFC 的排放显著降低，且氮氧化物的排放低于 10×10^{-6}。

近年来，国内研究者逐渐开始关注多孔介质扩散燃烧。Liu 等[17, 18]开展了中等尺度多孔介质燃烧器内的扩散燃烧稳定性的研究。Zhang 等[19]研发了多孔介质非预混燃烧金属熔炼炉，与传统蓄热炉相比，能源利用效率提高 30%，并降低了大约 75%的 NO_x 排放，当量比低于 0.4 的低热值气体可以实现稳定燃烧。关于多孔介质扩散燃烧的理论分析很少，Kamiuto 等提出一个简化的火焰面模型。他们认为如果某一点处燃料的质量与该点氧气完全反应所消耗的燃料质量相等，即混合气的燃空当量比等于 1 时，则此处即为火焰面的位置，即他们假定火焰面无限薄。以此为基础，他们建立了描述气体多孔介质中扩散燃烧的数学模型，并得到了火焰面的隐式解，感兴趣的读者可参考文献[11]，在此不再赘述。Endo 等[20]理论分析了多孔介质中扩散燃烧的稳定性。他们的研究表明，当填充床孔隙率或燃气质量流量过小时，气体燃烧放出的热量被固体多孔介质吸收的比例增大，因此燃烧区域温度降低而导致熄火。

6.3　多孔介质扩散燃烧的数值研究

Dobrego 等[21]采用二维双温模型研究了扩散过滤燃烧器的辐射热效率，化学反应采用单步总包反应，燃料是甲烷与空气的混合物。他们证实在宽广的流速和过量空气系数下，多孔介质中扩散燃烧具有很好的稳定性。但是，他们预测的结果没有经过实验证实。高阳[22]采用体积平均法，使用二维模型和单步总包反应预测气体多孔介质中的扩散燃烧。他使用自定义函数，向气体组分守恒方程中增加了各向同性弥散系数。需要指出的是，弥散系数在水平和垂直于气流方向显然是不同的，但为了简化问题，研究者都假设弥散各向同性。结果显示扩散火焰的高度有所降低，最高火焰温度有所提高。他们发现进口速度增大会提升火焰高度和最高火焰温度。

史俊瑞等[23-25]采用体积平均法,使用单步总包反应和详细化学反应机理[26,27]研究了扩散过滤燃烧特性,捕捉到了火焰的宏观结构。不同于预混燃烧,非预混燃烧的火焰形状、着火区域和燃烧速率在很大程度上依赖于燃料和氧化剂的输运作用。

6.3.1　物理与数学模型

1. 物理模型

史俊瑞等[25,26]以 Kamiuto 等[11]的实验装置为原型,对氮气稀释的甲烷与氧气在方形多孔介质燃烧器内的扩散燃烧进行了模拟研究,燃烧器内填充 2.02mm 或 3.18mm 的氧化铝小球。为了节省计算资源,如图 6-8 所示,选取与气流方向平行的二维计算域。为了方便计算,计算区域向上游延拓 40mm 的自由空间。

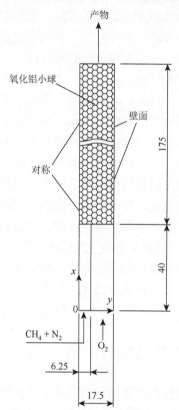

图 6-8　多孔介质扩散燃烧器示意图

单位:mm

2. 数学模型

为了简化问题,引入如下假设。

(1)多孔介质是惰性的光学厚介质,固体辐射采用 Rosseland 模型计算。

(2)气体在多孔介质中的流动为层流,气体辐射采用 P1 模型计算。

(3)填充床具有均一的孔隙率 0.39。

(4)不考虑通过燃烧器壁面的热损失。

(5)热弥散系数在气流方向和垂直于气流方向上相等。

其中,假设(3)没有考虑边壁效应。为了使该假设有效,燃烧器直径与小球直径之比应该保证大于 10,而该计算域能够保证该条件。采用详细化学反应机理 GRI 3.0 计算甲烷燃烧过程。研究并不关注氮氧化物,因此删除了基元反应中所有涉及 NO_x 的反应,最终得到包含 36 种组分、219 个基元反应的详细化学反应机理。

求解的控制方程见第 2 章,在适当的边界条件下,利用商业软件 Fluent 15.0[28]求解。模型中假定气体和固体温度处于当地热非平衡,模型中通过自定义标量方程建立固体能量守恒方程。利用 SIMPLE 算法求解压力与速度的耦合。在燃料和氧化剂的边界处,给定 4mm 厚的 1700K 高温区域,用于模拟点火过程。模型采用的计算区域使用 270(x)×48(y)非均匀网格进行区域划分。

6.3.2　结果与讨论

1. 温度、组分与火焰特性

图 6-9 是预测的气体温度、固体温度、甲烷、氧气、一氧化碳、二氧化碳、水和氢气的质量分数分布。从图中可以看出，气体和组分分布与自由空间扩散燃

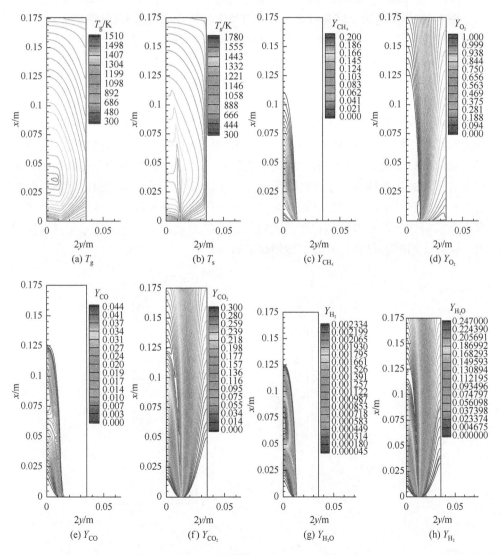

图 6-9　预测的扩散燃烧器内温度与浓度分布

$Y_{CH_4,in} = 0.2$，$d = 3.18mm$，$u_0 = 0.088m/s$

烧相类似。在燃料入口，存在着一个环形的高温区域且在入口处气体温度达到1780K。可以看出，采用体积平均法预测的气体温度和组分分布与自由空间的燃烧相似，火焰形态也类似于经典的扩散燃烧火焰。在燃烧器入口下游大约0.02m处，存在着固体高温区域，该高温区域被气体高温区域所包围。可以看出，在火焰区域，气体和固体的温度分布与预混燃烧的温度分布存在着很大的差异，而在燃烧区域之外，多孔介质扩散燃烧的气体和固体温度分布非常相似。同时，从图中也可以看出，甲烷、氧气、一氧化碳、二氧化碳、水和氢气的质量分数分布也与经典的扩散燃烧分布相类似。

　　图6-10是预测的小球直径2.02mm的气体和固体温度分布。从图中可以看出，随着小球直径的增大，高温区域的气体和固体温度增大。同时，气体和固体温度高温区存在于不同的区域内，这与多孔介质预混燃烧的气、固相温度分布规律不同。多孔介质中扩散燃烧，在紧邻燃料出口，存在着一个环形的高温区域。而固体高温区域，则向燃烧器的下游漂移。对于经典的贫燃料扩散燃烧，在层流燃烧的范围内，存在着一个蓝色的火焰面和颜色较浅、温度较低的内核，而在火焰尖端是黄色"舌根"。相反地，多孔介质扩散燃烧不存在温度较低的内核，而是在燃烧器的出口形成温度分布较为均匀的高温区域。这可能是由于气体和固体之间存在着强烈的对流换热，导致燃烧区域的温度分布均匀。同时，固相与气相相比，具有较大的导热系数，因此高温区域多孔介质固体温差也很小。这就表明，尽管多孔介质对气体存在着强烈扰动，同时气相的扩散增强，但是输运系数并非无限大，因此火焰形态仍然保持着扩散燃烧的特性。

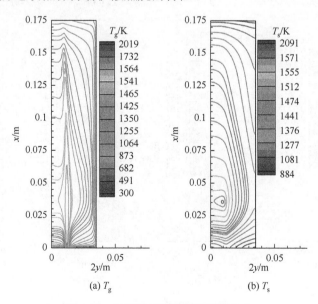

图6-10　预测的气体与固体温度分布

$Y_{CH_4,in} = 0.3$，$d = 2.02mm$，$u_0 = 0.088m/s$

图 6-11 显示的是预测的不同入口流速下火焰结构与实验值、理论预测值的比较。Kamiuto 等[11]在实验中采用"光影法"确定火焰形态。本章采用 OH 质量分数的分布来表征火焰形态。由图可见，采用体积平均法可以精确预测火焰结构。随着小球直径的增大，火焰高度降低。小球直径对火焰高度的影响，可以用质量弥散系数来解释，其中 ε、d、u_0 分别是孔隙率、小球直径和气体速度。对于 2.02mm 与 3.08mm 的小球填充床而言，孔隙率大约为 0.39，因此质量弥散系数正比于小球直径。于是，在水平方向上，当小球直径从 2.02mm 增大到 3.08mm 时，质量弥散系数线性增大。这就意味着当燃料从喷口进入填充床内，对于小球直径较大的填充床，气体沿着垂直于气流方向的扩散增强了，因此燃料从喷口进入燃烧器内，需要的燃烧时间缩短，火焰高度减小。

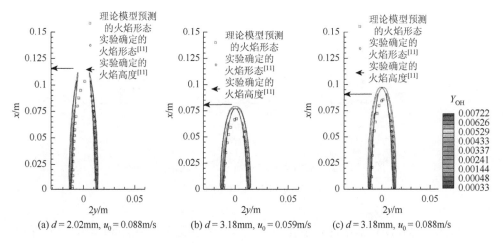

图 6-11 数值预测的火焰结构与实验、理论分析的比较

$\varepsilon = 0.39$，$u_0 = 0.059$，0.088m/s，$Y_{CH_4,in} = 0.2$

从图 6-11 中可以看出，数值模拟预测的火焰结构甚至好于理论分析。这主要是由于理论分析中引入很多假设，如燃烧器内的流速恒定不变等。Kamiuto 等[11]认为理论解偏离实验值是由于理论模型中没有考虑热辐射。实际上，从后面的模拟结果可以看出，影响多孔介质扩散燃烧火焰结构的主导性因素是气体组分扩散和质量弥散。

2. 弥散过程对火焰形态的影响

为研究弥散过程对火焰形态的影响，选取 2.02mm 球填充床，流速与燃气质量分数不变，同时质量弥散系数变为50%和2倍。由图 6-12 看出，质量弥散系数对火焰形态有显著影响。弥散系数的变化，显著改变火焰的宽度和高度。当弥散系数增大时，火焰根部变宽，而火焰高度降低。当质量弥散系数增大 2 倍时，火焰高度由原来的 125mm 减小为 85mm。

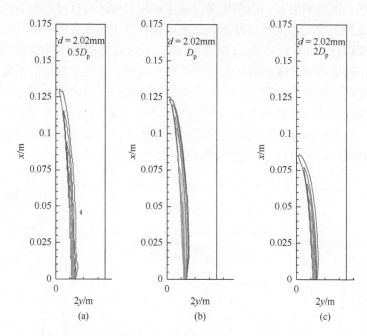

图 6-12　质量弥散系数对火焰形态和火焰高度的影响

$Y_{CH_4,in} = 0.2$，$u_0 = 0.088\text{m/s}$

　　总之，尽管燃烧器中注入多孔介质，但气体多孔介质中扩散燃烧，其火焰形态仍然表现出明显的扩散燃烧特性。多孔介质导热系数，气、固相对流换热系数对火焰形态的影响很小，而扩散过程是影响火焰形态最重要的控制参数。对于多孔介质中扩散燃烧，在反应区域分别存在着气体和固体各自的高温区域。在燃烧器燃料出口，形成气体高温区域；而固体高温区域则向着下游漂移。在化学反应区域，气体和固体高温区域的分布位置不一致，这与多孔介质预混燃烧有着显著的差异。而在反应区域之外，气体和固体的温度分布非常相似。当填充床高度小于 120mm 时，CO 与 NO 对填充床高度非常敏感。当填充床高度较小时，在填充床上方的自由空间中存在着高温区域导致 CO 的排放值很小，而 NO 的排放值很高。

　　需要指出的是，目前的数值研究都是基于体积平均法，揭盖了真实的填充床内的输运和燃烧过程。随着算法的改进以及性能先进的工作站的不断涌现，开展孔隙尺度下的研究，用以揭示微孔内真实的流动、传热传质和燃烧过程，将从本源上揭示多孔介质扩散燃烧的真实面目[29]。

参 考 文 献

[1] 陈义良. 燃烧学原理. 北京：航空工业出版社，1992.

[2] Burke S P，Schumann T E W. Diffusion flames. Industry Engineering Chemistry，1928，20：998-1000.

[3] Sunderland P B，Mendelson B J，Yuan Z G，et al. Shapes of buoyant and nonbuoyant laminar jet diffusion flames. Combustion and Flame，1999，116：376-386.

[4] Poper F G. The prediction of laminar jet diffusion flame sizes. Part Ⅰ，Theoretical model. Combustion and Flame，1977，29：219-226.

[5] Poper F G. The prediction of laminar jet diffusion flame sizes. Part Ⅱ，Experimental verification. Combustion and Flame，1977，29：227-236.

[6] Smyth K C，Miller J H，Dorfman R C，et al. Soot inception in a methane/air diffusion flame as characterized by detailed species profiles. Combustion and Flame，1985，62：157-181.

[7] Charest M R J，Groth C P T，Gülder Ö L. A numerical study on the effects of pressure and gravity in laminar ethylene diffusion flames. Combustion and Flame，2011，158（10）：1933-1945.

[8] Smooke M D，McEnally C S，Pfefferle L D，et al. Computational and experimental study of soot formation in a coflow laminar diffusion flame. Twenty-Seventh Symposium（international）on Combustion，The Combustion Institute，1998，117：1479-1505.

[9] Tosatto L，Mella F，Long M B，et al. A study of JP-8 surrogate coflow flame structure by combined use of laser diagnostics and numerical simulation. Combustion and Flame，2012，159（10）：3027-3039.

[10] Kamiuto K，Ogawa T. Diffusion flames in cylindrical packed beds. AIAA Journal Thermophys Heat Transfer，1997，11（4）：585-587.

[11] Kamiuto K，Miyamoto S. diffusion flame in plane-parallel packed beds. International Journal of Heat and Mass Transfer，2004，47：4953-4599.

[12] 杨阳. 多孔介质中气体扩散燃烧的火焰特性的研究. 沈阳：东北大学，2014.

[13] Shi J R，Liu Y Q，Mao M M，et al. Experimental and numerical studies on the effect of packed bed length on CO and NO_x emissions in a plane-parallel porous combustor. Energy，2019，181：250-263.

[14] Turns S R. An Introduction to Combustion：Concepts and Applications. New York：McGraw-Hill，2000.

[15] Moreno F E，Pam R L，Chirolo D S. Theory and application of ultra low NO_x radiant combustion：sub-9 ppm without SCR. International Gas Research Conference，Institute of Technology，Montreal，1992：402-412.

[16] Kamal M M，Mohamad A A. Enhanced radiation output from foam burners operating with a nonpremixed flame. Combustion and Flame，2005，140：233-248.

[17] Ning D G，Liu Y，Xiang Y，et al. Experimental investigation on non-premixed methane/air combustion in Y-shaped meso-scale combustors with/without fibrous porous media. Energy Conversion and Management，2017，138：22-29.

[18] Liu Y，Zhang J Y，Fan A W，et al. Numerical investigation of CH_4/O_2 mixing in Y-shaped mesoscale combustors with/without porous media. Chemical Engineering and Processing，2014，79：7-13.

[19] Zhang J C，Cheng L M，Zheng C H，et al. Development of non-premixed porous inserted regenerative thermal oxidizer. Journal Zhejiang University Science，2013，14：671-678.

[20] Endo K M A，Fachini F F，Matalon M. Stabilization and extinction of diffusion flames in an inert porous medium. Proceedings of the Combustion Institute，2016：1-9.

[21] Dobrego K V，Kozlov I M，Zhdanok S A，et al. Modeling of diffusion filtration combustion radiative burner.

International Journal of Heat and Mass Transfer，2001，44：3265-3272.

[22] 高阳. 多孔介质层流与湍流气相燃烧的数值模拟. 大连：大连理工大学，2012.

[23] 史俊瑞，李本书，薛治家. 扩散过滤燃烧器的二维数值研究. 工程热物理学报，2013，34（3）：568-571.

[24] 史俊瑞，李本书，徐有宁. 扩散过滤燃烧火焰特性. 化工学报，2012，63（11）：3500-3505.

[25] 肖红侠，徐有宁，史俊瑞，等. 扩散过滤燃烧的数值研究. 热能动力工程，2017，32（5）：76-80.

[26] Shi J R，Li B W，Li N，et al. Experimental and numerical investigations on diffusion filtration combustion in a plane-parallel packed bed with different packed bed heights. Applied Thermal Engineering，2017，127：245-255.

[27] Shi J R，Li B W，Xia Y F，et al. Numerical study of diffusion filtration combustion characteristics in a plane-parallel packed bed. Fuel，2015，158：361-371.

[28] Fluent 15.0 User's Guide，Fluent Inc，Lebanon，NH，2006.

[29] Kaviany M. Principles of Convective Heat Transfer. New York：Springer-Verlag，1994.

第7章　多孔介质燃烧非稳定性

7.1　概　　述

作为一种带化学反应的流体流动，多孔介质燃烧势必具有非稳定性特征。国内外研究者先后在实验中观测到多孔介质燃烧非稳定现象，包括熄火、火焰前沿破裂（break）、倾斜（inclination）、热斑（hot spot）、胞室（cellular structure）和双波、指进等非稳定结构，并主要表现为倾斜和热斑两种非稳定现象。倾斜非稳定性是指燃烧波锋面相对于波传播的法向发生倾斜，且其倾斜度可能随着波的传播持续加剧。而热斑非稳定性是指连续的燃烧波锋破碎为称为热斑的分散的碎块，这些热斑独立于主燃烧波锋而自行传播。倾斜和热斑的出现和加剧，导致燃烧不完全、燃烧温度下降，出现新的不稳定火焰结构甚至熄火，严重阻碍了过滤燃烧技术在工业中的广泛应用，是迫切需要解决的问题。

保证燃烧的稳定性，使火焰能够持续稳定传播，是低速过滤燃烧的一个重要研究课题。早在 1994 年，Minaev 等[1]率先在实验中观测到燃烧波锋面相对于波传播的法向发生倾斜，其最大倾斜角度达到 40°～50°，但文献[1]没有报道倾斜火焰的传播速度。早先代表性的理论研究大多采用摄动理论分析火焰的稳定性[1]。Minaev 等[1]通过理论分析表明，当燃烧器的直径大于某一临界值时，过滤燃烧波就会出现流体力学的不稳定性。燃烧波逆向传播（即 $u<0$，u 是燃烧波波速）是稳定的，而正向传播（$u>0$）是不稳定的，但该结论与后来的实验结果[2]相矛盾。

随着实验研究的开展，人们又发现了火焰出现热斑、双波等非稳定结构[2]。Saveliev 等[2]通过实验发现，随氢气体积分数的增加，相继出现了向下游稳定传播的超绝热燃烧波、随机分布的热斑，以及向下游传播的双波结构。这就证实了逆向传播的燃烧波也是不稳定的。Saveliev 等[2]同时发现，热斑的出现与填充床结构的非均匀性有密切关系，还与系统的传热传质特性有关，并采用热扩散非稳定理论，总结出一个以 Lewis 数形式表示的热斑稳定性判据，但其中未考虑氧化剂传质的影响。

随后的研究中，绝大多数研究者公认火焰倾斜和热斑是系统受到扰动后结构重组的结果，并采用简化的热模型[3]、动力学模型[1]和流动竞争法[3]开展了理论分析，主要定性分析火焰倾斜的稳定性。同时，研究者在实验中观测了倾斜的演化规律。但是，对倾斜和热斑的动态形成过程，以及倾斜传播的定量分析，依然没有引起业界的关注。Kakutkina[3]总结了过滤燃烧两种主要的不稳定现象,即燃烧波锋面倾斜和热斑。研究表明,火焰锋面倾斜是火焰失稳的次要因素,而火焰前沿的曲率变化会引起火焰的非稳定发展。

美国伊利诺伊州立大学 Kennedy 研究组对过滤燃烧的非稳定性进行了大量的研究工作[4-7],文献[4]和文献[5]对火焰倾斜研究取得了一些进展。他们应用流动竞争法(method of flow competition)分析扰动的动态特性。运用流动竞争法可以估算火焰前沿倾斜的最大值。Dobrego 等[6]的实验和理论研究表明,倾斜幅度的增长速度与燃烧波的传播速度成正比。Dobrego 等[7]在随后的研究中,通过实验和二维数值模拟,证实了扰动热力竞争的倾向,而倾斜经过初始形成阶段、线性增长阶段和扰动补偿阶段。Kim 等[8]利用堆积沙子的多孔介质燃烧器内观察到火焰面倾斜不稳定性现象发生,火焰面在燃烧器中破裂成两个不同的高温区域。与前人研究采用的泡沫陶瓷或小球不同,Yang 等[9]实验研究了高孔隙率的微细纤维堆积床内的非稳定燃烧,贫甲烷/空气过滤燃烧出现向上游、下游和驻定的燃烧波,甚至在大流速小燃烧器管径的实验中,他们观测到火焰分裂为两个或者多个火焰锋面,这表明多孔介质燃烧非稳定性存在于多种多孔介质中且火焰锋面呈现出多样性和复杂性。

国内研究者也开展了多孔介质非稳定燃烧的研究。Zheng 等[10]通过建立二维双温热模型,运用数值模拟研究了不同工况下多孔介质内火焰面倾斜现象。张俊春等[11, 12]利用 Fluent 软件建立了多孔介质燃烧的二维双温模型,发现倾斜火焰面分裂现象与预混气体的 Lewis 数、当量比以及气体的入口速度有关。Wang 等[13]通过数值模拟与实验研究了预热空气对火焰倾斜的影响,他们发现提高预热空气温度有助于提高火焰稳定性。对于低热值气体,当预热温度高于临界值,可以实现稳定燃烧。

作者团队[14-22]对多孔介质非稳定燃烧开展了比较系统的研究工作,侧重于火焰面倾斜和热斑的非稳定性。本章重点介绍关于倾斜、热斑的非稳定性研究,侧重于从倾斜、热斑的产生和演化规律的实验研究和数值模拟。

7.2 火焰锋面倾斜的实验研究

7.2.1 实验装置

甲烷与空气在多孔介质中燃烧的实验台系统装置如图 7-1 所示。实验台主要包括燃烧系统、供气系统、数据采集系统和冷却系统。其中,供气系统包括燃气供给系统和空气供给系统,燃气和净化稳压后的空气在预混室进行混合后,到达多孔介质燃烧器内燃烧，燃烧的尾气成分由烟气分析仪进行采集，燃烧器内温度经过热电偶的测量后反馈到计算机中。在燃烧器的底部装有冷却系统。

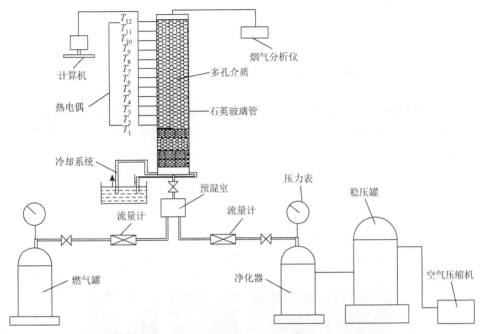

图 7-1 甲烷和空气多孔介质中燃烧实验系统示意图

如图 7-2 所示，燃烧器是内径 61mm、外径 67mm、长为 600mm 的透明石英玻璃管，在玻璃管的一侧嵌入 12 支热电偶，即 $T_1 \sim T_{12}$，其间距为 20mm，热电偶插入玻璃管内的深度为 2~3mm。燃烧器从下到上分别填充 40ppi 的陶瓷泡沫、2mm 氧化铝小球、40ppi 的陶瓷泡沫以及 3mm 的氧化铝小球。其中，3mm 的氧化铝小球为燃烧区域，填充床高度 350mm；40ppi 的陶瓷泡沫和 2mm 氧化铝小球的作用是防止回火，其总长度为 100mm，在燃烧区域填充直径 $d=3$mm 的小球，在重力作用下自然堆积，其耐温性可以达到 1700K。

甲烷和空气采用质量流量控制器（型号：D07-9E 型）进行测控，燃气是甲烷/空气的均匀混合物，甲烷的纯度为 99.999%，实验设定燃烧器的气体入口流速为 0.42m/s，当量比范围为 0.435~0.490。温度采集软件每 0.5s 采集温度一次，并将采集到的温度保存到计算机硬盘，由于燃烧器

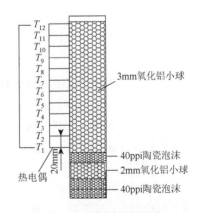

图 7-2 燃烧器外观图

边壁附近的孔隙率很大，所以由热电偶测得的温度视为气体的平均温度。每 5min 对尾气进行一次搜集并测量，测量的尾气成分质量分数包括氧气（%）、二氧化碳（%）、一氧化碳（10^{-6}）以及氮氧化物（10^{-6}）等。固定相机位置（SKT-MM500C-12A，OLYMPUS SZ-30MR），从火焰正面拍摄记录火焰照片。

7.2.2　火焰面非稳定现象的描述

为了观察燃烧器中的燃烧、火焰锋面的移动以及火焰的形状，在实验全程没有对石英玻璃管保温的情况下，对实验过程燃烧器中的燃烧情况进行了观测。在燃烧初期，可以观察到沿轴近似对称分布的高亮度橘黄色火焰，随着火焰面向下游的传播，火焰面出现轻微的倾斜现象，且随着时间的增长，火焰面倾斜现象越来越严重，这种不稳定燃烧现象持续整个燃烧过程，直至火焰面达到燃烧器出口处，最终火焰在燃烧器出口稳定燃烧。在部分实验工况中，当火焰面传播到燃烧器出口附近时，会出现火焰面破裂的现象。如图 7-3 所示，图 7-3（a）和图 7-3（b）是火焰面倾斜现象，图 7-3（c）和图 7-3（d）是火焰面破裂现象。

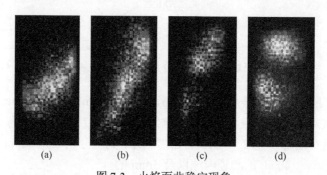

图 7-3　火焰面非稳定现象

（a）和（b）火焰面倾斜；（c）和（d）火焰面破裂

为了研究不同当量比对火焰面不稳定性的影响，对填充小球直径 $d = 3\text{mm}$，气体入口流速 $u = 0.42\text{m/s}$，当量比分别为 $\varphi = 0.435$、$\varphi = 0.449$、$\varphi = 0.462$ 和 $\varphi = 0.490$ 的实验工况进行分析，拍摄的火焰面图像如图 7-4 所示。由图可以看出，对于不同当量比的实验工况，火焰面以一定的速度向燃烧器的下游方向传播，最终火焰稳定在燃烧器的出口，火焰面呈现蓝色火焰，如图 7-5 所示。

在实验的初始阶段，火焰面都会出现倾斜现象，且随着传播的进行，火焰面倾斜现象越来越严重。当倾斜火焰面发展到一定程度时，会发生火焰面破裂现象，即由原始的一个光亮区发展成两个光亮区，随着火焰向下游传播，上游方向的光亮区会逐渐变暗直至消失，而下游方向的光亮区继续发展传播。对于部分实验工况，在整个传播过程中只发生一次火焰面破裂现象。而对于其他实验工况，在整个传播过程发生多次火焰面破裂现象，即当第一次火焰面破裂后，上游方向的光亮区逐渐消失，而下游光亮区随着火焰传播的进行，又分裂为两个光亮区，以此类推，发生多次破裂现象。破裂时刻多发生在燃烧的后半段时间段内，由此可知，只有火焰面倾斜角度达到一定值时，才会发生火焰面破裂现象。对于 $\varphi = 0.435$ 的实验工况，火焰面发生破裂的时刻为 20min 和 35min；对于 $\varphi = 0.449$ 的实验工况，火焰面发生破裂的时刻为 30min；对于 $\varphi = 0.462$ 的实验工况，火焰面发生破裂的时刻为 35min 和 50min；对于 $\varphi = 0.490$ 的实验工况，火焰面发生破裂的时刻为 40min 和 65min。为了研究火焰面倾斜角度随时间的演变，本章定义火焰面倾斜角度为入口流速方向的垂线和火焰面两端光亮区的连线之间的夹角，如图 7-6 所示。

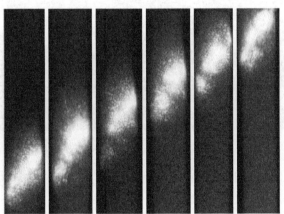

$t = 15\text{min}$　$t = 20\text{min}$　$t = 25\text{min}$　$t = 30\text{min}$　$t = 35\text{min}$　$t = 40\text{min}$
(a) $\varphi = 0.435$

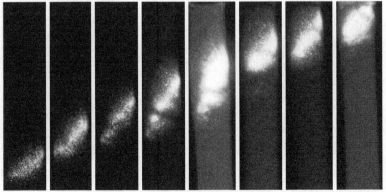

$t = 15\text{min}$　$t = 20\text{min}$　$t = 25\text{min}$　$t = 30\text{min}$　$t = 35\text{min}$　$t = 40\text{min}$　$t = 45\text{min}$　$t = 50\text{min}$
(b) $\varphi = 0.449$

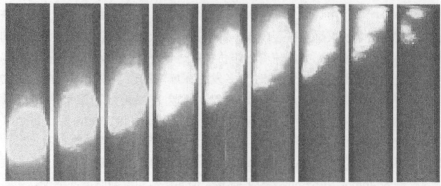

$t=15\text{min}$　$t=20\text{min}$　$t=25\text{min}$　$t=30\text{min}$　$t=35\text{min}$　$t=40\text{min}$　$t=45\text{min}$　$t=50\text{min}$　$t=55\text{min}$

(c) $\varphi=0.462$

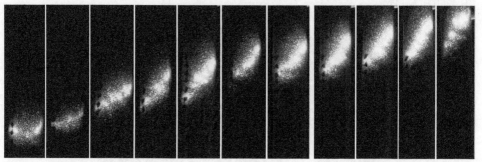

$t=15\text{min}$　$t=20\text{min}$　$t=25\text{min}$　$t=30\text{min}$　$t=35\text{min}$　$t=40\text{min}$　$t=45\text{min}$　$t=50\text{min}$　$t=55\text{min}$　$t=60\text{min}$　$t=65\text{min}$

(d) $\varphi=0.490$

图 7-4　不同当量比时火焰面随时间的演变（ $d=3\text{mm}$ ， $u=0.42\text{m/s}$ ）

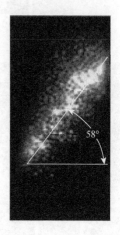

图 7-5　燃烧器出口处火焰形态　　　　图 7-6　火焰面倾斜角度的确定图

图 7-7 为填充小球直径 $d = 3\text{mm}$ 、气体入口流速 $u = 0.42\text{m/s}$ ，不同当量比时火焰面倾斜角度的演变和火焰面破裂时刻（图中实心点处）。由图 7-7 可以看出，在火焰面破裂之前，在相同时刻，当量比相对小的火焰面倾斜角总是大于当量比相对大的火焰面，且当量比越小，火焰面越容易发生倾斜。在反应的初始阶段，火焰面倾斜角的增长速度很快，近似呈线性增长，当火焰面的倾斜角度达到 40°～50°时，火焰面倾斜角的增长速度变慢。随着反应的进一步进行，当火焰面倾斜角度达到 54°～60°时，火焰面会发生破裂现象。当量比越小，火焰面越容易发生破裂。对于不同的当量比，每当火焰面发生破裂后，随着上游方向的光亮区域的消失，下游方向光亮区形成的单独火焰面的倾斜角总是变小，之后该火焰面进一步发展，其倾斜角度又逐渐增加，直到遇到下一个火焰面破裂，其倾斜角度再度减小。因此，可以想象，如果燃烧器足够长，甲烷与空气在多孔介质中燃烧的火焰面会形成"火焰面倾斜角增大—火焰面破裂—火焰面倾斜角减小"的循环。

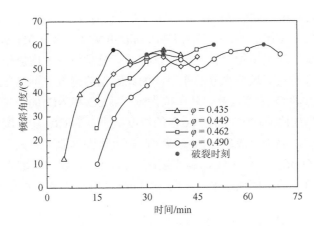

图 7-7　火焰面倾斜角的变化和火焰面破裂时刻（ $u = 0.42\text{m/s}$ ）

图 7-8 是填充小球直径 $d = 3\text{mm}$ ，气体入口流速 $u = 0.42\text{m/s}$ 时，火焰面传播速度和热电偶测量的火焰面温度随当量比的变化。前面提到甲烷和空气的预混气体在多孔介质中燃烧具有瞬态特性，即用每一个热电偶测量的火焰面温度都具有最高值，排除误差较大的热电偶测量值，取热电偶精度较高的温度值 T_2、T_4、T_6、T_8、T_{10}、T_{12} 的平均值作为火焰面的温度，如图 7-8 所示，火焰面的温度随着当量比的增大而增大，这是因为气体当量比增大时，可燃气体的浓度增大，其燃烧放出的热量也会随之增大。火焰面传播速度定义为：火焰面从热电偶 T_2 处传播到 T_{12} 处的距离（ 200mm ）和火焰面从热电偶 T_2 处传播到 T_{12} 处所用时间的比值。由图 7-8 可见，当量比越大，火焰面的传播速度越小。

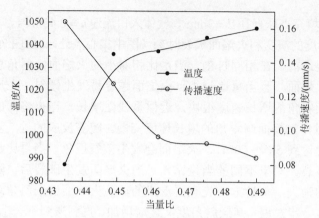

图 7-8　火焰面传播速度和温度随当量比的变化（$u = 0.42\text{m}/\text{s}$）

7.2.3　燃烧尾气

图 7-9 为填充小球直径 $d = 3\text{mm}$，气体入口流速 $u = 0.42\text{m}/\text{s}$ 工况下，燃烧尾气各组分浓度随当量比的变化。实验中每 5min 用烟气分析仪 350-XL 对燃烧尾气进行收集并测试，尾气中每一种组分，以其所有测量值的平均值作为该组分的浓度，另外尾气分析仪有过滤水分的作用，因此测得的尾气中不包含水分。结果表明，尾气中 CO_2 和 O_2 浓度较高，其单位为%，而 CO 和 NO_x 的浓度很小，其单位为 10^{-6}。随着当量比的增大，O_2 和 CO 的浓度减小，而 CO_2 的浓度增大，这是因为当量比增大时，燃烧时放出的热量增大，即火焰面的温度升高，CO 在高温情况下容易结合 O_2 燃烧生成 CO_2，温度越高，CO 和 O_2 越容易燃烧，放出的 CO_2 越多。实验中所用的甲烷纯度很高，为 99.999%，可认为其中不存在 N 元素，而

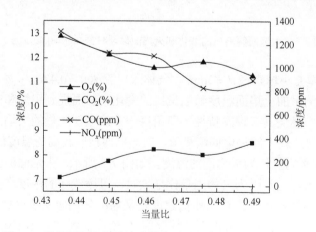

图 7-9　燃烧尾气各组分浓度随当量比的变化（$u = 0.42\text{m}/\text{s}$）

尾气中含有少量的 NO_x。因此得知，尾气中 NO_x 中的 N 元素来自空气中的氮气。所以，可以判定，该实验中的 NO_x 属于热力型 NO_x，即空气中的氮气在高温下氧化而生成的 NO_x。而图 7-9 中显示，NO_x 的浓度随当量比的变化很小，这是因为本章设定的当量比变化范围很小。

7.3 火焰锋面倾斜的数值研究

7.3.1 物理模型与数学模型

选取 7.2 节实验中的填充床为原型，计算物型如图 7-10 所示。以 7.2 节真实的实验装置为原型，模拟的燃烧器为长 400mm、内径 61mm 的石英玻璃管（壁厚 3mm），玻璃管比热容为 834J/(kg·K)，密度为 2250kg/m³，玻璃管的导热系数为 1.4W/(m·K)。燃烧器内均匀填充平均直径为 3mm（或 6mm、9mm）的氧化铝小球，小球孔隙率为 0.38（或 0.41、0.43），比热为 625J/(kg·K)，密度为 1773kg/m³。燃烧器可分为预热区、燃烧区和燃烧后区三个区域，燃烧器未保温。计算中将燃烧器壁面纳入计算域，考虑燃烧器壁面与周围空气的自然对流换热和辐射换热。燃气为甲烷与空气的混合物。

对火焰倾斜的数值研究，仍采用第 6 章的数学模型，本节不再重复。甲烷/空气燃烧采用 Fluent 6.3 自带的化学反应机理。为模拟点火过程。预先设定 30mm 宽、温度为 1700K 的固体高温区，为模拟初始倾斜火焰前沿，设定高温区与入口气流法向夹角为 8°。甲烷燃烧采用单步反应机理，方程组采用 Fluent 进行求解，压力和速度耦合采用 Simple 算法。固体及气体能量方程以残差 10^{-6} 为收敛标准，其他的方程的残差标准为 10^{-3}。Fluent 软件中的多孔介质模块为单温模型，利用标量方程将单温模型改进为双温模型，即多孔介质和气体有各自的温度。

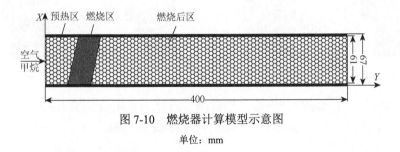

图 7-10 燃烧器计算模型示意图

单位：mm

7.3.2 火焰面倾斜现象描述

图 7-11 为当量比 $\varphi = 0.39$，气体入口流速 $u = 0.62\text{m/s}$，填充小球直径 $d = 3\text{mm}$

时，经过 1798s 后火焰面倾斜时的气体温度 T_g(K)、固体温度 T_s(K)、X 轴向气体速度 V_g(m/s)以及压力 P(Pa)分布云图。由图可以看出，倾斜的火焰面附近存在气固温度、气体流速以及压力的不均匀分布现象。由于火焰面倾斜的巨大扭曲作用，火焰面附近的气体流向火焰面的右端，形成气体流动高速场，而火焰面的中间及左端的气体流速相对较低。火焰面附近的压力场能够很好地解释流速不均匀分布的原因。火焰面附近存在明显的压力损失，由于气体从压力损失较大的区域流向压力损失较小的区域，未燃烧的气体会流向火焰面的右端，形成右端的高速场。与气体流场不同的是，火焰面存在两个高温区，即火焰面的左、右两端温度较高，火焰面中间的温度相对比较低，因为较多部分气体流向火焰面右端，因而火焰面右端高温区域面积大于左端高温区域面积。由于氧化铝多孔介质有较好的蓄热性，燃烧区释放的热量能够很好地被蓄积起来，因而固体的高温区域面积大于气体的高温区域面积。在火焰面下游的蓄热区，气固温度分布呈较对称的半椭圆形分布，气体流速分布呈较对称的圆弧分布，压力分布呈对称的线性分布，这说明在燃烧器内，火焰面倾斜的影响主要集中于火焰面附近区域，而并不影响火焰面下游的区域。

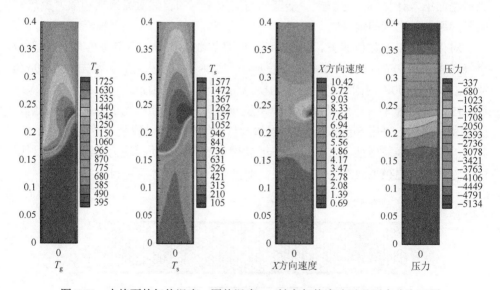

图 7-11　火焰面的气体温度、固体温度、x 轴向气体流速以及压力分布云图

$\varphi = 0.39$ ，$u = 0.62\mathrm{m/s}$ ，$d = 3\mathrm{mm}$ ，$t = 1798\mathrm{s}$

　　图 7-12 为火焰面倾斜演变示意图，图 7-12（a）为用气体温度表示火焰面倾斜的演变，图 7-12（b）为用固体温度表示火焰面倾斜的演变，图 7-12（c）为用化学反应速度表示火焰面倾斜的演变。由图可以看出，气体温度场、固体温度场

以及化学反应速率场都能明显地表示火焰面前沿，且火焰面形状和位置几乎相同。因此，可以用气固温度和化学反应速率的演变来表示火焰面的演变。初始条件是给定一个高温的倾斜角，在设定工况下产生的火焰面将随着火焰的传播而产生倾斜。火焰面在向下游传播的过程中，倾斜角度越来越大，并于 598s 产生 S 形火焰，且 S 形火焰随着时间的推移越来越明显。S 形火焰的影响是由壁面效应和边壁的热效应引起的。一方面，壁面上存在黏性效应，壁面附近的气体流速小于燃烧器中间部位的气体流速；另一方面，燃烧器中间部位没有受到壁面效应和热效应的影响，而呈直线形的火焰分布，因此形成 S 形火焰。反应火焰面倾斜的角度有两个：一个是考虑燃烧器壁面效应的火焰面倾斜角度，如图 7-13（a）所示，以火焰面两端的连线和入口流速方向的垂线间的夹角作为火焰面倾斜角度；另一个是不考虑燃烧器壁面效应的火焰面倾斜角度，如图 7-13（b）所示，以中端火焰面的切线和入口流速方向的垂线间的夹角作为火焰面倾斜角度。由图可以看出，α 总是大于 θ。本章采用第一种角度 θ（考虑壁面效应）作为火焰面倾斜角度。

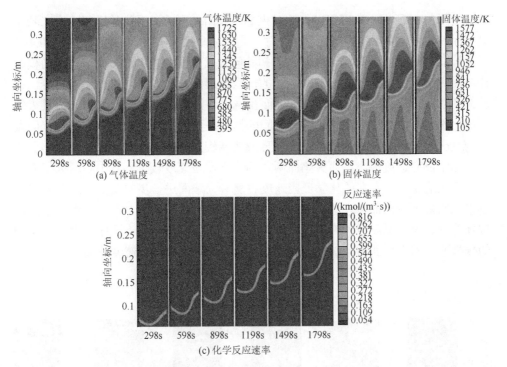

图 7-12　火焰面倾斜演变（$\varphi = 0.39$，$u = 0.62\text{m}/\text{s}$，$d = 3\text{mm}$）

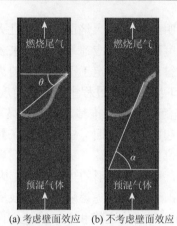

(a) 考虑壁面效应 (b) 不考虑壁面效应

图 7-13   火焰面倾斜角的确定方法

7.3.3   火焰面倾斜的影响因素

1. 当量比对火焰倾斜的影响

如图 7-14 所示,为研究当量比对火焰面倾斜的影响,用化学反应速度来表示火焰面前沿的演变。图 7-14 分别展示了当量比 $\varphi = 0.290$、$\varphi = 0.390$ 以及 $\varphi = 0.490$ 时火焰面随时间的演变。当给定 8° 的初始倾斜火焰面时,对于任何当量比的模拟计算,火焰面向下游传播,且火焰面的倾斜程度随时间发生更进一步的演变。在反应的初始阶段(300s 左右),火焰面呈现向下游方向凹陷的弧状形态,且火焰面的化学反应速度比较均匀。随着时间的推移,弧状火焰面逐渐向 S 形火焰面发展,且火焰面凹陷的程度逐渐减小,形成两端较为平坦的火焰面,此时火焰面中端的化学反应速度较小,而火焰面两端的化学反应速度较大,其中右端火焰面的化学反应速度大于左端的化学反应速度。随着火焰面进一步的演变,S 形火焰面越来越明显,火焰面两端的轴向距离也越来越大。可以看出,当量比对火焰面的传播速度、火焰面反应速度以及火焰面的形态有很大影响。当量比越大,火焰面的传播速度和火焰面的倾斜程度越小,而火焰面的化学反应速度越大。

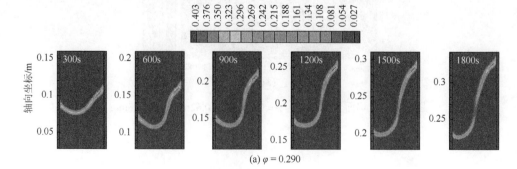

(a) $\varphi = 0.290$

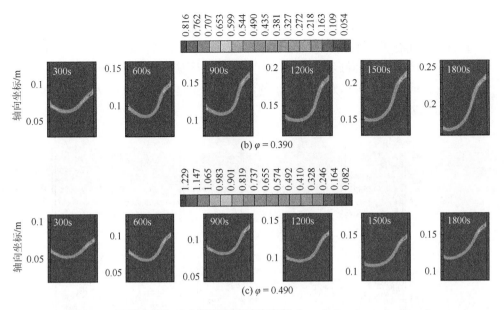

图 7-14　不同当量比时火焰面随时间的演变（$u = 0.62\text{m}/\text{s}$，$d = 3\text{mm}$）

2. 初始倾斜角度对火焰倾斜演变的影响

在之前模拟多孔介质火焰面倾斜现象的计算中，初始阶段人为给定了火焰面倾斜角，然而给定的初始火焰面倾斜角对火焰面的倾斜演变有很大的影响，如图 7-15 所示。图 7-15 为当量比 $\varphi = 0.490$，气体入口流速 $u = 0.42\text{m}/\text{s}$，填充小球直径 $d = 3\text{mm}$，以及初始倾斜角 $\theta_0 = 8°$，$\theta_0 = 16°$，$\theta_0 = 24°$ 时火焰面倾斜角随时间变化。由图可以明显地看出，初始倾斜角越大，同时刻的火焰面倾斜角越大，然而

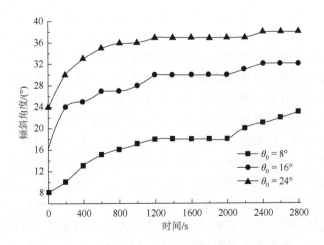

图 7-15　不同初始倾斜角时火焰面倾斜角的变化

对于不同的初始倾斜角，其火焰面倾斜角的发展趋势是一致的。由此可以说明，给定的火焰面初始倾斜角虽然可以说明火焰面倾斜得到发展趋势，但是不能从根本上说明产生火焰面倾斜的原因。在某些模拟计算中，当给定初始的火焰面倾斜角时，火焰面倾斜可以发生进一步的演变，发生这种现象可以从三个方面进行解释，如图 7-16 所示。

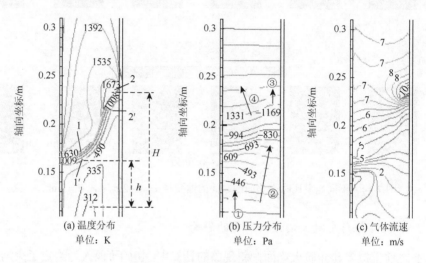

(a) 温度分布　　　　　　(b) 压力分布　　　　　　(c) 气体流速
单位：K　　　　　　　　　单位：Pa　　　　　　　　单位：m/s

图 7-16　火焰面气体参数分布

　　第一个方面：从火焰面气体温度场角度分析倾斜原因。图 7-16(a) 为 $\varphi = 0.390$，$u = 0.62\text{m/s}$，$d = 3\text{mm}$，$\theta_0 = 8°$，$t = 1800\text{s}$ 时火焰面气体温度分布图。由图可以看出，此时火焰面已出现明显的 S 形倾斜现象，且火焰面温度左低右高，从火焰面温度场角度分析，有四种主要原因影响这种变化。原因一，由于化学反应速度随温度迅速增长，已倾斜的火焰面右端温度高，化学反应速度快，向下游传播速度快，而火焰面左端温度相对低，化学反应速度慢，向下游传播速度速度慢，这种差异愈演愈烈，是产生火焰面倾斜的原因之一。原因二，火焰面的传播速度与其向周围散热能力有关，散热能力越强，火焰面传播速度越快，火焰面右端温度高，通过壁面向周围空气散热能力强，因而其传播速度较快。同理，火焰面左端传播速度相对较慢，这有助于火焰面倾斜的进一步发展。原因三，由于多孔介质有较强的蓄热能力，预混气体在到达火焰面前会吸收多孔介质热量，燃烧前的预混燃气温度越高，越有利于燃烧的进行。由图可知，对于相同温度的预混燃气，右侧的吸热路径大于左侧的吸热路径（$H > h$），即燃烧前右侧燃气温度高于左侧燃气温度，这便导致火焰面右侧燃烧速度大于左侧燃烧速度，有利于倾斜的进一步发展。原因四，预混燃气的燃烧机理是：燃气依靠火焰面的热量达到着火点，进而逐步燃烧。图中点 1 和 2 分别为火焰面两端最高温度处，由于点 2 处的温度高，向上游传递热量多，因而点 2 处距离着火点处（点 2′处）较远，这阻碍了右端火焰面向下游的传播，不利于火焰面倾斜的发展。

第二个方面：从火焰面压力场角度分析倾斜原因。图 7-16（b）为 $\varphi = 0.390$，$u = 0.62 \text{m/s}$，$d = 3 \text{mm}$，$\theta_0 = 8°$，$t = 1800 \text{s}$ 时火焰面压力分布图。由图可知，火焰面处存在明显的压力损失。由于气体会向压力损失较小的方向流动，在预混气体未达到火焰面前，大部分气体流向火焰面的右端，如箭头②所示；小部分气体流向火焰面左端，如箭头①所示，这有利于火焰面的倾斜发展。当燃气燃烧后，大部分燃烧尾气在压力损失作用下向左倾斜流出，如箭头④所示，这使得右端尾气（箭头③）顺利流出，却加大了左端预混气体（箭头①）流入的阻力，这种结果有利于火焰面倾斜的发展。另外，燃气燃烧速度与压力呈正比关系，由于火焰面右端压力小于火焰面左端压力，火焰面右端燃烧速度小于左端燃烧速度，这不利于火焰面倾斜的发展。

第三个方面：从火焰面气体流速场角度分析倾斜原因。图 7-16（c）为 $\varphi = 0.390$，$u = 0.62 \text{m/s}$，$d = 3 \text{mm}$，$\theta_0 = 8°$，$t = 1800 \text{s}$ 时火焰面压气体流速分布图，由图可以明显观察到左低右高的倾斜火焰面，并且火焰面两端的流速分布相差很大，火焰面右端流速远大于左端流速，即火焰面右端向下游传播速度大于左端传播速度，这有利于火焰面倾斜的进一步发展。

7.4　热斑非稳定的实验研究

Saveliev 等[2]以氢气/空气为燃料，在 5.6mm 小球填充床内开展了非稳态的实验研究。他们发现随着氢气浓度的增加，填充床内先后出现了稳定传播的超绝热燃烧波、热斑、双波等非稳定结构。Saveliev 等[2]认为非稳定火焰结构的出现与多孔介质随机结构、传热传质有关。但需要注意的是，Saveliev 等[2]的实验现象是在流速很大且流速保持不变的情况下观测到的，流速对多孔介质燃烧的非稳定性的影响还不清楚。同时，小球直径影响还不清晰。Saveliev 等[2]也没有报道火焰的动态演化过程。

本节通过实验研究氧化铝小球堆积床内贫氢气/空气预混气体过滤燃烧不稳定性，在不同气体入口速度和氢气浓度实验参数下观测燃烧不稳定性。比较不同实验工况参数（过滤流速 u_g 和氢气浓度 Y_{H_2}）对过滤燃烧波传播不稳定性的影响，分析燃烧波倾斜不稳定发生的动因，从而确认燃烧波不稳定性演变机理及其演变特点。另外，确定热斑不稳定性发生的实验参数极限，研究多孔介质结构对过滤燃烧稳定性的影响，采用不同尺寸氧化铝小球的堆积床，确认多孔介质孔隙率也是导致过滤燃烧不稳定性发生的一个重要影响因素。

7.4.1　实验系统

　　氢气/空气在多孔介质中燃烧的实验装置系统与本章的倾斜实验研究的系统相同，因此不再详细介绍。燃烧器是内径为 63mm、外径为 68mm、长为 600mm 的透明石英玻璃管。在燃烧器底部填充两块孔径数为 40ppi 的泡沫陶瓷饼。同时，陶瓷饼外部包着一层 10mm 厚的氧化铝纤维棉，起到防回火的功能，氧化铝小球在石英管内的填充高度为 450mm，此长度范围内为燃烧波传播区域。本节实验研究中燃烧器内的燃烧状态及燃烧温度的数据采集使用 FLUKE Ti32 红外热像仪进行完成，燃烧状态同时使用数码相机 OLYMPUS SZ-30MR 进行捕捉。热电偶直接测温反应的是燃烧波的真实温度，但它仅仅代表燃烧器一个点的温度值，很难反映整体火焰面及胞状结构体在燃烧器内温度分布的真实情况。此外，燃烧波对多孔介质内结构高度敏感，通过插入热电偶堆积床的随机结构可能潜在地被破坏，从而对火焰面产生扰动。因此，使用红外热像仪测量燃烧器表面的高温区除了可以用来定性代表火焰形状，而且从壁面中心提取出来的温度波用来定量分析燃烧波传播规律。所有实验工况每次捕捉图像时，热像仪和相机的位置不变，捕捉角度保持恒定。因为过滤燃烧波传播速度为 10^{-4}m/s 量级，捕捉火焰图像的时间间隔设定为 3min。

　　本节实验研究中氢气/空气预混气体入口过滤速度范围为 0.5～1.1m/s，实验氢气体积浓度范围为 5.0%～7.5%。实验开始阶段先进行高浓度气体预热，预热段火焰面稳定之后，将流量表调到实验工况参数，2min 后开始记录实验结果。主要实验工况参数如表 7-1 所示。

表 7-1　主要实验工况参数

实验工况	实验参数		
	氧化铝小球直径，d/mm	氢气浓度，Y_{H_2}/%	过滤速度，u_g/(m/s)
I	3.5	5.0	0.6
II	3.5	5.5	0.6
III	3.5	6.0	0.6
IV	3.5	6.5	0.7
V	6.5	6.5	0.7
VI	6.5	6.5	0.8
VII	6.5	6.5	0.9
VIII	6.5	7.0	0.6

续表

实验工况	实验参数		
	氧化铝小球直径，d/mm	氢气浓度，Y_{H_2}/%	过滤速度，u_g/(m/s)
IX	8.5	4.0	0.6
X	8.5	5.0	0.6
XI	8.5	6.0	0.6

7.4.2　稳定的超绝热燃烧波

为了定量分析稳定的燃烧波传播规律，把实验工况 I（$d=3.5$mm，$u_g=0.6$m/s，$Y_{H_2}=5.0$%）捕捉的图像中心温度提出来进行定量分析，温度波曲线如图 7-17 所示。从图中可以发现燃烧器外壁的最高温度大约为 800K，而在氢气浓度为 5.0% 时的绝热燃烧温度为 702K，根据文献[23]对石英管燃烧器内侧多孔介质表面层校正方法，修正得到实验工况 I 燃烧器内壁温为 929K，高于绝热温度，据此判断，实验工况 I 下燃烧器内燃烧为超绝热燃烧。图中温度波比较稳定平缓，没有出现显著的温度波衰减，因此可以看出此过滤燃烧波传播过程为稳定的超绝热燃烧波传播。

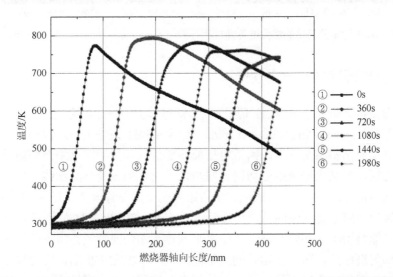

图 7-17　实验工况 I（$d=3.5$mm，$u_g=0.6$m/s，$Y_{H_2}=5.0$%）下的温度波曲线

图 7-18 给出了实验工况 I 下超绝热燃烧波传播过程。从图中可以看出，超

绝热燃烧波稳定地向下游传播，火焰面呈现近似的下凹抛物线形状，由于反应区释放的热量部分通过多孔介质固体以导热和辐射方式回收传给来流反应物，因此超绝热燃烧火焰面与自由火焰面相比存在本质上的区别。如图 7-18 所示，火焰面曲率在传播初始阶段相对平整，高温区相对比较集中。随着火焰面稳定地向下游传播，火焰面曲率变得越来越大，高温区域变得更大。这种现象是由以下几种因素造成的：第一，小球堆积床内孔隙率分布的不均匀性，石英管内壁附近的局部孔隙率比中心区域的孔隙率大，因此这可能是火焰面拉伸的一个动因；第二，当火焰面向下游传播时，反应区更多燃烧释放的能量被蓄积在多孔介质固体内，从而使高温区域增大；第三，虽然在实验过程中采取了保温措施，但是燃烧器外壁的损失是不可避免的，由于燃烧器壁面处的热损失，从反应区回收并传给来流反应物的热量减少，热损失可加速燃烧波传播，致使火焰面曲率变得更大。

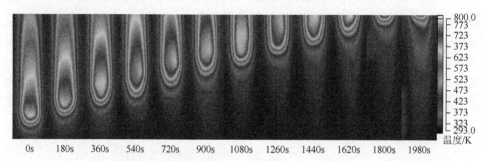

图 7-18　稳定的超绝热燃烧波传播过程（$d = 3.5\text{mm}$，$u_g = 0.6\text{m/s}$，$Y_{H_2} = 5.0\%$）

7.4.3　火焰面变形非稳定性传播

作为在本章研究中氢气/空气预混气体低速过滤燃烧非稳定现象之一，图 7-19 为实验工况 V（$d = 6.5\text{mm}$，$u_g = 0.7\text{m/s}$，$Y_{H_2} = 6.5\%$）条件下燃烧波向燃烧器下游传播时火焰面倾斜演变过程。为了定量描述燃烧波传播期间火焰面倾斜非稳定性的演变特征，定义火焰面中心切线方向与未受扰动的过滤气流法线方向的夹角为火焰面倾斜角（α）。传播图像表明，在初始时刻火焰面有一个 5° 的初始倾斜角时，火焰面倾斜角随着燃烧波向下游传播渐渐地增长，在 1080s 时达到 53°。初始火焰面倾斜可能是由实验初始时刻预热段水平预热不均匀或者填充床内部局部孔隙率分布不均匀造成的，即使初始时刻火焰面受到一个很微小扰动，都会导致火焰面发生倾斜，产生一个很小的倾斜角，从而引起堆积床内速度场不均匀，进而造成燃烧器横向截面上燃烧的不均匀。相应地，燃烧不均匀导致燃烧器横向截面上火焰面传播速度不均匀。因此，当燃烧器左右两侧出现初始的燃烧波传播速度差异时，在接下来的传播过程中，这种传播速度差不断拉大，表现出来的火焰面倾斜效应将不断放大直到燃烧器熄灭为止。在图中还可以观察到，720s 前倾斜角度随时间的增加速率大，随后逐渐变缓。

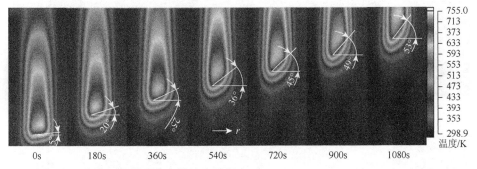

图 7-19　火焰面倾斜非稳定性演变过程（$d = 6.5\text{mm}$，$u_\text{g} = 0.7\text{m/s}$，$Y_{\text{H}_2} = 6.5\%$）

7.4.4　热斑非稳定性

图 7-20 为实验工况Ⅲ（$d = 3.5\text{mm}$，$u_\text{g} = 0.6\text{m/s}$，$Y_{\text{H}_2} = 6.0\%$）时火焰面非稳定性演变过程及热斑非稳定性现象。从图中可以发现，随着燃烧波传播的进行，在 180s 时，当燃烧器上游开始出现热斑，火焰面倾斜角不但没有增加，反而被抑制，在 360s 时，火焰面完全被纠正成平火焰面，当传播到 540s 时，由于超绝热燃烧波（定义为主燃烧波）上游出现更多的热斑，火焰面开始渐渐向右侧方向倾斜。然而，在后续传播过程中，火焰面倾斜角增长率（定义为倾斜角增长量随时间的变化率）并不是太剧烈。由此表明，热斑组成的胞状结构体是导致下游主燃烧波传播倾斜不稳定性的一个显著动力学因素，它能够强烈地支配主燃烧波传播稳定性。另外，当主燃烧波熄灭后，胞状结构体经过一段时间的演变，直到 4320s，这些热斑稳定而随机地驻定在燃烧器内，组成胞状结构燃烧波（cellular structure combustion wave）。实验过程中发现胞状结构体内氢气燃烧火焰为不可见光，其温度比主燃烧波温度低很多，最后稳定的燃烧器外壁面的最高温大约为 405K，根据文献[23]的校正公式计算，燃烧器内温度低于超绝热燃烧波温度，这种胞状结构燃烧波为非超绝热燃烧波。导致这种非超绝热燃烧波的原因是，由于胞状结构属于单个热斑燃烧点集合的燃烧，而不是连续的整体火焰面占据燃烧器截面，在这种情况下氢气是不完全燃烧。因此，胞状结构体温度比超绝热燃烧波的温度低很多。将实验工况Ⅲ与实验工况Ⅱ（$d = 3.5\text{mm}$，$u_\text{g} = 0.6\text{m/s}$，$Y_{\text{H}_2} = 5.5\%$）的结果进行比较可以发现，两个实验工况在 $d = 3.5\text{mm}$ 的小球堆积床同样的过滤速度（$u_\text{g} = 0.6\text{m/s}$），而氢气浓度仅仅从 5.5%提高到 6.0%，整个实验工况Ⅲ出现大量的热斑，因此可以表明，在

$d = 3.5\text{mm}$ 小球堆积床内过滤速度 $u_g = 0.6\text{m/s}$ 时热斑不稳定性发生的氢气浓度临界值为 $Y_{H_2,cr} = 5.5\%$。

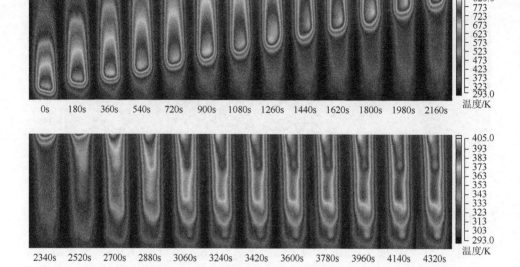

图 7-20　实验工况Ⅲ（$d = 3.5\text{mm}$，$u_g = 0.6\text{m/s}$，$Y_{H_2} = 6.0\%$）下火焰面倾斜非稳定性演变过程及胞状结构形成

　　为证实小球堆积床孔隙率对热斑不稳定性的影响，在平均直径 6.5mm 的氧化铝小球堆积床进行了实验，直径 6.5mm 小球堆积床的内的平均孔隙率为 0.42。图 7-21（a）、（b）分别为实验工况Ⅵ（$d = 6.5\text{mm}$，$u_g = 0.8\text{m/s}$，$Y_{H_2} = 6.5\%$）、Ⅶ（$d = 6.5\text{mm}$，$u_g = 0.9\text{m/s}$，$Y_{H_2} = 6.5\%$）超绝热燃烧波不稳定传播过程。图 7-21（a）结果表明，传播时间在 360s 时，超绝热燃烧波下部右侧开始出现热斑，而随着超绝热燃烧波继续向燃烧器下游传播，在燃烧器内出现更多的热斑，随着超绝热燃烧波向下游传播。在 720s 时，由于部分氢气在上游右侧胞状结构燃烧波内燃烧，从而使下游超绝热燃烧波释放的热量减少，导致下游超绝热火焰面向左侧偏移 [如图 7-21（a）中 720s 时刻白色箭头所示]，火焰面倾斜变形严重。图 7-21（b）结果表明，初始时刻火焰面有一个朝向左侧方向的微小倾斜角，在 180s 时，由于主燃烧波底部开始出现热斑，火焰面倾斜角方向开始转为右侧方向，随着主燃烧波继续向燃烧器下游传播，更多的热斑出现在主燃烧波上游，火焰面倾斜角缓慢增加。实验工况Ⅶ结果进一步表明，热斑组成的胞状结构对主燃烧波传播稳定性有着显著的影响，对主燃烧波火焰面形状起着重要的支配作用。从图 7-21（a）、图 7-21（b）还可以发现，主燃烧波向下游传播过程中，

上游的胞状结构体维持原有形状不发生明显变化，形成与文献[2]相类似的多燃烧波结构驻定在燃烧器内。

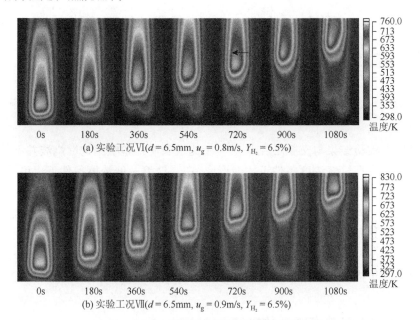

(a) 实验工况Ⅵ($d = 6.5$mm, $u_g = 0.8$m/s, $Y_{H_2} = 6.5\%$)

(b) 实验工况Ⅶ($d = 6.5$mm, $u_g = 0.9$m/s, $Y_{H_2} = 6.5\%$)

图 7-21　超绝热燃烧波传播非稳定性演变过程

为了研究小球堆积床孔隙率对燃烧波传播非稳定性的影响，实验中还使用了平均直径 8.5mm 的氧化铝小球，其堆积床平均孔隙率 $\varepsilon = 0.45$。图 7-22 给出了实验工况 X（$d = 8.5$mm，$u_g = 0.6$m/s，$Y_{H_2} = 5.0\%$）时燃烧波非稳定性演变过程。从图中结果可以发现，虽然主燃烧波上游出现胞状结构，但是主燃烧波在传播过程中表现得比较稳定，火焰面无变形不稳定性现象出现。传播过程中高温区逐渐拉伸，由于多孔介质孔隙率增大，燃烧过程的气流与多孔介质固体接触面增大，热气流与固体之间的换热增强，火焰面下游的固体介质快速被加热，高温区加大拉伸。主燃烧波离开燃烧器后，胞状结构经过演变到 2880s 时刻，不均匀地驻定在燃烧器内。将实验工况 X 下的实验结果再次与文献[2]结果进行比较可以发现，热斑不稳定性在更低的实验参数（$u_g = 0.6$m/s，$Y_{H_2} = 5.0\%$）及大孔隙率下也可能发生。

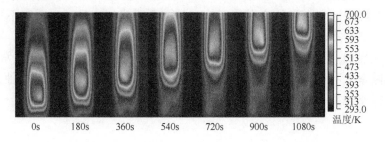

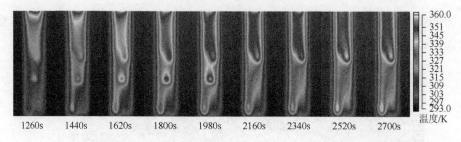

图 7-22　实验工况 X（$d = 8.5\text{mm}$，$u_g = 0.6\text{m/s}$，$Y_{H_2} = 5.0\%$）下燃烧波及热斑演变过程

将以上实验结果与文献[2]结果进一步比较表明，胞状结构燃烧波并不是仅在高过滤速度及高氢气浓度条件下才能形成，在小速度及低浓度条件下也可以出现，进一步表明过滤速度和氢气浓度对低速过滤燃烧不稳定性具有显著的影响。同时，也说明胞状结构燃烧波不是大流速高燃料浓度下的特有现象，而且在小流速和低燃料浓度下这种胞状结构燃烧波也是存在的。通过三种不同直径（$d = 3.5\text{mm}$，6.5mm，8.5mm）小球堆积床内低速过滤燃烧实验结果比较，表明多孔介质孔隙率对燃烧波传播的稳定性影响也是一个重要而显著的因素。

7.4.5　孔隙率对热斑特性的影响

为了研究堆积床孔隙率对热斑的影响，图 7-23（a）、图 7-23（b）、图 7-23（c）、图 7-23（d）为不同工况下三个规格的氧化铝小球堆积床在燃烧器底部的局部热斑分布图，图中每个工况的实验结果均是从三个不同角度捕捉的热斑分布。直径为 3.5mm、6.5mm、8.5mm 氧化铝小球堆积床孔隙率分别为 0.39、0.42、0.45。从图 7-23（a）、图 7-23（b）中不同工况实验结果比较可以发现，堆积床内热斑数量多，且体积小，在有些位置个别热斑点孤立，有些位置热斑分布相对集中，热尾迹相互关联。图 7-23（c）、图 7-23（d）分别为孔隙率 $\varepsilon = 0.42$、$\varepsilon = 0.45$ 时热斑分布图。相对于图 7-23（a）、图 7-23（b）中结果，可以发现，孔隙率大的堆积床内热斑数量少，且不再是光滑的小燃烧点，而是体积较大的块状结构。从图 7-23（c）、图 7-23（d）还可以看出，热斑块之间存在大的缺口区域，燃烧区和上游的未燃烧区的交界面不再光滑，呈现出凸凹不平的无规则形状，这些不规则形状可能与堆积床内局部孔隙率分布不均有关。通过以上结果比较表明，热斑的大小、形状及分布对多孔介质孔隙率大小是非常敏感的，而且孔隙率分布的随机不均匀性也会导致热斑空间驻定位置的随机性，且使其形状变得不规则。

(a) $d = 3.5$mm, $u_g = 0.6$m/s, $Y_{H_2} = 6.5\%$ (b) $d = 3.5$mm, $u_g = 0.6$m/s, $Y_{H_2} = 6.0\%$

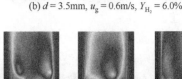

(c) $d = 6.5$mm, $u_g = 0.7$m/s, $Y_{H_2} = 7.5\%$ (d) $d = 8.5$mm, $u_g = 0.6$m/s, $Y_{H_2} = 6.0\%$

图 7-23   不同实验工况热斑局部分布图

7.4.6   热斑不稳定性对燃烧波传播速度的影响

为了研究热斑对主燃烧波传播速度的影响，将实验工况 I （$d = 3.5$mm，$u_g = 0.6$m/s，$Y_{H_2} = 5.0\%$）、III（$d = 3.5$mm，$u_g = 0.6$m/s，$Y_{H_2} = 6.0\%$）、IV（$d = 3.5$mm，$u_g = 0.7$m/s，$Y_{H_2} = 6.5\%$）、V（$d = 6.5$mm，$u_g = 0.7$m/s，$Y_{H_2} = 6.5\%$）、VI（$d = 6.5$mm，$u_g = 0.8$m/s，$Y_{H_2} = 6.5\%$）、VII（$d = 6.5$mm，$u_g = 0.9$m/s，$Y_{H_2} = 6.5\%$）的主燃烧波传播速度进行比较，如图 7-24 所示。从图中可以看出，主燃烧波传播速度数量级都小于 1mm/s。原则上，在顺流式（燃烧波传播方向与预混气流方向相同）低速过滤燃烧过程中，燃烧波传播速度通常随过滤速度和多孔介质孔隙率增加而增加，随燃料浓度增加而降低。然而，图 7-24 中的结果显示燃烧波传播速度明显地不再遵循上述原则。将实验工况III与实验工况 I 进行比较，具有过滤速度 $u_g = 0.6$m/s，

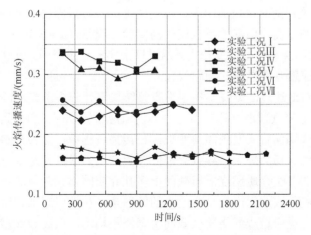

图 7-24   不同实验工况下燃烧波传播速度比较

相对于实验工况Ⅰ，实验工况Ⅲ氢气浓度提高到 6%。图 7-24 中的结果表明其燃烧波传播速度显然是正常降低的，虽然实验工况Ⅲ条件下，燃烧器上游出现了大量热斑，然而热斑对主燃烧波传播速度是否产生影响还不清楚。在实验工况Ⅳ中，当过滤速度和氢气浓度提高到 0.7m/s 和 6.5%时，其主燃烧波传播速度与实验工况Ⅲ比较接近。

将图 7-24 直径 6.5mm 氧化铝小球堆积床内主燃烧波传播速度与直径 3.5mm 氧化铝小球堆积床内主燃烧波传播速度进行比较，6.5mm 氧化铝小球堆积床孔隙率（$\varepsilon = 0.42$）较大，超绝热燃烧波传播速度较快。如图 7-24 所示，实验工况Ⅴ（$d = 6.5$mm，$u_g = 0.7$m/s，$Y_{H_2} = 6.5\%$）由于没有热斑出现，其燃烧波传播速度是最快的。对于实验工况Ⅵ（$d = 6.5$mm，$u_g = 0.8$m/s，$Y_{H_2} = 6.5\%$），当过滤速度提高到 0.8m/s 时，伴随有热斑不稳定现象出现，主燃烧波传播速度反而显著地降低，下降到与实验工况Ⅰ的主燃烧波传播速度相近。为了解释这种现象，根据文献[24]的结论，基于能量守恒定律，使用燃烧温度与波传播速度的关系式进行分析，其具体表达式如下：

$$u_w = u_t (1 - ((\Delta T_a / \Delta T_c)^2 - 4\beta\lambda_s / ((\rho c)_g u_g)^2)^{1/2}) \qquad (7\text{-}1)$$

式中，u_w 为燃烧波传播速度；u_t 为热波速度；u_g 为过滤速度；ΔT_a 为预混气体绝热温度的升高量；ΔT_c 为过滤燃烧波的燃烧温度升高量；β 为与周围环境之间的有效换热系数；λ_s 为多孔介质的有效导热系数（包括辐射）；$(\rho c)_g$ 为气体混合物的热容量。当胞状结构燃烧波出现时，部分氢气被燃烧，从而导致方程（7-1）中超绝热燃烧波中平均的 ΔT_c 将会降低。因此，由方程（7-1）推理，燃烧波传播速度 u_w 将会被压低。于是，可以得出结论，胞状结构体是抑制燃烧波传播速度的主要原因。在实验工况Ⅶ（$d = 6.5$mm，$u_g = 0.9$m/s，$Y_{H_2} = 6.5\%$）中，过滤速度提高到 0.9m/s 时，也伴随有热斑的出现，过滤速度的补偿效应使主燃烧波传播速度得到了一定程度的提高，但其大小也仅仅与实验工况Ⅴ（$d = 6.5$mm，$u_g = 0.7$m/s，$Y_{H_2} = 6.5\%$）的燃烧波传播速度相当。通过以上实验结果表明。胞状结构燃烧波对主燃烧波传播速度具有显著的抑制效应。

通过以上对低速过滤燃烧不稳定性实验结果进行分析研究，得出如下结论。

（1）贫氢气/空气预混气体在多孔介质内低速过滤燃烧，当受到一个很小的扰动时，超绝热火焰面就会发生倾斜变形，在传播过程中，这种倾斜不稳定性会不断地放大，直到火焰面熄灭。导致火焰面倾斜的动力学因素是多方面的，但主要是由初始时刻的多空介质燃烧器横截面上多孔介质固体预热段的预热不均匀造成的，在初始时刻使火焰面产生一个很小的倾斜角，从而引起堆积床内过滤流速度分布的不均匀，进而造成燃烧器横截面上燃烧不均匀，最终导致燃烧器左右两侧的燃烧波传播速度产生差异，在接下来的传播过程中，这个传播速度差不断增加，表现出来的燃烧波火焰面倾斜效应不断放大直到燃烧器熄灭为止。某些情况下，在燃烧波传播过程中，有时会发生火焰面严重畸形情况，而这种火焰面畸变不能在实验中重复进行，表明氧化铝小球堆积床内的随机结构是导致这种火焰面畸变发生主要原因。

（2）实验工况参数较高时，可能会发生热斑非稳定性现象，每个热斑就是一个小的燃烧点，而且当热斑之间相互影响相互关联形成胞状结构体时，胞状结构体对主燃烧波传播的稳定性起着支配作用。当主燃烧波熄灭，胞状结构燃烧波经过一段时间的演变，其将演变成驻定燃烧波不均匀地分布在燃烧室内。

（3）把本章的实验结果与文献[2]结果相比较，发现更低的实验参数（$u_g = 0.6\text{m/s}$，$Y_{H_2} = 7.0\%$）下也可能出现双燃烧波结构，说明文献[2]关于只有在氢气浓度 8%～10%的范围才会出现这种双火焰面结构的结论也是不全面的。

（4）通过对不同孔隙率堆积床内的燃烧波不稳定性演变过程及热斑的出现特点进行比较研究发现，孔隙率小（$\varepsilon = 0.39$），燃烧波传播速度慢，温度波衰减不显著，而孔隙率大（$\varepsilon = 0.42$、0.45），温度波衰减较快，尤其在平均直径 8.5mm 氧化铝小球堆积床内，燃烧波衰减显著，当胞状结构体燃烧较强烈时，甚至会导致主燃烧波从超绝热燃烧态衰减转变为非超绝热燃烧态，说明多孔介质孔隙率对低速过滤燃烧不稳定性的发生有着显著的影响。

（5）通过对比不同孔隙率多孔介质内热斑的分布状态发现，热斑分布对孔隙率及孔隙率的随机分布是非常敏感的，孔隙率小，则热斑点多且单个体积小。孔隙率大，则热斑数量少且单个体积大，甚至表现为块状结构。因此，在分析热斑动力学机理时，氧化铝小球堆积床的孔隙率也是一个不可忽视的重要影响因素。

（6）比较不同实验工况下的燃烧波传播速度，当无热斑不稳定性发生时，传播速度规律与文献[2]结论吻合得很好，当有热斑不稳定性发生时，部分燃料氢被燃烧，在主燃烧波内释放的能量减少，导致燃烧平均温度升高量降低，从而使燃烧波传播速度被压低，说明热斑组成的胞状结构体对主燃烧波传播具有显著的抑制效应。

参 考 文 献

[1] Minaev S S, Potytnyakov S I, Babkin V A. Combustion wave instability in the filtration combustion of gases. Combustion Explosion and Shove Waves, 1994, 30: 306-310.

[2] Saveliev A V, Kennedy L A, Fridman A A. Structures of multiple combustion waves formed under filtration of lean hydrogen-air mixture in a packed bed. The Combustion Institute Twenty-Sixth Symposium（International）on Combustion, Naples, 1996: 3369-3375.

[3] Kakutkina N A. Some stability aspects of gas combustion in porous media. Combustion Explosion and Shock Waves, 2005, 41（4）: 395-404.

[4] Kennedy L A, Fridman A A, Saveliev A V. Superadiabatic combustion in porous media: Wave propagation,

instabilities，new type of chemical reactor. International Journal of Fluid Mechanics Research，1996，22：1-27.

[5] Dobrego K V，Zhdanok S A. Physical of filtration combustion of gases. Heat and Mass Transfer Institute Pub，Minsk，2002.

[6] Dobrego K V，Zhdanok S A，Zaruba A I. Experimental and analytical investigation of the gas filtration combustion inclination instability. International Journal of Heat and Mass Transfer，2001，44：2127-2136.

[7] Dobrego K V，Kozlov I M，Bubnovich V I. Dynamics of filtration combustion front perturbation in the tubular porous media burner. International Journal of Heat and Mass Transfer，2003，46：3279-3289.

[8] Kim S G，Yokomori T，Kim N I. Flame behavior in heated porous sand bed. Proceeding of the Combustion Institute，2007，31：2117-2124.

[9] Yang H L，Minaev S，Geynce E，et al. Filtration combustion of methane in high-porosity micro fibrous media. Combustion Science and Technology，2009，181：654-669.

[10] Zheng C H，Cheng L M，Saveliev A，et al. Numerical studies on flame inclination in porous media combustors. International Journal of Heat and Mass Transfer，2011，2：1-8.

[11] 张俊春. 多孔介质燃烧处理低热值气体及燃烧不稳定性研究. 杭州：浙江大学，2014.

[12] Zhang J C，Chen L M，Zheng C H，et al. Numerical studies on the inclined flame front break of filtration combustion in porous media. Energy and Fuels，2013，17（8）：4969-4976.

[13] Wang G Q，Tang P B，Li Y，et al. Flame front stability of low calorific fuel gas combustion with preheated air in a porous burner. Energy，2019，170：1279-1288.

[14] 史俊瑞，徐有宁，解茂昭. 过滤燃烧火焰锋面倾斜演变的二维数值研究. 工程热物理学报，2012，33（7）：1267-1270.

[15] 于春梅. 预混气体在多孔介质中燃烧的火焰面不稳定特性研究. 沈阳：东北大学，2012.

[16] 夏永放. 低速过滤燃烧波不稳定性动力学特性研究. 沈阳：东北大学，2013.

[17] 史俊瑞，李本书，于春梅，等. 预混气体在多孔介质中燃烧火焰面倾斜的演变. 东北大学学报（自然科学版），2013，34（2）：34-39.

[18] 薛治家，于庆波，刘慧，等. 过滤燃烧火焰面不稳定性的实验研究. 东北大学学报（自然科学版），2013，34（9）：33-38.

[19] 夏永放，于春梅，史俊瑞，等. 多孔介质内稀氢气/空气预混过滤燃烧不稳定性. 江苏大学学报（自然科学版），2013，34（3）：272-275.

[20] Shi J R，Yu C M，Li B W，et al. Experimental and numerical studies on the flame instabilities in porous media. Fuel，2013，106（4）：674-681.

[21] Shi J R，Xie M Z，Xue Z J，et al. Experimental and numerical studies on inclined flame evolution in packing bed. International Journal of Heat and Mass Transfer，2012，55：7063-7071.

[22] Xia Y F，Shi J R，Li B W，et al. Experimental investigation of filtration combustion instability with lean premixed hydrogen/air in a packed bed. Energy and Fuels，2012，26（8）：4749-4755.

[23] 吕兆华，王志武，孙思诚，等. 多孔陶瓷燃烧器火焰温度的测定. 发电设备，1997，8-9（Z1）：35-40.

[24] Zhdanok S，Kennedy L A，Koester G. Superadiabatic combustion of methane air mixtures under filtration in a packed bed. Combustion and Flame，1995，100：221-231.

第8章　多孔介质中液体燃料的燃烧

　　除了气体燃料之外，多孔介质过滤燃烧技术也可以成功地燃烧煤油、柴油等液体燃料，其中起关键作用的是燃料的蒸发过程。由于多孔介质内结构复杂、有很大的内表面积，能够促进喷射到多孔介质的液体破碎，使燃油在空间内均匀分布并实现二次雾化。同时，多孔介质内固体材料的高导热率和高辐射率，使多孔介质具有优良的总体热输运特性和相当大的热容量，液体喷雾分布在大量孔隙内表面上，易形成很薄的油膜实现快速而完全的蒸发，生成可燃混合蒸气。当多孔介质内的燃油蒸发与其内部超绝热燃烧方式相结合后，将会显著增强液体燃料的燃烧稳定性、燃烧效率及可燃极限。这为改善液体燃料在传统喷射雾化扩散燃烧方式、实现液体燃料预蒸发燃烧提供了重要的方向。近年来，液体燃料在多孔介质中燃烧作为一项新型燃烧技术受到人们的重视，已在多孔介质发动机、燃油锅炉、原油开采等方面得到了较为广泛实际应用

　　本章介绍作者团队在液体燃料多孔介质内燃烧方面实验研究，以此为背景的多孔介质内液体喷雾预蒸发过滤燃烧的数值模拟，以及基于多孔介质液体燃烧技术的多孔介质发动机的热力循环分析及数值模拟研究。

8.1　多孔介质中液体喷雾预蒸发过滤燃烧的实验研究

8.1.1　多孔介质中液体喷雾燃烧的实验装置

1. 实验系统整体结构

　　多孔介质中液体喷雾燃烧实验系统主要由主燃烧室、预蒸发室、供气系统、供油系统、预热系统及测量系统几部分组成。多孔介质液体喷雾燃烧实验系统经历了两个发展阶段，为便于区分，将其分别定义为多孔介质预混预热燃烧系统和多孔介质电预热燃烧系统[1]。本节将介绍这两种实验系统结构，并对液体喷雾燃烧过程中的火焰特性与温度特性加以分析。

　　早期的实验系统[2]结构示意图如图 8-1 所示，该系统以齿轮油泵供油，系统设计为燃油从预蒸发室侧壁喷入的非对称结构，采用由空气压缩机驱动的自然进气方式。该系统可以进行多孔介质内的气体预混合过滤燃烧实验，能够实现液体

喷雾在多孔介质内的脉冲式自维持燃烧。该系统采用甲烷/空气预混合燃烧的预热方式，因此将其称为多孔介质预混预热燃烧系统。

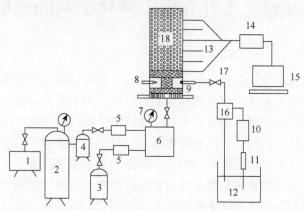

1-空气压缩机；2-稳压罐；3-燃气瓶；4-净化器；5-转子流量计；6-预混合室；7-压力表；
8-脉冲点火器；9-燃油喷射器；10-齿轮油泵；11-燃油滤清器；12-油箱；13-热电偶；
14-热电偶浏览卡；15-混合式记录仪；16-回油阀；17-节流阀；18-主燃烧室

图 8-1　多孔介质内液体喷雾预混预热燃烧系统结构示意图

在前期工作基础上，实验系统进行了多方面优化，改进后的系统如图 8-2 所示[1]。该系统为以低压电动油泵供油，选用燃油从主燃烧室底部喷入的对称式结构，空气采用高压空气瓶供给的螺旋进气方式，多孔介质采用电预热方式，预热温度场更为稳定可控，该实验系统能够实现液体喷雾在多孔介质内的预蒸发过滤燃烧。从预热方式角度考虑，将该系统称为多孔介质电预热燃烧系统。

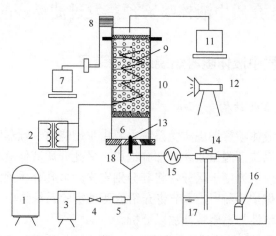

1-高压空气瓶；2-变压器；3-空气干燥器；4-流量控制阀；5-数显流量计；6-预蒸发室；
7-数据记录仪；8-热电偶；9-电加热丝；10-主燃烧室；11-烟气分析仪；12-高速摄像仪；
13-燃油喷射器；14-回油阀；15-喷油控制电路；16-电动燃油泵；17-油箱；18-空气净化器

图 8-2　多孔介质内液体喷雾电预热燃烧系统结构示意图

2. 空气供给系统

供气系统的主要任务是为燃烧室提供空气，在预混预热燃烧系统中还需要增设燃气供给系统。空气供给采用两种方式：一种方式是采用空气压缩机供气，如图 8-1 所示，在空气压缩机驱动下，压缩空气先存入储气罐内稳压，然后进入空气净化器，除去空气中的油蒸气和水分后，通过控制阀和空气流量计从底部进入主燃烧室；另一种方式是由高压空气瓶提供空气，该方式的优点是可以避免空压机频繁启动所造成的压力波动，空气流量相对稳定，因此在后期实验中主要采用第二种方式供气。

在预混预热燃烧系统中，燃气为纯度为 99.99% 的丙烷，由高压钢瓶提供。如图 8-1 所示，燃气通过减压器和转子流量计后，在预混合室内与空气混合形成可燃混合气，预混合室中装有固体颗粒可增强对气流的扰动，从而实现空燃充分混合。同时，在预混合室底部装有紧急泄压阀门，防止系统压力过高或回火爆炸。空气和燃气的压力和流量都可以通过控制阀进行控制，预混合气由燃烧室底部进入燃烧室。

3. 燃油供给系统

燃烧实验所用的液体燃油为普通 20# 柴油，实验中尝试了两种供油方式，即齿轮油泵供油和电动燃油泵供油。早期实验采用的是由油箱、电机、齿轮油泵、节流阀、回油阀、燃油滤清器和燃油喷射器组成的供油系统，如图 8-1 所示。齿轮油泵在电机带动下，将燃油从油箱抽出，经燃油滤清器过滤杂质，再经输油管送至燃油喷射器，输油管中的供油压力通过节流阀控制，当供油压力过大时，一部分燃油通过回油阀回到油箱，该系统喷油压力相对较高，燃油流量大，结构复杂，因电机转速较大且不稳定，故燃油供给量有一定波动且不易控制。

供油系统改进后，采用汽油发动机中常用电动燃油泵驱动供油，燃油经燃油滤清器滤清杂质再经回油阀送至燃油喷射器，如图 8-2 所示。实验所用的燃油泵为进口博世燃油泵，其额定电压为 12V，额定电流为 3A，额定流量为 10L/min。燃油喷射器即燃油喷嘴是供油系统中的关键部件，其喷油效果将直接影响柴油在预蒸发室内的蒸发效果，进而影响后续燃烧特性，实验中选用的是针阀型燃油喷射器。针阀型燃油喷射器一般包括常开式和常闭式两种类型，前者工作状态为持续式喷油，后者工作状态为脉冲式喷油。对于多孔介质内燃油喷雾的预蒸发燃烧而言，常闭式喷嘴更合适其燃烧特点，这是因为一方面常闭式燃油喷嘴通过控制喷油时间实现对喷油流量的控制，这样就可以在保持喷油压力的前提下，保证燃油的贯穿距达到实验要求。另一方面，脉冲式喷油的间歇期为已喷入预蒸发室的燃油提供了足够的蒸发时间，这有利于燃油的充分蒸发，进而实现预蒸发燃烧过程。

4. 多孔介质燃烧室

燃烧室包括主燃烧室和预蒸发室两部分,采用可视化透明结构,可直接观察燃烧过程火焰的形状及其传播特点,并可以根据实验进度合理调控相关参数。

1)主燃烧室

燃烧系统的主燃烧室是一内径为60mm的气炼型耐高温石英玻璃管,如图8-2所示,透明管壁结构有利于观察燃烧火焰结构形态及其发展规律。主燃烧室由不锈钢支座支撑,支座包括顶盖和底座两部分,顶盖起到固定主燃烧器和排气管的作用,底座起到支撑主燃烧室的作用。燃烧室内填充等直径氧化铝小球构成堆积床结构,该堆积床为重力作用下的自然堆积,可根据实验工况需要进行更换,为避免发生爆燃现象,在小球区上方布置40ppi的多孔泡沫陶瓷。主燃烧室与其下方的预蒸发室通过中间的一层泡沫陶瓷相连,泡沫陶瓷的孔隙率为20ppi,高度为20mm,它既是燃油蒸发的主要区域又是支撑主燃烧室内氧化铝小球的重要组件。

图 8-3　预混预热燃烧系统的预蒸发室图

2)预蒸发室

考虑到两种燃烧系统在预热方式上的差异,预蒸发室与主燃烧室采用了两种不同的衔接结构,即分离式结构与一体式结构。

在预混预热燃烧系统中,预蒸发室与主燃烧室采用分离式结构[2],如图8-3所示,预蒸发室为不锈钢结构,其上部肩台通过法兰与主燃烧室相连,预蒸发室底座下部与混合室相通,预蒸发室内留有20mm的点火空间。在预蒸发室侧壁布置脉冲点火探针和燃油喷射器,预混合气体在预蒸发室内实现点火燃烧,从而对周围的泡沫陶瓷进行预热,燃油从一侧喷入并直接喷射到泡沫陶瓷上,并在预蒸发室内蒸发。实验表明,因该预蒸发室的结构不对称,燃油蒸气易在喷油侧聚集,这对后续的燃烧结果造成了很大的影响,这也正是在后续实验中对预蒸发室结构进行优化的根本原因。

在改进后的电预热燃烧系统中,预蒸发室与主燃烧室采用一体式结构[2],如图8-4所示。预蒸发室布置在主燃烧室下方,燃烧室底座中心处开有一直径为8mm的喷油口,在喷油口周围有三个与燃烧室轴线成一定角度的螺旋进气口,空气从

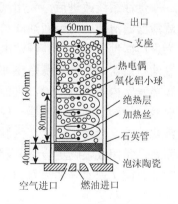

图 8-4　电预热燃烧系统的燃烧室

此处进入并形成旋转上升的气流，可以对燃油喷雾形成扰动作用，促进燃油雾化，该结构设计有利于燃油蒸气与空气的充分混合，实验结果表明在这种对称结构下，不易发生火焰偏移现象。

实验中堆积床所用氧化铝小球的导热系数为 $\lambda = 6.13\text{W}/(\text{m}\cdot\text{K})$，比定压热容为 $c_p = 1298\text{J}/(\text{kg}\cdot\text{K})$，最高耐热温度可达 $1750℃$，堆积床整体孔隙率取决于小球直径，可根据实验需求更换；泡沫陶瓷为圆柱形结构，高度为 20mm、直径为 60mm，孔隙率包括 10ppi、20ppi 和 40ppi 三种，可根据实验工况需要适当选择。

5. 测量系统

1）流量测量系统

在预混预热燃烧系统中，需要同时测量丙烷和空气的流量，实验中采用量程不同的转子流量计进行气体流量测量。实验中燃油的供给方式为脉冲式喷油，因每次的喷油量与供油压力有关，所以在正式进行燃烧实验之前，需通过冷态喷射确定供油压力并对喷油量进行标定，确定合适的喷油压力后，固定节流阀旋钮以保证在燃烧过程中供油压力保持不变。实验中，喷油量仅取决于控制电路的脉冲宽度，通过调节变位器阻值可以改变脉冲宽度，对喷油量进行控制，利用万用表测量变位器的电阻，可计算实际喷油量。

2）温度测量系统

实验中采用热电偶测量实验系统温度，包括预蒸发室温度和主燃烧室轴向各测点的温度，用于研究燃烧室内温度分布状况。温度测量所用的热电偶为镍铬镍硅铠装型热电偶，热电偶的外径为 1.5mm，测量范围为 $-100\sim1400℃$。数据采集采用 MV2000 型无纸数据记录仪。热电偶主要分布在燃烧室轴线上，间距为 20mm，在燃烧室侧壁两特定位置上也布置有热电偶，用于分析燃烧室中心与壁面边缘的温度差异。在燃烧室中心区域轴线处布置插入小球球心的热电偶，用于分析燃烧室轴线上小球球体内外的气固温度差异。

除了流量与温度测量之外，实验中采用 FLUKE Ti32 型手持热像仪测量预热温度场，采用高速摄像仪拍摄燃烧过程中的火焰变化规律，采用 Testo340 手持式烟气分析仪测量燃烧产物中的尾气排放量。

6. 多孔介质预热系统

对于多孔介质燃烧器而言，预热过程是决定燃油蒸发效果的关键因素，本节实验中采用了两种不同性质的预热方式，即预混燃烧预热和电加热预热。

预混燃烧预热方式通过丙烷和空气预混合燃烧加热多孔介质而实现预热，其特点是实验系统兼具气体预混合燃烧与液体喷雾自维持燃烧的双重功能。该系统可研究气体的过滤燃烧特性，同时可以通过预混合燃烧火焰引导液体喷雾燃烧，从而易于实现液体的脉冲式燃烧。其缺点是预热稳定性和可控性较差,因为预混合燃烧火焰存在向下游传播的趋势,所以即使是在相同的实验工况下,预热温度场分布也有很大差异,实验可重复性性差,预热温度难于控制。

电加热预热方式采用电热丝对多孔介质进行加热,预热系统主要由变压器和电加热丝组成。变压器为 TDGC2J-10 型变压器,最大功率为 10kW,输出功率可通过调节输出电压加以控制,预热区核心温度可控制在 700~900℃范围内。电加热丝安装在氧化铝堆积床内部,整体呈螺旋状。

8.1.2　实验方法和步骤

液体喷雾在多孔介质内的燃烧实验主要包括预热和燃烧两个阶段:在燃油喷射之前,需要对多孔介质进行预热,可以选用预混燃烧预热和电加热预热两种方式;当预热温度场达到一定标准时,向燃烧室内喷入燃油,实现液体喷雾的自维持燃烧。

在预混预热燃烧实验中:①预热时,先调整空气和燃气(丙烷)的流量控制阀,将预混合气的当量比调整到 1 附近,以确保顺利点火;当均匀混合气由燃烧器的下端进入系统后,迅速启动脉冲点火装置进行点火,在实现点火后立刻调节空气和燃气流量,增大空气流量、降低燃气流量,从而减小当量比,以防止底座燃烧温度过高;当主燃烧室最底部的热电偶温度达到 1000℃以后,再继续保持预混合燃烧 30s 即完成预热。②完成预热后,接通燃油喷射器及其控制电路电源,开始喷射燃油,为避免燃烧室内发生熄火,此时继续通入预混合气 10s 后再关闭燃气流量控制阀,同时按照预定工况快速调节空气流量。燃油喷射过程中可根据燃烧情况调整燃油喷射量,保证主燃烧室内实现自维持燃烧。由于预热后的多孔泡沫陶瓷温度较高,足以保证燃油的气化燃烧,此时高温区远高于液体燃料的燃点温度,故在液体燃料喷入以后不需要二次点火。在预混燃烧预热阶段,如果始终不喷入燃油,可以进行丙烷/空气混合气在惰性填充床内低速过滤燃烧实验,进而深入分析预混燃烧特性以及燃烧波的传播特性,因此预混预热燃烧系统具有研究气体预混燃烧和液体自维持燃烧的双重功能。

在电预热燃烧实验中:①在实验初始阶段,首先将变压器调节到合适的电压(15~20V)对多孔介质进行预热,当主燃烧室的最高温度达到预定温度值时,完成预热并关闭变压器电源,由于在此期间并无空气流动所造成的扰动,故燃烧室内温度将稳步上升,不会发生明显的温度波动。②预热结束后,快速开启空气阀门,并按照实验工况所需流量调整空气流量控制阀,将空气流量调整到设定工况。同时,开启喷油控制电路和电动燃油泵电源喷入燃油,由于预热温度较高,足以保证燃油的气化燃烧,因此在电预热燃烧系统中不需要脉冲点火器就可以实现燃油的点火燃烧。待燃烧过程相对稳定后，开启高速摄像仪拍摄液体喷雾燃烧的火焰结构和燃烧现象，同时开启烟气分析仪电源，烟气分析仪与排烟管相通的抽气泵能够自动收集烟气，经过长管冷却后，待烟气温度低于烟气分析仪所能承受的最高温度后，开始测量燃烧产物的排放量。

8.1.3　多孔介质内液体喷雾燃烧的火焰特性

1. 液体喷雾在预混燃烧预热下的自维持燃烧火焰

图 8-5 给出丙烷/空气混合气在多孔介质内低速过滤燃烧的燃烧现象[3]。从图中可明显看出随着燃烧进行，橘黄色火焰缓慢向下游移动，火焰的大小与燃烧器的内径同尺度，形状类似于抛物线。当燃烧波移动到接近燃烧器的出口位置时，燃烧区的颜色略变暗，这是由燃烧器出口处热量损失较大所致。火焰因受到多孔泡沫陶瓷的阻挡，并没有穿过泡沫陶瓷离开多孔介质区域，故燃烧器出口并未产生自由火焰。图 8-5 中的第一张图对应的就是采用预混燃烧方式进行预热时，在喷油前的火焰状态，可以看出该火焰呈抛物线形结构分布，高温区集中在主燃烧底部，该预热温度场与电预热系统中的分层结构存在明显差异。

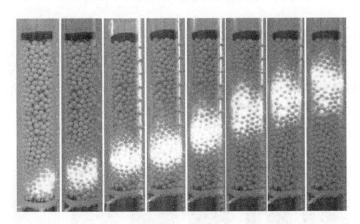

图 8-5　多孔介质内气体预混燃烧火焰传播图

图 8-6 给出了燃油喷雾在预混预热燃烧系统内自维持燃烧的火焰现象。可以看出在喷油口上方 20mm 处形成一个稳定的橙色小火焰区，每喷油一次，小火焰区附近便出现一个爆燃的大尺度橙色火焰，该火焰呈现出有规律的闪烁状态。在预混预热燃烧系统中，由于喷油器安装在燃烧室的侧壁上，燃油无法横向贯穿整个燃烧室，因此火焰仅出现在燃烧室内靠近喷油器的一侧。实验表明液体燃料在多孔介质内能够实现自维持燃烧，只要燃油喷射不停止，这种闪烁

式的燃烧火焰就一直维持下去，该燃烧火焰区域不会扩大，更不会向下游传播，与自由空间内液体燃烧火焰相近，这里将该燃烧过程定义为液体喷雾的脉冲式自维持燃烧。

图 8-6　液体喷雾在预混燃烧预热下的燃烧火焰

2. 液体喷雾预蒸发过滤燃烧的火焰结构

图 8-7 给出了液体喷雾在电预热燃烧系统内发生燃烧的火焰结构[1]，该图给出了一个独立的喷油周期内火焰的变化规律。从图中可以看出液体预蒸发过滤燃烧过程中，出现了四种火焰形态，我们将其分别定义为准稳定火焰、过滤火焰、引导火焰和自由火焰，并将整个燃烧过程称为液体喷雾的预蒸发过滤燃烧。

| 0s | 0.033s | 0.066s | 0.099s | 0.165s | 0.264s | 0.396s | 1.353s |

图 8-7　液体喷雾预蒸发过滤燃烧火焰结构

准稳定火焰如图 8-7 中 0s 标注所示，在一个喷油周期内该火焰位置基本上保持不变，但实际上准稳定火焰与多孔介质预混燃烧中的过滤燃烧火焰极为相似，呈整体向下游移动的趋势。为了便于对比，图 8-8 给出了在进行实验的 1000s 时间内准稳定火焰的变化规律，可以看出，预热阶段结束时，多孔介质内的橙色区域集中在预热区，该温度场取决于预热温度，分布相对均匀。还可以看出，当喷油喷入以后，在主燃烧室的高温区内出现燃烧火焰，火焰充满燃烧室内径、火焰前缘接近抛物线形状，燃烧火焰亮度明显高于电预热阶段。随燃烧进行，准稳定火焰向下游（出口方向）移动，其传播速度在 1mm/s 数量级，当火焰区接近出口位置时，由于受到燃烧室尺寸限制及出口散热影响，火焰亮度有所降低，但仍可观察到燃烧轴线附近依旧呈现橙黄色。

20s　　　　320s　　　　500s　　　　720s　　　　980s

图 8-8　准稳定火焰的传播

过滤火焰是一种蓝色快速传播的闪烁火焰，如图 8-7 中 0.033s 标注所示。过滤火焰受多孔介质结构影响较大、无明显形状，该过滤火焰最初出现在准稳定火焰区的下边缘处，并立刻向出口方向（下游）传播。这种过滤火焰的传播速度约为 1.2m/s，远超过气体预混合燃烧的火焰传播速率（0.1mm/s 量级），由于传播速度极快，该火焰温度无法用热电偶加以捕捉，只能通过高速摄影的照片来判断，该火焰传播现象与自由空间的火焰扩散现象或者多孔介质预混合燃烧中的爆燃现象非常相似。

引导火焰出现在预蒸发室内，如图 8-7 中 0.099s 标注的燃烧室底部的橙色小火焰，在一个喷油周期内，尽管引导火焰会经历从大变小的过程，但其始终存在于预蒸发室内。大量实验表明，在实验过程中如果引导火焰完全消失，则在主燃烧室内将很快发生熄火现象，这表明该火焰是预蒸发过滤燃烧能够持续进行的必要条件之一。

自由火焰在燃烧器出口位置，也是一种不稳定火焰，如图 8-7 中 0.066s 标注所示。其火焰发展趋势如图 8-9 所示[4]。实验表明燃烧室出口处的自由火焰高度与进气速度和多孔介质结构有关，在一个喷油周期内的初始喷油时刻，自由火焰因燃油喷射后发生的爆燃而形成迅速冲出燃烧室的长火焰，随后火焰长度变短、强度变弱，但火焰始终存在于出口燃烧室出口处，待下一次喷油后再次出现长火焰，从应用角度来看，多孔介质燃烧器通过该火焰与外界直接接触，自由火焰是燃烧器热量输出的一个重要途径。

图 8-9　燃油喷雾过滤燃烧的自由火焰变化

8.1.4 液体喷雾预蒸发过滤燃烧的燃烧特性

1. 液体喷雾在预混预热下的燃烧特性

图 8-10 和图 8-11 给出了燃油喷雾在预混预热燃烧系统内自维持燃烧的温度特性[2]，考虑到预混预热燃烧系统的主要任务是实现液体喷雾在多孔介质内的脉冲式自维持燃烧，故本节未将其作为重点内容，仅讨论空气流量与喷油量对火焰区温度分布的影响。

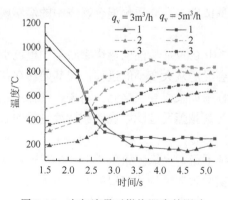

图 8-10　空气流量对燃烧温度的影响

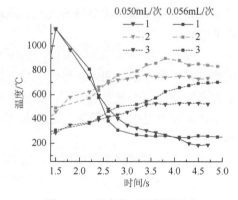

图 8-11　喷油量对温度的影响

图 8-10 给出了可变电阻保持不变时，空气流量对燃烧室温度的影响。由于燃烧区域集中在底座上方 20mm 左右，图中仅给出火焰区附近的三个测点温度的变化情况，其中 1 点对应燃油喷射区温度，2 点在火焰中心附近，3 点在火焰上方。从图中可以看出，随空气流量增大，在燃烧相对稳定以后，燃烧区最高温度略有升高，相应的 3 点温度以及燃油喷射区温度也均有所升高，表明燃烧更为充分。但实验表明，如果不断增大空气流量，燃烧区温度不仅不会增大反而略有降低，这主要是因为达到充分燃烧以后，燃料的放热量已经确定，空气流量越大则热量损失就越多，因此温度反而降低。

图 8-11 给出了喷油量对燃烧室内温度分布的影响。从图中可以看出当喷油量为 0.056mL/次时，燃油喷射区内的温度曲线比较陡峭、温度梯度大，这是因为随喷油量增加，燃油气化吸收的热量也增多，喷射区内多孔介质温度急剧降低；另外由于燃油燃烧的放热量增多，燃烧区的平均温度明显升高，达到稳定燃烧状态后，燃烧区通过辐射传给喷射区的热量也增多，因此喷油量 0.056mL/次对应的喷射区温度要更高一些。

2. 液体喷雾电预热系统内的预蒸发过滤燃烧特性

图 8-12 给出了电预热燃烧系统中，在不同预热温度下，当喷油喷入以后 300s 时的燃烧室温度分布曲线[1]。从图中可以看出，当中心点预热温度 $T_0 = 750℃$ 时，300s 后燃烧室最高温度可以达到 962℃，当中心点预热温度 $T_0 = 800℃$ 时，燃烧室温度整体略有上升，这表明在这两种情况下柴油在燃烧室已实现了自维持燃烧。而当预热温度 $T_0 = 740℃$ 时，300s 后燃烧室最高温度降至 687℃，说明柴油进入燃烧室后并未燃烧或是着火后又熄灭，未能实现自维持燃烧。在本节燃烧器结构下，燃油喷入以后先经过预热蒸发后再进行燃烧，由于没有二次点火过程，多孔介质的预热温度是决定燃油能否实现自点火燃烧并持续发展下去的关键因素。本节通过大量实验发现，只有当预热区核心温度高于 750℃ 时，才能实现柴油在多孔介质内稳定的自维持燃烧。

图 8-13 给出了当量比为 0.7，空气流量为 0.5L/s 情况下，燃烧室中心温度随时间的变化规律。由图可见，燃油喷入后燃烧室整体温度迅速上升、发生点火，随时间推移，燃烧室中心区域温度逐渐上升形成高温区，该高温区宽度逐渐变大并缓慢向下游移动，移动速度约为 0.06mm/s，燃烧室最高温度维持在 970～1010℃ 的范围内，最高温度的位置也随高温区向下游缓慢移动。高温区上游（40～80mm 处）的温度梯度较大，且温度随时间急剧下降，这是由于随着燃烧的进行，准稳定火焰高温区已从该区域移向下游区域，该区域已变为预热区，大量的热量被未燃蒸气带走，导致该区域温度急剧下降，这也说明多孔介质能够很好地预热未燃燃料。最终在距离入口 40mm 处附近，温度稳定在 385℃ 左右，这是由于预蒸发

室内支撑小球的泡沫陶瓷上会残留一些燃料，这部分燃料在预蒸发室底部发生燃烧，形成很小的不稳定火焰，即所谓的引导火焰，这种小火焰类似于预混合过滤燃烧中的回火现象，但与回火的不利影响相反，这种小火焰有利于维持预蒸发室温度稳定，从而促进新喷入燃油的预热蒸发。

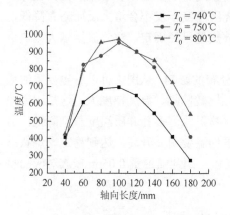

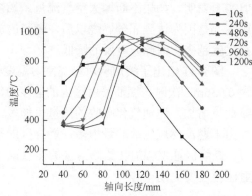

图 8-12　预热温度对燃烧温度的影响　　　图 8-13　液体喷预蒸发过滤燃烧温度随时间的分布

图 8-14 给出了两种空气流量（0.5L/s、0.7L/s）下，位于中心线 80mm 位置处的小球球面与球心温度的对比图。可以看出，在两种情况下，在燃烧初期（450s 之前）球面温度均要高于球心温度，最大温差分别为 98.7℃（0.5L/s）和 74.4℃（0.7L/s），这表明该位置上固体的温度低于周围气体，小球尚处于吸热阶段，温度呈上升趋势。随着燃烧的进行，小球内部温度逐渐升高，在 400~500s 期间，小球球心温度逐渐高于球面温度，但二者数值非常接近，温差仅为 140℃ 以内，说明气固相温度相对均衡，燃烧进入稳定燃烧阶段。500s 以后火焰区逐渐离向下游移动，导致球面温度迅速下降，而球心温度则缓慢下降，这说明小球因具有较大的热容而温度相对稳定。从图 8-14 可以看出，随空气流量增加，火焰移动速度加快，当火焰离开后，小球内外温度均明显下降。

图 8-15 给出了燃烧室内位于 80mm 和 120mm 截面上的轴线温度与壁面温度的对比图。从图中可以看出，在同一截面上，燃烧室轴线与壁面上的温度变化趋势基本一致，稳定燃烧时的温差在 350.1℃ 左右。这是因为柴油从底部中心处喷入预蒸发室，燃油蒸气组分主要分布在轴线附近，该区域是燃烧核心区，放热量相对集中，同时侧壁散热对也会造成壁面温度降低，从而导致轴线与壁面温差较大。由图 8-15 可知，预热阶段燃烧室下游（120mm）的温度整体较低，中心与壁面温差仅为 91.6℃，随燃烧进行，该温差逐渐增大并趋于稳定。出轴线上的最高温度与同截面上壁面处最高温度并不是出现在同一时刻，壁面最高温度要比轴线处稍

早出现，这是因为火焰前缘形状接近抛物线，火焰区等温线并非像预热温度场呈层状分布所致。

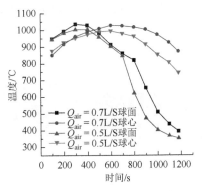

图 8-14　固相与气相温度分布　　　　　　图 8-15　燃烧室中心与边缘温度对比图

图 8-16 给出了当量比为 $\varphi = 0.7$ 时不同空气流量下的燃烧室温度分布图，对应的时间为喷油后 300s 和 600s。由图可知，随着空气流量的增加，相同时刻的最高温度略有升高，如在 300s 时当空气流量从 0.43L/s 升到 0.63L/s，燃烧室最高温度从 921.8℃升到 1016℃，这是因为在当量比不变情况下，空气流量增加，则单位时间进入燃烧室的燃料量也增加，燃烧放热量增大，使最高温度升高。随着空气流量增加，高温区范围变得狭窄，火焰整体迁移速度从 0.06mm/s 增至 0.12mm/s，因为随空气流量增加入口速度会变大，高速气流更容易将火焰推向下游，而且气体膨胀速度也会随放热的增大而增加，从而导致高温区移动速度加快。需要注意的是，高温区上游温度随空气流量增加存在明显的下降趋势，因此为了保证喷雾能够充分预热蒸发，空气流量不宜过高，实验表明，对 $\varphi = 0.7$ 的工况，空气流量在 0.6L/s 以下为宜。

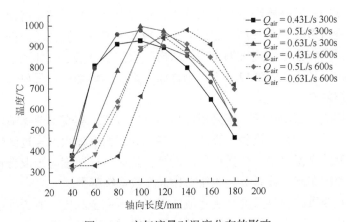

图 8-16　空气流量对温度分布的影响

　　图 8-17 给出了空气流量为 $Q = 5L/s$ 时,不同当量比条件下的温度分布对比图。图中选取当量比分别为 0.55、0.7 和 0.9 三种工况。从图中可以看出,不同当量比条件下燃烧室温度分布趋势较为相似,表明当量比对火焰传播速度的影响相对较小。随当量比增大,燃烧温度并不是单调增加。例如,在空气流量为 $Q = 5L/s$ 时,温度最高对应的当量比约为 0.7。

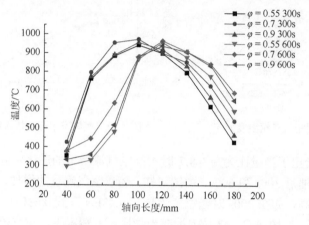

图 8-17　当量比对温度分布的影响

8.1.5　小结

　　综上所述,液体燃料在多孔介质内燃烧的研究可分为两个发展阶段,即初期的预混预热燃烧实验和后期的电预热燃烧实验,两阶段实验均在不需要二次点火情况下实现了液体喷雾在多孔介质内的自维持燃烧,本节实验得到的主要结论如下。

　　(1)早期的多孔介质液体燃烧器是由预混合燃烧实验系统发展而来,采用气体预混合燃烧对多孔介质预热,进而实现了液体喷雾在多孔介质内的脉冲式自维持燃烧,其主要特点是燃烧火焰呈闪烁状态,火焰温度低于气体预混合燃烧火焰温度,火焰位置稳定在喷油口上方,为驻定火焰,该燃烧火焰现象类似于自由空间内的液体燃料燃烧。

　　(2)后期改进后的实验系统采用电加热预热方式,实现了液体喷雾在多孔介质内的预蒸发过滤燃烧,这种燃烧现象与多孔介质内气体预混合过滤燃烧现象相似,存在明显的高温火焰区传播现象,而且火焰区传播速度与预混合过滤燃烧中的火焰传播速度在同一数量级,即在 0.1mm/s 数量级范围。

　　(3)多孔介质的预热温度是决定液体燃料能否完全汽化,能否保证液体喷雾持续燃烧的决定性因素,稳定可控的预热温度场是保证液体喷雾变工况燃烧特性实验的前提。对比表明：电加热预热方式在稳定性、可重复性、可控制性等多个方面均优于预混燃烧预热方式。

（4）在电预热燃烧系统中，当预热温度高于 750℃以后，液体喷雾能够在多孔介质内实现长时间地预蒸发过滤燃烧。在一个独立的喷油周期内出现了准稳定火焰、过滤火焰、引导火焰和自由火焰四种火焰形态。随空气流量增大，气流会推动火焰面向下游移动，且移动速度随着进气量增加而加快。当量比对高温区移动影响很小，但对最高温度有一定影响。

8.2　多孔介质中液体喷雾燃烧的数值模拟

8.2.1　数学模型

本节以 8.1 节实验中的多孔介质液体燃烧器为对象，利用商业软件 Fluent18.0 将球堆积床简化为由规则圆形组成的二维叉排结构，结合实验中的燃烧器结构与初始条件模拟柴油在多孔介质内的燃烧过程[5]。液体在多孔介质内的燃烧过程极为复杂，为了简化计算做出以下假设：①气体为不可压缩理想气体，忽略弥散效应；②燃烧室壁面为绝热壁面，燃烧室无热量损失；③燃烧过程为定压反应；④多孔介质小球为灰体；⑤进入燃烧室的液体燃料为规则的球形液滴，且密度和温度均匀分布。

基于以上假设，数值模拟中选用 Wave 液滴破碎模型和 Wall-jet 碰撞模型描述液滴在燃烧室内的碰撞、破碎过程，采用离散坐标模型研究燃烧室内的辐射换热过程，湍流计算采用 k-ε 模型。主要控制方程已在第 2 章给出，这里仅列出与喷雾模型有关的方程。

液滴的运动方程：

$$\frac{\mathrm{d}u_\mathrm{p}}{\mathrm{d}t} = F_\mathrm{D}(u - u_\mathrm{p}) + \frac{g_x(\rho_\mathrm{p} - \rho)}{\rho_\mathrm{p}} \tag{8-1}$$

式中，u 和 u_p 分别为气体与液滴的速度，m/s；ρ 与 ρ_p 分别为气体与液滴的密度，kg/m³；F_D 为液滴的单位质量曳力，可表示为 $F_\mathrm{D} = \dfrac{18\mu}{\rho_\mathrm{p} d_\mathrm{p}^2} \dfrac{C_\mathrm{D} Re}{24}$，$C_\mathrm{D}$ 为阻力系数。

当液滴未达到沸腾温度，球形液滴蒸发速率方程表示为

$$-\frac{\mathrm{d}m_\mathrm{p}}{\mathrm{d}t} h_\mathrm{fg} = hA_\mathrm{p}(T_\infty - T_\mathrm{p}) + A_\mathrm{p}\varepsilon_\mathrm{p}\sigma(\theta_R^4 - T_\mathrm{p}^4) \tag{8-2}$$

式中，T_∞ 与 T_p 为气体与液滴的温度，K；θ_R 是辐射温度；A_p 为液滴的表面积，m²；h_fg 为液滴蒸发潜热，J/kg；h 为对流换热系数 W/(m²·K)。

当液滴达到沸腾温度，球形液滴的沸腾蒸发速率方程为

$$\frac{\mathrm{d}(d_{\mathrm{p}})}{\mathrm{d}t} = \frac{4k_{\infty}}{\rho_{\mathrm{p}}c_{\mathrm{p},\infty}d_{\mathrm{p}}}(1+0.23\sqrt{Re_{\mathrm{d}}})\ln\left(1+\frac{c_{\mathrm{p},\infty}(T_{\infty}-T_{\mathrm{p}})}{h_{\mathrm{fg}}}\right) \qquad (8\text{-}3)$$

式中，$c_{\mathrm{p},\infty}$ 为气体的比热容比，$\mathrm{J/(kg\cdot K)}$；ρ_{p} 为液滴密度，$\mathrm{kg/m^3}$；k_{∞} 为气体的导热系数，$\mathrm{W/(m\cdot K)}$。经计算，本节模拟的雷诺数范围在 $500\sim5000$，按照 Dybbs 等[6]提出的多孔介质内流动机制的划分标准，已经属于湍流。本节模拟所用湍流模型为标准 $k\text{-}\varepsilon$ 模型。

由于多孔介质燃烧器内燃烧强度大、火焰温度高、比表面积大，辐射传热是多孔介质燃烧器内热量传递的重要组成部分，模拟中必须考虑。根据现有主要辐射模型的适用条件，本节选用离散坐标辐射（discrete ordinate，DO）模型，该模型是从有限个立体角发出的传播方程出发进行求解，每个立体角对应着坐标系下固定的方向角，该模型把方程转化为空间坐标系下的辐射强度输运方程，其计算范围涵盖了从表面辐射、半透明介质辐射到燃烧过程中参与性介质辐射在内的各种辐射问题。

常用的液滴破碎模型有泰勒类比破碎（Taylor analogy breakup，TAB）模型和 Wave 破碎模型两种，其中 TAB 模型适用于韦伯数（We）小于 100 的情况，而韦伯数大于 100 的情况则采用 Wave 破碎模型。经过计算，本节工况下的韦伯数可达 600，所以选择 Wave 破碎模型。该模型认为液滴的破碎是由气、液两相的速度差所造成的，假设液滴以速度 v 从喷孔喷出，进入静止的不可压缩理想流体中，液滴的密度为 ρ_1、黏度为 μ_1、直径为 a、气体的密度为 ρ_2，初始液滴将破碎成许多子液滴，子液滴的直径 r 的计算公式为

$$r = B_0\Lambda \qquad (8\text{-}4)$$

则父液滴的半径变化率为

$$\frac{\mathrm{d}a}{\mathrm{d}t} = -\frac{a-r}{\tau}, \quad r \leqslant a \qquad (8\text{-}5)$$

式中，$\tau = \dfrac{3.72B_1a}{\Lambda\Omega}$ 表示破碎时间，B_1 表示破碎时间常数，Λ 为液滴最大增长率，Ω 对应波长，其计算公式为

$$\frac{\Lambda}{a} = 9.02\frac{(1+0.45Oh^{0.5})(1+0.4Ta^{0.7})}{(1+0.87We_2^{1.67})^{0.6}} \qquad (8\text{-}6)$$

$$\Omega\left(\frac{\rho_1 a^3}{\sigma}\right) = \frac{(0.34+0.38We_2^{1.5})}{(1+Oh)(1+Ta^{0.6})} \qquad (8\text{-}7)$$

式中，$Oh = \sqrt{We_1}/Re_1$ 为 Ohnesorge 数；$Ta = Oh\sqrt{We_2}$ 为泰勒数；$We_i = \rho_i U^2 a/\sigma$ 为韦伯数，下标 1 对应液体，下标 2 对应气体。

8.2.2 物理模型

多孔介质燃烧器物理模型如图 8-18 所示,模型通过对燃烧室纵轴截面简化所得,模型中利用叉排结构的规则圆形代替燃烧室内的氧化铝小球堆积床,气、固两相有各自的温度,两相交界面温度通过气、固两相耦合得到[4]。

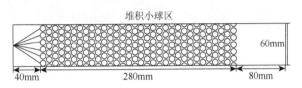

堆积小球区

60mm

40mm   280mm   80mm

图 8-18   多孔介质燃烧器物理模型

如图 8-18 所示,计算区域长 400mm,宽 60mm,氧化铝小球堆积区长度为 280mm,孔隙率为 0.43,与实验中测得的孔隙率一致,堆积区边缘距离喷油孔 40mm,喷油孔位于左侧壁面中心处,喷油孔两侧 10mm 处各有两个 10mm 长的空气入口,计算区域右侧壁面为压力出口,上下壁面为绝热壁面。模型中液体燃料为正庚烷,初始直径 50μm、初始温度 300K,计算开始时,燃料从左侧喷油孔进入燃烧室,燃油液滴呈扇形结构分布。

根据实验中的电预热温度场实验数据,将初始温度场分为两个区域,如图 8-19 所示,其中左侧部分为利用 MATLAB 拟合实验预热温度数据所得的预热温度区,计算域右侧为均匀分布的初始温度区。

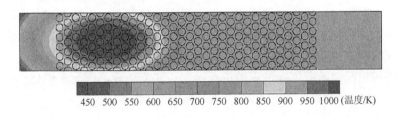

450 500 550 600 650 700 750 800 850 900 950 1000 (温度/K)

图 8-19   初始温度场

8.2.3 结果与讨论

1. 模型的有效性验证

为了验证模型有效性,本节以 8.1.2 节的实验系统为对象,模拟液体燃料在多孔介质内的燃烧过程。氧化铝小球直径及孔隙率与实验数据一致,图 8-20 给出了火焰传播过程中，燃烧室轴线温度分布的实验与模拟结果的对比。从图中可以看出，实验与模拟结果的温度分布趋势基本一致，两者温度分布都是呈上游温度梯度大、下游温度分布较为平缓的趋势，说明从温度场角度来看，该模型能够较好地预测燃烧室内的温度分布规律。

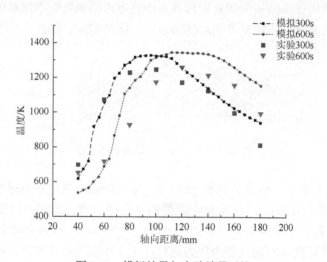

图 8-20　模拟结果与实验结果对比

由图 8-20 中可知，温度的模拟结果整体上略高于实验值。例如，模拟最高温度可达 1345K，而实验最高温度为 1258K，模拟温度比实验值要高 87K。此外，可以看出在燃烧过程前期实验与模拟结果的一致性更好。这种温度差异主要是由两方面原因造成：首先，模拟中采用的机理较简单，认为燃烧室内的燃料已经完全燃烧，而实验中存在一定的不完全燃烧现象，导致实验中的燃烧热并不能完全释放出来；其次，在模拟中假设燃烧室壁面为绝热壁面，忽略了燃烧过程中的热损失，而实际在实验中尽管做了壁面保温处理，但仍存在一定的热损失。实验中的以上两种情况会随着燃烧过程的进行而发生积累效应，因此在燃烧后期会更为明显。

2. 液体喷雾预蒸发过滤燃烧的燃烧特性

图 8-21 给出了当量比为 0.3，入口速度为 1.5m/s 工况下，燃烧室内不同时刻的温度场分布云图。从图中可以看出，在燃烧初期由于受预热温度场的影响，燃烧区较小且主要集中在初始预热区附近，这说明燃烧过程始于高温预热区，并不需要二次点火过程，这与实验工况是一致的。由图可知，高温区前缘整体呈抛物线形，这与气体预混合燃烧较为相似，该温度分布特点与初始预热温度场有很大关系。随着燃烧过程的进行，高温区后缘从倒置的抛物线形逐渐过渡

到接近直线分布，这与气体预混合燃烧有很大差异。随后高温区不断扩大，直至充满燃烧室内径，并且向下游传播，其传播速度在 0.1mm/s 数量级，这与实验中的火焰现象基本吻合。

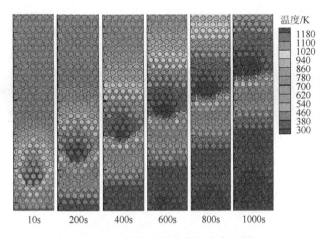

图 8-21　燃烧室内温度场分布云图

图 8-22 给出了当量比为 0.3，入口速度 1m/s 工况下，燃烧室中心温度随时间的变化规律。从图中可以看出，随时间推移燃烧室中心区域温度逐渐上升形成高温区，该高温区宽度逐渐变大并缓慢向下游移动，移动速度约为 0.1mm/s，燃烧室最高温度维持在 1100～1250K 的范围内，其位置也随高温区向下游缓慢移动。高温区上游（入口方向）温度梯度较大，对某一固定位置而言，温度随时间推移而急剧下降，这是由于随着燃烧进行，高温区已从该区域移动到了下游区域，该

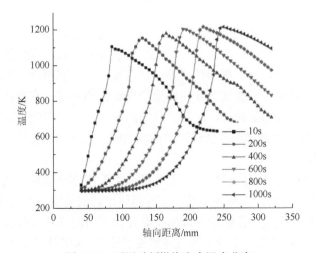

图 8-22　不同时刻燃烧室内温度分布

区域变为预热区，大部分燃烧热向下游传递，而存储在多孔介质内的热量因对未燃燃料进行预热而急剧下降，从而导致温度明显降低。

由图 8-22 可知，在预热阶段高温区下游的初始温度较低，这是由于下游区域受预热温度影响很小，且接近出口附近的散热量较大，导致温度较低。当燃料在燃烧室内发生燃烧以后，下游多孔介质从烟气中的吸收热量逐渐增多，而且高温燃烧区通过导热、辐射传递过来的热量也随燃烧进行而增多，导致下游多孔介质温度急剧上升，其与高温区的温差缩小，换热量减小，温度梯度逐渐变小，下游温度分布曲线趋于平缓。为了分析火焰核心区的温度分布规律，将图 8-21 中的温度高于 1180K 的区域提取出来，可得到图 8-23 所示的燃烧室内高温区的温度分布情况。从图 8-23 中可以更加直观地观察到，随着燃烧进行，高温区不断扩大，这是由于在燃烧过程中多孔介质内积聚的热量逐渐增多，其对上游未燃燃料进行预热的能力增强，使燃油的蒸发预热更为充分，这有利于燃油蒸气的完全燃烧，从而增强了燃烧强度，导致高温区域不断扩大。

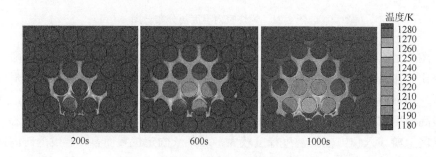

图 8-23　液体喷雾过滤燃烧的高温区变化

图 8-24 给出了在准稳定火焰移动过程中，轴线附近的某个小球及其周围区域的温度分布云图[5]。从图中可以看出，火焰从下向上传播过程中的气、固温度变化情况。在燃烧初期，火焰尚未传到该小球位置时，小球附近气相温度明显高于固相，气体通过对流、辐射的方式将热量传递给固体小球，在固体小球内部则是通过热传导方式进行热量传递，小球内部的高温区随外部气流流动而向下游逐渐推进。在 720s 时，燃烧高温区传递到小球周围时，固体小球温度达到最高，其最高值可达 1315K。

随着燃烧进行，高温区继续向下游传播，由于固体小球具有较大的比热容，其蓄热能力很强，因此在气流向下游流动时固体小球的温度依然保持在较高水平，要高于周围气体的温度。在此阶段固体小球开始对周围气体进行加热，从图 8-24 可以看出，在 820s 时刻，小球上游气体来流温度在 780K 左右，经过固体小球后温度能够达到 1100K 以上，这说明固体小球能够通过对流、辐射等方式对未燃混合蒸气进行预热，使其温度迅速达到着火温度，起到强化燃烧的作用。与多孔介质内的气体预混合燃烧相似，固体小球的存在能够有效防止由于温度降低太快所造成的熄火现象，从而在一定程度上提高了燃烧的稳定性。

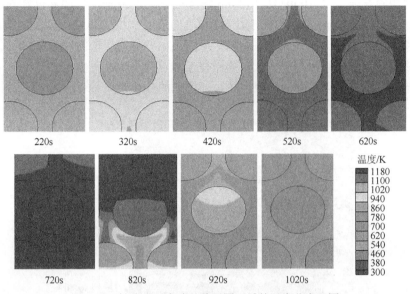

图 8-24　轴线附近小球及其周围区域的温度分布云图

　　图 8-25 给出了位于燃烧室 150mm 和 250mm 截面位置，轴线小球表面的气体温度与固体小球中心温度的对比图。可以看出，在燃烧前期固体温度低于周围气

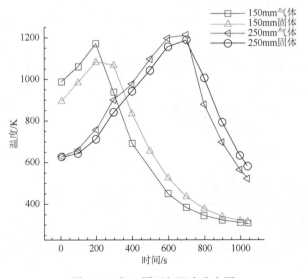

图 8-25　气、固两相温度分布图

体温度，小球尚处于吸热阶段。随着燃烧进行，小球内部温度逐渐升高，高温区逐渐移动到了小球所在位置。在300s之后，由于火焰区逐渐离开该位置，球面气体温度迅速下降，而小球中心温度则缓慢下降，这说明小球因具有较大的热容而温度相对稳定。在1000s时150mm附近区域已经冷却，气固温度相对均衡。

图8-26给出了计算时间为57s时柴油蒸气在多孔介质内的质量分数云图。从图中可以看出，柴油蒸气充满燃烧室内经，呈现出中间高两侧低的对称分布，这是因为喷油结构为扇形结构，空气入口分布在喷油点两侧，在两侧气流挤压下，燃油蒸气向轴线附近聚集，因此出现中间高两侧低的分布趋势。

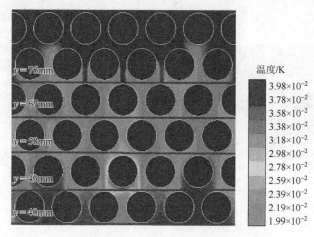

图8-26 堆积床内柴油蒸气质量分数云图

图8-27对应图8-26中不同横截面上的柴油浓度分布曲线，可以看出，随着燃料向下游移动，蒸气分布逐渐趋于均匀分布，这一方面是由于多孔介质内良好的换热效果增加了蒸发速率，另一方面在于柴油液滴与多孔介质内小球频繁碰撞，

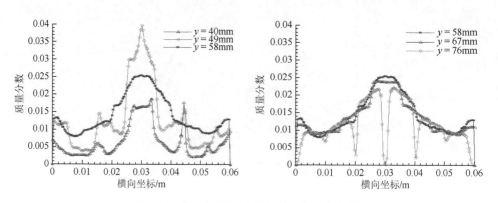

图8-27 不同横截面上的柴油蒸气质量分数

运动轨迹持续变化，从而使分布变得更加均匀。图 8-27 中在 $y=40\text{mm}$ 轴线附近处出现了明显的柴油蒸气浓度峰值，对照图 8-26 可以看出，该处为正对喷油点的小球上游，由于小球的阻碍作用，气流在该处速度下降，燃料滞留，因此会出现柴油蒸气浓度峰值。

图 8-28 给出了燃烧室内某一球间喉部空间内热释放率随时间的变化规律。从图中可以看出，在两球中间的喉部位置热释放率较高，这一方面是由于在该区域孔隙变小，气流速度增加，湍流强度增加，使得燃烧更加剧烈，另一方面，湍流增强导致火焰面褶皱增多，火焰面面积增大，也会增强燃烧强度。此外，当火焰移动到叉排小球表面时，在小球迎流面的热释放率较大，这是由于在该区域由于小球的阻碍作用，气流速度下降，燃料滞留，燃烧时间增长，燃烧更加充分，所以该处热释放率较大。

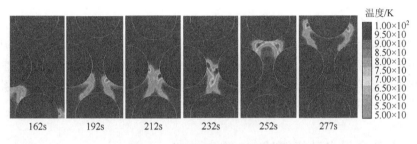

图 8-28　热释放率随时间的变化

基于以上模拟结果，通过更改初始参数，可以分析不同参数对多孔介质液体喷雾燃烧特性的影响，篇幅所限，此处不作详细分析。

8.2.4　小结

本节以 8.1.1 节的多孔介质内燃油喷雾预蒸发过滤燃烧的实验为背景，利用商业软件 Fluent 18.0 建立了多孔介质燃烧器内柴油燃烧的二维模型，计算研究了柴油在多孔介质燃烧器内的燃烧特性，得到以下结论。

（1）模拟温度分布与实验数据较为吻合，温度分布趋势基本一致，最大温差小于 100K，模拟中采用的绝热壁面条件以及简单反应机理导致模拟温度结果偏高。

（2）在不需要额外点火的情况下，模拟能够实现自维持燃烧。随着燃烧进行，高温区会逐渐扩大，直至充满燃烧室径向。高温燃烧区上游温度梯度较大，而其下游温度分布相对平缓。此外，在两球中间的喉部以及叉排小球的迎流面位置上燃烧更加剧烈。

（3）火焰稳定地向下游传播，传播速度在 0.1mm/s 量级，这种火焰传播现象与传统的气体预混合过滤燃烧非常接近，表明燃油是在预蒸发以后进行燃烧而不是液体燃料的直接燃烧，其燃烧过程的实质是燃油蒸气的预蒸发过滤燃烧过程。

（4）单个小球及其周围温度分布表明，燃烧初期当小球处于火焰区下游时，小球周围的气体温度要高于固体温度，气体对固体小球加热。随着燃烧进行，当小球处于火焰中心区域时，气固温度会达到平衡。燃烧后期当火焰位于小球下游时，固相温度会高于气体，燃油喷雾受固体小球预热而进迅速蒸发。燃烧室内燃油质量分数分布呈中间高两侧低的趋势，且随着燃油蒸气向下游移动其分布逐渐趋于均匀。

8.3　多孔介质发动机的基础研究

近年来，多孔介质液体燃烧技术作为一项新型燃烧技术日益受到人们的重视，已在燃油锅炉、多孔介质发动机、原油开采等方面得到了较为广泛实际应用[7]。基于多孔介质燃烧技术的发动机在高效、节能和净化诸方面显示出诱人的前景，本节将从多孔介质发动机的循环分析和数值模拟两个方面，介绍作者在多孔介质发动机领域的研究工作。

8.3.1　多孔介质发动机概述

多孔介质液体燃烧技术与往复式发动机相结合，为发动机领域的技术革新提供了新的思路。基于这种先进燃烧技术的多孔介质发动机相比较传统发动机具有非常大的优势[8]，主要体现在：①在发动机循环过程中，能量从已燃气体和燃烧能量中得到反馈，这样可以显著地影响气缸内热力学循环和控制燃烧。②在多孔介质容积中喷射燃料，可以实现混合气的迅速形成。③由于多孔介质具有非常大的热容、大的表面积及极好的热特性，所以在多孔介质中可以加快和完善燃料蒸发。④在三维多孔介质复杂结构中实现发动机中燃料的均质混合及热点火，使燃烧区域温度均匀，实现自均匀化燃烧。⑤降低发动机污染物的排放。

自 20 世纪 80 年代以来，基于多孔介质燃烧技术的多孔介质发动机开始引起人们的研究兴趣。Ruiz[9]受 Stirling 发动机的启发提出了回热式发动机的概念，利用设置在缸内的蓄热器回收排气中的部分热能并反馈到工作循环本身，从而提高热效率。但其方案是针对预混合的汽油机，燃烧也不在蓄热器内进行。Ferrenberg[10]提出了回热式多孔介质发动机的概念，将多孔介质蓄热器置于气缸顶部，通过一驱动杆与活塞同步运动，如图 8-29 所示。采用 SiC 泡沫陶瓷的实验结果表明，与未加蓄热器的原型柴油机相比，在相同的空燃比下，热效率可提高 50%，而比油耗可减少 33%。另外，燃烧室顶部的气体平均温度有所增加，但其总体的温度则有所降低。

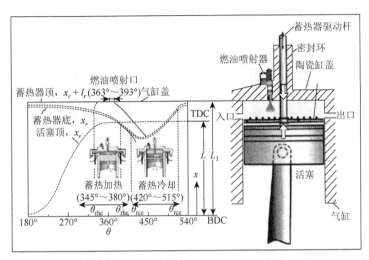

图 8-29 回热式发动机回热器和活塞的连续运动

日本的 Hananmara 等[11]提出了超绝热发动机的概念，并试制出一台样机。其设计思想类似于斯特林发动机，它由动力活塞、扫气活塞和一个多孔介质蓄热器组成，蓄热器位于两个活塞顶之间且固定不动。计算表明，即使在压缩比为 2 的情况下，其热效率仍然可达 26%，高于常规的 Otto 循环和 Diesel 循环。Hananmara 等认为，在此基础上，可以研制出低压缩比的环保性好的高效率新型内燃机。

德国学者 Durst 等[8, 12]不仅对多孔介质发动机的工作特性进行了深入的理论分析，而且提出了两种实施方案，即多孔介质与气缸始终保持接触和周期性接触，并按永久接触的方案研制了一台原理性样机，在其缸盖上进气门与排气门之间的空间安装了碳化硅制成的多孔介质蓄热器，如图 8-30 所示。为了实现电控，采用共轨系统取代原有的常规燃油喷射系统，具有水冷装置的喷嘴安装在多孔介质内。同时原机带凹坑的活塞改为平顶活塞。改装后的多孔介质发动机压缩比为 16.8，稍低于原型机。Durst 等[13]提供了在转速 2500r/min 下测得的实验结果：①空燃比为 $\lambda = 1 \sim 3.3$ 时，NO_x 排放为 110～340mg/(kW·h)；而 Hatz 原型机当 $\lambda = 4.7$ 时，NO_x 排放为 1000～3000mg/(kW·h)。②尽管喷射条件尚未达到最佳，CO 排放已降低到 1000mg/(kW·h)，而原型机则为 5000～6000mg/(kW·h)。③即使不用过量空气，新型样机炭烟的生成也显著减少。④与原型机相比，多孔介质发动机运行十分平稳，噪声水平显著降低，发动机连续运行数小时后，多孔介质材料未见任何损坏或异常。实验发现，发动机压缩压力很低（约 1.7MPa），在这样低的压力条件下，常规发动机已无法运行，但多孔介质发动机却能够正常运行。

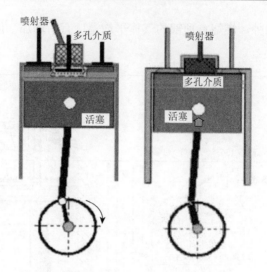

图 8-30　周期接触与永久接触多孔介质发动机

近年来，关于多孔介质发动机的基础研究呈现出较活跃的发展态势。例如，美国密歇根大学、伊利诺伊理工学院、捷克布拉格查理大学及瑞士苏黎世联邦理工学院等均开展了这方面的研究。Weclas 等[14,15]对多孔介质发动机进行了系统的理论和实验研究，对多孔介质发动机在促进燃油蒸发，热传递、混合气形成及燃烧方面的优势进行了详细的阐述，对开式和闭式的多孔介质发动机及直喷混合式多孔介质发动机的概念进行了阐述，还对燃油喷射到固体介质和多孔介质中的差异进行了详细比较，并提出将多孔介质用于直喷式内燃机可实现均质燃烧。

8.3.2　多孔介质发动机的热力循环学分析

发动机的实际工作过程包括进气、压缩、燃烧、膨胀和排气等多个复杂过程，燃料与空气组成的工质在发生各种复杂物理化学过程的同时，摩擦、换热损失、节流等引起的一系列不可逆损失也大量存在，要准确地从理论上描述发动机的实际过程是十分困难的[16]。

1. 多孔介质发动机理想循环热力学分析

从热力学的角度出发，为了分析发动机燃料热能利用的完善程度及其主要影响因素，通常将实际循环进行若干简化，撇开实际工作过程中存在的某些因素的影响，从而得到便于进行定量分析的简化循环，通常将其称为发动机的理论循环。本节采用以热力学第一定律为基础的热平衡分析法，以循环功和热效率为指标，并以闭式PM 发动机的理想循环为例进行热力学分析，讨论理想循环下的发动机性能[17]。

1）理想循环热力学模型假设

对常用发动机而言，传统的理论循环模型假设包括：①以空气作为工作循环的工质，并视为理想气体，在整个循环中的物理及化学性质保持不变，工质比热容为常数。②不考虑实际存在的工质更换以及泄漏损失，工质的总质量保持不变，循环是在定量工质下进行的，忽略进、排气流动损失及其影响。③把气缸内的压缩和膨胀过程看成完全理想的绝热等熵过程，工质与外界不进行热量交换。④分别用假想的加热与放热过程来代替实际的燃烧过程与排气过程，并将排气过程即工质的放热视为定容放热过程。

对于多孔介质发动机来讲，由于引入多孔介质燃烧室对发动机性能有着决定性的影响，根据已有的多孔介质内汽化、燃烧原理的研究结论，在多孔介质发动机理论循环分析中补充了假设：①多孔介质的热容相对气体很大，二者换热过程中，多孔介质温度不变。②忽略缸壁、多孔介质室侧壁及活塞等部件的换热损失，在没有回热的情况下，压缩、膨胀过程与传统发动机相似，视为绝热过程。③多孔介质体积远远小于气缸最大体积，与余隙容积相近，加之固相的存在，故忽略多孔介质室内孔隙的体积，认为阀门开闭时，不影响气缸的总容积。④多孔介质内的换热过程在瞬间内完成。

在以上假设基础上，可将多孔介质发动机的实际工作循环抽象成以空气为工质的多孔介质回热循环。图 8-31 给出了开式和闭式多孔介质发动机理论循环的 p-V 图和 T-S 图，该循环是不同于以往内燃机各种循环过程的新式循环，其具体的循环过程详见后面介绍。

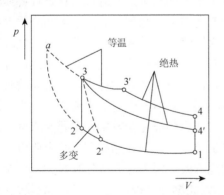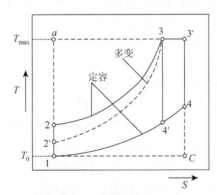

1-2-3-4′-1：Otto循环；1-a-3′-4-1：理想多孔介质回热循环
1-2-3-3′-4-1：闭式多孔介质回热循环；1-2′-3-3′-4-1：开式多孔介质回热循环

图 8-31　多孔介质发动机理想循环 p-V 图和 T-S 图

2）闭式多孔介质发动机的理想循环热力学分析

在多孔介质发动机的热力学模型中，将发动机主体简化为两部分：气缸和多

孔介质体。根据多孔介质与气缸分离、耦合与否分析相应的传热过程，如图 8-32
所示。

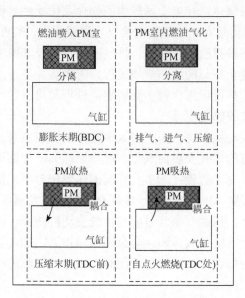

图 8-32　闭式多孔介质发动机热力学模型

　　在膨胀末期，多孔介质室阀门关闭，此时多孔介质室内压力等于缸内压力，
温度等于燃烧初期最高温度 T_{max}。燃油直接喷到多孔介质上，多孔介质巨大的热
容量及强大的热辐射特性为燃油气化提供了足够的热量，同时该气化过程持续时
间很长，可以保证燃油在多孔介质室内能够均质、完全气化。由于多孔介质室中
氧气浓度很低，气化过程中不会发生自点火燃烧。压缩末期，多孔介质与气缸耦
合，空气进入，进行预热。在上止点（TDC 处）附近体积变化很小，回热过程近
似成等容过程，由于多孔介质热容很大而且内部热交换非常迅速，可实现瞬时完
全回热，回热后空气温度与多孔介质温度相同，随后发生自点火燃烧。上止点附
近燃油混合气主要集中在多孔介质室内，可认为燃烧完全发生在多孔介质室内，
气缸内无自由火焰，燃烧放热一部分加热工质，另一部分加载到多孔介质内，以
供给下次循环新空气预热、燃油气化。燃烧阶段，因多孔介质热容很大，存储了
大量热量，可保持燃烧过程温度近似不变，因此燃烧过程可近似为等温吸热过程。
　　该循环具备了实现均质燃烧的三个条件：多孔介质缸内工质均匀载入、自点
火燃烧以及多孔介质缸内燃烧温度均匀；可将多孔介质视为一个热容器控制燃烧
温度；由于燃油在多孔介质室内气化，不受进气影响，显著缩短了滞燃期，可以
减缓急燃期内的剧烈燃烧，从而避免缸内压力骤然升高，降低燃烧时机器的噪声，
减少了零部件所受冲击力。

在图 8-31 中，闭式多孔介质发动机的循环过程为 1-2-3-3′-4-1，将其定义为闭式多孔介质回热循环。其中 1-2 是绝热压缩过程；2-3 是定容回热过程；3-3′ 是定温吸热过程；3′-4 是绝热膨胀过程；4-1 是定容放热过程。在初始状态下，受压缩比 ε 的限制，循环沿绝热线达到 2 点，吸收多孔介质内的热量定容升温至极限温度 T_{max}（完全回热），燃烧过程中因多孔介质热容很大，可维持定温过程至 3′ 点，该点位置由预胀比 ρ_b 决定。p-V 图中，面积 1-2-3-3′-4-1 反映闭式多孔介质回热循环的循环功。如果循环不受压缩比 ε_b 的限制，从初始状态绝热压缩至 a 点（$T_a = T_{max}$），则回热与燃烧过程都是等温过程。可实现理想多孔介质回热循环 1-a-3′-4-1。

上述热力学模型是在基本假设的基础上针对多孔介质发动机理想循环建立的，为了对闭式多孔介质回热循环的详细过程进行热力学分析，通过压缩过程和加热过程中状态参数的比值来确定循环各点参数，定义压缩比 ε_b、预压比 λ_b、预胀比 ρ_b 的表达式分别为

$$\frac{v_1}{v_2} = \frac{v_{4'}}{v_3} = \varepsilon_b , \quad \frac{p_3}{p_2} = \lambda_b , \quad \frac{v_{3'}}{v_3} = \rho_b \tag{8-8}$$

可导出闭式多孔介质回热循环的循环功：

$$W = C_v T_1 \left(1 - \varepsilon_b^{k-1} + ((k_b - 1)\ln \rho_b - (\rho_b / \varepsilon_b)^{k-1} + 1) \cdot \lambda_b \varepsilon_b^{k-1} \right) \tag{8-9}$$

闭式多孔介质回热循环的循环效率：

$$\eta_t = 1 - \frac{\left(\lambda_b \rho_b^{k-1} - 1 \right)}{\lambda_b (k_b - 1)\ln \rho_b + \lambda_b - 1} \cdot \frac{1}{\varepsilon_b^{k-1}} \tag{8-10}$$

式中，k_b 为气体的绝热指数，即比热比。

3）闭式多孔介质回热循环的数值算例

根据前面闭式多孔介质回热循环的循环功、效率公式，按照一般发动机经验参数范围，对闭式多孔介质回热循环进行了数值算例分析，可分析发动机主要运行参数对发动机性能的影响。图 8-33 给出了当 $k_b = 1.40$，$C_v = 0.7165\text{kJ}/(\text{kg·K})$，$T_1 = 300\text{K}$，$T_{max} = 1800\text{K}$，循环机械效率随压缩比变化的规律，其中闭式多孔介质回热循环与 Diesel 循环的预胀比相同[17]。曲线表明：随压缩比增加，各循环效率都随之增大，Otto 循环的效率最高。闭式多孔介质回热循环效率稍低于 Otto 循环并与其十分接近。Diesel 循环效率最低。当压缩比很小时，效率曲线陡峭，效率梯度大。当压缩比大于 10 以后效率曲线上升趋势明显减缓，表明压缩比进一步增大对循环效率的影响很小。

图 8-34 给出了同样条件下循环功随压缩比变化的规律。对于三种循环，随压缩比增大，循环功都经历先增加后减少的趋势，即循环功存在最大值。当压缩比大于 2 以后，闭式多孔介质回热循环的循环功最大。当压缩比小于 6 时，Otto 循

环功大于 Diesel 循环功，Diesel 循环的压缩比最小值为 $\varepsilon_b = 2.5$。三种循环相比较，Diesel 循环达到最大循环功时对应的压缩比最大，Otto 循环最小。

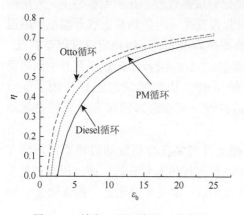

图 8-33　效率 η 随压缩比 ε_b 的变化　　　图 8-34　循环功 W 随压缩比 ε_b 的变化

图 8-35 给出了当 $k_b = 1.40$，$C_v = 0.7165\text{kJ/(kg·K)}$，$T_1 = 350\text{K}$，$T_{\max} = 1800\text{K}$ 时，循环功与功效特性的比较。由图可见，随效率的增加各循环的循环功都是先增大，后减小。相同效率下，闭式多孔介质回热循环的循环功远大于 Diesel、Otto 循环。这说明与其他循环相比，闭式多孔介质回热循环损失很少的热效率就可以明显提高循环功。

图 8-36 给出了当 $k_b = 1.40$，$C_v = 0.7165\text{kJ/(kg·K)}$，$T_1 = 300\text{K}$，$T_{\max} = 1800\text{K}$ 时，在不同预胀比 ρ_b 下，闭式多孔介质回热循环的循环功随压缩比的变化曲线及功效特性曲线关系。预胀比增大，循环功明显增大，同时最大循环功对应的效率也增大。随预胀比的增加，压缩比对循环功的影响减小，如在预胀比 $\rho_b = 2.4$ 时，当压缩比大于 10 以后，循环功基本没有变化。

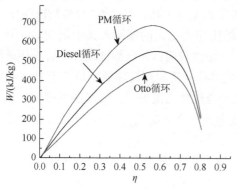
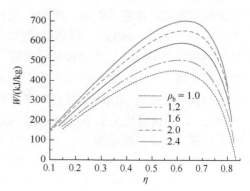

图 8-35　循环功与功效特性的比较　　　　　图 8-36　预胀比 ρ_b 对功效特性的影响

　　图 8-37 给出了当 $k_b = 1.40$，$C_v = 0.7165\text{kJ/(kg·K)}$，$T_1 = 300\text{K}$，$\rho_b = 2.0$ 时，不同最高温度 T_{max} 下，循环功随压缩比的变化曲线及功效特性曲线。随最高温度的增加，最大循环功所对应的效率也增加。最高温度增加对发动机的循环功和效率都有所改善，但最高温度增加势必会引起污染物排放的增加，因此多孔介质发动机最高温度的范围在一定程度上需要满足发动机的功效与排放的相对平衡。

　　图 8-38 给出了当 $k_b = 1.40$，$C_v = 0.7165\text{kJ/(kg·K)}$，$T_1 = 300\text{K}$，$\rho_b = 2.0$ 时，不同预压比 λ_b 下，循环功随压缩比的变化曲线及功效特性曲线。从图中可以看出，随预压比的增加，循环效率也增加。这是因为在其他条件不变的情况下，预压比增大则循环最高温度升高，对应图 8-31 中 p-V 图的等温曲线上移，循环功增大。同时 T-S 图中的 $3'$ 点右移，循环效率也增大。

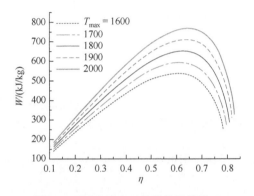

图 8-37　最高温度对功效特性的影响　　　　图 8-38　预压比 λ_b 对功效特性的影响

2. 多孔介质发动机有限时间热力学分析

　　经典热力学主要研究系统处于平衡态或准静态过程时热力学函数如内能、功和熵等的变化，并未涉及时间参量，也不能对不可逆过程做出定量的描述。有限时间热力学是经典热力学的延伸和推广，主要以减少系统不可逆性为目标，研究在有限时间和有限尺寸条件下，热力过程的性能界限，以优化存在传热、传质等不可逆性的实际热力系统性能。

　　目前，有限时间热力学理论已广泛应用于卡诺循环、内燃机循环、燃气轮机循环等各种循环分析，为实际工程循环的性能分析提供了有力工具。有限时间热力学是考虑了发动机循环中的不可逆因素而提出来的，它所建立的物理模型比经典热力学的可逆模型更接近于实际循环。

1）考虑热损失的有限时间热力学分析

　　本节为了简化分析，将各种因素对燃烧的影响集中反映在燃烧过程的当量放热量 α 上。将压缩燃烧、膨胀过程中气缸与外界的热交换以及多孔介质燃烧室的换热损失等全部集中于燃烧过程，假定经由气缸壁的热损失与气体和缸壁温差平均值成正比，且设壁温为常数，则闭式多孔介质回热循环在燃烧过程中传给单位气体工质的热量又可写为

$$Q_{in} = \alpha - \beta(T_2 + T_3) \tag{8-11}$$

式中，α、β 分别是与燃烧和传热相关的系数。结合理想循环热力学分析中各参数之间关系，在考虑热损失情况下，可推导出闭式多孔介质回热循环在燃烧过程中，单位质量工质的吸热量 Q_{in}、循环功 W 和循环效率 η 的表达式分别为

$$Q_{in} = \alpha - \beta \left(T_1 \varepsilon_b^{k_b-1} + \frac{\alpha + T_1 \varepsilon_b^{k_b-1}(C_v - \beta)}{\beta + C_v + C_v(k_b-1)\ln\rho_b} \right) \tag{8-12}$$

$$W = C_v \left(\left(1 - \varepsilon_b^{k_b-1}\right)T_1 + \frac{\left[(k_b-1)\ln\rho_b - \left(\frac{\rho_b}{\varepsilon_b}\right)^{k_b-1} + 1\right]\left(\alpha + T_1 \varepsilon_b^{k_b-1}(C_v - \beta)\right)}{\beta + C_v + C_v(k_b-1)\ln\rho_b} \right) \tag{8-13}$$

$$\eta = \frac{C_v \left(\left(1 - \varepsilon_b^{k_b-1}\right)T_1 + \frac{\left[(k_b-1)\ln\rho_b - \left(\frac{\rho_b}{\varepsilon_b}\right)^{k_b-1} + 1\right]\left(\alpha + T_1 \varepsilon_b^{k_b-1}(C_v - \beta)\right)}{\beta + C_v + C_v(k_b-1)\ln\rho_b} \right)}{\alpha - \beta \left(T_1 \varepsilon_b^{k-1} + \frac{\alpha + T_1 \varepsilon_b^{k_b-1}(C_v - \beta)}{\beta + C_v + C_v(k_b-1)\ln\rho_b} \right)} \tag{8-14}$$

式中，T_1 为缸内工质的初始温度。

2）考虑壁面摩擦损失的有限时间热力学分析

除了传热不可逆性外，摩擦损失也是发动机循环损失的重要因素。为此，Angulo 等[18]建立了一类考虑时间特性和摩擦损失的 Otto 循环模型，Wang 等[19]根据 Angulo 等的方法建立了相应的 Diesel 循环和空气标准 Dual 循环的不可逆模型，讨论了摩擦损失对循环性能的影响。本节将文献[18]、[19]中的研究方法引入闭式多孔介质发动机的循环过程，分析了摩擦损失对多孔介质发动机循环的影响[16]。

按照文献[18]对 Otto 循环的处理方式，设摩擦力 f_μ 与活塞速度 v 呈线性关系，即 $f_\mu = -\mu v = -\mu dx / dt$，式中 μ 为考虑全部摩擦损失的摩擦系数，x 为活塞位移。因此，由摩擦引起的功率损失为 $P_\mu = \mu v^2$。进而可得到相应的循环功损失，再将其分别代入式（8-13）和式（8-14），则可在同时考虑传热损失和摩擦损失情况下，分别得到闭式多孔介质发动机输出功率以及闭式多孔介质回热循环效率的表达式为

$$P = C_v \frac{m}{\tau} \left(\left(1 - \varepsilon_b^{k_b-1}\right) T_1 + \frac{m\left((k_b-1)\ln\rho_b - \left(\frac{\rho_b}{\varepsilon_b}\right)^{k_b-1} + 1\right)\left(\alpha + T_1\varepsilon_b^{k_b-1}(C_v-\beta)\right)}{\beta + C_v + C_v(k_b-1)\ln\rho_b} \right) - 4\mu N^2 s^2$$

（8-15）

$$\eta_{net} = \frac{mC_v\left(\left(1-\varepsilon_b^{k_b-1}\right)T_1 + \dfrac{m\left((k_b-1)\ln\rho_b - \left(\frac{\rho_b}{\varepsilon_b}\right)^{k_b-1} + 1\right)\left(\alpha + T_1\varepsilon_b^{k_b-1}(C_v-\beta)\right)}{\beta + C_v + C_v(k_b-1)\ln\rho_b}\right) - 8\mu N s^2}{m\alpha - m\beta\left(T_1\varepsilon_b^{k_b-1} + \dfrac{\alpha + T_1\varepsilon_b^{k_b-1}(C_v-\beta)}{\beta + C_v + C_v(k_b-1)\ln\rho_b}\right)}$$

（8-16）

需要说明的是，对于不同结构参数的发动机由摩擦引起的功率损失 P_μ 是不相同的，即使是相同型号的发动机，质量流量、循环周期、转速等运行参数也会随具体工况而变化，因此发动机总的输出功率和相应的循环效率 η_{net}，需由发动机具体的型号及详细的运行参数来确定。

3）有限时间热力学分析数值算例

由式（8-15）和式（8-16）可知，多孔介质回热循环的功效特性与预胀比 ρ、燃烧相关系数 α、传热相关系数 β 及初始温度 T_1 等参数有关。在这些参数中，实际循环的预胀比 ρ_b 受多孔介质室的体积及多孔介质孔隙率的影响，取值范围为 $1\sim2.5$，初始温度 T_1 的范围为 $300\sim370K$，燃烧相关系数 α 的范围为 $2500\sim4500kJ/kg$，传热相关系数 β 的范围为 $0.5\sim1.8kJ/(kg\cdot K)$。设循环过程工质比容不发生变化，取 $C_v = 0.7156\,kJ/(kg\cdot K)$，$k_b = 1.4$。在以上参数范围内，本节计算了不同参数组合下的功效特性线。

图 8-39 给出了 $\rho_b = 1.5$，$\beta = 1kJ/(kg\cdot K)$，$T_1 = 350\,K$ 时不同 α 下的功效特性（W-η）曲线。由图可知，随燃烧相关系数 α 的增大，循环功及循环功最大值都增大，最大循环功对应的效率也随之增大，这是由于 α 是反映燃烧放热的常数，α 增大代表燃烧放热量增多。当 α 的增量相同时，循环功的增加幅度也基本相同。图中 $\varepsilon_b = \varepsilon_{b0}$ 表示压缩比达到极限压缩比时，即理想多孔介质回热循环时对应的循环功和效率，可以看出随 α 的增加，循环的极限效率增大，极限状态对应的循环功也增大，这说明理想多孔介质回热循环的特性要优于多孔介质回热循环，是多孔介质回热循环的极限状态。

图 8-40 给出了 $\alpha = 3500\,kJ/kg$，$T_1 = 350\,K$，$\rho_b = 1.5$ 时不同 β 下的 W-η 曲线

关系。从图中可以看出功效特性受传热相关系数 β 的影响非常大，随 β 增大，循环功急剧下降，最大循环功降低的幅度最大，在 β 较小时，循环功下降的趋势尤其明显。这是因为 β 反映了缸壁的热漏损失，即缸壁的传热效应对循环性能的影响，随热损失的增加循环功和效率降低。同样原因，在极限压缩比 ε_{b0} 时的循环功和效率也随 β 的增大而减小。因此，实际循环中应尽量降低 β，减少热漏损失。

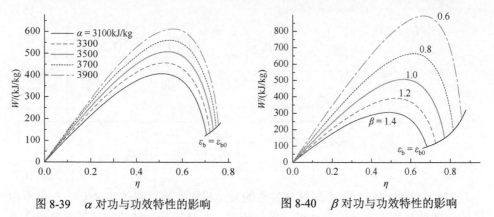

图 8-39　α 对功与功效特性的影响　　　图 8-40　β 对功与功效特性的影响

图 8-41 给出了 $\alpha = 3500$ kJ/kg，$\beta = 1$ kJ/(kg·K)，$\rho_b = 1.5$ 时不同初始温度 T_1 下的 W-η 曲线关系。从图中可以看出初始温度对功效特性的影响不像 α、β 那么明显。随初始温度升高，循环功增大。极限压缩比 ε_0 对应的极限效率增大，但其对应的循环功基本不变。

图 8-42 分别给出了 $\alpha = 3500$ kJ/kg，$\beta = 1$ kJ/(kg·K)，$T_1 = 350$ K 时不同预胀比 ρ_b 下的 W-η 关系。图中 $\rho_b = 1$ 时表示 Otto 循环特性，$\varepsilon_b = \varepsilon_{b0}$ 表示理想多孔介质回热循环特性。由图可知，预胀比增加，循环功增大，在预胀比较小时，循环功变化幅度大，当预胀比大于 2 以后，循环功的增量很小。很明显，多孔介质回热循环的循环功大于 Otto 循环。

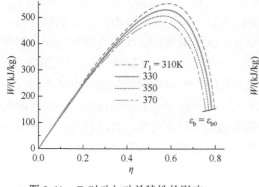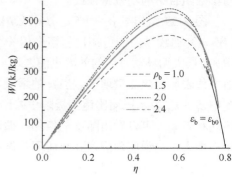

图 8-41　T_1 对功与功效特性的影响　　　图 8-42　ρ_b 对功与功效特性的影响

8.3.3　开式多孔介质发动机零维单区模型

作为多孔介质发动机数值模拟的探索性研究,本节以热力学第一定律为基础,建立多孔介质发动机的能量方程,结合壁面传热模型、多孔介质换热模型及化学反应动力学模型等子模型,建立了多孔介质发动机零维单区模型[16]。

模型假设:多孔介质发动机气缸内的各物理量在空间上均匀分布。缸内工质符合理想气体状态方程,燃料完全燃烧。缸内工质在各瞬时达到热力学平衡状态,工质状态由质量和能量方程控制。多孔介质对换热的影响集中在上止点前、后 $30°$CA(曲轴转角)的范围内,忽略气流进出多孔介质的各种损失。将多孔介质发动机的燃烧室空间视为一开式热力系统,如图 8-43 所示,缸内气体的质量守恒方程可写为

$$\frac{\mathrm{d}m}{\mathrm{d}\varphi_c} = \frac{\mathrm{d}m_{in}}{\mathrm{d}\varphi_c} + \frac{\mathrm{d}m_{out}}{\mathrm{d}\varphi_c} + \frac{\mathrm{d}m_{B}}{\mathrm{d}\varphi_c} \tag{8-17}$$

式中,φ_c 为曲轴转角;m、m_{in}、m_{out} 分别为工质总质量、进入、流出气缸的空气质量;m_B 为燃料质量,由喷油规律决定。压缩、燃烧和膨胀过程的质量流率 $\mathrm{d}m_{in}/\mathrm{d}\varphi_c$ 和 $\mathrm{d}m_{out}/\mathrm{d}\varphi_c$ 为 0。

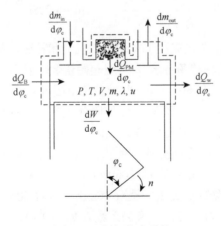

图 8-43　气缸热力系统

系统的能量平衡可由热力学第一定律建立,工质内能随曲轴转角的变化,其能量方程为

$$\frac{\mathrm{d}T}{\mathrm{d}\varphi_c} = \frac{1}{mC_v}\left(\frac{\mathrm{d}Q_B}{\mathrm{d}\varphi_c} + \frac{\mathrm{d}Q_w}{\mathrm{d}\varphi_c} - p\frac{\mathrm{d}V}{\mathrm{d}\varphi_c} + \frac{\mathrm{d}Q_{PM}}{\mathrm{d}\varphi_c} - u\frac{\mathrm{d}m}{\mathrm{d}\varphi_c} - m\frac{\partial u}{\partial \lambda}\frac{\mathrm{d}\lambda}{\mathrm{d}\varphi_c} \right) \tag{8-18}$$

式中,燃料的质量变化率及燃烧放热率($\mathrm{d}Q_B/\mathrm{d}\varphi_c$)由燃烧模型确定;工质通过

缸壁的传热率（$\mathrm{d}Q_\mathrm{w}/\mathrm{d}\varphi_\mathrm{c}$）由传热模型确定；工质对外输出的功（$-p\mathrm{d}V/\mathrm{d}\varphi_\mathrm{c}$）由气缸工作容积随曲轴转角的变化规律确定；工质质量变化率由质量方程确定；$\mathrm{d}m/\mathrm{d}\varphi_\mathrm{b}$ 由质量方程确定；$\mathrm{d}\lambda_\mathrm{b}/\mathrm{d}\varphi_\mathrm{c}$ 由喷油规律和缸内空气总质量确定。

　　压缩阶段：在压缩期间，无空气的流入、流出，缸内空气质量等于每循环吸入的空气总量 m_s，不发生变化，即 $\mathrm{d}m/\mathrm{d}\varphi_\mathrm{c}=0$。由于缸内无燃烧反应，工质成分不变，$\mathrm{d}\lambda_\mathrm{b}/\mathrm{d}\varphi_\mathrm{c}=0$，若每次循环燃料完全燃烧，则 $\lambda_\mathrm{b}=\infty$，即取足够大的 λ 值即可，计算中取 $\lambda_\mathrm{b}=10^4$，由此计算的比内能与 $\lambda_\mathrm{b}=\infty$ 时的比内能值差别低于 3%。由于在压缩期间无燃烧反应，即 $\mathrm{d}Q_\mathrm{B}/\mathrm{d}\varphi_\mathrm{c}=0$，则能量方程可进一步简化，算例中能量方程采用四阶龙格-库塔积分法进行求解。

　　放热率模型采用 Wiebe 代用燃料放热规律，瞬时放热率可表示为

$$\frac{\mathrm{d}Q_\mathrm{B}}{\mathrm{d}\varphi_\mathrm{c}}=H_\mathrm{u}g_\mathrm{b}\frac{\mathrm{d}x}{\mathrm{d}\varphi_\mathrm{c}} \tag{8-19}$$

式中，g_b 为每循环喷油量，由每循环进气质量和预定过量空气系数决定；H_u 为燃料低热值，对柴油取 $H_\mathrm{u}=42496\mathrm{kJ/kg}$；$x$ 为燃料的燃烧累积放热百分比；$\dfrac{\mathrm{d}x}{\mathrm{d}\varphi_\mathrm{c}}$ 表示燃料燃烧随曲轴转角的变化率，其表达式可表述为

$$\frac{\mathrm{d}x}{\mathrm{d}\varphi_\mathrm{c}}=6.908\frac{m'+1}{\phi_\mathrm{Z}}\left(\frac{\varphi_\mathrm{c}-\varphi_\mathrm{B}}{\varphi_\mathrm{Z}}\right)^{m'}\cdot\exp\left[-6.908\left(\frac{\varphi_\mathrm{c}-\varphi_\mathrm{B}}{\varphi_\mathrm{Z}}\right)^{m'+1}\right] \tag{8-20}$$

式中，m' 为燃烧品质指数，取决于发动机的机型和转速，对于低、中速柴油机一般为 0.5～1.5；φ_c 为曲轴转角；φ_B 为燃烧起始角，取值为 TDC 前 1°～12° 曲轴转角；φ_Z 为燃烧持续角，在 50°～100° 曲轴转角范围内。

　　本节在 D6114ZG 柴油机的基础上，按照开式多孔介质发动机结构提出了一种发动机的设计方案。对其燃烧过程进行了模拟计算，发动机缸径为 114mm，冲程为 135mm。参考原柴油机的型号，多孔介质发动机的基本工况为：进气压力 101.325kPa；进气温度 300K；转速 2000r/min；压缩比 10.5；预定过量空气系数 2.0；圆柱形多孔介质燃烧室底面直径为 40mm，高为 50mm，多孔介质材料选用 SiC 泡沫陶瓷，孔隙率为 0.87，体换热系数为 $h_v=10^4\mathrm{kW/(m^3\cdot K)}$，多孔介质整体密度 $\rho_\mathrm{PM}=510\mathrm{kg/m^3}$，比热容 $C_\mathrm{PM}=824\mathrm{J/(kg\cdot K)}$。在单区简化模型的计算中，燃烧起始角 350°CA；着火持续角 60°CA；燃烧品质指数 $m'=1.0$。发动机各运行参数在计算中均可独立变化，以便对各参数的影响进行分析比较。

　　图 8-44 给出多孔介质体换热系数 h_v 对缸内温度压力的影响。在压缩后期，缸内温度低于多孔介质温度，随 h_v 增大多孔介质换热量增大，当 h_v 较大时温度曲线先陡峭后平缓并与多孔介质温度接近。在着火前温度变化很小，接近水平线，说明若 h_v 足够大，多孔介质预热过程近似于等温过程。

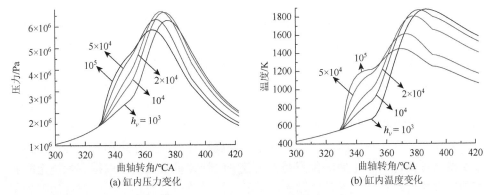

图 8-44　体换热系数对缸内参数的影响

根据状态方程，压力由温度和体积共同决定，由图 8-44 可以看出，温度峰值出现在上止点之后，随 h_v 增大，峰值温度大幅度降低，而且位置前移，对应的气缸瞬时体积增大。如图所示：随 h_v 增大，峰值压力的位置向前移动，数值上先增加后减小，存在极值。由此可见，多孔介质替换热系数 h_v 对温度、压力的影响较大，整体变化趋势是：h_v 增大换热量增大，在多孔介质放热过程中工质温度升高，压力升高；在多孔介质吸热过程中工质温度降低，压力先增大后减小，存在极值。

图 8-45 给出了基本工况下多孔介质发动机与传统发动机的温度、压力随曲轴转角的变化对比。多孔介质对缸内工质的温度、压力的影响集中体现在多孔介质换热影响范围之内（TDC 前后 30°CA）。在压缩过程后期，缸内温度低于多孔介质温度，多孔介质释放热量给工质，使工质的温度升高，工质要高于传统发动机。随燃烧过程进行，工质温度急剧上升，超过多孔介质温度，多孔介质开始吸热，在相同燃烧热下，工质吸收的热量要少于传统发动机，因此燃烧阶段工质温度要低于传统发动机，多孔介质发动机的最高温度要比传统发动机的最高温度提前出现，多孔介质起到转移燃烧热、缓和剧烈燃烧反应的作用。

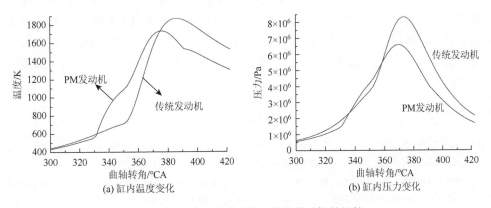

图 8-45　多孔介质发动机与传统发动机的比较

由图 8-45 可知，与传统发动机相比，多孔介质发动机的缸内压力低、温度变化相对平缓。从排放角度来看，在整个燃烧过程中，由于多孔介质内温度分布一直保持相对均匀，燃烧过程相对缓和，从而可削减 CO 的形成。同时，燃烧最高温度降低对于减少 NO_x 的排放很有利，而且压力降低后，发动机的在振动、噪声方面也会有所改善。因此，多孔介质发动机在降低污染物排放方面有很大的潜力。据此，Durst[8]宣称，利用多孔介质燃烧技术有望实现零排放发动机之梦。

多年来，零维单区模型在分析内燃机燃烧特性方面的作用和有效性已经被大量实践所证实，其最主要的优点是占用较少的计算机资源便可以得到燃烧定时和其他的性能参数；缺点是计算精确度较低，同时该模型忽略了缸内温度的不均匀分布，而缸内的温度变化对碳氢化物和氮氧化物的排放又有很大影响。因此，零维模型不能分析发动机的排放指标，还需要更细致的数值模拟研究。

8.3.4　小结

由于多孔介质发动机至今仍是一个新事物，迄今为止国内外依然缺乏公开的实验数据，本节对多孔介质发动机内的工作过程进行了热力学循环分析，并采用数值模拟方法研究了多孔介质发动的燃烧与排放特性，主要结果概括如下。

（1）采用热效率和循环功作为评定指标，对相同极限温度下 Otto 循环、Diesel 循环及闭式多孔介质回热循环加以比较，证实了超绝热发动机内的闭式多孔介质回热循环，具有效率高、循环功大的特点；分析了压缩比、预胀比等对多孔介质发动机功效特性的影响。

（2）采用有限时间热力学分析法，在考虑热损失和摩擦损失情况下，分析了闭式多孔介质回热循环功效特性。结果表明，与传热相关的常数对功效特性的影响最大。

（3）以热力学第一定律为基础，建立了多孔介质发动机零维单区模型。结果表明，与传统发动机相比，多孔介质发动机缸内温度变化过程较平缓，其着火前温度较高，而峰值温度则较低，这有利于混合气着火并降低 NO 排放，缸内压力变化也呈现出同样的趋势。多孔介质孔隙的存在，使多孔介质发动机的实际压缩比要低于相对应的传统发动机。

参 考 文 献

[1] Liu H S，Wu D，Xie M Z，et al. Experimental study on the pre-evaporation pulse combustion of liquid fuel within a porous medium burner. Experimental Thermal and Fluid Science，2019，103：286-294.

[2] Wu D，Liu H S，Xie M Z，et al. Experimental investigation on low velocity filtration combustion in porous packed bed using gaseous and liquid fuels. Experimental Thermal and Fluid Science，2012，36（1）：169-177.

[3] Liu H S，Dan Wu，Xie M Z，et al. Experimental and numerical study on the lean premixed filtration combustion of

propane/air in porous medium. Applied Thermal Engineering, 2019, 150: 445-455.

[4] Liu L, Liu H S, Xie M Z, et al. Experimental characterization of Diesel combustion in an electrically preheated porous media burner. Energy and Fuels, 2019, 33 (12): 12749-12757.

[5] 王松祥. 电预热多孔介质燃烧器内柴油燃烧的实验与模拟研究. 大连: 大连理工大学, 2019.

[6] Dybbs A, Edwards R V. A New Look at Porous Media Fluid Mechanics—Darcy to Turbulent in Fundamentals of Transport Phenomena in Porous Media. Boston: Martinus Nijhoff Publishers, 1984: 199-256.

[7] Mujeebu M A, Abdullah M Z, AbuBakar M Z, et al. Combustion in porous media and its applications—A comprehensive survey. Journal of Environmental Managemen, 2009, 90: 2287-2312.

[8] Durst F, Weclas M. A new concept of IC engine with homogeneous combustion in a porous medium. COMODIA 2001, Nagoya, 2001.

[9] Ruiz F. The regenerative internal combustion engine, part 2: Practical configurations. Journal of Propulsion and Power, 1990, 6 (2): 209-213.

[10] Ferrenberg A J. The single cylinder regenerated internal combustion engine. SAE 900911, Detroit, 1990.

[11] Hananmara K, Bohda K, Miyairi Y. A Study of super-adiabatic combustion engine. Energy Conversion and Management, 1997, 38: 1259-1266.

[12] Durst F, Weclas M. Direct injection IC engine with combustion in a porous medium: A new concept for a near-zero emission engine. Int Congress on Engine Combustion Processes, Essen, 1999.

[13] Durst F, Weclas M. A new type of interal combustion engine based on the porous-medium combustion technique. Proceedings of the Institution of Mechanical Engineers, Part D: Journal of Automobile Engineering, 2001, 215 (1): 63-81.

[14] Weclas M, Maschinenbau F. Strategy for intelligent internal combustion engine with homogeneous combustion in cylinder. Sonderdruck Schriftenreihe University of Applied Sciences in Nuernberg, 2004, 26: 1-14.

[15] Weclas M, Faltermeier R. Diesel jet impingement on small cylindrical obstacles for mixture homogenization by late injection strategy. International Journal of Engine Research, 2007, 8 (5): 399-413.

[16] 刘宏升. 基于多孔介质燃烧技术的超绝热发动机的基础研究. 大连: 大连理工大学, 2008.

[17] Liu H S, Xie M Z. Thermodynamic analysis of the heat regenerative cycle in porous medium engine. Energy Conversion and Management, 2009, 50 (1): 297-303.

[18] Angulo B, Fernandez F, Betanzos J. Compression ratio of an optimized Otto cycle model. European Journal of Physics, 1994, 15 (1): 38-42.

[19] Wang W H, Chen L G, Sun F R. The effect of friction on the performance of an air standard dual cycle. Exergy, an International Journal, 2002, 2: 340-344.

第9章　多孔介质结构的几何模型

如前所述，多孔材料复杂的几何构形对多孔介质内部流场、传热传质和燃烧过程以及火焰特性都有本质的影响。预混气体在多孔介质中燃烧，实际上是气体在固体基质外表面构成的孔隙内的流动、传热传质和燃烧过程，即使多孔介质是惰性基质，气体与固体基质有着强烈的能量和动量交换。多孔介质与过滤火焰的微观相互作用在很大程度上受控于多孔介质的微结构（孔隙形状、尺寸及其分布、空间连通性等）。因此，对后者的几何描述是研究孔隙内火焰动力学的重要前提。为了精确地模拟多孔介质内的燃烧过程，既有必要也有可能从传统的体积平均方法转向孔隙尺度模拟乃至多尺度模拟。而成功进行孔隙尺度模拟的必要前提是对多孔介质的几何结构和形貌进行准确的描述。近年来，对多孔介质几何结构数学模型的研究已经成为多孔介质诸多相关领域内的一个研究热点[1-3]。

对不同种类的多孔介质，其几何结构模型也不相同。现有的多孔介质几何模型大致可以分为4类，即固体小单元阵列模型、自然填充堆积模型、简化的理论模型和计算机重构的随机模型，以下分别对其进行介绍。

9.1　固体小单元阵列模型

从结构形态的角度看，人工制造的多孔介质比自然多孔介质要简单得多，在工程热物理和燃烧领域，应用广泛的主要有两大类，即泡沫陶瓷和颗粒（小球）堆积床。针对后者，早期的模拟研究普遍采用了规则小单元组成的阵列模型。

固体小单元阵列模型是多孔介质几何结构的一种最简单、应用也最普遍的模型。这种模型采用周期排列的方块、圆球（二维情况为圆柱）组成空间或平面阵列代表多孔介质的固体骨架，也可以由一定形状的空间单元体（小球及其变体、多面体、孔道网络等）按照周期性排列组合而成。单元可以是规则的球形、立方体、椭圆体，也可以是表面外凸的不规则形状。单元大小可以是均匀的，也可有一定的尺寸分布。其中固体单元的尺寸以及单元间的距离可根据实际多孔介质的特征尺寸和孔隙率来确定。其分布形式有均匀排列（顺排）、交叉排列（叉排）两种，如图 9-1 所示。用圆形单元体近似表征颗粒堆积型多孔介质中的固体骨架，其孔隙率约为 0.38。

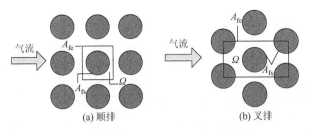

图 9-1　2D 圆柱的顺排和叉排分布示意图

对于小球填充床，为生成质量高、数量上可以接受的网格，国内外研究者开展了大量的研究工作，在该领域活跃的研究者主要有 Dixon 等[4, 5]和 Guardo 等[6]。对于小球填充床，在球-球接触点、球与燃烧器壁面之间的接触点，以及小球面与面之间狭窄的区域，经常会产生扭曲度很大的网格，从而导致数值失真，这给孔隙尺度燃烧的数值模拟带来了挑战。为生成高质量的网格，需要网格数量很大，若对全尺寸的燃烧器内开展孔隙尺度的研究，计算资源消耗非常大，这是孔隙尺度模拟面临的一个挑战。目前，通过边界层和尺寸函数等方法，理论上生成高质量的网格是现实可行的，但计算量通常难以接受。总体而言，处理球-球之间接触点的方法分为四类：间隙方案（缩径方案）、重叠方案（扩径方案）、搭桥方案和切割方案（图 9-2）。前两者属于整体方案，即对全部小球直径同时缩小或者增大，后两者则是局部方案。

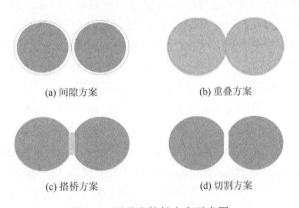

(a) 间隙方案　　　　　　　　(b) 重叠方案

(c) 搭桥方案　　　　　　　　(d) 切割方案

图 9-2　四种点接触方案示意图

四类方案中，间隙方案（gap approach）是最简单可行的方案，该方案将重构的填充床内的所有小球直径按比例缩小为原来的 99%～99.5%，因此在所有球-球之间，以及球-壁面之间不再存在点接触的情况[7]。如图 9-2（a）所示，图中黑色实线表示为原小球，灰体表示的是修正后的小球。该方案导致填充床的孔隙率增大，由此引起预测的压力损失减小。研究表明，当孔隙率的误差在 1%时，预测的压力降的误差大约是 3%。同时，需要指出的是，间隙方案无法考虑小球之间的导热。

关于接触点方案的选取，Dixon 等[4, 5]给出了以下建议。

在流量或压降研究中，对于颗粒与颗粒的接触点，当 $Re \leqslant 2000$，可以采用的任意尺寸的局部切割法或搭桥法。当 $Re > 2000$，可使用半径为 $2h/d_p \leqslant 0.007$ 的搭桥方案或切割尺寸为 $2h/d_p \leqslant 0.007$ 的切割法。对于颗粒与壁面的接触点，可以使用 $r/d_p \leqslant 0.15$ 所有尺寸的塔桥和切割法。这里，r 是搭桥或切割处的半径，d_p 是小球直径。h 是通过接触点的平面到球面的距离。在热传递研究中，对于壁面与颗粒和颗粒与颗粒之间的接触点，使用搭桥法，其尺寸按文献[4]所给公式计算。对于 $Re \leqslant 2000$，搭桥的尺寸应该是 $r/d_p \leqslant 0.1$；对于 $Re \geqslant 2000$，搭桥的尺寸应该限制在 $r/d_p \leqslant 0.05$。

应该注意，以上建议仅考虑了减少接触点修改方案的影响，并没有考虑到在具体实施方面的任何实际问题。此外，这些结果是基于非常精细的网格中得出的，当使用实际的网格尺寸时，误差可能会变大。

Guardo 等[6]一直致力于重叠方案（overlap approach）的研究。与间隙方案相反，他们将小球直径增大，使小球之间的接触点成为重叠部分，一般情况重叠大约 1%，如图 9-2（b）所示，避免了点接触的问题。但该方案的问题是，在点接触消除的同时，初始有间隙的小球之间可能会产生新的点接触或者重叠，同时导致孔隙率增大，数值预测的压力降减小。

为了避免整体方案导致孔隙率的误差，研究者先后提出了局部方案，该方案只是对接触点或者空间狭窄区域的小球进行局部处理。Ookawara 等[8]在 2007 年提出了搭桥方案（bridge approach）。在小球接触点或者空间狭窄区域，在球-球之间或球-壁面之间插入短圆柱替代原来的接触点，短圆柱的中心线与相切小球中心线重合。Dixon 等[5]研究了小球填充床内的点接触网格的画法，并比较了各种方案的优劣。经过系统的研究，他们发现搭桥方案对模拟填充床内热输运过程具有优势，并推荐了适用于不同雷诺数的短圆柱的直径和物性。搭桥方案的优势是考虑了球-球以及球-壁面之间的导热，同时对预测的压力损失也有改善。采用该方案的研究者逐渐增多，但该方案需要在搭桥部分和搭桥附近布置较多的网格。与搭桥方案相反，切割方案（caps approach）则切去小球-小球、小球-壁面接触点或者空间狭窄区域小球的"尖点"，使得二者之间留有间隙。同样，该方案无法考虑小球之间的导热，但简化了接触点附近的网格划分，相比于间隙方案，其预测的压力降有所改善。

除了周期性规则排列之外，还可以采用随机排列（图 9-3）。将多孔介质体用随机分布的大量固相小单元的组合来表示，其外观如同现在随处可见的二维码，从而在一定程度上反映多孔介质的随机结构特性。此模型中固相单元数目，由多

图 9-3　多孔介质的随机阵列模型

孔介质中网格单元总数与多孔介质孔隙率的乘积求得。

作为一种经典的多孔介质几何模型,小单元阵列模型很早就被应用于多孔介质输运和燃烧过程的研究。例如,计算多孔介质的各种输运系数以及湍流模型中的待定系数。目前仍然不断地被广泛应用。第 4 章中关于质量弥散系数的计算,就是基于此种模型。

9.2 自然填充堆积模型

颗粒堆积床几何结构的描述一般分为有序堆积和无序堆积两种。对于有序堆积,常用的几何模型包括简单立方堆积模型、体心立方堆积模型、面心立方堆积模型[9],如图 9-4 所示。除此之外,一些学者根据不同的初始条件,采用分子动力学模拟的方法给出了更为复杂有序的"自组"(self-assembled)颗粒堆积结构[10]。按照颗粒间接触形式的不同,可细分为间隙接触模型、面接触模型和圆柱接触模型。按照颗粒间尺寸和形状是否一致,又可细分为均匀堆积模型和非均匀堆积模型。考虑到计算机计算能力的限制,大部分数值模拟研究采用的是相对简单的堆积模型。但最近几年,无序堆积模型的数值模拟也逐渐开展起来。离散相颗粒模型与计算流体力学模型耦合的 CFD-DEM 方法在国内外的研究中得到频繁使用[11, 12]。

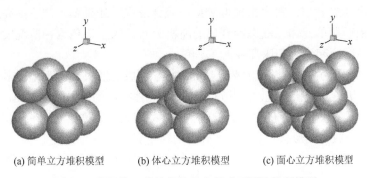

(a) 简单立方堆积模型   (b) 体心立方堆积模型   (c) 面心立方堆积模型

图 9-4 常用的三种简单的等直径球形颗粒堆积模型

作者团队采用重力堆积法,以通用 CFD 软件 Openfoam[13]为平台,应用开源软件 LIGGGHTS[14]完成单元体的重力堆积。LIGGGHTS 是一款用离散元方法针对颗粒材料流动和传热特性进行计算分析的软件。

重力堆积法生成多孔介质结构模型的构建流程主要包括以下步骤。

(1)在以 Openfoam 为平台的离散元软件 LIGGGHTS 中,输入初始化参数,主要包括堆积单元体的几何特征(球体、椭球体或多面体)、单元体材料力学性质(硬度和弹性形变率等)、堆积床区域的几何特征、壁面硬度、堆积单元体下落高度和下落区面积等参数。

（2）在软件 LIGGGHTS 中设定重力、浮力、磁场力、范德瓦耳斯力等的力场模型，建立力平衡方程，并结合单元体材料的力学性质，根据每个时间步长中单元体受力给出变形分析，得到随时间变化的单元体变形值。

（3）将单元体的虚构边界设置为球体边界，在统一球体边界前提下，采用格子搜索方法判断每一时间步长结束时，单元体经历自由下落及碰撞（单元体间相互碰撞及单元体与堆积区壁面碰撞）以后的位置。在遍历所有时间步长后，找出势能最低时的单元体分布位置，将其定义为单元体最终坐标，并将该坐标数据导出。

应用上述方法得到的成型堆积床，主要包括单元体为非球体（椭球体、长方体）时的堆积床效果图。使用随机形状单元体代替统一形状单元体，从而得到由不同形状单元体构成的堆积床效果图。同时，给出了在考虑重力以外力场（如浮力）情况下的堆积床效果图。最后，将重力仿真堆积过程得到的随机模型效果图与实际堆积床实物图进行对比，初步验证模型的有效性。

图 9-5 所示为两种不同尺寸单元体组成的堆积体。在初始化过程中通过离散元软件 LIGGGHTS 将堆积区域设置为长方体，为减小壁面对堆积床内部结构的影响，同时防止堆积区域过小而破坏堆积单元体分布的随机性，堆积区域截面的几何特征尺寸（圆柱形堆积体特征尺寸为横截面直径，长方体堆积体特征尺寸为横截面最大边长）须大于单元体最大特征尺寸的 4 倍，堆积区域高度须大于单元体最大特征尺寸的 8 倍。对大量模拟结果的统计发现：如果单元体下落高度过低，将导致堆积后期单元体无法进行合理的随机分布，为了避免这种情况发生，单元体的下落高度应高于堆积床高度的 1.5 倍。

图 9-6 所示为由尺寸随机的椭球单元体堆积而成的堆积体。该堆积结构在生成过程中需要经历三次随机处理，这些过程均在单元体投放初始完成。首先，为了满足实际堆积过程中投放的随机性，被投放单元体的初始位置需要对坐标随机处理。其次，单元体投放初始形态，即三个方向上的转角变量均需要随机处理。最后，由于单元体为尺寸随机的椭球形，需要对其特征尺寸即长轴和短轴长度进行随机处理。

(a) 长短轴比为2:1

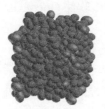
(b) 长短轴比为4:3

图 9-5　两种椭球堆积体效果图

图 9-6　随机尺寸椭球元体堆积效果图

　　利用重力堆积法不仅可以生成多孔介质的颗粒堆积模型，还可以通过"阴阳转换"，即利用计算软件将整个计算域与其中的堆积体相减，使孔隙与固体基质对换，从而得到泡沫材料类多孔介质模型。图 9-7 为小球单元体堆积后进行气固相反转所得到的效果图。从图中可以看出，反转体中将堆积体作为可供气体流通的通道，其结构与泡沫陶瓷结构相似。在实际生产过程中，堆积型泡沫陶瓷材料的生产与膨胀型材料不同，该过程是将可溶性或可燃性固体材料堆积后，向堆积体内灌注泡沫陶瓷骨架流体，待流体材料凝固成型后，再通过注酸或火烧的方法将堆积材料去除，可以看出此模型给出的反转堆积结构的生成过程与实际生产的工艺过程完全相符。

(a) 长方单元体　　　　　　(b) 椭球单元体　　　　　(c) 分图(a)的反转结果　　　(d) 分图(b)的反转结果

图 9-7　多种单元体反转生成泡沫材料效果图

　　图 9-8 所示为重力堆积模型得到的几何结构效果图及实物图的对比情况。其中，图 9-8（a）中小球半径为 5mm，堆积管半径为 25mm；图 9-8（b）中小球半径为 3mm，堆积管半径为 30mm。可以看出仿真重力堆积过程得到的随机结构与实际结构相似。此模型已用于研究甲烷-空气预混气在多孔介质中燃烧的数值模拟研究，将在后面章节介绍。

　　除重力堆积法之外，还有其他一些方法可以生成颗粒堆积模型，这些方法通常称为颗粒堆积算法，它们都遵循紧密集合重排算法。其中比较常用的是蒙特卡罗法。Lee 等[15]给出了一种包括能探测颗粒之间，以及颗粒与容器壁面之间接触在内的多种形状和尺寸的凸颗粒的三维填充算法。他们使用了一种基于蒙特卡罗的方法，包括系统生成过程、系统填充过程和系统振动过程。与上述颗粒逐渐长大的充填方法不同，这种方法通过将小颗粒下沉到容器底部，并通过迭代的位置更新过程（类似于逐步的机械收缩）来实现充填。最后，采用基于几何图形的系统振动过程来

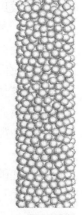

(a) 实物图　　　(b) 模型效果图

图 9-8　重力堆积结构

提高系统充填的密实度。大小不同的两种多面体的填充过程，如图 9-9 所示。开始时，较小的多面体位于顶部。当不同大小的颗粒物质受到振动时，较大的颗粒上升到顶部，较小的颗粒下沉到底部[15]。

(a) 100次振动　　　　(b) 500次振动　　　　(c) 900次振动　　　　(d) 1500次振动

图 9-9　大小不同的两种多面体的填充过程

9.3　简化的理论模型

　　简化理论重构模型的主要特点是，针对某些特定问题，对实际多孔介质的几何与拓扑结构加以简化，基于微观结构周期性的假设，用单元体建模方法提炼出一种简化几何模型，便于在数学描述与数值计算方面加以处理，从而可以利用理论上简化的重构模型来解释实验观察到的现象。

9.3.1　孔隙网络模型

　　在自然多孔介质的几何结构描述中，孔隙网络模型（pore-network model）是一种应用较广泛的多孔介质结构模型[16, 17]。它是真实多孔介质复杂的孔隙空间几何形态的一种抽象模型。该模型将孔隙空间划分为一些功能不同的单元，即喉道和与其相连的孔隙体。喉道代表狭长的孔隙空间，孔隙体代表喉道交接处相对较大的孔隙空间，并将节点和通道组成相互连通的网状构架来模拟真实的多孔介质模型。孔隙体和喉道被设定为一些理想的几何形状，并具有相应的几何参数。由于多孔介质孔隙空间的几何形态异常复杂，孔隙体和喉道常常被简化成一些简单的几何体，如孔隙体简化成球形、立方体或棱柱体。喉道简化成圆管、方形管和三角形管道，更复杂点的还可能是星形的管道。

　　建立孔隙网络模型的关键是正确反映原始多孔介质孔隙空间的几何形态和拓扑结构，如孔隙体的位置、孔隙体的尺度分布、喉道的尺度分布、孔隙体和喉道之间的连接关系等。孔隙体和喉道的尺度分布有多种选择方式。在最初的模拟中将所有孔隙体和喉道设为相同的尺寸，这种处理方法与实际多孔介质孔隙特征相差甚远。后来的研究者采用了某种分布函数的尺寸形式，常见的分布函数有正态分布、对数正态分布、Weibull 分布等。喉道和孔隙体的位置可以用规则的空间格子阵列来确定，也可以用蒙特卡罗等随机方法确定。喉道和孔隙体的尺寸一般是随机选定的，如果有一部分的喉道截面积为零，即孔隙体之间的连通被截断，则得到逾渗模型（percolation model）。

从微观角度出发研究多孔介质中的流动问题，最早提出的是毛细管束模拟方法，该模型将多孔介质的孔隙等效为一束相互平行的毛细管，将渗透率、孔隙率等宏观特性与毛管微观尺寸联系起来，建立经验模型。此模型主要应用在土壤、岩石等致密的多孔介质内渗流特性研究中。它的发展经历了两个阶段，早期的毛细模型主要是以串行和并行导管组合的形式出现，实际中多孔介质的孔隙之间形成了十分复杂的网络结构，用简单的平行毛管束很难反映出孔隙之间的相互连通性，也无法真实模型孔隙间的流动规律，后来逐渐发展为目前的网络模型。

经过许多学者的不断完善，孔隙网络模型已由初期的一维、二维向目前的三维模拟发展。近年来，随着实验测量技术的发展，将多孔介质的几何信息，如孔隙率的分布、颗粒直径分布、颗粒间基质相连的方向性和局部坐标数等，通过重构的形式体现在模型构建中，使模型无论几何结构还是统计特性都与实际多孔材料更为接近。研究内容由单一的流体发展到多相、单一性润湿到混合润湿和部分润湿，模型也由规则向不规则转变，并且与逾渗理论相结合，拓展了研究领域，逐渐成为联系多孔介质微观结构和宏观性质的一个重要工具。

Sheppard 等[18]根据喉道的特性提出了一种孔喉组合算法。在他们开发的算法中有一系列质量评价标准截断的配位数，据此将对网络拓扑结构影响较小的喉道取出，并将原始的孔喉连接。每个喉道的质量使用其压缩系数与长宽比的非线性组合进行量化。他们假定，短的喉道质量差，而紧致的喉道质量高，并给出了一个阈值，用来删除低质量的喉道。原始图像的噪声干扰造成许多假喉道，故采用一个高斯平滑核在中轴线抽取之前抑制噪声，从而降低中轴线算法修正过程的复杂性，这样生成的中轴线包含较少的虚假特征。Sheppard 等给出了孔隙合并之后得到的一些孔隙网络模型，如图 9-10 所示。

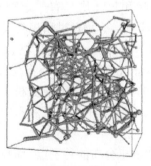 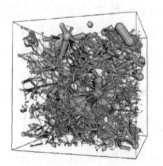

(a) 200个孔隙　　　　　　　　　(b) 2000个孔隙

图 9-10　孔隙合并后的孔隙网络模型[18]

东明[19]构建了多孔介质的一种二维孔隙网络模型，如图 9-11 所示，此模型由一系列圆形孔隙体和长方形喉道互相连接而成，被应用于多孔介质内湍流特性的研究。图 9-12 为用 k-ε 模型计算的孔隙与喉道内的速度分布。

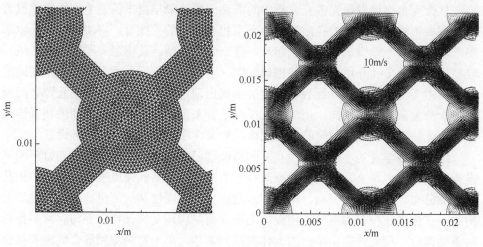

图 9-11　孔隙网络模型的计算网格　　　图 9-12　孔隙网络模型内速度分布（孔隙率 0.6，
　　　　　　　　　　　　　　　　　　　　　　　　　入流速度 10m/s）

9.3.2　随机生长型结构模型

泡沫材料是一种常见的多孔介质。根据材料的不同，泡沫多孔介质主要分为泡沫陶瓷和泡沫金属两种。前者一般用于催化反应器和燃烧器，后者多用于集成换热器。对于泡沫材料这种胞室单元组成的大孔隙率的随机多孔介质，有几种方法可以生成单元微结构模型，如基于重叠球体的方法、Voronoi 随机镶嵌法、简单固体的随机填充或模拟物理过程的方法。在众多方法中，Voronoi 随机镶嵌法具有相对简单易行和固有的并行性的特点。

采用 Voronoi 技术能够生成孔隙形状和尺寸均具有一定随机性的模型。Voronoi 分布因其数学描述与诸如真实泡沫发泡等物理过程极其类似而在诸多领域受到广泛应用[20-23]。根据 Hatzler 等的综述[20]，Voronoi 分布的概念最早由 Voronoi 在 1908 年提出；Meijering 对二维和三维 Voronoi 分布的拓扑特征进行了研究，给出了壁面数、棱边数和顶点数平均值之间的关系。Gilbert 则分析了分布中面积和棱长的分布，但没有给出确切的函数形式。有关其几何特征和有限元模拟的力学特性研究工作已有不少报道。

Voronoi 分布的数学定义为在空间中取随机分布的种子点，而每个种子点附近都存在一个空间，即以每个种子点为球心生成空心球，并以相同速率向周围扩散，当空心球在相遇时停止生长，而其他部分则继续膨胀，使空间内的任意一点到该种子点的距离都要小于到其他种子点的距离。这样一直生长到充满整个空间。空间中每一个种子点都有隶属于该点的一个多面体区域，称为 Voronoi 多面体。根据 Voronoi 分布的数学定义可以看出，Voronoi 分布的几何结构将完全取决于种子点的分布。如果采用完全随机的种子点，那么将生成高度不规则的泡沫模型，如果采用规则的种子点，则将生成空间周期性排列的泡沫模型。例如，以体心立方点集为种子点将得到周期性排列的十四面体模型。若对点集施加不同程度的随机扰动来构造种子点，则将得到不同随机度的随机模型。

基于 Voronoi 技术，作者团队开发了一种三维随机多孔介质模型的生成方法，即种子生长型结构模型[24]，用以对多孔介质泡沫陶瓷的工艺生产过程进行仿真，进而得到与其真实材料结构高度相似的随机几何结构，目的在于弥补现阶段多孔介质模型结构缺少随机性、与实际模型结构相差较多等不足。泡沫陶瓷结构模型构建方法主要包括以下步骤。

（1）初始化输入生成随机点间的最小距离 d_{min}、随机点个数 n、种子膨胀后气泡生长百分比 e（两膨胀体接触面半径与两膨胀体核心距离之比）、膨胀体形状特征及三维膨胀域的几何尺寸。

（2）以数学软件 MATLAB 为平台，通过随机函数 rand，根据初始化设定的膨胀区域尺寸，自动生成 n 个坐标随机分布的点。

（3）将所有生成点进行排序，并根据序号依次计算选定点与其余点的距离，如果距离小于初始化设定的最小距离 d_{min}，则认为距离不满足要求，并将两点中序号较大的点删除，同时更新点的序号，保证序号连续。筛选结束后任意两点间距离均大于 d_{min}，以避免气核分布过密导致气泡无法正常发展、孔隙分布不均匀。随机点个数 n 与最小距离 d_{min} 共同决定了孔隙尺寸的范围。从局部来看单个孔隙的尺寸是随机的，但是通过整体观察可知，随机点个数 n 越多，则气泡分布越密集。在膨胀域体积固定情况下，气泡尺寸就会相对较小，而最小距离 d_{min} 则控制了单元体的最小尺寸。

（4）经过筛选后，将保留的点作为膨胀核心——气核，即泡沫陶瓷生成过程中的"种子"，根据设定的气泡特征以同等速度进行增长，其中球形气泡各方向生长速度相同，定义各方向不同的生长速度则可以得到椭球形气泡。

（5）根据点间距离和生长百分比 e 确定气泡是否达到接触极限，若达到极限则气泡停止生长。

（6）输出各气核坐标及各膨胀体最终尺寸，如果膨胀体为非球体还需输出各膨胀体对应的转角变量，并生成对应的 gambit 指令，同时在 gambit 中批量生成各膨胀体模型，最终得到随机泡沫陶瓷模型。

在这一建模过程中，首先认为膨胀体初始状态为球状核心，随着时间的推移，发泡剂产生大量气体，这在模拟中表现为气核膨胀，可认为各方向生长速度相等，形成球形膨胀体。若球形膨胀体受到其他外界影响而导致其生长速度不均匀，则生成椭球形膨胀体。将初始气核定义为多面体，可得多面膨胀体。同时，对于非球形膨胀体而言，在确定其随机分布的几何中心位置后，其方位设置则需要进行二次随机处理，使得各膨胀体方位各不相同，更加接近实际结构。

　　图 9-13 给出了三维空间内随机生成的气核位置示意图。这些随机分布的气核使用 MATLAB 软件中的 rand 随机函数，在初始化定义的三维空间内按规定数目位置生成随机点。可以看出即使定义的随机点个数合理，由于点的分布完全随机，也依然会出现两点之间间距过小或局部过密情况（图 9-13 中圆圈），这会引起生成的泡沫陶瓷材料孔隙分布不均匀，影响多孔介质材料受力程度及其他物理特性，因此删除相距过近的气核是十分必要的。

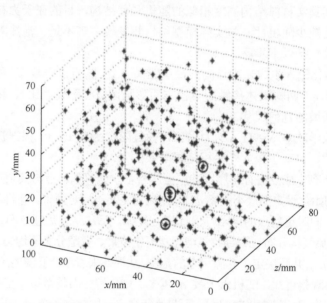

图 9-13　三维空间内随机生成气核位置示意图

　　图 9-14 为球形膨胀体膨胀成型效果图。图中各个膨胀体均由于碰触而停止生长，可以看出虽然气核以同等速度膨胀，然而由于气核的随机分布气核间距各不

图 9-14　球形膨胀体膨胀成型效果图

相同，膨胀体大小不一，但是由于在模拟中删除了过于密集的点，膨胀成型体直径最大差比为 1.3，这与实际泡沫陶瓷结构形成过程中防止气泡分布过密，以及气泡尺寸尽量均匀的期望相吻合。

9.3.3 基于单元体组合的模型

除了 Voronoi 方法之外，泡沫材料结构建模的另一种常用方法是以理想化的单元结构的组合来表征多孔介质的实际结构，在传热传质的数值模拟及机理研究中应用更为广泛。作者团队[25, 26]采用此种方法，以多孔介质表征体元（REV）为对象，分别构建了多孔介质均质 3D 体对角线面心立方模型和 Weaire-Phelan 多面体模型。

考虑到用于燃烧的大孔隙率孔穴式多孔介质（如泡沫陶瓷）的几何结构，在空间上并非完全随机，而是呈现一定的周期性。我们建立的大孔穴多孔介均质网络模型以单元作为建模基础，将多孔介质看成单元堆积体。如图 9-15 所示，单元骨架由一个正立方体中挖除一个直径大于立方体边长的同心圆球而得，图中，s_c 为圆球与立方体表面相交所得截面的面积。几何参数通过平均孔径和孔隙率的计算给出。考虑到真实多孔介质孔道的空间特性，模型以单元体对角线作为主轴方向，单元之间的喉道相互贯通（图 9-16）。我们取体对角线为主轴，这与前人研究中以面对角线为主轴相比，能够减小理想模型与实际多孔介质结构在迂曲度上的差异，即前者的迂曲度比后者明显偏小。立方体表面总共 6 个窗口，其中各有三个窗口同时有流体进入或流出（图 9-16）。这种处理方式有利于实现进入单元的流体彼此掺混，提高重构的几何模型与实际多孔介质在流动模式上的相似性。

这里假定孔的中心与立方体的中心共点。单元体边长为 a，球的半径为 r，h 表示球冠的高（图 9-15）。若给定孔隙率 ε，则可求得无量纲球半径 r^*，此处 $r^* = r/a$。

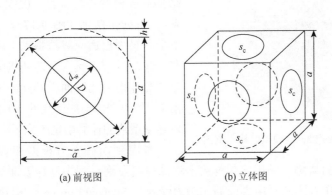

(a) 前视图　　　　　　(b) 立体图

图 9-15　单元结构参数示意图

　　若假定流体从空间三个不同方向进入单元体时速度分布相同，当流体压缩性的影响忽略不计时，可以预见，单位时间内，从每个窗口进入的流体体积占进入单元总体积的 1/3。每个窗口进入单元的流体质点接触到单元体内壁的概率相等，故每股流体在单元内流动时的润湿面积相同，均为总润湿面积的 1/3。这样空间交叉流动等效孔径的计算可以转化为单一方向上的等效孔径计算。

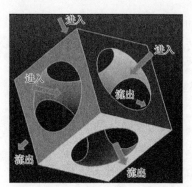 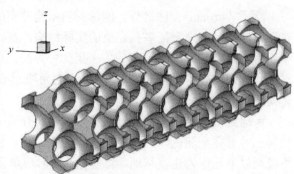

图 9-16　体对角线面心立方单元模型和成块后效果图

　　上述面心立方单元模型基于形状结构完全相同的单元体，故其缺乏随机性。为弥补这一不足，可以采用 Weaire-Phelan 多面体模型[20]。目前对多孔材料几何结构的描述主要采用 Kelvin 的松弛十四面体模型[22]和 Weaire-Phelan 双通接头模型[21]。在 Weaire-Phelan 多面体模型未出现之前，Kelvin 模型一直被认为是填满单位空间时具有最小几何表面积的泡沫模型。直到 1993 年，Weaire 和 Phelan 采用两种不同的晶胞结构使用 Surface Evolver 软件计算得出 Weaire-Phelan 模型，这才改变了学术界对这一问题的认识[21]。数值计算结果表明，Weaire-Phelan 模型由 6 个十四面体和两个不规则的十二面体镶嵌堆积而成，比 Kelvin 模型的表面能少 0.3%，同时其依然满足 Plateau 法则（图 9-17）。最近几年，很多学者采用自适应算法将以上两种模型结合在一起，发展出具有一定随机形状且满足一定的孔隙率、比表面积和迂曲度要求的几何模型[23]。此外，一些简化的 2D 骨架模型在有效导热系数的计算中也得到了广泛的应用。

图 9-17　Weaire-Phelan 模型结构示意图

　　　　　　　　　　　　　　　　考虑到面心立方模型在表征多孔介质几何结构上的缺陷，并借鉴国外关于泡沫材料发泡过程中泡沫表面演化动力学方面的研究，作者团队采用表面演化动力学软件 Surface Evolver[27]构建了用于过滤燃烧数值模拟的 Weaire-Phelan 模型。Weaire-Phelan 模型构建的基本思想是：在保持拓扑结构不变的情况下，应用流变力学原理，采用边界元数值方法，使表面以"梯度降"的方式朝着表面能最小的状态发展。本节先采用 Surface Evolver 生成 Weaire-Phelan 模型的骨架结构，如图 9-18 所示。其基本步骤如下。

图 9-18　Surface Evolver 构建的泡沫材料骨架模型

（1）根据给定的孔隙率构建"湿泡沫"单元的拓扑结构，按照表面能最小化原理进行演化，直到计算结果收敛。

（2）对相邻单元进行连接，以便于后续的规则分割。

（3）分解"湿泡沫"单元骨架之外的体（也称"薄膜体"），以及与其相关联的面（facets）和点（vertices），得到"干泡沫"单元，即保持各顶点位置不变，将原先多面体各棱边以等直径小圆棒代替，形成一个空心多面体的骨架。

（4）对干泡沫单元进行适当的平移，以便减小干泡沫晶胞单元与分割截面之间的计算舍入误差。

（5）采用单位立方体对干泡沫单元进行切割。

再将骨架的节点信息导入商业软件 UGS NX 进行几何建模。为了简化骨架结构，相邻节点间采用等直径圆柱连接。经拓扑修复后最后得出的泡沫陶瓷骨架模型可以如实地反映如图 9-19 所示的实际泡沫材料的特征。

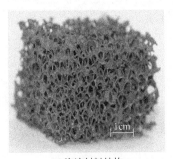

(a) 泡沫材料结构

(b) 实物局部放大图

图 9-19　实际泡沫材料

应用所构建的这两种大孔隙率多孔介质 3D 模型，即体对角线面心立方模型和 Weaire-Phelan 模型，对单元内的湍流和传热特性进行基础性研究。前者着重研究孔内压力损失和湍流特性，后者着重研究对流换热特性[25, 26]。

9.4　计算机重构的随机模型

多孔介质宏观燃烧和输运过程的详细模拟研究需要多孔介质的微观信息。同时，自然界和工程实际中多孔介质的复杂性和非均质性也迫切需要深入研究多孔介质三维微观结构。前面介绍的多孔介质几何重构建模方法存在一些固有的局限性。半经验模型依赖于实验测量来确定相关系数。类似地，基于单元的简化理论多孔介质模型只有在假设的几何形状与实际材料非常相似时才准确。而且实际生产的烧结类多孔介质的孔隙或颗粒大小皆非均一，而是呈现出一定的分布。而简化理论单元模型都假定为一个单一的特征尺寸。这种模型对任意形状和不规则形状的多孔介质的适用性是有限的。

三维微观结构的研究既是理解材料介质的普遍物理特性的微观基础，又是实现微尺度和多尺度模拟的必要前提。准确识别微观结构几何结构对于高质量的孔隙尺度模拟流体在多孔介质中的流动是必要的，特别是在研究形态和结构参数的影响时。此外，它可以为开发具有增强性能和性能的自定义多孔材料提供思路。因此，提供微观结构几何模型（又称形态模型）的微结构重构在其中起着重要作用。建立合理的多孔介质微观结构模型一直是材料科学、地质水文学、工程热物理和计算科学等多学科领域的研究热点[28-30]。

为了模拟孔隙结构实际的统计变化，必须考虑不同形状和尺寸的单元的集合体。由此而发展出计算机重构的多孔介质随机模型。在过去的 20 年里，在孔隙尺度成像、表征和建模技术许多方面取得了重大进展[31-34]。这些技术的关键目标之一是获得孔隙结构信息，并根据流体的微观结构信息和物理性质确定孔隙率、渗透率、毛细管压力和相对渗透率等宏观性质。

此类方法是利用多孔材料的实际随机结构作为孔隙尺度直接数值模拟的对象。当然，以此方式对整个多孔装置进行建模在计算上是不切实际的。但它完全可以建立一个由许多粒子/孔隙组成的截面模型，这些粒子/孔隙代表了整体的性质。由此获得的有效输运特性可用于评估设备级性能。获得如此复杂的三维几何信息并非易事，特别是对于那些实际物理特征尺度只有几微米量级的材料。

随着计算机技术和图像分析技术的发展，多孔介质重构技术也得到了很大发展。基于计算机的数学建模方法可以有效地从二维图像重构多孔介质的三维结构。目前，常用的重构方法可以归结为两大类：物理的或基于实验的重构方法和数值重构方法。物理重构方法通过对微观结构的实验表征，即借助于光学显微镜、扫描电镜和 X 射线扫描仪等高分辨率仪器获取多孔介质的平面图像，然后利用图像处理技术得到三维多孔介质模型。数值重构方法是针对微观结构形成的物理过程和生成几何形态学进行模拟，以二维切片图像分析为基础，采用数学方法重构三维多孔介质模型。

9.4.1　基于实验的重构方法

随着测试手段，特别是成像技术的不断发展，多孔介质三维微观结构的表征已经越来越广泛地应用于科学研究和工程实际。若干破坏性的或者无损表征技术可以获取不同尺度下孔隙介质和孔隙结构信息，从而实现多孔介质微观模型的重构。

物理方法主要包括 X 射线计算机断层（X-ray computer tomography，X-CT）扫描和聚焦离子束扫描电子显微镜（focused ion beam scanning electron microscopy，FIB-SEM）。多孔介质模型重构的实验方法的共同特点是采用物理实验方法直接重构多孔介质的三维数字模型。换言之，多孔介质样品的真实结构是通过测试仪器和各种物理手段进行三维扫描或连续切片扫描得到的。现有的二维可视化和成像技术已发展成熟。这些技术包括光学显微镜、扫描电子显微镜（scanning electron microscope，SEM）、原子力显微镜（atomic force microscope，AFM）等。这些先进的技术具有高分辨率，广泛用于材料表征、可视化和特征检测。相比而言，三维无损可视化分析方法还不很成熟，仍处在活跃的研发阶段。目前，主要有四种物理实验方法可用于重构三维数字模型：共焦激光扫描、连续切片成像、X 射线立体成像法和磁共振成像（magnetic resonance imaging，MRI）方法。

1. 共焦激光扫描

共焦激光扫描是利用激光扫描共聚焦显微镜（laser scanning confocal microscopy，LSCM）获得样品的三维孔隙分布。激光扫描前必须对样品进行适当准备，要严格控制样品的厚度，因为 LSCM 的最大穿透深度大约是 100μm，因此这种方法不适合厚样本。样品干燥后，通过真空加压将染色环氧树脂注入其孔隙内。环氧树脂受到激光刺激时会发出荧光，而激光共聚焦显微镜可以检测到这种荧光。因此，LSCM 可以描述岩石样品的三维孔隙分布。

2. 基于连续切片样本覆盖层的成像方法

1）普通序列二维切片叠加法

基于连续切片样本覆盖层的多孔介质成像方法是一种破坏性成像技术，其包括两种方法：普通序列二维切片叠加法和 FIB-SEM 物理成像法[35, 36]。首先，在前一种方法中，样品通过抛光得到一个相对平坦的平面。其次，用高倍显微镜对抛光后的样品表面进行拍照，得到样本表面的微观图像。然后，平行于抛光面切割一层标本，并对切割后的标本进行进一步抛光，并用高倍显微镜拍照。重复此过程，直到获得所需厚度的三维数字样本。最后，结合这些照片得到样本的实验图像。这种方法可以得到纳米级和高分辨率的多孔介质样本图像[37]。

2）FIB-SEM 物理成像法

普通序列二维切片叠加法可以获得高分辨率的三维数字样本，但该方法利用电子束对样品表面进行抛光，会在表面产生静电，使成像表面没有应用价值。作为一种替代方法，FIB-SEM 于 1988 年首次被开发出来。FIB-SEM 系统采用两束光，因此被称为双光束系统。FIB-SEM 可以简单地理解为单束 FIB 与 SEM 的结合。与普通序列二维切片叠加法不同，离子束抛光具有产生静电少、成像质量好等优点。

3. X 射线立体成像法（CT 扫描法）

X 射线立体成像法是直接获得多孔介质三维孔隙空间的图像的一种非常有效的方法。层析成像是指利用穿透波与被成像物体相互作用而进行连续切片的成像。X 射线立体成像法是一种常规意义上比较通用的无损成像技术，它利用 X 射线来扫描岩样，从而能够得到岩石中孔隙的具体的空间配置图像。目前，基于 X 射线、γ 射线、电子和离子的层析成像方法有很多，每种方法各有优缺点。基于 X 射线和涉及数学变换重构算法的方法，即 CT 扫描法，是应用最广泛的。CT 扫描法的基本原理是由 Hounsfield 在 1969 年[38]提出的，它使用 X 射线扫描来获得一个物体的厚度，同时探测器通过样品接收 X 射线。X 射线经光电转换器转换成由可见光组成的电信号，再经模数转换器转换成数字信号。最后由计算机对信号进行处理，得到三维灰度体数据。在实际的扫描过程中，将样本细分为相同体积的体素，将这些体素通过扫描并排列在一个矩阵中，可以确定每个体素的 X 射线衰减系数，然后将其转换成灰度体数据。衰减系数是区分数字多孔材料成分的关键。一般来说，样品吸收的 X 射线的数量取决于样品中成分的密度，不同的吸收率反映在重构图像的灰度值上。然后可以根据简单的阈值进行区分，以识别原始对象中的不同材料。因此，吸收率反映了样品的物质组成。这种方法有几种变型，目前应用最广泛的是计算机微断层扫描（μ-CT）或 X 射线微断层扫描（XMT），它们能提供微米级的分辨率。XMT 是基于材料对 X 射线的不同吸收率的原理。被扫描的物体被 X 射线照射，产生的反射光束用一套算法重构，如扇形或锥形束重构法[39]。应用 CT 扫描法重构多孔介质主要分为 3 步：①对原料样本进行 CT 扫描获取投影数据；②利用图像处理技术把投影数据转化为灰度图像；③利用图像二值分割技术分离孔隙和固体骨架，得到多孔介质模型。

同切片叠加法和聚焦离子束-扫描电子显微镜方法相比，CT 扫描法不破坏原始样品，可重复操作，且除了获得孔隙结构的三维空间图像之外，它还可以反映非透明物质的组成和结构，是一种具有广泛应用前景的技术。目前常用的 CT 扫描仪器为台式 CT 扫描系统，其分辨率在微米级到毫米级之间。如果所研究的材料具有亚微米尺度的特征，而这些特征是上述中分辨率或高分辨率 X 射线微层析成像所无法获得的，则可采用电子层析成像技术获得三维信息。

4. 磁共振成像方法

MRI 方法是由 Lauterbur 在 1973 年首次提出的[40]。随后，MRI 方法逐渐被应用于医学和生物学等领域。利用 MRI 方法对多孔介质中的流体进行成像，以反映其详细结构特征，这已成为微观孔隙结构的可视测定的一种重要工具。

总体而言，目前用于多孔介质数字样本重构最有前途、最合适的物理实验方法是 CT 扫描法。利用 FIB-SEM 重构方法也可以得到分辨率相对较高的数字样本，但样本在此过程中会被破坏。然而，随着这些仪器分辨率不断提高，物理实验技术重构三维数字样本的准确性也会不断提高。

基于各种成像技术所获得的图像数据需要通过高效、智能的网格生成算法来转换为可行的计算网格。目前已经提出了多种基于图像的网格生成方法。最早的方法通常称为基于 CAD 的方法，是基于从扫描数据生成一个简单的表面网格，然后通过传统的商业网格生成软件，如 SIMPLEWARE 对内部体积进行网格划分[41]。这些方法是耗时的，而且难以处理复杂的拓扑结构（如随机多孔介质）。体素（体积像素）技术和基于立方的扫描数据网格划分提供了更复杂的替代方法。扫描得到的图像存在许多伪影，在用于网格生成之前必须对其进行处理。数据处理步骤包括去除噪声、基于灰度值的区域识别和三维表面/体积重构，然后以标准格式将其导出并用于 CAD 或网格生成。

去除噪声后，确定感兴趣的固体和孔隙区域。与充满空气的孔隙区域相比，固体密度更大，具有更高的 X 射线吸收率。这种差异反映在重构的图像堆栈中，其中较亮的区域对应金属，较暗的区域对应周围的孔隙。对固孔灰度过渡进行模糊处理，根据所选的灰度阈值定义离散界面的检测，保证重构样品的孔隙率与原始样品相同。在对图像进行处理之后，可以在 SIMPLEWARE 中使用专用的基于图像的网格划分算法生成网格[42]。

图 9-20 所示为从烧结铜芯样品获得 XMT 数据生成网格的数值处理过程[43]。该项研究中的泡沫铝由 99% 的纯 Al_2O_3 组成，泡沫铝的层析数据由分辨率为 80μm MRI 和 μ-CT 获得。为了产生能覆盖全部孔隙表面的网格，对多孔介质的结构重构是必要的。表面确认过程如图 9-20 所示，图中显示了泡沫铝的三维曲面被三角形表面单元离散化。原始层析数据如图（a）所示。通过一个 3×3×3 中值过滤器减小了原始数据中的噪声［图（b）］，并利用直方图［图（c）］的阈值对层析数据图（d）实施二值化，从而识别出多孔介质的表面［图（e）］。最后在孔隙空间内利用商业软件 ANSYSICEM 生成计算网格。

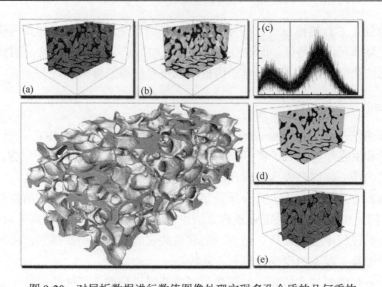

图 9-20　对层析数据进行数值图像处理实现多孔介质的几何重构

（a）原始的层析图像；（b）中值滤波后的图像；（c）灰度评估直方图；（d）二值化图像；（e）PIM 表面

9.4.2　数值重构方法

三维微观结构为理解材料介质的物理性质提供了详细信息。建立合理的多孔介质微观结构模型一直是材料科学、地质学和计算科学等多学科领域的研究热点。随着成像仪器研发的最新进展，通过 CT[44-46]、MRI[47]、FIB-SEM[48]等成像技术直接获得多孔介质的高分辨率三维微结构图像已成为可能。虽然可以直接从三维微 CT 扫描结果研究多孔介质孔隙空间形态并提取孔隙空间模型，但这些模型受到数据固有分辨率和视场的限制，有时难以满足工程应用的要求。为了整合 SEM 成像的高分辨率信息，许多研究者开发了基于 2D 图像和体素的 3D 重构算法。这些方法仍然有一个限制，即需要大量的体素来捕获 3~4 个数量级的孔隙大小变化。但这些三维成像技术存在成本高、成像分辨率与样本量冲突等缺点，限制了其广泛应用。

除了物理实验方法之外，数值重构方法也越来越多地应用于多孔介质几何结构的三维重构。与三维图像相比，材料介质的高分辨率二维图像相对容易获取。因此，利用基于计算机的数学建模方法从二维训练图像（training image，TI）重构材料介质的三维微观结构是一个极有吸引力的课题[49, 50]。所谓数值重构，实际上仍然离不开基本的实验和测试手段。不同的是，物理实验方法是从各种手段获得的测试结果中直接提取图像得到所需的样本模型。而数值重构方法则是通过纯粹的数学计算手段，对已有的实验图像和数据信息（通常是二维的）进行处理，最后得出三维样本的模型。

多孔介质三维几何结构的数值模型是现代材料科学研究的重要组成方向之一。自这一新领域诞生以来，许多学者对材料三维几何结构的重构进行了研究。目前，三维数值模型可以通过多种实验方法和算法进行重构，许多数学方法已经应用于从二维图像构建三维数字模型。这些方法主要可以分为三类：基于二维切片数学特征统计的随机重构法、基于二维切片形态特征统计约束的随机重构法以及混合随机重构法。

1. 基于二维切片数学特征统计的随机重构法

数值重构方法的共同点是以统计学为基础，基于二维高分辨率图像中提取的多孔介质孔隙结构的统计特征，如孔隙率、连通关系、相关函数等，能够在一定程度上表征多孔介质三维孔隙结构的统计信息。随机重构方法是基于一个或多个二维切片数据、各种数学特征统计和功能信息（如孔隙率数据）重构三维结构模型最常用的方法。与具有抽象面部特征的人脸重构相似，随机重构方法利用提取的二维切片的抽象数学特征构建精确的三维数字核[51-53]。这一类方法主要包括下列几种。

1）高斯场法

1974 年，Joshi[54]首次提出高斯场法，利用由二维切片统计得来的随机信息对多孔材料进行随机重构。此法可以分为三个步骤。首先，随机生成高斯场，在高斯场中填充独立的高斯变量。然后，通过线性变换使这些变量互相关联，在转换过程中使用的约束是多孔介质的孔隙度和两点相关函数。最后，利用非线性变换将第二步得到的高斯场转化为符合统计分析结果的孔隙度和相关函数的数字模型。然而，Joshi 当时只建立了 2D 数字多孔介质模型。Quiblier[55] 将该算法应用到三维空间，得到了第一个真正的三维多孔介质模型。高斯场法的优点是建模速度快，但精度不够高，且重构的多孔介质连通性差，因此适用于对模型精度要求不太高的场合，如大孔隙率各向同性多孔介质。图 9-21 所示为从数据生成的多孔介质微观结构的一个示例。

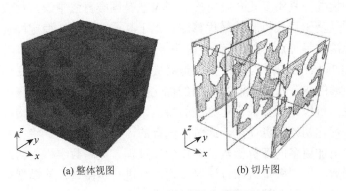

(a) 整体视图　　　　　　　　　　(b) 切片图

图 9-21　从数据生成的多孔介质微观结构

2）基于多数算子的随机搜索算法

2007 年，Zhao 等[56]提出了一种基于多数算子的随机搜索算法（stochastic search algorithm based on a majority operator，简称多数算子法），并对重构的多孔介质数字模型的渗透率进行了评估。多数算子法的主要建模过程分为四个步骤。首先，计算二维切片两点概率函数和线性路径函数。其次，随机生成与三维数字多孔模型大小相同的数据集，并计算两点概率和线性路径函数之间的差，以此作为目标函数值。然后，基于多数算子的随机搜索策略，对随机生成的三维数字模型进行优化。可以在数字多孔模型中随机选择一个指向孔隙的体素。随后，判断其邻域内各点的二元态（即判断是孔隙或是固体骨架），并根据其是否超过设定的某一阈值，确定是否对此点进行替换。最后，每次替换完成后，重新计算目标函数值，直到目标函数值低于给定值，或者目标函数值在几次迭代中不再变化。目前关于多数算子的随机重构法主要适合于构建大孔隙率（孔隙率大于 0.2）的三维数字多孔结构。

3）模拟退火法

1997 年，Hazlet[57]首次提出了一种基于模拟退火（simulated annealing，SA）法的数字多孔模型的重构方法。在对二维样品的孔隙率、两点概率函数和线性路径进行评估后，SA 法首先确定一个目标函数来有效地描述二维训练图像的特性，即构造与二维样品孔隙率相同的三维数字模型。然后初始化目标 3D 结构，利用 SA 法对其进行优化。通常使用训练图像的比例进行随机初始化。在优化的每次迭代中，随机选取一个孔隙体素点和骨架体素点进行交换，计算目标函数。如果函数值减小，则对三维数字核进行更新，当重构后的三维结构与训练图像目标函数的差值小于给定的阈值时，迭代结束，得到重构的三维数字多孔模型。重构后的三维结构通过迭代逐步收敛到目标函数，重构过程就此完成。

SA 法重构的有效性主要取决于算法的效率和适当评价函数的使用。在评价函数相同的情况下，SA 法的构造效果优于高斯场法和多数算子法。SA 法较高斯场法的优势在于其在建立数字模型时可以将更多固体骨架结构信息考虑进来，从而使所建立的模型与真实多孔介质更接近。SA 法是同类算法中最具代表性和最成熟的，可以说是基于迭代机制的最优算法。由于其原理简单、稳定性强、易于添加不同的目标函数等优点，SA 法在当前获得了较广泛的应用。

SA 法的缺点是在重构具有复杂孔隙结构的多孔介质时，速度和精度显著降低，说明经典的 SA 法不能满足复杂的优化要求。为了提高重构三维数字结构模型的可靠性，可以结合多种优化方法的特点来进行数字模型的重构。例如，首先用高斯场法优化初始随机模型。此时，选择的评估函数较少。将计算结果转化为优化算法，增加更多的评价函数，细化建模过程，提高数字模型的远程连通性和可靠性。最后，采用多重调谐方法对模型进行进一步微调，使模型更接近实际多孔介质。该算法实际上是一种混合优化方法。

2. 基于二维切片形态特征统计约束的随机重构法

基于二维切片形态特征统计约束的随机重构法可以计算二维切片的形态特征（即体素位置与相对位置的关系）。该方法也可以基于二维切片的形态特征进行三维重构，但与基于数学特征统计约束的随机方法不同，后者还考虑了体素与孔隙的连通性和形态特征之间的相关性。典型的重构算法有马尔可夫链蒙特卡罗（Markov chain Monte Carlo，MCMC）法和多点地质统计学（multiple-point geostatistic，MPS）法[58]。这些算法用于计算二维切片的形态特征（即体素位置与位置之间的相对关系）。然后根据这些二维切片的形态特征，重构多孔介质三维数字模型。该方法不同于基于统计约束数学特征的随机方法，后者考虑了体素与孔隙连通性和形态特征之间的相关性。

1）顺序指示器模拟方法

2003 年 Keehm[59]提出了一种新的重构方法，即基于地质统计学顺序指示器模拟法的三维数字模型随机重构方法。顺序指示器模拟是将定向克里格插值法（空间局部插值法）与条件随机模拟相结合，对数据进行概率分布场表示的方法。在这种方法中，首先计算二维切片的方差图和孔隙度。然后，对每个网络节点的路径进行随机评估，对指标变量应用克里格插值法，确定该变量在节点处为离散变量的概率。然后确定离散变量的阶数，生成随机数，随机数决定了该点的随机变量类型。对节点进行重复更新，直到每个节点被模拟，最终得到三维数字结构模型。

顺序指示器模拟方法以样品切片图像的孔隙度和变差函数作为约束条件，结合顺序指示器模拟方法重构多孔介质，与 MCMC 法和 MPS 法相比，顺序指示器模拟方法的可靠性较差。

2）马尔可夫链蒙特卡罗法

Wu 等[60]提出了 MCMC 法，并将其应用于土壤结构的二维重构。另外，Wu 等[61]将二维数字核重构方法扩展到三维，提出了一种基于 MCMC 法的三维数字相关重构方法。该方法引入马尔可夫链，使用 2 点及 5 点邻域模板对原始多孔介质切片图像进行各态遍历，得到邻域模板每种配置的条件概率，然后利用蒙特卡罗法确定出重构图像中每点的状态（孔隙或固体骨架）。该方法还根据条件概率确定重构图像中各点的状态。马尔可夫链描述了一个状态序列，序列中每个位置的状态值取决于前一个位置的状态，描述该状态的概率称为转移概率。这种重构方法的主要步骤如下。首先，通过遍历扫描的方法建立了具有稳定概率分布函数的马尔可夫链。当链在图像中经过足够的距离时，得到原始图像的一个重要统计特征。得到条件概率后，就可进行图像重构。其次，重构第一层的第一行，利用 x、y、z 方向的 2D 切片确定平均孔隙率（单个 2D 切片可重构三个方向的切片）。然后，重构三维数字核的第一层。最后，重构三维数字模型的其余部分。

MCMC 法是一种非常可靠的数字相关构造技术。构建的数字核具有良好的连通性。MCMC 法通常比顺序指示器模拟方法更准确。因此，基于 MCMC 法重构数字核的研究越来越多。

3）多点地质统计学法

2004 年，Okabe 等提出了一种基于多点地质统计学[62]的数字结构模型重构方法。MPS 法最初应用在地质统计学中，其基本过程如下：首先，从训练图像中提取多点统计信息（即 2D 切片），形成一些重构模式。然后，将这些模式复制到重构图像中去。最后，利用该模式进行三维数字核重构，得到多孔介质模型。与 MCMC 法相比，该方法更偏向于利用二维切片的形态特征重构三维数字模型。利用 MPS 法进行三维重构包括三维空间重构和二维逐层重构。MPS 法重构多孔介质数字模型具体分为四个步骤：首先，建立二维切片搜索模板和搜索树，逐点扫描训练图像以建立一个模式库。其次，将原始数据重新加载到最近的仿真网格节点，并在仿真过程中固定。然后，定义一个随机的路径访问所有体素；根据条件数据在模式库中搜索最优匹配模式，由最优匹配模式确定重构点的值；使用搜索模板定义条件数据事件，基于搜索树计算得出条件概率分布函数（CPDF），利用该函数计算模拟值，并通过迭代生成新的二维图像。最后，将重构后的图像作为新的训练图像，生成图像的下一层，以此进行下去，直到生成新的三维数字模型。

在 MPS 法的发展过程中，Strebelle 等[63]提出的多网格系统值得进一步考虑。该系统能有效地利用小模板描述大规模的形态特征，同时也能有效地提高重构速度。与其他随机模拟方法相比，MPS 法最大的优点是可以有效地复制孔隙结构的二维或三维模型，重构孔隙空间的长距离连通性。此外，该技术可以更好地描述孔隙空间的形状，这是其他重构方法难以实现的。但此方法的计算速度相对较慢。总的来说，与其他基于孔隙形态的重构方法相比，MPS 法生成的结果是可靠的。因此，MPS 法是目前用 2D 切片重构复杂三维数字结构最常用的技术。

3. 混合随机重构法

综上所述，可知基于二维切片的各种三维数字构建方法中，不同方法构建的数字结构产生的结果明显不同。这些方法各有其独特的优缺点，难以做统一评价。因此，需要开发一种方法来选择用于重构三维数字结构模型的技术。

相关学者提出了一些采用不同重构方法相结合的混合方法（即混合随机重构法）。例如，过程法和模拟退火法组合，高斯场法和模拟退火法组合。这两种组合方式都是通过过程法或高斯场法给出模拟退火法的初始状态，然后应用模拟退火法进行重构计算。Hidajat 等[64]提出了一种采用高斯场法与模拟退火法相结合的多孔介质重构方法，即利用高斯场法对初始的三维数值样本进行重构，然后用 SA 法进行优化。他们的研究结果表明，用这种混合方法得到的三维数字模型与真实的三维样本很接近。Politis 等[65]提出了一种基于物理过程的模拟方法与 SA 法相结合的方法，该方法用于改善重构的三维数值模型的模拟效果。结果表明，混合重构系统获得的三维模型的连通性比 SA 法重构模型的连通性更真实。该方法仿真结果与实际实验结果一致，且重构速度快于原速度。2016 年，Mo 等[66]将 SA 法与基于多数算子的随机搜索算法相结合，提出了一种补充的 3D 数字 SA 优化方案。该方案改善了重构数字多孔结构孔隙空间的形状和孔隙连通性，使构建的三维数字模型更加真实。

混合随机重构法可以结合各种方法，可以考虑比任何单一重构方法更多的因素，实现优势互补。因此，其重构速度和重构效果都比较好。混合随机重构法精度的提高既取决于单一重构方法的改进，也取决于不同重构方法的组合。

通过以上对当前主流方法的分析，可见每种方法都有明显的优缺点。因此，一种方法能否完全替代其他方法很难确定，也没有通用的数字模型重建方法。为此，基于物理的方法 + 优化方法是最合适的组合。可以使用一种重构方法考虑孔隙形态，然后根据实际情况对数字模型进行优化，提高重构模型的完整性。相比之下，一种类似于多数算子法的技术，适用于数字核的微调，更适用于数字多孔介质重建的最后调整。

总之，混合随机重构法、过程法和基于孔隙形态的重构法适用于数字结构模型的初始模拟，基于优化的方法则适合于进一步调整初始结构模型，而模型的细节可以使用多数算子法进行微调。因此，采用混合随机重构法具有非常重要的作用。

通过比较各种数值重构方法的计算速度、重构多孔介质模型的质量等，可以对数值重构方法进行适用性分析。在重构的多孔介质模型中，连通性和各向异性是最重要的两个指标。在多孔介质模型上进行流体流动的模拟，必须要求重构的多孔介质具有连通性。此外，针对孔隙结构复杂、非均质性和各向异性严重的介质类型，必须要求数值重构方法能重构这些特性。王波等[28]对各种数值重构方法的适用性进行了分析，结果见表 9-1。

表 9-1 各种数值重构方法的比较[28]

数值重构方法	适用性分析
高斯场法	重构的多孔介质连通性差，仅适用于各向同性多孔介质
模拟退火法	可以考虑任意多的约束条件，重构的连通性差，仅适用于各向同性多孔介质
顺序指示器模拟法	重构的多孔介质连通性差，仅适用于各向同性多孔介质
过程法	可以建立各向异性多孔介质，重构的多孔介质连通性好，但过程复杂，仅适用于成岩过程简单的岩石类多孔介质

续表

数值重构方法	适用性分析
多点地质统计学法	可以建立各向异性多孔介质，重构的连通性好，适用范围广泛，但计算速度慢
MCMC 法	可以建立各向异性多孔介质，重构的连通性好，计算速度快，适用范围广泛
高斯场法＋模拟退火法	计算速度快，但重构的多孔介质连通性差，仅适用于各向同性多孔介质
过程法＋模拟退火法	重构的多孔介质连通性好，但过程复杂；仅适用于成岩过程简单的岩石类介质

基于适用性分析，文献[28]得出以下结论。

（1）对多孔介质重构方法的比较和分析表明，物理实验方法是最直接准确的方法，但由于其成本高、过程复杂等因素，难以广泛应用。数值重构方法需要信息量少、过程简单、成本低，在实际应用中一般采用基于切片分析的方法。

（2）对数值重构方法进行了适用性分析，优选出 MCMC 法。该方法重构过程简单，计算速度快，适用范围广泛（包括非均质性、各向异性多孔介质）。针对 3 种不同性质的多孔介质，用 MCMC 法对其进行了重构，重构介质再现了原始介质的性质，孔隙率和分形维数都非常接近，重构效果较好。

参 考 文 献

[1] Bargmann S，Klusemann B，Markmann J，et al. Generation of 3D representative volume elements for heterogeneous materials：A review. Progress in Materials Science，2018，96：322-384.

[2] Bodla K K，Weibel J A，Garimella S V. Advances in fluid and thermal transport property analysis and design of sintered porous wick microstructures. Journal of Heat Transfer ASME，2013，135：061202-1-10.

[3] Gao M L，Li X Q，Xu T W，et al. Reconstruction of three-dimensional anisotropic media based on analysis of morphological completeness. Computational Materials Science，2019，167：123-135.

[4] Dixon A G，Taskin M E，Nijemeisland M，et al. Systematic mesh development for 3D CFD simulation of fixed beds：Single sphere study. Computers and Chemical Engineering，2011，35：1171-1185.

[5] Dixon A G，Taskin M E，Nijemeisland M，et al. Systematic mesh development for 3D CFD simulation of fixed beds：Contact points study. Computers and Chemical Engineering，2013，48：135-153.

[6] Guardo A，Coussirat M，Larrayoz M A，et al. CFD flow and heat transfer in nonregular packings for fixed bed equipment design. Industrial and Engineering Chemistry Research，2004，43：7049-7056.

[7] Romkes S J P，Dautzenberg F M，van den Bleek C M，et al. CFD modeling and experimental validation of particle-to-fluid mass and heat transfer in a packed bed at very low channel to particle diameter ratio. Chemical Engineering Journal，2003，96：3-13.

[8] Ookawara S，Kuroki M，Street D，et al. High-fidelity DEM-CFD modeling of packed bed reactors for process intensification. European Congress of Chemical Engineering，Karlsruhe，2007.

[9] Happel J. Viscous flow in multiparticle systems：Slow motion of fluids relative to beds of spherical particles. AIChE Journal，1958，4：197-201.

[10] Chen T，Zhang Z，Glotzer S C. A precise packing sequence for self-assembled convex structures. Proceedings of the National Academy of Sciences，2007，104（3）：717-722.

[11] Kloss C, Goniva C, Hager A, et al. Models, algorithms and validation for opensource DEM and CFD-DEM. Progress in Computational Fluid Dynamics, an International Journal, 2012, 12: 140-152.

[12] Alobaid F, Strohle J, Epple B. Extended CFD/DEM model for the simulation of circulating fluidized bed. Advanced Powder Technology, 2013, 24: 403-415.

[13] Jasak H. OpenFOAM: Open source CFD in research and industry. 2nd Asian Symposium on Computational Heat Transfer and Fluid Flow, Hong Kong, 2009.

[14] Amberger S, Pirker S. LIGGGHTS Open Source DEM. Cfdem Dcs, 1970.

[15] Lee Y, Fang C, Tsou Y R, et al. A packing algorithm for three-dimensional convex particles. Granul Matter, 2009, 11: 307-315.

[16] Yiotis A G, Stubos A, Boudouvis A, et al. A 2-D pore-network model of the drying of single-component liquids in porous media. Advances in Water Resources, 2001, 24: 439-460.

[17] Acharya R, van der Zee S, Leijnse A. Approaches for modeling longitudinal dispersion in pore-networks. Advances in Water Resources, 2007, 30 (2): 261-272.

[18] Sheppard A P, Sok R M, Averdunk B D. Improved pore network extraction methods//International Symposium of the Society of Core Analysts. Toronto: Society of Core Analysts, 2005.

[19] 东明. 大孔隙率多孔介质内湍流流动和质量弥散的数值研究. 大连: 大连理工大学, 2009.

[20] Hutzler S, Weaire D. The mechanics of liquid foams: History and new developments. Colloids and Surfaces A-Physicochemical And Engineering Aspects, 2011, 382: 3-7.

[21] Phelan R, Weaire D, Brakke K. Computation of equilibrium foam structures using the Surface Evolver. Experimental Mathematics, 1995, 4: 181-192.

[22] Inayat A, Freund H, Zeiser T, et al. Determining the specific surface area of ceramic foams: The tetrakaidecahedra model revisited. Chemical Engineering Science, 2011, 66: 1179-1188.

[23] Habisreuther P, Djordjevic N, Zarzalis N. Statistical distribution of residence time and tortuosity of flow through open-cell foams. Chemical Engineering Science, 2009, 64: 4943-4954.

[24] 姜霖松. 基于孔隙尺度的随机填充型多孔介质内湍流预混燃烧的模拟研究. 大连: 大连理工大学, 2018.

[25] 陈仲山, 解茂昭, 刘宏升, 等. 大孔穴多孔介质内湍动特性研究. 工程热物理学报, 2013, 34: 189-193.

[26] 陈仲山, 解茂昭, 刘宏升, 等. 泡沫陶瓷内热输运现象的数值模拟研究. 工程热物理学报, 2013, 34: 2396-2400.

[27] Brakke K. Surface Evolver Manual, Version 2.70, Susquhanna University, Selinsgrove. http://facstaff.susqu.edu/brakke/[2013].

[28] 王波, 宁正福, 姬江. 多孔介质模型的三维重构方法. 西安石油大学学报 (自然科学版), 2012, 27: 54-61.

[29] Zhu L Q, Zhang C, Zhang C M, et al. Challenges and prospects of digital core-reconstruction research. Geofluids, 2019, Article ID 7814180: 1-29.

[30] Putanowicza R. Implementation of pore microstructure model generator and porespace analysis tools. Procedia Engineering, 2015, 108: 355-362.

[31] Maire E, Buffière J Y, Salvo L, et al. On the application of X-ray microtomography in the field of materials science. Advanced Engineering Materials, 2001, 3 (8): 539-546.

[32] Salvo L, Suéry M, Marmottant A, et al. 3D imaging in material science: application of X-ray tomography. Comptes Rendus Physics, 2010, 11: 641-649.

[33] Hoferer J, Lehmann M, Hardy E, et al. Highly resolved determination of structure and particle deposition in fibrous filters by MRI. Chemcal Engineering Technology, 2006, 29: 816-819.

[34] Shojaeefard M H, Molaeimanesh G R, Nazemian M, et al. A review on microstructure reconstruction of PEM fuel

cells porous electrodes for pore scale simulation. International Journal of Hydrogen Energy，2016，41：20276-20293.

[35] Lymberopoulos D P，Payatakes A C. Derivation oftopological，geometrical，and correlational properties of porous media from pore-chart analysis of serial section data. Journal of Colloid and Interface Science，1992，150：61-80.

[36] Vogel H J，Roth K. Quantitative morphology andnetwork representation of soil pore structure. Advances in Water Resources，2001，24：233-242.

[37] Lee S H，Chang W S，Han S M，et al. Synchrotron X-ray nanotomography and three-dimensionalnanoscale imaging analysis of pore structure-function in nanoporous polymeric membranes. Journal of Membrane Science，2017，535：28-34.

[38] Hounsfield G N. Computed medical imaging. Medical Physics，1980，7：283-290.

[39] Coenen J，Tchouparova E，Jin X. Measurement parameters and resolution aspects of micro X-ray tomography for advanced core analysis. International Symposium of the Society of Core Analysts，Abu Dhabi，2004.

[40] Matthews P M，Jezzard P. Functional magnetic resonanceimaging. Neuroscience for Neurologists，2006，75：401-422.

[41] Doughty D A，Tomutsa L. Imaging pore structure andconnectivity by high resolution NMR microscopy. International Journal of Rock Mechanics and Mining Sciences，1997，34：69.e1-69.e10.

[42] Simpleware Ltd.，ScanIP，ScanFE and ScanCAD Tutorial Guide for SIMPLEWARE 3.1，2002，Simpleware Ltd.，Exeter，UK，2002.

[43] Bodla K K，Murthy J Y，Garimella S V. Direct simulation of thermal transport through sintered wick microstructures. ASME Journal of Heat Transfer，2012，134：012602.

[44] Parthasarathy P，Habisreuther P，Zarzalis N. Identification of radiative properties of reticulated ceramic porous inert media using ray tracing technique. Journal of Quantitative Spectroscopy and Radiative Transfer，113：1961-1969.

[45] Hammonds K，Baker I. Quantifying damage in polycrystalline ice via X-ray computedmicro-tomography. Acta Materials，2017，127：463-470.

[46] Zhou X，Wang D Z，Liu X H，et al. 3D-imaging of selective laser melting defects in a CoeCreMo alloy by synchrotronradiation micro-CT. Acta Materials，2015，98：1-16.

[47] Bray J M，Lauchnor E G，Redden D R，et al. Seymour，Impact of mineral precipitation on flow and mixing in porous mediadetermined by microcomputed tomography and MRI. Environmental Science and Technology，2017，51：1562-1569.

[48] Archie M Z，Mughal M，Sebastiani E，et al. Anisotropic distribution of the micro residual stresses in lath martensite revealed by FIB ring-coremilling technique. Acta Materials，2018，150：327-338.

[49] Bostanabad R，Zhang Y，Li X，et al. Computational microstructure characterization and reconstruction：Review of the state-of-the-art techniques. Progress in Materials Science，2018，95：1-41.

[50] Turner D M，Kalidindi S R. Statistical construction of 3-D microstructures from 2-Dexemplars collected on oblique sections. Acta Materials，2016，102：136-148.

[51] 杜东兴，孙国龙，吕伟锋，等. 数字重建孔隙结构内流体流动特性的计算研究. 工程热物理学报，2018，39：2307-2311.

[52] Ying X，Zheng Y，Zong Z，et al. Estimation of reservoirproperties with inverse digital rock physics modelingapproach. Chinese Journal of Geophysics，2019，62：720-729.

[53] Andre H，Combaret N，Dvorkin J，et al. Digital rock physicsbenchmarks-part Ⅱ：Computing effective properties. Computers & Geosciences，2013，5：33-43.

[54] Joshi M A. Class Three-dimensional Modeling Technique for Studying Porous Media. Lawrence：University of

Kansas，1974.

[55] Quiblier J A. A new three-dimensional modeling techniquefor studying porous media. Journal of Colloid and Interface Science，1984，98：84-102.

[56] Zhao X C，Yao J，Tao J，et al. A digital core modelingmethod based on simulated annealing algorithm. Applied Mathematics—A Journal of Chinese Universities，2007，22：127-133.

[57] Hazlet R D. Statistical characterization and stochasticmodeling of pore networks in relation to fluid flow. Mathematical Geology，1997，29：801-822.

[58] Wu K，Nunan N，Crawford W J，et al. An efficient Markov chain model for the simulation of heterogeneous soil structure. Soil Science Society of America Journal，2004，68：346-351.

[59] Keehm Y. Computational Rock Physics：Transport Properties in Porous Media and Applications. San Francisco：Stanford University，2003.

[60] Wu Y，Lin C，Ren R，et al. Reconstruction of 3D porousmedia using multiple-point statistics based on a 3D trainingimage. Journal of Natural Gas Science and Engineering，2018，51：129-140.

[61] Wu K，van Dijke M I J，Couples C D，et al. 3D stochasticmodelling of heterogeneous porous media-applications toreservoir rocks. Transport in Porous Media，2006，65：443-467.

[62] Okabe H，Blunt M J. Prediction of permeability forporous media reconstructed using multiple-point statistics. Physical Review E，2004，70：66135.

[63] Strebelle S，Payrazyan K，Caers J. Modeling of a deepwater turbidite reservoirconditional to seismic data using multiplepoint geostatistics. The Society of Petroleum Engineers，2002，7742：1-10.

[64] Hidajat I，Rastogi A，Singh M，et al. Transport properties of porous media reconstructed from thinsections. SPE Journal，2013，7：40-48.

[65] Politis M G，Kikkinides E S，Kainourgiakis M E，et al. A hybrid process-based and stochastic reconstructionmethod of porous media. Microporous and Mesoporous Materials，2008，110：92-99.

[66] Mo X W，Zhang Q，Lu J A. A complement optimizationscheme to establish the digital core model based on thesimulated annealing method. Chinese Journal of Geophysics，2016，59：1831-1838.

第 10 章　多孔介质燃烧的孔隙尺度模拟

10.1　概　　述

Ohlemiller[1]于 1985 年针对阴燃过程的数学描述做了深入的研究，对过滤燃烧提出了一套通用的数学模型。其中考虑了孔尺度下的输运机理和复杂化学反应。但由于其过分的复杂性，该方程组的求解至今未能实现。Sahraoui 等[2]是孔隙尺度过滤燃烧数值研究的先行者。他们分别建立了二维体积平均模型和孔隙尺度数学模型，多孔介质简化为顺列或错列的方形圆柱组成的阵列，研究接近于化学恰当比的甲烷/空气在多孔介质内的燃烧。其研究结果表明，在孔隙内温度和流速变化非常剧烈，这与体积平均法预测的结果有很大的差异。Hackert 等[3]延拓了Sahraoui 等的工作，考虑了固体表面间的辐射换热，将多孔介质简化为并排、离散的平行平板，或者是细长的直通道，用以模拟直孔的蜂窝陶瓷燃烧器。结果表明，火焰结构在多孔介质内是高度二维的。Jouybari 等[4]将多孔介质简化为二维离散的柱体，化学反应简化为单步总包反应，采用离散坐标法模型计算固体表面间的辐射，以及燃烧器进出口的辐射热损失。其研究表明，只有在预热区域湍流的作用明显，湍流增强了预热区域内的输运过程，但是还不足以影响火焰传播速度和燃烧器内的温度分布。Pereira 等[5]对甲烷部分氧化在多孔介质内制取合成气开展了三维数值研究，其锥形燃烧器内填充了三氧化二铝纤维网和碳化硅泡沫陶瓷。他们通过磁共振技术重构了泡沫陶瓷的几何结构，全尺寸计算了燃烧器内的流动，并将得到的信息和参数用于一维准稳态反应过程的宏观计算。

Bedoya 等[6]对增压多孔介质燃烧器内的燃烧特性进行了实验和数值研究。他们分别采用体积平均法和孔隙尺度模拟的方法，对比分析了宏观和孔隙尺度的输运特性。结果表明，孔隙尺度预测的平均温度与实验结果吻合得很好，高温区域的温度分布明显受到当地多孔介质结构的影响，而体积平均法预测的燃烧区域的温度梯度非常陡峭，并且火焰厚度变小。孔隙尺度预测的火焰传播速度与实验值吻合较好，而体积平均法预测的火焰传播速度小于实验值。

Mousazadeh 等[7]构建了二维随机小球填充床（小球直径 2.9mm）。他们发现在化学反应区域有很大的温度梯度。Dinkov 等[8]利用 CT 技术重建了 10ppi 的 SiC泡沫陶瓷模型（孔隙率为 0.87）。他们利用 CFD 软件 ANSYS ICEM 在固体区域生成 300 万个网格，在流体区域生成 700 万个网格，可见网格密度非常大。预测的燃烧器内速度分布极不均匀，受孔隙分布的影响很大。并可明显看出热回流效应，在反应区域上游的固体温度明显升高，而在反应区域之后气固之间的温差很小。用 OH 表征的火焰锋面形状极不规则，明显受到当地多孔结构的影响，这与体积平均法预测的结果完全不同。

催化燃烧领域的孔隙尺度研究值得借鉴。Dixon[9]对小球填充床催化燃烧的输运和化学反应过程进行了三维全尺寸数值研究。他们采用数值方法重构三维随机填充床，对燃烧器的几何结构未做任何简化。其结果显示，燃烧器与小球直径比较小时边壁效应非常大，因此开展三维数值研究是有必要的。2019 年，Yakovlev 等[10]报道了甲烷/空气在小球填充床内的非稳态燃烧特性。他们首先采用数值方法重构三维小球填充床结构，不考虑近壁处的影响，只选取燃烧器中心区域的小球填充床为研究对象。小球之间接触点的处理采用了搭桥方案，化学反应采用详细机理或骨架机理。他们预测到了体积平均法无法预测的结果。体积平均法预测的火焰传播速度是均等的，而三维孔隙尺度的研究表明，火焰传播速度是不稳定的，不同区域的火焰锋面传播速度不一致。在燃烧区域，速度和温度在孔隙内的变化非常剧烈。由于小球是非透明的，小球表面之间的辐射热流在填充床内是以类似于逐层方式传递。文献[10]还提供了燃烧波传播的 MP4 文件，有兴趣的读者可以浏览。

尽管面对诸多困难，揭示孔隙内燃烧的真实面目依然吸引了众多学者持续的关注和不断的探索。孔隙尺度全尺寸模拟真实的多孔介质燃烧器内的燃烧过程，目前仍然受到计算资源的限制。研究者从现实条件出发，从节省计算资源和欲获取信息量的角度综合考虑，需要对多孔介质结构做合理的简化或者在计算域的选取上做合适的取舍。

本章主要介绍作者团队在多孔介质燃烧的孔隙尺度模拟方面的研究工作[11-13]。

10.2 基于孔隙尺度的多孔介质内预混燃烧的大涡模拟研究

本节采用第 2 章所述的重力堆积法得到随机堆积结构模型，并通过大涡模拟结合双温度模型以及 EBU-Arrhenius 燃烧模型，对甲烷/空气预混气体在不同工况下实际堆积床燃烧器中湍流流动和燃烧特性进行孔隙尺度的数值模拟，通过与实验对比验证了模型的有效性，同时对多种工况下堆积床内部火焰分布区域、火焰面形状及温度分布规律等进行研究，以分析入口速度，燃气当量比和堆积结构对燃烧过程及火焰重要参数的影响。在此基础上，对多孔介质特殊结构内湍流-火焰相互作用情况进行定量分析，根据该结果得到了多种工况下湍流火焰机制的分区情况。

10.2.1　数值模型与计算方法

本节中计算域如图 10-1 所示，管内径为 65mm，入口和出口净流区长度分别为 150mm 和 180mm，堆积区域长度为 250mm，由半径为 3mm 小球组成。这里给出的计算模型结构参数是按照 Wu 等[14]的实验系统设置的，其中小球的物理参数由氧化铝材料参数确定。堆积区域的孔隙率为 0.418，与 Wu 等[14]在实验中测得的孔隙率（0.42）大致相等。计算过程中，预混气体以特定速度进入计算域，燃烧产物以给定压强离开计算域。同时，考虑到实验中采用了良好的绝热材料包裹管壁，因此在模拟过程中忽略管壁与外部之间的传热，将管壁处视为绝热边界。

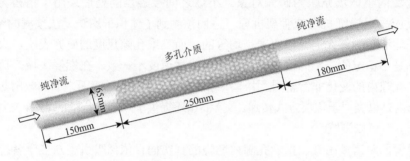

图 10-1　计算域示意图

本节针对堆积床特殊结构，在计算中将随机分布的固体区域划分出来，而且加入对固体内部辐射换热的考虑，以便对固体材料的蓄热性能进行分析并观察固体温度变化的规律。考虑到堆积床随机结构的空间迂曲度和复杂度较高，为减少计算成本，引入以下简化假设：①小球堆积床为基于重力特性随机堆积的灰体；②多孔介质为惰性的光学厚介质；③忽略气体辐射；④燃烧室壁面绝热且无相对滑移。

1. 控制方程与湍流模型

预混燃烧的大涡模拟控制方程，相关文献中已有大量介绍，此处不再赘述。本节只介绍相关的亚格子模型。在堆积床这种特殊结构中，涉及大量的小球壁面，故对近壁流体的计算尤为重要，作者团队采用壁面动态局部涡黏模型（wall-adapting local eddy-viscosity，WALE）对亚格子尺度应力张量进行封闭。在 WALE 模型中，亚格子黏性定义为

$$\mu_{SGS} = \rho L_S^2 \frac{(S_{ij}^d S_{ij}^d)^{3/2}}{(\overline{S}_{ij}\overline{S}_{ij})^{5/2} + (S_{ij}^d S_{ij}^d)^{5/4}} \tag{10-1}$$

式中，亚格子混合长度 L_S 和 S_{ij}^d 定义为

$$L_S = \min(\kappa d, C_w V^{1/3}), \quad S_{ij}^d = \frac{1}{2}(\overline{g}_{ij}^2 + \overline{g}_{ji}^2) - \frac{1}{3}\delta_{ij}\overline{g}_{kk}^2, \quad \overline{g}_{ij} = \frac{\partial \overline{u}_i}{\partial x_j} \quad (10\text{-}2)$$

其中，κ 为冯卡门常数；d 为网格与壁面的最近距离；V 为网格体积；C_w 为 WALE 常数，其值为 0.325。

与传统的 Smagorinsky-Lilly 模型相比，WALE 模型[15]是基于速度梯度张量建立的，所以即使不使用动态模型，在靠近壁面时也可以得到相对准确的涡黏度结果。该模型相较于 Smagorinsky-Lilly 模型另外一个优点是，在层流剪切应力作用下湍流黏度值是为零的，使在层流区的计算可得到准确结果，而当采用 Smagorinsky-Lilly 模型时，层流区湍流黏度并不为零，显然不符合实际。而随机堆积结构具有球形壁面较多的结构特点，同时复杂的结构和燃烧的复杂反应过程，使得流场中层流和湍流区域掺混，在近壁区域和层流区域内给出正确的模拟是十分必要的。综合上述理由，我们选用 WALE 模型。

2. 燃烧模型

本节应用 EBU-Arrhenius 组合的特征时间燃烧模型来确定燃烧速率 R_{fu}：

$$R_{fu} = \min(R_{fu}^A, R_{fu}^T) \quad (10\text{-}3)$$

式中，R_{fu}^A 为 Arrhenius 反应速率；R_{fu}^T 为湍流反应速率，定义为涡扩散模型中化学混合限制下的反应速率。这里对于 Arrhenius 反应速率不再赘述，仅给出湍流反应速率的方程：

$$R_{fu}^T = \min\left(v_C' M_C A \overline{\rho} \tau_{SGS}^{-1} \min_R\left(\frac{Y_R}{v_R' M_R}\right), v_C' M_C A B \overline{\rho} \tau_{SGS}^{-1} \frac{\sum_P Y_P}{v_C'' M_C}\right) \quad (10\text{-}4)$$

式中，M_C 为化学物质 C 的摩尔质量；Y_P 为任一生成物的质量分数；Y_R 为任一反应物的质量分数；A 和 B 均为经验常数，分别取值 4 和 0.5；$\tau_{SGS}^{-1} = \sqrt{2S_{ij}S_{ji}}$ 为亚格子混合率的时间尺度，S_{ij} 为变形率张量。

在对预混燃烧的大涡模拟中，火焰厚度小于网格尺度，导致火焰内部微观结构无法精确模拟分析，因此模拟火焰与亚格子湍流之间的相互作用是十分困难的。目前，基于 LES 的火焰-湍流耦合燃烧模型主要有：G 方程模型[16]、火焰表面密度（flame surface density，FSD）模型[17]、概率密度函数（probablity density function，PDF）模型[18]、涡耗散模型（eddy disspation model，EDM）[19]等。除了简便实用的特征时间燃烧模型之外，我们还应用了另一种湍流燃烧模型来考虑复杂的湍流-火焰的相互作用，即火焰表面密度模型。

根据前期研究[20]中多孔介质内燃烧的基本火焰模态分区结果，火焰表面密度模型适用于我们所研究的算例。关于此模型，在 3.3.1 节中已经做了简要介绍。这

里我们采用一种用火焰速度封闭火焰面密度 Σ，并结合求解反应进程变量输运方程的方法。基于此思想，首先引入反应进程变量 c，其控制方程具有标准的输运方程形式：

$$\frac{\partial(\bar{\rho}\tilde{c})}{\partial t} + \frac{\partial(\bar{\rho}\tilde{u}_i\tilde{c})}{\partial x_j} - \frac{\partial}{\partial x_j}\left(\frac{\mu_{SGS}}{Sc_{SGS}}\frac{\partial\tilde{c}}{\partial x_j}\right) = \frac{\partial}{\partial x_i}\left(\bar{\rho}D\frac{\partial\tilde{c}}{\partial x_i}\right) + \overline{\omega_c} \qquad (10-5)$$

式中，c 是反应进程变量；ω_c 代表反应源项；D 是扩散系数，上标 "–" 和 "∼" 分别表示空间上的过滤和 Favre 过滤。其中，亚格子应力、亚格子组分通量和亚格子焓通量均通过亚格子湍流模型进行求解。Boger 等[21]用火焰表面密度代替方程（10-5）右侧的两项，即扩散项和燃烧速率源项，可以得到

$$\frac{\partial}{\partial x_i}\left(\bar{\rho}D\frac{\partial\tilde{c}}{\partial x_i}\right) + \overline{\omega_c} = \langle\rho w\rangle_S \Sigma \qquad (10-6)$$

式中，Σ 为火焰面密度，其物理含义是单位体积内的火焰表面积，$\Sigma = \delta A/\delta V$，即火焰的比表面积；$\langle\rho w\rangle_S$ 是单位火焰表面积的平均反应速率，因为火焰表面密度模型的基础是层流小火焰模型，所以 $\langle\rho w\rangle_S$ 可以通过 $\langle\rho w\rangle_S = \rho_u s_1^0$ 计算得到。其中，ρ_u 是特定当量比下氢气-空气混合气的密度，s_1^0 是层流火焰速度，取决于温度、压力和当量比，其中压力和温度的影响通过以下公式修正：

$$s_1^0 = s_{10}^0\left(\frac{T_u}{T_0}\right)^{\alpha}\left(\frac{P_u}{P_0}\right)^{-\beta} \qquad (10-7)$$

式中，s_{10}^0 为标准状况下层流火焰速度；T_u 和 P_u 分别为未燃气的温度和压强。对于当量比 $\varphi = 1.0$ 的氢气-空气预混气体，$s_{10}^0 = 0.36\text{m/s}$，系数 $a = 1.612$，$\beta = 0.374$。火焰表面密度 Σ 为亚格子褶皱系数 Ξ_{Δ} 的相关函数，$\Sigma = \Xi_{\Delta}|\nabla\tilde{c}|$，所以反应进程变量的扩散项和燃烧速率源相可以表示为

$$\frac{\partial}{\partial x_i}\left(\bar{\rho}D\frac{\partial\tilde{c}}{\partial x_i}\right) + \overline{\omega_c} = \rho_u s_1^0 \Xi_{\Delta}|\nabla\tilde{c}| \qquad (10-8)$$

将其代入方程（10-5），有

$$\frac{\partial(\bar{\rho}\tilde{c})}{\partial t} + \frac{\partial(\bar{\rho}\tilde{u}_i\tilde{c})}{\partial x_j} - \frac{\partial}{\partial x_j}\left(\frac{\mu_{SGS}}{Sc_{SGS}}\frac{\partial\tilde{c}}{\partial x_j}\right) = \rho_u s_1^0 \Xi_{\Delta}|\nabla\tilde{c}| \qquad (10-9)$$

下面引入亚格子火焰褶皱系数 Ξ_{Δ} 的表达式[22]，并对火焰前锋面和亚格子湍流之间的相互作用进行研究：

$$\Xi_{\Delta}\left(\frac{\Delta}{\delta_1^0}, \frac{u_{\Delta}'}{s_1^0}, Re_{\Delta}\right) = \left(1 + \min\left(\frac{\Delta}{\delta_1^0}, \Gamma\left(\frac{\Delta}{\delta_1^0}, \frac{u_{\Delta}'}{s_1^0}, Re_{\Delta}\right)\frac{u_{\Delta}'}{s_1^0}\right)\right)^{\beta} \qquad (10-10)$$

式中，层流火焰厚度 δ_1^0 可以通过 $\dfrac{\delta_1^0 s_1^0}{\nu} = 4$ 来估算。其中，动力黏度 $\nu = \dfrac{\mu}{\rho}$。由于

燃烧区、反应区和未燃区的温差过大，考虑温度对黏度的影响是十分必要的，而预混气体运动黏度 μ 与温度的关系可用 Sutherland 关系式近似给出。

在方程（10-10）中，u'_Δ 为亚格子湍流脉动速度，$u'_\Delta = c_2 \Delta^3 |\nabla \times (\nabla^2(\tilde{u}))|$，参考 Charlette 等[22]的研究，系数取值为 $c_2 = 2.0$，指数 $\beta = 0.5$，而函数 Γ 表示亚格子湍流对火焰前锋面上褶皱的影响，其表达式如下[22]：

$$\left(\Gamma\left(\frac{\Delta}{\delta_1^0}, \frac{u'_\Delta}{s_1^0}, Re_\Delta \right) \right)^2 = \frac{18}{55} C_K \pi^{4/3} \int_1^\infty C\left(\frac{r(k)}{\delta_1^0}, \frac{v'(k)}{s_1^0} \right)^2 \kappa^{1/3} h(\kappa, Re_\Delta) \mathrm{d}\kappa \quad (10\text{-}11)$$

参照 Colin 等[23]的直接模拟结果，对 Γ 进行拟合来完成所应用的幂律褶皱模型：

$$\Gamma_{\mathrm{fit}}\left(\frac{\Delta}{\delta_1^0}, \frac{u'_\Delta}{s_1^0}, Re_\Delta \right) = (((f_u^{-a} + f_\Delta^{-a})^{-1/a})^{-b} + f_{Re}^{-b})^{-1/b} \quad (10\text{-}12)$$

式中，

$$f_u = 4\left(\frac{27 C_K}{110} \right)^{1/2} \left(\frac{18 C_K}{55} \right) \left(\frac{u'_\Delta}{s_1^0} \right)^2 \quad (10\text{-}13)$$

$$f_\Delta = \left(\frac{27 C_K \pi^{4/3}}{110} \times \left(\left(\frac{\Delta}{\delta_1^0} \right)^{4/3} - 1 \right) \right)^{1/2} \quad (10\text{-}14)$$

$$f_{Re} = \left(\frac{9}{55} \exp\left(-\frac{3}{2} C_K \pi^{4/3} Re_\Delta^{-1} \right) \right)^{1/2} \times Re_\Delta^{1/2} \quad (10\text{-}15)$$

其中，C_K 为 Kolmogorov 常数，$C_K \approx 1.5$，$b = 1.4$，而 a 的表达式如下：

$$a = 0.60 + 0.20 \exp(-0.1(u'_\Delta / s_1^o)) - 0.20 \exp(-0.01(\Delta / \delta_1^0)) \quad (10\text{-}16)$$

借助关系式 $\dfrac{\delta_1^0 s_1^0}{\nu} = 4$，亚格子雷诺数 $Re_\Delta \equiv \dfrac{u'_\Delta \Delta}{\nu}$ 可以写为 $Re_\Delta = 4 \dfrac{\Delta}{\delta_1^0} \dfrac{u'_\Delta}{s_1^0}$，故 Γ_{fit} 和 Ξ_Δ 均可以表示为关于 $\dfrac{\Delta}{\delta_1^0}$ 和 $\dfrac{u'_\Delta}{s_1^0}$ 的函数。

10.2.2　计算网格生成

图 10-2（a）所示为对计算域内网格初步划分的情况，由于 3D 随机结构十分复杂，堆积区域内网格均为非结构化网格，而在大涡模拟中，随网格尺度不断减小，计算结果不断趋于精确，直到接近直接模拟结果，故对大涡模拟并不存在如雷诺平均模拟（RANS）中的网格无关性的问题。但若要保证大涡模拟的质量，必须保证网格足够精细，尤其是近壁网格，需要保证计算过程中 $y^+ < 1$。堆积床结构壁面较多，故将小球表面网格动态加密[图 10-2（b）]，以达到大涡模拟对网格的要求，最终得到图 10-2（c）所示的网格，总网格数达到 2377 万个。

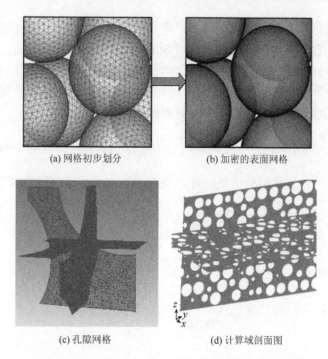

(a) 网格初步划分　　　　　　(b) 加密的表面网格

(c) 孔隙网格　　　　　　　(d) 计算域剖面图

图 10-2　随机堆积床内的局部计算网格及计算域剖面

　　模型中多孔介质结构截面积变化及燃烧反应会引起压力梯度突变，故压力计算采用 PRESTO! 格式，而由于大涡模拟对精度格式要求较高，其他方程计算均采用具有三阶精度的 QUICK 格式。经过验证，能量方程残差收敛判断标准为 10^{-8}，其他方程标准为 10^{-4} 时，对计算结果的影响可以忽略不计。

10.2.3　结果与讨论

1. 孔隙尺度流动特性分析

　　图 10-3 给出了 $x=0$ 截面上的湍动能分布云图。整体观察可以看出，当流体流入小球堆积区，由于受到小球扰动，湍流动能骤然增加。而局部观察表明，在堆积区内部，高湍动能区域主要分布在小球附近，这是因为当流体经过小球，由于受到扰动湍动能增加，当流体远离球面，在孔隙区域充分掺混，则湍动能降低，而流体再经过球体，湍动能则再次增加，在堆积区域内如此反复。

　　比较三种半径小球组成的堆积床内湍动能的分布云图，可以看出，随着小球半径的增大，湍动能整体升高。湍能耗散率的计算结果还显示（图 10-3 中未给出），随小球半径增大，湍流耗散率同样整体升高。图 10-4 给出了入口速度为 40m/s 条件下不同时刻（间隔时间为 2μs）$x=0$ 横截面上的速度和流线分布。从图 10-4（a）

中可以观察到，在由随机堆积的球体形成的小空间中，区域 1 为流向为 z 方向的喉道，区域 2 为整体形状类似于三角形的区域（后面简称三角区）。可以看出，喉道内观察不到涡旋，且流线方向近似与主流方向平行。三角区则由喉道和两个球壁构成，其中流线呈无规则分布，是涡旋产生和演变的核心区域。

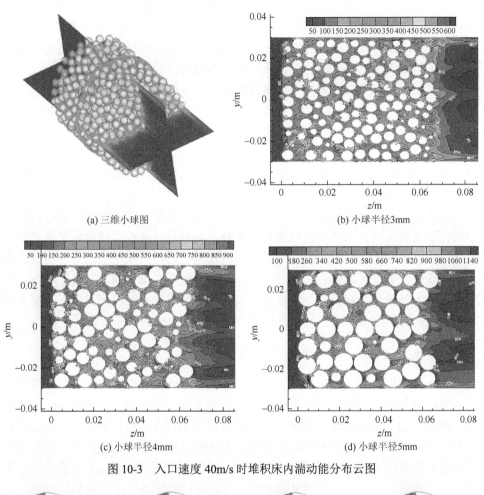

(a) 三维小球图　　　　　　(b) 小球半径3mm

(c) 小球半径4mm　　　　　　(d) 小球半径5mm

图 10-3　入口速度 40m/s 时堆积床内湍动能分布云图

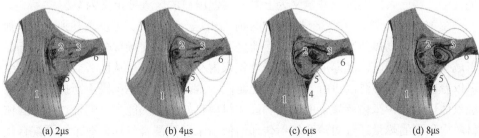

(a) 2μs　　　　(b) 4μs　　　　(c) 6μs　　　　(d) 8μs

图 10-4　$x=0$ 截面内不同时刻速度分布及流线分布示意图

结合图 10-4，可以对该区域内流型动态变化过程进行分析。在三角区（区域 2 和 3）中心处，有两个直径约为 0.5mm 的大涡旋。在流体剪切应力的作用下，喉道附近的涡旋（区域 2）逐渐被拉长，进而分裂成小涡旋，最终逐渐消失。而区域 3 中心处的另一个涡旋不断膨胀延伸并不断与周围小涡旋合并，逐渐占据三角区空间，最终直径达到 0.8mm，通过对大量的算例的总结，发现在三角区内涡旋的合并周期约为 10μs。对不同入口工况下计算结果进行比较分析，发现在 10～40m/s 范围内随着入口速度的增加，区域内最大的涡旋的尺度减小。而随小球半径的增大，最大涡旋尺度增大，其直径约为小球直径的 1/8。

在三角区和球形壁面的交界区域流型变化十分剧烈，主要表现为，在壁面切应力作用下，区域 4 和 5 处的球形壁附近出现一对小涡，涡旋直径约为 0.2mm，并缓慢向上移动，同时形状快速变化，约 4μs 后上方的涡旋（区域 5）逐渐消失，并在流道出口（区域 6）附近的球形壁面处出现一个新的涡旋。总结不同工况下最大涡旋的空间尺度和涡旋合并的时间尺度的变化规律，对多孔介质材料内的燃烧模拟具有重要意义。

对多孔介质内冷态流场的大涡模拟计算结果分析可知，就流动平均参数而言，平均孔隙率和速度、湍动能及湍流耗散率等流动参数在堆积区域内均呈现周期性变化。同时，堆积区域内颗粒间流道内流速较高，近壁区流速增加更为明显。在孔隙流场中，喉道区域内没有涡旋，流线几乎平行于主流方向。三角区域内，流线分布较为复杂，是涡旋产生和演化的核心区。可以观察到，流道附近涡旋在流体剪切应力的作用下，不断生成、拉伸、分裂以及消失的动态过程。

2. 燃烧区及温度分布特性分析

图 10-5 给出了丙烷-空气预混气体在堆积床内燃烧过程中的火焰分布情况，入口速度为 0.4m/s，当量比为 0.386。我们将堆积床下端区域（长约 45mm 的圆柱区）设置为 1250K 的高温来与实验[23]初始阶段的小球预热过程相对照，进而引燃预混气体。根据实验结果本章将温度超过 1300K 的区域定义为火焰区（在图中用深色表示）。为了便于后面分析，将预热完成时间设置为时间零点，在堆积结构燃烧室中，接近入口的区域被定义为上游，接近出口的区域被定义为下游。

图 10-5（a）给出了燃烧进行到 20s 时的火焰分布情况。可以观察到由于受到入口低温预混气体的影响，在入口净流区和堆积区域的交接部分没有出现火焰，形成了一段未燃区，其厚度近似等于堆积床内小球的半径。从图（b）～（d）中可以看出，随着燃烧的进行，火焰从上游向下游传播，火焰范围不断扩大。这种现象体现了堆积床内燃烧热的积累和固体材料良好的蓄热能力，燃烧过程中固体材料内积聚的热量通过对流和辐射传递给低温未燃预混合气体，对未燃预混合气体进行预热可以起到防止火焰骤然熄灭的作用并可以提高燃烧的稳定性。

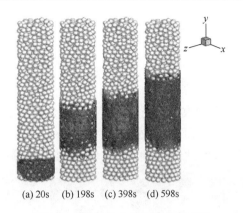

(a) 20s　(b) 198s　(c) 398s　(d) 598s

图 10-5　堆积床内的火焰分布云图

图 10-6 给出了堆积床内的温度分布曲线。图 10-6（a）给出了丙烷-空气预混合气体在堆积床内燃烧过程中不同时刻的温度分布，入口速度为 0.4m/s，当量比为 0.386。可以观察到，随燃烧进行，高温区范围增大。观察不同时刻曲线的最高温度，可以看出，随着燃烧波的传播（198.4～998.4s），燃烧室中的最高温度略有增加，这是由于丙烷燃烧释放的热量中的一部分会通过对流和辐射积累在体材料中，增大了燃烧面积，提高了燃烧强度和散热量，最终使燃烧区的最高温度升高。

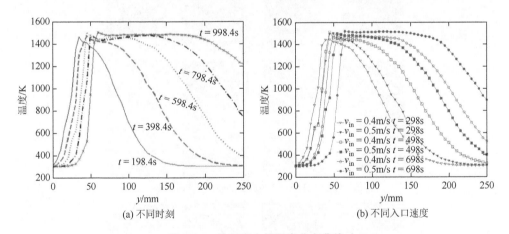

(a) 不同时刻　　　　　　　　　　　　　(b) 不同入口速度

图 10-6　堆积床内的温度分布曲线

图 10-6（b）给出了在不同入口速度（0.4m/s、0.5m/s）条件下丙烷-空气预混气体在堆积床内燃烧过程中三个不同时刻的温度分布曲线。从图中可以看出，随着入口速度的增大，温度曲线的峰值增加。这是因为入口速度的增大会导致进口预混气体的流量增大，而这又增加燃料的热释放率最终使燃烧室内最高温度升高。此外，入口速度增加导致高温区范围扩大，燃烧室下游高温区的增幅明显高于上

游，这是由于随入口速度增加，燃烧室内整体流速增加，导致更多缓慢传递的热量被加速推进到下游。

3. 火焰面上燃烧参数分布

为了研究堆积床特征参数及燃烧基本工况对火焰结构及其燃烧特性的重要影响，图 10-7 给出了四种不同工况下燃烧进行到 600s 时 $x=0$ 截面上的温度、热释放率和 CH_4、CO 的质量分数分布情况，进而对组成堆积床的小球半径、进

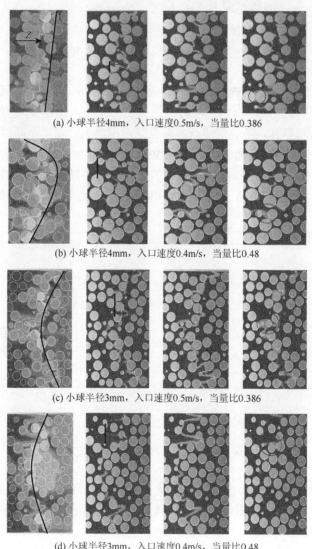

(a) 小球半径4mm，入口速度0.5m/s，当量比0.386

(b) 小球半径4mm，入口速度0.4m/s，当量比0.48

(c) 小球半径3mm，入口速度0.5m/s，当量比0.386

(d) 小球半径3mm，入口速度0.4m/s，当量比0.48

图 10-7　不同工况下温度、热释放率和 CH_4、CO 质量分数分布云图（自左至右为 1-4）

气速度及当量比对堆积床内燃烧过程及火焰面分布趋势造成的影响进行分析，并可以直接观察到受到小球挤压、与球壁碰撞以及受到小球周围涡流卷吸所引起的火焰形状和燃烧特性的一系列变化。

　　为了清晰地给出火焰面分布趋势，特将火焰面的整体分布轮廓用光滑的黑色曲线勾勒出来。作者团队将温度为 1300K 的等值面定义为火焰面[25]。如图（a1）情况下火焰面近似呈倾斜面分布，这是由于在大半径小球组成的堆积床内，孔隙率分布的均匀性往往较差[24]，在燃烧初期由于堆积结构随机性，会导致在同一水平面上的孔隙率相差较大，因此在气体点燃瞬间高温气体截面会出现倾斜，导致燃烧初期火焰面出现倾斜。而随着燃烧进一步发展，火焰面超前区高温已燃区可以更快地加热同一区域的小球，相较于同一水平面滞后火焰区的小球积累更多的热量。同时，较高温度的小球可以通过热辐射更好地对其相近区域的低温未燃气体进行预热，从而进一步加速了该区域火焰的传播速度。如此相互作用，在下游不出现局部孔隙率极端差异的情况下会形成具有稳定倾角的火焰倾斜面。

　　而这种火焰面倾斜情况并非各工况中普遍出现，观察图（c1）、图（d1）可以看出在半径为 3mm 小球组成的堆积床中火焰面均呈现类似反抛物线形（壁面超前）。这是由于小球半径较小，堆积较为紧密且均匀，同一水平面孔隙率差异不大，因此在燃烧初始并不会出现倾斜火焰面，火焰分布近似水平，然而根据作者团队对小球堆积床孔隙率变化规律的研究可知[24]，堆积床内部孔隙率比近壁区孔隙率低很多，加之湍流强度较小，使燃烧比较稳定，但火焰传播速度低于近壁区。另外，在堆积床内部，气流速度同样比近壁区低很多[24]，近壁区高速流体可以进一步推进火焰向下游移动并拉伸火焰，形成反抛物线形状火焰面。

　　前人的研究显示[27]，堆积床内火焰面应呈正抛物线形（壁面滞后）分布，这是由于其研究中使用了有序结构的堆积床，有序结构无法体现真实重力堆积中产生的近壁面与远壁面的颗粒分布差异，孔隙率整体呈均匀分布而没有近壁差异。而对于流速，则只考虑到整个区域内均匀的小球阻力及壁面黏性力影响，因此得到壁面处滞后的火焰面分布结果，这显然是与实际不符的，体现了在模拟中以有序结构代替实验中随机结构的弊端。

　　图（a2）～（d2）为不同工况下热释放率分布情况，可以认为火焰面附近（反应区）热释放率较高，其中以箭头近似表现局部火焰突起尺寸。分别对比两种工况下不同多孔介质结构内火焰突起程度，可以明显看出，同等工况下大半径多孔介质堆积床内局部火焰凸起尺寸更大，这是由于小球间隙形成的火焰凸起在发展过程中碰到球面容易停滞或者淬熄变小，而若是进入小球形成的类空腔区域则更容易发展成大尺度凸起。大半径多孔介质堆积床结构比较稀疏，形成类空腔区域较多且体积较大，利于局部火焰凸起的发展，而在小半径堆积床中结构比较紧实，火焰凸起在发展过程中更容易碰壁而终止发展。

　　图（a4）～（d4）中给出了不同工况下 CO 质量分数分布情况，在此主要对堆积床内高 CO 浓度区域分布特征进行分析。可以明显看出，不同于自由空间内高 CO 区主要受到火焰位置影响，堆积床内高 CO 区还受到局部多孔介质复杂结构影响，出现在特定结构范围内。观察图中高 CO 区域（见图中圆圈）分布特征可以看出，小球壁面较为密集[图（c4）、图（a4）]的位置 CO 含量往往较高，这是由于小球分布密集处容易形成半封闭腔，封闭腔内高温已燃气与低温未燃气不能很好地接触，导致燃烧不充分，则会产生大量 CO。另外，结合图 10-11 中热释放率分布可以看出，局部火焰凸起与小球接触部分容易出现 CO 含量较高的现象。这是由于在局部火焰突起处，局部火焰传播速度往往较火焰整体传播速度要快，该区域小球还没有完成充分预热，碰触的球壁温度较低，高温火焰与低温球壁接触瞬时容易导致快速淬熄，导致 CO 含量骤然升高。

4. 火焰面提取及分析

　　图 10-8 给出了在堆积床中燃烧进行到 602s 的火焰面分布情况。由图 10-8（a）可以观察到，火焰面是一个形状复杂的皱褶表面，并紧密地附着在小球壁面上。从图 10-8（b）中可以直接观察到，火焰面被小球切割，导致火焰尺度减小。不同于有序多孔介质结构中火焰面的整体分布形状（呈类抛物面形状），本节中火焰面的整体分布形状受随机结构的影响，没有呈现出明显的分布规律。由于受到小球的切割，火焰面最大高度的波动远小于无小球空管内燃烧得到的火焰面波动，进一步说明了多孔介质结构具有改善燃烧均匀性和稳定性的作用。图 10-8（c）中给

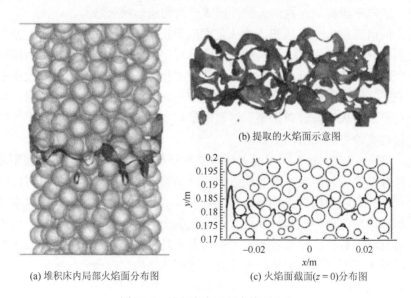

(a) 堆积床内局部火焰面分布　　　　　(c) 火焰面截面(z = 0)分布图

(b) 提取的火焰面示意图

图 10-8　堆积床内局部火焰面分布

出 $z=0$ 截面上的火焰面分布情况，并通过盒计数法[26]对火焰面分形维数进行计算，并在此基础上给出不同工况下分形维数随时间变化情况，进而总结得到火焰面分形维数的变化规律及影响因素。

下面，将火焰前锋面提取出来，并计算出不同工况下火焰锋面对上述特征变量随时间变化情况，旨在给出孔隙尺度下火焰前锋面上重要特征变量的分布特征及变化规律。

计算结果显示，火焰传播速度量级为 10^{-1}mm/s，属于低速过滤燃烧范畴。同时，可以观察到，随着燃烧的进行，火焰传播速度曲线并不出现明显的上升或下降趋势。综上所述，不同入口速度及不同当量比条件下，火焰面移动速度均在同一位置上，出现变化趋势类同的情况。由此可以得出结论，虽然三种因素均对火焰面移动速度有影响，但小球半径才是主要影响因素。通过大量不同工况下的计算统计，则可以得到火焰面移动速度随孔隙率变化的半经验关系式，即在已知多孔介质沿横截面平均孔隙率沿火焰传播方向的分布规律前提下，可以近似得出燃烧过程中火焰面移动速度的变化规律。

所有算例中火焰面面积均随燃烧进行而增大。这是由于，随燃烧进行，首先，反应热积累使火焰面处温度不断升高，导致火焰面受热膨胀。其次，随着火焰面向堆积床下游移动，火焰面处流速增加，流体对火焰面的剪切作用增加，主要表现为火焰面被不断拉伸，导致火焰面面积增大。同时，火焰面处平均涡量也随着时间的增加而增加[18]，湍流强度的增强使火焰面上褶皱增多，导致火焰面面积增大。导致火焰面面积随燃烧进行而增大的原因主要可以归结为两个：火焰面被拉伸或膨胀导致面积增大，以及火焰面上褶皱增多导致面积增大。通过分形理论得知，单纯拉伸或膨胀是无法增加曲面的分形维数的，而增加褶皱则会导致曲面分形维数升高，而燃烧过程中火焰面上褶皱没有明显增多。故火焰面面积增大的主要原因为，随燃烧进行，燃烧热的积累导致的火焰面膨胀，及湍流强度增加导致的局部火焰拉伸程度增大。

对前面三种影响因素进行进一步分析，火焰面积均随入口流速增加而增加，入口速度增加使燃烧更加剧烈，火焰面周围气体受到扰动，湍流强度增强导致火焰面褶皱增多，火焰面面积增大。同时，高速流体会导致火焰面受到拉伸作用增强，一定程度上同样导致火焰面积增大。而且减小小球半径会导致多孔介质结构对火焰面周围流体扰动增强，使火焰面上褶皱增多，进而火焰面面积增大。然而，在不同湍流背景及不同小球半径变化范围内，火焰面积随小球半径变化规律并非都遵循上述规律，这也有待更深入的研究。当小球半径为 3mm 时，火焰面面积随当量比增大而减小，而当小球半径为 4mm 时，火焰面面积随当量比增大而增大，这与前面给出的火焰传播速度变化规律相同。

火焰结构及其相关基本参数的研究对理解湍流火焰的机理至关重要。已知湍流火焰在一定尺度范围内具有分形特征，而利用大涡模拟结果，可以方便地得到火焰分形的若干基本参数，如火焰满足分形特征的长度尺度内止点、外止点和代表火焰形状复杂程度的火焰分形维数[28]。作者团队通过盒计数法[26]计算了多种工况下堆积床内不同位置处，$z=0$ 截面上的火焰分形维数（简称分维）的近似值，以便对燃烧过程中火焰分维随燃烧进行的变化规律，以及各种参数对火焰形状复杂度的影响进行探索。

不同于火焰面面积，火焰分维曲线在燃烧过程中没有呈现明显的上升或下降规律。可以认为燃烧过程中的流速、湍流强度和温度变化对火焰分维的影响远小于火焰面周围多孔结构对其的影响。

另外，通过计算对比研究，发现改变燃油空气当量比条件下，分维变化规律与改变入口速度相近，同样不会发生明显变化，且与半径 3mm、当量比 0.48 条件下分布最为相似。由此可得出结论，当量比与入口速度均不是影响火焰面形状复杂度的主要参数。

为了进一步分析前面三种因素对火焰形状复杂程度的影响，我们给出上述火焰面分维的整体平均值见表 10-1 和表 10-2。由表 10-1 可以看出，在四种不同情况下，平均分维均随入口流速增加而增加。一方面，入口流速增加引起燃烧室内流速整体增加，进而导致火焰受流体剪切力增大，但这并不能影响火焰的分维值，这是由于流体剪切力仅能将火焰面伸长，单纯地伸长曲面仅能增大其面积，而不能对其形状复杂度造成影响。另一方面，入口流速增加导致燃烧反应更加剧烈，并使小球造成的扰动更强，从而可以通过增大火焰面处湍流强度，导致火焰面褶皱程度增加，致使平均分维增大。

表 10-1　不同入口速度下火焰面平均分维

分形维数 D	$v_{in}=0.4m/s$	$v_{in}=0.5m/s$
$r=3mm$ $\varphi=0.386$	1.1187	1.1273
$r=3mm$ $\varphi=0.48$	1.1221	1.1285
$r=4mm$ $\varphi=0.386$	1.1069	1.1075
$r=4mm$ $\varphi=0.48$	1.1079	1.1088

表 10-2　不同半径小球组成的堆积床内火焰面平均分维

分形维数 D	$r=3mm$	$r=4mm$
$v_{in}=0.4m/s$ $\varphi=0.386$	1.1187	1.1069
$v_{in}=0.4m/s$ $\varphi=0.48$	1.1221	1.1079

分形维数 D	$r = 3\text{mm}$	$r = 4\text{mm}$
$v_{in} = 0.5\text{m/s}$ $\varphi = 0.386$	1.1273	1.1075
$v_{in} = 0.5\text{m/s}$ $\varphi = 0.48$	1.1285	1.1088

表 10-2 显示，在四种不同情况下，平均分维均随小球半径增大而大幅减小，这主要由两点原因造成。首先，小球半径减小导致火焰移动速度大幅增加，使小球对火焰及其周围气体扰动加剧，火焰面受到强烈扰动，形状复杂程度增加。其次，高湍流背景下小球对流场扰动作用强于其对湍流发展的抑制作用[29]，因此小半径小球的堆积床内因小球数量更多导致湍流强度更强，使火焰面受流体卷吸程度更强而褶皱数量更多，分维随半径减小而增大。本章中采用 $z = 0$ 截面截取火焰面得到的曲线，火焰面分形维数均在 1～2 范围内，处于直线分维值（1）与平面分维值（2）之间，符合传统分形理论给出的复杂曲线分维的基本范围。

10.2.4　多孔介质中的着火过程大涡模拟计算

除前面介绍的结果外，作者团队还采用火焰表面密度模型，基于 LES（大涡模拟）方法求解反应进程变量，对氢-氧混合气在多孔介质中的着火及高速燃烧过程进行了模拟[30]，在此做一简要介绍。初始气体和壁面温度设置为 300K，初始当量比为 1，计算域几何中心处半径为 1mm 的球形反应进程变量设为 0.5，模拟接近实验（准层流状态）的点火源。

为了验证高湍流强度背景下模型的准确性，作者团队在无多孔介质的封闭空腔内各向同性高强度湍流场内用本模型进行了模拟计算，并将模拟结果与同等工况下实验或直接数值模拟结果[31, 32]进行对比研究。首先模拟的是球形封闭空腔内初始无流动条件下氢-氧混合气的预混着火与燃烧过程。Sun 等[31]对预混合气体的球形火焰传播进行了实验。本章的模拟与其实验的几何结构和工况（$\varphi = 0.6$，$P = 0.2\text{MPa}$，$T = 300\text{K}$）完全相同。

图 10-9 为燃烧过程中球形封闭腔内火焰面随时间的演变情况，可以看出，模拟结果与实验结果基本一致，无论火焰面的大小和形状，还是各时间点火焰表面形貌特征的细节都很接近，显示了球形火焰发展的特点。火焰的形状呈类球状，随着火焰的膨胀，表面出现一些鼓泡，这是由于随着燃烧的进行，火焰和湍流之间的相互作用趋于强烈的结果。计算与实验的比较显示，球形火焰的半径和传播速度随时间的变化基本一致，火焰传播速度随火焰半径增大而减小，二者接近反比关系。

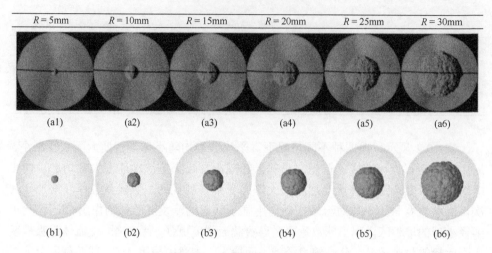

图 10-9　火焰面随时间的演变

（a1）～（a6）实验结果；（b1）～（b6）模拟结果

　　图 10-10 所示为应用火焰面密度模型得到的多孔介质（$r = 1.5$mm）及无多孔介质空腔内不同时刻（20μs、40μs、60μs）产物生成率和温度在 $z = 0$ 截面上的分布情况。其中产物生成率为 d[P]/dt，[P]为产物组分浓度。对比图 10-10（a1）～（a3）可以看出，随着球形火焰膨胀，产物生成率升高，这是由于随燃烧进行火焰面在移动过程中不断受到小球扰动，湍流强度持续升高，高温已燃气体与低温未燃气体更好地掺混，使燃烧更加充分且剧烈，导致产物生成速度增大。同时，通过产物生成率分布情况可对火焰厚度进行定性分析，对比图（a1），可以看出图（a2）中出现局部火焰变厚情况（圆圈 1 和圆圈 2）。在图（a3）中对应位置则可以观察到火焰进一步增厚，出现小球半径尺度的局部过厚火焰。结合多孔介质结构进行分析，可以看出，在多孔介质小球分布比较密集的地方容易出现局部过厚火焰。

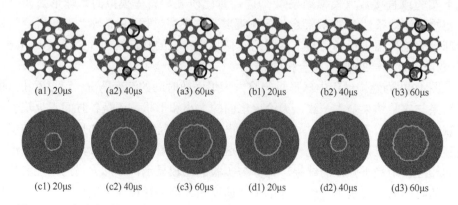

（a1）20μs　（a2）40μs　（a3）60μs　（b1）20μs　（b2）40μs　（b3）60μs

（c1）20μs　（c2）40μs　（c3）60μs　（d1）20μs　（d2）40μs　（d3）60μs

图 10-10　多孔介质与无多孔介质空腔内产物生成率和温度在 $z = 0$ 截面上的分布云图

同时观察对应的温度分布可知，在过厚火焰位置处，高温已燃区出现与过厚火焰形状相似的低温突起，这是因为封闭腔内点火初始火焰传播速度较快，短时间内壁面无法被加热而基本保持室温。低温壁面导致局部气体温度降低，燃烧不充分。当整体火焰掠过局部低温区，该区域则被周围高温已燃物包围形成低温突起，并以滞后于整体火焰传播的速度继续燃烧，而形成局部过厚火焰。对比观察无多孔介质情况可以看出，其火焰面处的产物生成率整体低于有多孔介质情况，同时由于不存在小球的扰动，湍流强度较低且变化不大，因此产物生成率在球形火焰膨胀过程中也没有明显升高，并且因为不受到低温球壁的影响，火焰厚度始终比较均匀，没有出现局部过厚火焰。

10.3　湍流过滤预混火焰特性及特征尺度的影响

在第 3 章中我们已经提到，孔内湍流的存在必然对燃料消耗速率产生一定影响。但如何计算系统尺度下本征平均燃料消耗速率始终是一个值得探讨的问题。de Lemos[33]对湍流过滤燃烧进行了理论分析的尝试。他指出，过滤燃烧的化学反应率应当由 4 部分组成，即基本的平均反应率、时间脉动量产生的湍流反应率、空间偏移量产生的弥散反应率，以及时间和空间双重平均产生的湍流弥散反应率。但是，de Lemos 并未提出各相关的模型，也未进行求解。多孔介质湍流燃烧另一关键问题是如何定义燃烧反应研究中表征体元长度尺度。一旦适当的表征体元长度尺度确定下来，即可按照本征平均定义对平均燃料消耗率中各项进行定量分析。

实际工程应用中的多孔介质燃烧器（包括颗粒堆积床和泡沫陶瓷）的几何拓扑结构非常复杂。采用全尺度直接模拟，即把颗粒或蜂窝结构完全表征出来，需要很高的计算成本。目前，大多数多孔介质内预混燃烧的数值模拟研究均采用以表征体元为研究对象的宏观体积平均法[34-36]。表征体元的特征长度尺度 l_{REV} 远大于孔隙的特征长度尺度 l_p，而孔隙的特征长度尺度大于火焰中快速反应层的特征长度尺度 l_r。由于表征体元内温度、组分的非均匀性，不同位置的化学反应速率有一定的差异。迄今的研究均是以传统自由火焰的燃烧模拟为基础，通过体积平均法来描述表征体元内的平均反应速率。这实际上是完全忽略了组分和温度的湍流脉动和空间弥散作用对化学反应率的影响。这样会带来更大的误差，相关文献中尚无公开的研究报道。

本节从微观孔尺度和宏观系统尺度两方面对湍流过滤预混燃烧特性进行研究。作者团队从微观孔隙尺度着眼，严格遵循 Bear 提出的连续介质模型的假设，对湍流预混过滤燃烧进行计算，确定表征体元长度尺度和热非平衡尺度。在此基础上，对燃烧反应速率的空间偏差进行定性分析，并对多孔介质燃烧反应区的湍流强度和火焰机制分区进行详细分析和讨论[37]。

10.3.1　数值模型和计算方法

本章研究的几何模型参数源自 Zheng 等[38]的颗粒堆积床内甲烷/空气火焰传播实验，实验装置如图 10-11 所示。为了减小计算量，计算域采用 2D 平面对称结构，忽略了燃烧器外表面与周围环境的对流和辐射换热。多孔介质区长 368mm，宽 7.2mm，颗粒堆积圆柱直径 6.2mm。为了减小入口和出口边界对多孔介质区的影响，分别在入口端和出口端增加了 20mm 和 100mm 的净流区，整个多孔介质区的孔隙率约为 0.4（注：小于实验中真实值 0.43）。整个多孔介质区由 27 个小单元构成，每个小单元的长度为 13.42mm，见图 10-11。值得注意的是，这里的小单元并不等同于通常的表征体元，后者的尺度一般大于前者的尺度。

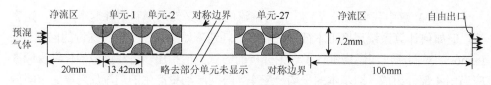

图 10-11　2D 颗粒堆积床燃烧器模型

由于不考虑排放特性和燃烧反应的中间组分，采用甲烷的一步总包反应机理足以描述多孔介质内湍流火焰的基本特征。为了简化计算，忽略了气体的辐射换热和固体表面的催化反应。固体表面的辐射换热采用离散坐标（DO）模型。湍流与化学反应之间的相互作用采用涡耗散概念（EDC）模型。求解的基本控制方程与前面描述大体相似，平均反应速率源项采用改进的 EDC 模型[39-41]方法计算。关于 EDC 模型，已在 3.4.1 节做了介绍。改进后的 EDC 模型实质上是一种亚网格描述法，通过亚网格尺度上的分子混合来反映湍流对化学反应率的影响。这种化学与湍流混合的耦合方法对于预混、部分预混和非预混燃烧都是适用的。

改进的 EDC 模型中平均反应速率按以下公式计算：

$$w_i = \frac{\rho_g (\xi^*)^2}{\tau^* (1-(\xi^*)^3)} (Y_i^* - Y_i) \tag{10-17}$$

式中，ξ^* 表示精细结构占网格比例的长度分数；τ^* 表示反应进行的时间尺度，上标的星号代表精细结构的参数。二者可采用经验关联式来计算，即

$$\xi^* = C_\xi \left(\frac{\nu\varepsilon}{k^2}\right)^{1/4}, \quad \tau^* = C_\tau \left(\frac{\nu}{\varepsilon}\right)^{1/2} \tag{10-18}$$

式中，C_ξ 表示体积分数常数，值为 2.1377；C_τ 表示时间尺度常数，值为 0.4082。EDC 模型认为微尺度的燃烧与定压反应器内的燃烧类似，即在压力恒定（取单元

压力）条件下，以当前时刻的组分质量分数和温度为初始条件，按反应机理给定的速率进行，即

$$w_i^* = -2.119 \times 10^{11} \exp(-2.027 \times 10^8 / (RT_g))[CH_4]^{0.2}[O_2]^{1.3} \qquad (10\text{-}19)$$

式（10-19）在时间微尺度 τ^* 上积分可得式（10-17）中的 Y_i^*。

入口边界条件为

$$u_{in} = u_0, \quad v_{in} = 0, \quad T_{g,in} = 300, \quad Y_{CH_4,in} = Y_{CH_4,0}, \quad Y_{air,in} = Y_{air,0} \qquad (10\text{-}20)$$

式中，下标"0"表示该物理量的值按要求给定。湍流强度估计值为 6%。出口采用自由出流边界条件；在气、固两相交界面上：速度满足无滑移边界条件，能量方程满足耦合边界条件，组分方程满足不可渗透边界条件；此外，对于计算域上下两侧边界采用平面对称边界条件。

为了给出比较真实的初始场，在未计算高速湍流过滤燃烧之前，先对计算域内的小球进行了预热。预热阶段的相关参数与 Zheng 等[38]实验参数一致，即当量比为 0.8，气体渗流速度为 0.14m/s。通过在多孔介质区下游设置一个 1700K 的高温区实现点火。由于入口气流速度较低，火焰逆流上传，回火现象发生。当向上游传播的火焰距离第一排圆柱中心位置 40mm 时，停止预热阶段的计算。根据保存的不同时刻的流场数据，选取火焰位于多孔介质区中间位置的流场作为下一阶段高速流动计算的初始流场。

10.3.2　结果与讨论

为了验证上述数值模型的适用性，对比了预热过程的数值结果和 Zheng 等[38]的实验数据。每个工况所计算的流动时间约为 2h，此时火焰的发展基本稳定。从趋势上看，数值模拟给出的预热结果与 Zheng 等[38]的实验数据吻合较好。数值模拟给出的火焰传播速度约为 0.037mm/s，实验值为 0.041mm/s，二者之间的相对误差约为 9.75%。定量上，燃烧火焰温度的计算值比实验数据略高。

产生偏差的原因主要包括如下。①几何结构不同，数值模拟中采用 2D 叉排圆柱，而实验中采用的是 3D 小球，故在流动模式上存在一定的差别。同时，模拟计算域中的圆柱彼此相互孤立，而实际堆积床内的小球相互接触，且越靠近底层接触面积越大。小球之间的相互接触，强化了对流换热，有利于燃烧反应区的热量以导热的形式向上下游传播。②燃料成分不同，数值模拟中为了简化计算，燃料的成分是纯甲烷，而实验中采用的是甲烷、乙烷、丙烷和丁烷的混合物，而甲烷的燃烧热（50MJ/kg）大于其混合物的燃烧热（47MJ/kg）。③燃烧器侧壁热损失的差异。数值计算中为了节省计算时间，采用 2D 平面对称结构，侧壁热损失完全忽略不计，而实验中虽对燃烧器侧壁做了一定的绝热处理，但很难实现完全绝热。此外，研究表明，与详细反映机理相比，一步总包反应机理预测的燃烧

火焰温度偏高。可见，预测的火焰温度比实验结果偏高具有合理性，说明本章采用的物理模型可以对多孔介质内湍流火焰的传播特性给出正确的定性预测。

1. 速度分布与湍流强度

确定数学模型无误后，可计算分析当量比和表观速度对孔尺度下湍流强度、热非平衡尺度、火焰分布和由组分空间偏差引起的反应速率偏差的影响。化学反应发生后释放大量的热，气体温度升高，体积膨胀，孔隙内的气流速度迅速提高。仅以当量比 0.6，表观速度 1.2m/s 的情形为例（图 10-12），颗粒间喉部的最大的当地速度约是表观速度的 51 倍。同时，燃烧反应发生后，湍动能水平明显提升。与前火焰区相比，后火焰区的湍动能约比前火焰区的大两个数量级，这些现象与层流预混燃烧基本相同。

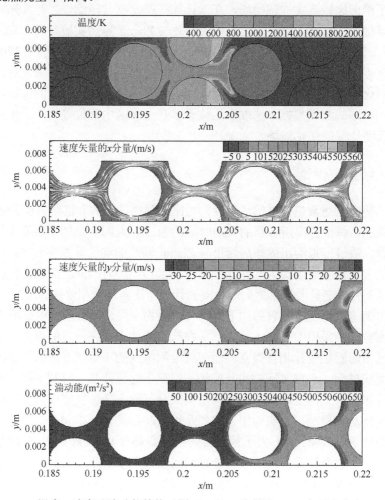

图 10-12　温度、速度及湍动能等值云图（2600s，当量比 0.6，表观速度 1.2m/s）

关于多孔介质内冷态流动的湍流强度，学术界已开展了一定研究。van der Merwe 等[42]采用热线风速仪对颗粒堆积床内湍流强度进行了测量。实验工质为空气，堆积颗粒直径 7cm。结果表明，不同流率下，孔中心位置的湍流强度接近 0.2。Okuyama 等[43]对不同流速和压力下 2D 伪颗粒堆积床的相对湍流强度进行测量，测量值约为 0.15。Okuyama 等根据高压冷态实验得出结论，湍流强度变化对流动模式和物性参数的依赖几乎可以忽略不计，其数值大小仅与孔隙率有关，孔隙率与湍流强度之间的经验关联式可以表示为

$$u' / u_{\text{local}} = 0.15 / \varepsilon^{2/3} \tag{10-21}$$

式中，u' 表示当地湍流脉动速度；u_{local} 表示当地瞬时速度；ε 表示多孔介质的孔隙率。

从现有的文献来看，关于燃烧条件下多孔介质内相对湍流强度的变化规律还很少提及。自由空间的湍流火焰理论告诉我们，湍流的脉动的强弱直接影响湍流火焰的传播速度。因此，在湍流的过滤燃烧中必须给予特别的关注。

2. 火焰机制的分布

在湍流燃烧领域，Damköhler 数（Da）是一个非常重要的无量纲参数，表征的是湍流混合时间尺度与化学反应的时间尺度的相对大小。Da 可以通过 Peters[29] 给出的定义式 $Da = (l / l_{\text{f}})(s_{\text{L}} / u')$ 求得，其中 l 为湍流积分长度，l_{f} 为局部层流火焰厚度，s_{L} 为局部层流火焰速度，u' 是湍流脉动的均方根速度。一般来说，较大的 Da 意味着化学反应进行得非常剧烈，快速的化学反应模型可以适用。相反，若 Da 较小，意味着化学反应的时间尺度与湍流混合的时间尺度相当，一些湍流与化学反应相互作用的模型可能不再适用。同时，Da 的大小决定了湍流火焰的不同机制。

本节将自由空间湍流火焰的理论应用到多孔介质内湍流预混火焰的研究中，对孔内的火焰机制分布状况作了定性的研究。在计算中，若湍流积分长度尺度小于单元水力直径，则 $l \approx k^{3/2} / \varepsilon$。否则，$l$ 的值取为单元水力直径。当地层流火焰厚度采用温度梯度法估算，$l_{\text{f}} = (T_{\text{max}} - T_{\text{u}}) / |\mathrm{d}T / \mathrm{d}x|_{\text{max}}$，式中 T_{max} 表示燃烧反应区的峰值火焰温度，T_{u} 表示新鲜未燃混合气体的温度。湍流脉动均方根速度按各向同性湍流假说估算，对这里讨论的 2D 情况，$v' = \sqrt{k}$（对于 3D 情形，$v' = \sqrt{2k / 3}$）。层流火焰速度 s_{L} 分两种情况计算，即当量比大于 0.6 时，采用 Metghalchi 等[44]给出的经验关联式。当量比小于 0.6 时，采用 GRI 3.0 甲烷详细化学反应机理在 CHEMKIN[45]平台上计算，见图 10-13（a），再将其拟合成函数关系式写入用户自定义函数（user defined function，UDF）。

基于湍流流动和层流火焰速度的计算可知，Da 的范围为 1～100。根据 Peters 对湍流火焰区的划分可以看出，当量比为 0.6、0.8 和 1.0 时，多孔介质内湍流预混火焰集中在波纹小火焰区和薄反应区。当量比为 0.4 时，湍流预混火焰处于薄反应区和破碎反应区之间的毗邻区，见图 10-13（b）。可以预见，对于极贫燃情形

（当量比小于 0.4），火焰极有可能处于破碎反应区。Okuyama 等[43]对压力为 0.5MPa 和 1MPa，当量比为 0.8 和 1 的颗粒堆积床内甲烷湍流预混火焰的实验测量结果表明，湍流火焰主要集中在皱褶小火焰区和波纹小火焰区。可见，本章的数值模拟结果与 Okuyama 等实验测量结果在定性上是一致的。

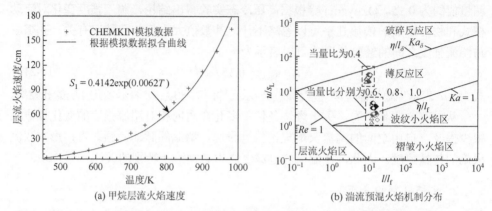

(a) 甲烷层流火焰速度　　　　　　(b) 湍流预混火焰机制分布

图 10-13　当量比为 0.4 时甲烷层流火焰速度和多孔介质湍流预混火焰机制分布

Ka 表示 Karlovitz 数

3. 表征体元尺度与热非平衡尺度

热非平衡尺度是湍流过滤燃烧多尺度模拟中经常使用的一个重要参数。在确定热非平衡尺度之前需先确定表征体元长度尺度。对于无热源的对流换热问题，Teruel 等[46]指出，对类似图 10-11 这样的周期性阵列结构，两个单元体就可以准确描述宏观层面的对流传热特性。然而，对于涉及燃烧反应的传热问题，现有的文献中很少严谨地讨论表征体元长度尺度这一概念。这里需要说明的是，表征体元的长度尺度并不一定等于其特征几何长度。对于低速流动问题，可以认为二者是相同的，即表征体元的长度尺度就是某单元特征几何长度。但对于所研究过程涉及温度剧烈变化，如燃烧问题，二者是不相等的，表征体元的长度一般会达到单元特征几何长度的数倍。依据 2.1.1 节关于表征体元的定义，作者团队专门对此进行了计算。计算过程中，以流体体积平均温度值为判据，连续改变体积平均长度尺度，重复计算，考察温度随长度尺度的变化。此搜索过程以温度梯度最大值点为火焰中心，以 20% 圆柱直径为每次搜索的最小变化尺度，搜索的下限条件设定为圆柱的直径，即表征体元长度尺度不小于圆柱的直径。在不同当量比和表观速度下进行搜索过程。

当体积平均长度尺度大于 4 倍的圆柱直径，即 $l/d > 4$ 时，相邻两点流体体积平均温度的变化很小，此时可以近似认为该值趋于稳定。为了定量给出表征体元长度尺度，这里将阈值设定为 1%，即认为相邻两点温度的相对误差小于 1% 时满足表征体元定义中无限接近的假设。计算结果表明，当体积平均长度尺度大于6倍的圆柱直径，即 $l/d > 6$ 时，相邻两点的最大相对误差小于设定阈值，可以认为此时的长度尺度满足了表征体元的定义，如图 10-14 所示。同时，考虑到孔隙率的变化，这里选取 $l/d \approx 6.5$，此时体积平均长度尺度 l 的值恰为单元长度的整数倍，即表征体元长度尺度为 3 倍单元长度。

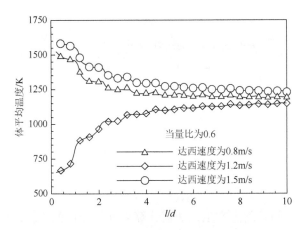

图 10-14　表征体元长度尺度的确定

根据以上给定的表征体元长度尺度，对孔隙尺度的温度场进行本征平均的气、固两相的本征平均温度分布，如图 10-15 所示。从图中可以看出，燃烧反应区外气、固两相的本征温差相差很小。为了定量计算热非平衡尺度，引入热非平衡指数，即

$$\eta = \left| \frac{\langle T_s \rangle^s - \langle T_f \rangle^f}{\langle T_s \rangle^s} \right| \times 100\% \qquad (10\text{-}22)$$

式中，$\langle T_f \rangle^f$ 和 $\langle T_s \rangle^s$ 分别表示气、固两相的本征平均温度，二者通过在指定的定义域进行体积平均得到。当 η 的值小于 1% 时，认为气、固两相达到热平衡。由计算结果可知，热非平衡尺度与表征体元长度的比值在 1.19~1.54，该值受当量比和表观速度的影响很小。也就是说，在多尺度耦合计算中，以火焰所在位置为中心，2 倍表征体元长度之外区域气、固两相本征平均温差很小，可以采用热平衡模型，而 2 倍表征体元长度之内必须采用热非平衡模型。

4. 弥散作用对化学反应率的影响及其尺度相关性

考察不同当量比、不同表观速度贫燃低速和富燃高速情形下湍流火焰在多孔介质内的分布形态，可以发现两束火焰都受到了不同程度的皱褶和拉伸。总体来看，当量比越大，火焰越薄；表观速度越大，火焰拉伸越明显；二者虽然当量比、表观速度差别很大，但整个火焰锋面均集中在一个很窄的空间内，不但小于表征

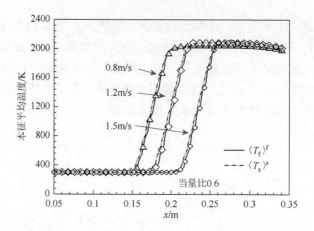

图 10-15　气、固两相本征平均温度分布（2600s 时刻）

体元长度尺度，甚至小于单元尺度。也就是说，无论当量比和表观速度如何变化，不等式：

$$l_{\mathrm{REV}} > l_{\mathrm{cell}} > l_{\mathrm{r}} \tag{10-23}$$

恒成立。现在一个问题随之产生，如何计算表征体元内的平均反应率。因为反应率的大小不仅与当量比和表观速度直接相关，同时还是空间位置的函数。若采用一步总包反应机理来描述表征体元平均反应速率，即

$$\bar{w}_{\mathrm{fu}} = \bar{\rho}_{\mathrm{g}}^2 A \bar{Y}_{\mathrm{fuel}} \bar{Y}_{\mathrm{ox}} \exp(-E / R \bar{T}_{\mathrm{f}}) \tag{10-24}$$

de Lemos[33]在忽略表征体元内温度和密度空间偏差条件下，应用双分解理论，将式（10-24）展开为

$$\langle \bar{w}_{\mathrm{fu}} \rangle^i = \rho_{\mathrm{g}}^2 A (\langle \bar{Y}_{\mathrm{fuel}} \rangle^i \langle \bar{Y}_{\mathrm{ox}} \rangle^i + \langle {}^i\bar{Y}_{\mathrm{fuel}}\, {}^i\bar{Y}_{\mathrm{ox}} \rangle^i + \overline{\langle Y'_{\mathrm{fuel}} \rangle^i \langle Y'_{\mathrm{ox}} \rangle^i} + \overline{\langle {}^iY'_{\mathrm{fuel}}\, {}^iY'_{\mathrm{ox}} \rangle^i}) \exp(-E_a / R\langle T \rangle^i)$$

$$\tag{10-25}$$

式中，等式右端第二项是时均燃料和氧化剂质量空间偏差引起的弥散反应速率，该项即使在层流有限速率的化学反应的计算中也会出现；右端第三项是燃料和氧化剂质量分数的湍流脉动引起的湍流反应率；第四项是湍流脉动和空间偏移同时存在而引起的湍流弥散反应率。截止到目前，右端最后三项如何模化和计算还是个开放性的问题。这里仅考虑等式右端第二项。为了能够定量描述弥散反应率与时空平均反应率[式（10-25）中等号右端第一项]的相对大小，定义化学反应率偏差系数如下：

$$\gamma = \frac{\langle {}^i\bar{Y}_{\mathrm{fuel}}\, {}^i\bar{Y}_{\mathrm{ox}} \rangle^i}{\langle \bar{Y}_{\mathrm{fuel}} \rangle^i \langle \bar{Y}_{\mathrm{ox}} \rangle^i} \tag{10-26}$$

通过在表征体元内计算平均质量分数及其空间偏差的积分平均，可以得到不同时刻、不同火焰位置的化学反应率偏差系数的变化规律。由图 10-16 可以看出，化

学反应率偏差系数与当量比、达西速度和火焰位置密切相关。具体地说，相同表观速度，当量比越大，化学反应率偏差系数越大。这是因为随着当量比的增加，化学反应率增大，化学反应区变窄，表征体元内组分场的空间不均匀性增加，进而使得化学反应率偏差系数增大。类似地，随着表观流速的增加，传热传质过程得到强化，化学反应率增大，同样使得化学反应率偏差系数增大。此外，化学反应率偏差系数在一定程度上还受火焰位置的影响，数值的变化呈现一定的波动性。总体来看，波动幅度与当量比和表观流速成正比。具体来看，相比于当量比为 0.6 的情形，当量比为 1.0 的波幅振荡较大。

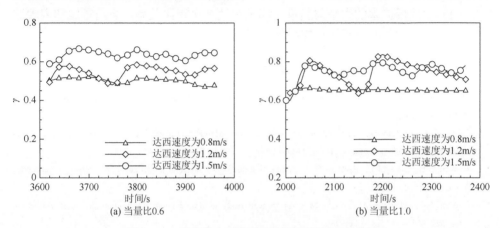

图 10-16　因组分空间偏差引起的化学反应率偏差

为了进一步加深对化学反应率偏差系数的认识，定义平均化学反应率偏差系数如下：

$$\bar{\gamma} = \frac{1}{\Delta t} \int_{\Delta t} \gamma \mathrm{d}t \qquad (10\text{-}27)$$

式中，Δt 表示计算的时间间隔，这里取 400s。计算结果表明，平均化学反应偏差系数范围在 0.38～0.77，该值受化学当量比和表观速度的影响非常明显。特别是当量比较大时，弥散反应率与时空平均反应率已经非常接近。这说明，在较高的流速和当量比下，应该考虑组分的质量分数空间偏差对本征平均化学反应率的影响。当然，这里的数据和分析完全基于 EDC 模型可以适用的假设，即孔隙内湍流火焰的化学反应率不但受化学反应机理的影响，而且受微小尺度下湍流混合作用的制约。

本节以 2D 叉排圆柱多孔介质燃烧器为模型，采用数值方法对多孔介质内预混燃烧的湍流特性、表征体元长度尺度、热非平衡尺度、火焰分布和质量分数空间偏差引起的弥散反应率进行了研究。主要结论概括如下。

（1）化学反应发生后，孔内相对湍流强度快速减小，在后火焰区逐渐恢复到初始水平。孔内相对湍流强度的大小主要取决于多孔介质的几何结构，受其他因素影响较小。

（2）通过对火焰区内湍流参数和化学反应参数的估算可知，孔内的湍流火焰一般分布在薄反应区和波纹小火焰区。但对于当量比较低的极贫预混燃烧来说，火焰的分布向破碎反应区移动。

（3）化学反应发生条件下，表征体元长度尺度的选取至少在 6 倍圆柱直径以上，一般取 3 个周期性单元长度尺度为宜。热非平衡尺度为 8～10 倍圆柱直径，主要取决于固相基质的物理性质，受流动因素的影响较小。

（4）弥散反应率的大小与当量比和表观速度呈正比关系，当当量比和表观速度较大时，该项与时空平均反应率的量级近乎相同。

参 考 文 献

[1] Ohlemiller T J. Modeling of smoldering combustion propagation. Progress in Energy and Combustion Science, 1985, 11: 277-310.

[2] Sahraoui M, Kaviany M. Direct simulation vs volume-averaged treatment of adiabatic, premixed flame in a porous medium. International Journal of Heat and Mass Transfer, 1994, 37: 2817-2834.

[3] Hackert C L, Ellzey J L, Ezekoye O A. Combustion and heat transfer in model two-dimensional porous media. Combustion and Flame, 1999, 116: 177-191.

[4] Jouybari N F, Maerefat M, Nimvari M E. A pore scale study on turbulent combustion in porous media. Heat Mass Transfer, 2016, 52 (2): 269-280.

[5] Pereira J M C, Mendes M A A, Trimis D, et al. Quasi-1D and 3D TPOX porous media diffuser reformer model. Fuel, 2010, 89 (8): 1928-1935.

[6] Bedoya C, Dinkov I, Habisreuther P, et al. Experimental study, 1D volume-averaged calculations and 3D direct pore level simulations of flame stabilization in porous inert media at elevated pressure. Combustion and Flame, 2015, 16: 3740-3754.

[7] Mousazadeh F, van den Akker F H E A, Mudde R F. Direct numerical simulation of an exothermic gas-phase reaction in a packed bed with random particle distribution. Chemical Engineering Science, 2013, 100: 259-265.

[8] Dinkov I, Habisreuther P, Bockhorn H. Direct pore level simulation of premixed gas combustion in porous inert media using detailed chemical kinetics. 7th European Combustion Meeting, Budapest, 2015.

[9] Dixon A G. Local transport and reaction rates in a fixed bed reactor tube: Endothermic steam methane reforming. Chemical Engineering Science, 2017, 168: 156-177.

[10] Yakovlev I, Zambalov S. Three-dimensional pore-scale numerical simulation of methane-air combustion in inert porous media under the conditions of upstream and downstream combustion wave propagation through the media. Combustion and Flame, 2019, 209: 74-98.

[11] Chen Z S, Xie M Z, Liu H S, et al. Numerical investigation on the thermal non-equilibrium in low-velocity reacting flow within porous media. International Journal of Heat and Mass Transfer, 2014, 77: 585-599.

[12] Shi J R, Xiao H X, Li J, et al. Two-dimensional pore-level simulation of low-velocity filtration combustion in a packed bed with staggered arrangements of discrete cylinders. Combustion Science and Technology, 2017, 189 (7): 1260-1276.

[13] Jiang L S, Liu H S, Suo S Y, et al. Simulation of propane-air premixed combustion process in randomly packed beds. Applied Thermal Engineering, 2018, 141: 153-163.

[14] Wu D, Liu H, Xie M, et al. Experimental investigation on low velocity filtration combustion in porous packed bed using gaseous and liquid fuels. Experimental Thermal and Fluid Science, 2012, 36 (12): 169-177.

[15] Ducros F, Nicoud F, Poinsot T. Wall-adapting local eddy-viscosity models for simulations in complex geometries. Journal of Computational Physics, 1999, 152: 517-549.

[16] Tan Z, Kong S C, Reitz R D. Modeling premixed and direct injection SI engine combustion using the G-equation model. SAE Technical Paper 2003-01-1843, 2003.

[17] Bray K N C, Champion M, Libby P A. The interaction between turbulence and chemistry in premixed tubulent flames//Turbulent Reacting Flows, Lecture Notes in Engineering. Berlin: Springer, 1989: 541-563.

[18] Pope S B. Advances in PDF methods for turbulent reactive flows. Proceedings of the Tenth European Turbulence Conference, Barcelona, 2004.

[19] Ertesvag I S, Magnussen B F. The eddy dissipation turbulence energy cascade model. Combustion Science and Technology, 2000, 159: 213-235.

[20] Jiang L, Liu H, Wu D, et al. Pore-scale simulation of hydrogen-air premixed combustion process in randomly packed beds. Energy & Fuels, 2017, 31: 12791-12803.

[21] Boger M, Veynante D, Boughanem H, et al. Direct numerical simulation analysis of flame surface density concept for large eddy simulation of turbulent premixed combustion. Proceedings of Combustion Institute, 1998, 27: 917-925.

[22] Charlette F, Meneveau C, Veynante D. A power-law flame wrinkling model for LES of premixed turbulent combustion Part II: Dynamic formulation. Combustion & Flame, 2002, 131: 181-197.

[23] Colin O, Ducros F, Veynante D, et al. A thickened flame model for large eddy simulations of turbulent premixed combustion. Physics of Fluids, 2000, 12: 1843-1863.

[24] Jiang L, Liu H, Suo S, et al. Pore-scale simulation of flow and turbulence characteristics in three-dimensional randomly packed beds. Powder Technology, 2018, 338: 197-210.

[25] Wakao N, Kaguei S, Nagai H. Effective diffusion coefficients for fluid species reacting with first order kinetics in packed bed reactors and discussion on evaluation of catalyst effectiveness factors. Chemical Engineering Science, 1978, 33: 183-187.

[26] 尹贤龙. 基于图像分形维数估计的最小盒计数法的研究. 电气应用, 2006, 25 (9): 93-96.

[27] Lawrence, David A. The Emission of Nitrogen Oxides from the Combustion of Coal in a Fluidized Bed. Cambridge: Cambridge University Press, 1993.

[28] 董连科. 分形理论及其应用. 沈阳: 辽宁科学技术出版社, 1991.

[29] Peters N. Turbulent Combustion. London: Cambridge University Press, 2000: 1222-1223.

[30] 姜霖松. 基于孔隙尺度的随机填充型多孔介质内湍流预混燃烧的模拟研究. 大连: 大连理工大学, 2018.

[31] Sun Z Y, Li G X. Propagation characteristics of laminar spherical flames within homogeneous hydrogen-air mixtures. Energy, 2016, 116: 116-127.

[32] Yenerdag B, Fukushima N, Shimura M, et al. Turbulence-flame interaction and fractal characteristics of H_2-air premixed flame under pressure rising condition. Proceedings of the Combustion Institute, 2015, 35: 1277-1285.

[33] de Lemos M J S. Analysis of turbulent combustion in inert porous media. International Communications in Heat and Mass Transfer, 2010, 37: 331-336.

[34] Pereira F, Oliveira A, Fachini F. Theoretical analysis of ultra-lean premixed flames in porous inert media. Journal of

Fluid Mechanics，2010，657：285-307.

[35] Ereira F，Oliveira A A，Fachini F F. Validation of a subgrid model for porous burners simulations. Special Topics & Reviews in Porous Media-An International Journal，2011，2：91-100.

[36] Ellzey J L，Belmont E L，Smith C H. Heat recirculating reactors：Fundamental research and applications. Progress in Energy and Combustion Science，2019，72：32-58.

[37] 陈仲山. 多孔介质内热质弥散及湍流预混火焰特性双尺度研究. 大连：大连理工大学，2015.

[38] Zheng C，Cheng L，Saveliev A，et al. Gas and solid phase temperature measurements of porous media combustion. Proceedings of the Combustion Institute，2011，33：3301-3308.

[39] Gran I R，Magnussen B F. A numerical study of a bluff-body stabilized diffusion flame. Part 2. Influence of combustion modeling and finite-rate chemistry. Combustion Science and Technology，1996，119：191-217.

[40] Magnussen B F. The eddy dissipation concept：A bridge between science and technology. ECCOMAS Thematic Conference on Computational Combustion，Lisbon，2005.

[41] Modest M F. The weighted-sum-of-gray-gases model for arbitrary solution methods in radiative transfer. Journal of Heat Transfer ASME，1991，113：650-656.

[42] van der Merwe D，Gauvin W. Velocity and turbulence measurements of air flow through a packed bed. AIChE Journal，1971，17：519-528.

[43] Okuyama M，Suzuki T，Ogami Y，et al. Turbulent combustion characteristics of premixed gases in a packed pebble bed at high pressure. Proceedings of the Combustion Institute，2011，33：1639-1646.

[44] Metghalchi M，Keck J C. Burning velocities of mixtures of air with methanol，isooctane，and indolene at high pressure and temperature. Combustion and Flame，1982，48：191-210.

[45] Kee R，Rupley F，Miller J，et al. CHEMKIN release 4.1. Reaction Design，San Diego，2006.

[46] Teruel F E，Díaz L. Calculation of the interfacial heat transfer coefficient in porous media employing numerical simulations. International Journal of Heat and Mass Transfer，2013，60：406-412.